Constantin Weber

Wilhelm Günther

Torsionstheorie

Dr.-Ing., Dr.-Ing. E. h. CONSTANTIN WEBER
früher o. Professor an der Technischen Hochschule Dresden

Privatdozent Dr. rer. nat. WILHELM GÜNTHER
Dozent an der Technischen Hochschule Braunschweig

Torsionstheorie

Mit 160 Abbildungen

FRIEDR. VIEWEG & SOHN · BRAUNSCHWEIG
AKADEMIE-VERLAG · BERLIN   1958

Verkauf dieses Exemplars
nur in der Deutschen Demokratischen Republik
(einschließlich des Demokratischen Sektors Berlin)
und in folgenden Ländern gestattet:
UdSSR, China, Polen, Tschechoslowakei, Ungarn, Bulgarien,
Rumänien und Jugoslawien.

ISBN 978-3-322-97970-4   ISBN 978-3-322-98551-4 (eBook)
DOI 10.1007/978-3-322-98551-4

Akademie-Verlag GmbH, Berlin W 8, Mohrenstr. 39
Lizenz-Nr. 202. 100/482/58
© 1958 by Friedr. Vieweg & Sohn, Braunschweig
Bestell- und Verlagsnummer: Akademie-Verlag GmbH: 8006
Softcover reprint of the hardcover 1st edition 1958

Vorwort

Wie entstand das Buch "Torsionstheorie"?

Schon seit vielen Jahren beabsichtige ich, ein Werk über bestimmte
Gebiete der Elastizitätstheorie zu schreiben, um darin meine Erfah-
rungen und Kenntnisse niederzulegen. Dabei wollte ich nach Möglichkeit alles aufnehmen, was von anderer Seite auf diesem Gebiet Wich-
tiges erforscht wurde. Aber nur dadurch, daß ich vor drei Jahren einen jüngeren Mitarbeiter fand, konnte die Arbeit erfolgreich voran-
schreiten: aus dem dünnen Manuskript ist als erstes dieses Buch über
die Theorie der Torsion entstanden, das wir nun der Öffentlichkeit
übergeben. Gerade für die Probleme dieses Teilgebietes der Elastizitätstheorie sind immer wieder neue Methoden erdacht worden - Methoden, die in abgewandelter Form auch bei der Lösung anderer Probleme der Physik nützlich sein können.

Was bieten wir dem Leser?

Wie erwähnt, wollten wir aus der vorhandenen Literatur das verarbei-
ten, was uns als wichtig erschien. Es ist nun nicht so einfach, restlos
alles zu erfassen; mein Mitarbeiter hat vieles gefunden, was mir vorher unbekannt war.

Natürlich lag es uns fern, eine tabellarische Zusammenfassung aller
bisher gefundenen Lösungen zu bringen, denn außer den bekannten
durchgerechneten Fällen könnte man noch zahlreiche weitere durch-
rechnen. Als viel zweckmäßiger erschien es uns, jedem das Rüstzeug
zum Lösen der Probleme zu geben, indem wir die bisher bekannten
Methoden erläutern und zeigen, für welche Fälle sie anwendbar sind.
Nun fanden wir, daß manche Methode sich in erster Linie durch ihre
mathematische Originalität auszeichnet, und daß es wiederum z. T.
technisch wichtige Probleme gibt, für die die bekannten Methoden ver-
sagen. An dieser Stelle setzten unsere Bemühungen ein, und wir entwickelten hierfür eigene Verfahren. - Weiter ist eine von mir stam-
mende Spiegelungsmethode eingehend dargelegt für Querschnitte, die
durch Kreise, Kreisbögen und gerade Linien begrenzt sind. Zwar ist
das Spiegelungsverfahren für physikalische Probleme schon seit über
einhundert Jahren bekannt; die Schwierigkeit lag darin, daß bei der
Torsion nichts da war, was unmittelbar gespiegelt werden konnte. -
Weiter bringen wir ausführlich die Eingrenzung nicht nur des Flächentorsionsmomentes (des Torsionswiderstandes der Fläche), sondern
auch der Spannungen, insbesondere der Randspannungen zwischen einer oberen und einer unteren Schranke, die entsprechend den Nähe-
rungsansätzen beliebig nahe aneinander rücken können.

Wir hätten im einzelnen gern gezeigt, durch welche Gedankengänge
man zu den Lösungsmethoden kommt. Oft ist es so, daß ein Problem
vorliegt, daß man nachdenkt, den einen oder anderen Weg versucht,
und dann plötzlich, den richtigen, fast selbstverständlich erscheinen-
den Weg erkennt. Das Buch wäre zu umfangreich geworden, wenn wir
dieses schildern würden. Wir deuten es aber an; der Leser wird es
herausfühlen, wenn er zwischen den Zeilen zu lesen imstande ist.

Zwischenrechnungen haben wir meistens fortgelassen; wir wollten kein
Buch über elementare mathematische Umformungen schreiben.

Für wen schrieben wir dieses Buch?

In erster Linie für angewandte Mathematiker, und dabei nicht nur für
diejenigen, die sich mit der Elastizität befassen, sondern für alle, die
sich mit mathematisch-physikalischen Problemen herumschlagen.

Weiter ist anzunehmen, daß auch reine Mathematiker gern kennenlernen werden, was für Probleme mit den von ihnen stammenden Erkennt-
nissen behandelt werden können. Andererseits regen spezielle Lösungen angewandter Natur zu Verallgemeinerungen an.

Zum Schluß kommen die theoretisch interessierten Ingenieure; ich sel-
ber stamme aus diesem Kreise. Für diese haben wir den Lösungsweg
für Probleme angegeben, die für sie von Bedeutung sind. Allen jüngeren Herren wollen wir in ihrem Bestreben helfen, weiter zu forschen.
Die älteren Fachleute werden wohl auch mit Vergnügen in dem Buche
blättern und vielleicht einiges Neue finden.

Dr.-Ing. Dr.-Ing. E.h. Constantin Weber

Professor i.R.

Pullach bei München, Dezember 1955

Inhaltsverzeichnis

1 Grundgleichungen der Torsion

1.1 Grundaufgabe

Wir betrachten einen prismatischen Stab aus homogenem isotropem Stoff, für den das Hooke'sche Gesetz Gültigkeit hat. Die Schnittflächen senkrecht zur Längsachse bezeichnen wir als Querschnitte. Diese haben alle dieselbe, im übrigen beliebige Gestalt; sie können auch mehrfach zusammenhängend sein. In beiden Endquerschnitten wirken Kräftepaare, deren Einzelkräfte in diesen Flächen liegen. Das Moment jedes der Kräftepaare ist M_t, der Drehsinn ist mathematisch positiv, falls wir auf die Querschnittsfläche sehen. Beide Kräftepaare sind im Gleichgewicht. In jedem Querschnitt tritt dann auf Grund der Gleichgewichtsbedingungen ein gleiches Kräftepaar auf. Der Stab wird dann durch das Moment M_t auf Torsion beansprucht.

Wir betrachten im weiteren den Teil des Stabes, in dessen Querschnitten sich derselbe Zustand einstellt. In den Querschnitten, in die das Torsionsmoment M_t eingeleitet wird, können infolge der örtlichen Verhältnisse Abweichungen von diesem Zustand eintreten. In einer gewissen Entfernung von diesen Querschnitten werden diese Störungen nicht mehr merkbar sein.

Wir untersuchen getrennt die geometrische und die statische Seite des Torsionsvorganges; sodann verknüpfen wir die geometrischen und die statischen Größen durch das Hooke'sche Gesetz. Wir erhalten dann ein System von Differentialgleichungen, für das wir eine allgemeine Lösung angeben werden. In den weiteren Abschnitten wird die Lösung für bestimmte Querschnittsformen untersucht, und es werden verschiedene Lösungsverfahren dargelegt.

1.2 Geometrische Seite des Torsionsvorganges

Im Bild 1.1 ist der tordierte Stab dargestellt. Der Anfangsquerschnitt liegt in der $x\,y$-Ebene: der Stab erstreckt sich in z-Richtung, so daß eine Längsfaser mit der z-Achse zusammenfällt. Bei der Torsion nehmen wir an, daß der Anfangsquerschnitt gegen Drehung festgehalten wird. Der vordere Querschnitt in der Entfernung $z > o$ von der $x\,y$-Ebene wird um einen praktisch sehr kleinen Winkel in mathematisch positivem Sinne gedreht. Um den Vorgang deutlich darstellen zu können, haben wir im Bilde einen Stab mit rechteckigem Querschnitt gewählt.

Nun beschreiben wir den Verschiebungszustand: Die Verschiebungen u in x-Richtung und v in y-Richtung des Anfangsquerschnittes seien gleich Null; alle anderen Querschnitte drehen sich um die z-Achse, wobei der Drehwinkel proportional dem Abstand des Querschnittes von der xy-Ebene ist. Ein beliebiger Querschnitt habe den Abstand z vom Koordinatennullpunkt; für ihn wird der Drehwinkel gleich $\vartheta \cdot z$. Die **Drillung** ϑ gibt an, um welchen Winkel der Stab je Längeneinheit verdreht wird. Infolge der Drehung um den Winkel $\vartheta \cdot z$ verschiebt sich ein Punkt (x,y) des betreffenden Querschnittes auf einem kurzen Kreisbogen um die z-Achse. Die Anfangslage ist gegeben durch

$$x = r \cos \mu \quad , \quad y = r \sin \mu.$$

Hierin sind r und μ die Polarkoordinaten des Punktes. Die Endlage ist

$$x + u = r \cos(\mu + \vartheta \cdot z) \equiv r \cos \mu \cos \vartheta z - r \sin \mu \sin \vartheta z,$$
$$y + v = r \sin(\mu + \vartheta \cdot z) \equiv r \sin \mu \cos \vartheta z + r \cos \mu \sin \vartheta z.$$

Da ϑz ein sehr kleiner Winkel ist, setzen wir bei Vernachlässigung kleiner Glieder höherer Ordnung

$$\cos \vartheta z \approx 1 \quad , \quad \sin \vartheta z \approx \vartheta z$$

und erhalten

$$x + u \approx r \cos \mu - r \sin \mu \cdot \vartheta z = x - \vartheta \cdot y z \ ,$$
$$y + v \approx r \sin \mu + r \cos \mu \cdot \vartheta z = y + \vartheta \cdot x z.$$

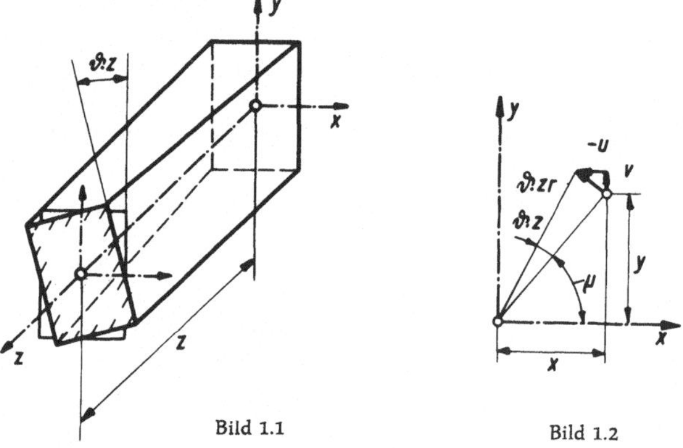

Bild 1.1   Bild 1.2

Hieraus folgen die Verschiebungen u in x-Richtung und v in y-Richtung:

$$u = -\vartheta \cdot y z,$$
$$v = +\vartheta \cdot x z. \tag{1,1}$$

Diese Beziehung können wir auch aus Bild 1.2 unmittelbar ablesen. Die kleine Verschiebung $\vartheta \cdot rz$ wird in die zwei Teilverschiebungen v nach oben und $-u$ nach links zerlegt. Aus der Ähnlichkeit der Dreiecke mit den Seiten r, x, y und $\vartheta \cdot rz, v, -u$ folgt die Beziehung (1.1).

Welche Form nimmt nun eine gerade Längsfaser des Stabes an? Die Drehachse mit $x = y = 0$ bleibt natürlich gerade. Was machen aber die anderen Längsfasern? Nun, wir wissen, daß es sehr schwach geneigte Schraubenlinien werden. Was folgt aber aus Gleichung (1,1)? Wir nehmen eine Längsfaser durch den Punkt x_A, y_A des Anfangsquerschnittes. Jetzt sind x_A und y_A fest gewählte Werte. Die neue Lage der Punkte dieser Faser ist dann gegeben durch

$$x_A + u = x_A - \vartheta \, y_A z, \quad y_A + v = y_A + \vartheta \cdot x_A z . \qquad (1,2)$$

Die neuen Lagekoordinaten hängen linear von z ab, d. h. die Faser bleibt gerade. Das ist natürlich eine Folge unserer Annahme, daß ϑz ein kleiner Winkel ist. Wir können auch jede andere Längsfaser als Drehachse, also als z-Achse wählen und uns vorstellen, daß sich die anderen Fasern um diese winden. Hierzu müssen wir nur den Stab zusätzlich als starren Körper um die x-Achse um den Drehwinkel $v/z = +\vartheta \cdot x_A$ und um die y-Achse um den Drehwinkel $u/z = -\vartheta \, y_A$ drehen.

Nun kommt noch eine weitere Verformung hinzu. Wir haben bisher nichts über die Verschiebung w in z-Richtung ausgesagt. Wenn sich die Punkte eines Querschnittes in z-Richtung in beliebiger Weise verschieben, so verwölbt sich dieser Querschnitt. Diese Verwölbung wird für alle Querschnitte dieselbe sein. Wir nehmen an, daß die Punkte des Anfangsquerschnittes $z = 0$ sich in z-Richtung um verschiedene Beträge verschieben. Dann sind für diesen Querschnitt die Verschiebungen

$$w = w\,(x,y) .$$

Für die Verwölbung anderer Querschnitte erhalten wir dann dieselbe Gleichung, so daß die Verschiebungen w unabhängig von z sind. Wählen wir, wie oben angegeben, die Längsfaser durch den Punkt (x_A, y_A, 0) als Drehachse, so ist der Verwölbung w der lineare Ausdruck $\vartheta \, [y_A \cdot x - x_A \cdot y] + w_0$ hinzuzufügen, der eine starre Bewegung des Körpers darstellt.

Nachdem durch die Gleichungen (1,1) und (1,2) alle Verschiebungen beschrieben sind, bestimmen wir hieraus die Zerrungen. Für den Fall, daß dem Leser die allgemeinen Grundgleichungen der Elastizitätslehre nicht geläufig sind, findet er eine kurze Ableitung im Anhang I dieses Bandes. Nach Gleichung (I, 3a, b, c) und Gleichung (I, 4a, b, c)*) wird:

$$\varepsilon_x = \frac{\partial u}{\partial x} = 0, \quad \varepsilon_y = \frac{\partial u}{\partial y} = 0, \quad \varepsilon_z = \frac{\partial w}{\partial z} = 0,$$

$$\gamma_{xy} = \frac{\partial u}{\partial y} + \frac{\partial v}{\partial x} = 0,$$

$$\gamma_{yz} = \frac{\partial w}{\partial y} + \frac{\partial v}{\partial z} = \vartheta \cdot x + \frac{\partial w}{\partial y},$$

$$\gamma_{zx} = \frac{\partial u}{\partial z} + \frac{\partial w}{\partial x} = -\vartheta \cdot y + \frac{\partial w}{\partial x} . \qquad (1,3)$$

Daß alle Zerrungen außer γ_{zx} und γ_{yz} gleich Null werden, war zu erwarten; die Zerrungen ε_x, ε_y und γ_{xy} treten nicht auf, da sich die Querschnitte bei der Drehung um die z-Achse und bei der Verwölbung in x- und y-Richtung nicht verformen; die Normalzerrung ε_z tritt nicht auf, da sich die Länge der Fasern nicht ändert.

---

*) Die Gleichungen des Anhanges I sind mit (I, ...), die des Anhanges II mit (II, ...) bezeichnet.

1.3 Statische Seite des Torsionsvorganges

Der Stab verdreht sich infolge des Torsionsmomentes M_t. An den Flächenteilchen df eines beliebigen Querschnittes greifen die Kräfte $\tau_{xz} \cdot df$ und $\tau_{yz} \cdot df$ an, wobei τ_{xz} und τ_{yz} die Tangentialspannungen sind. Das gesamte Kräftesystem des Querschnittes läßt sich zu einem Kräftepaar mit dem Moment M_t zusammenfassen. Alle Spannungen im tordierten Stab sind unabhängig von z, da sich in allen Querschnitten derselbe Spannungszustand einstellt. In den drei Gleichgewichtsbedingungen, Gleichung (I, 2a, b, c) treten die Spannungen τ_{xz} und τ_{yz} nur in der Gleichung (I, 2c), der Bedingung für das Gleichgewicht der Kräfte in z-Richtung, auf; diese lautet dann:

$$\frac{\partial \tau_{xz}}{\partial x} + \frac{\partial \tau_{yz}}{\partial y} = 0.$$

Wir gehen aber nicht von dieser Gleichung aus, sondern verwerten die Bedingung, daß jedes abgetrennte Stück des Balkens im Gleichgewicht ist, in anderer Weise, die den Vorzug der Anschaulichkeit besitzt.

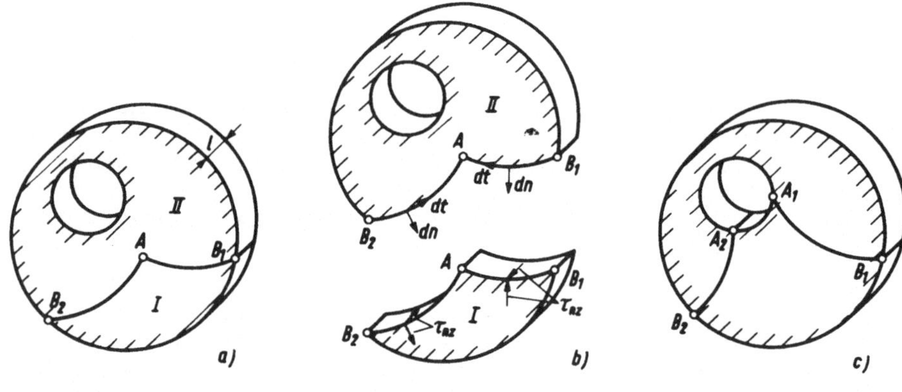

Bild 1.3 a—c

Wir schneiden erst vom Stabe durch zwei parallele Querschnitte ein Stück von der Länge l ab, siehe Bild 1.3a. Auf dem vorderen Querschnitt nehmen wir einen beliebigen Punkt A mit den Koordinaten x und y. Weiter nehmen wir am Außenrand des Querschnittes den Punkt B_1 und ziehen von B_1 nach A eine beliebige doppelpunktfreie Linie, die aus den Längenelementen dt besteht. Weiter führen wir vom Randpunkte B_2 nach A eine zweite Linie, so daß durch den Linienzug $B_1 A B_2$ der Querschnitt in die Teile I und II zerlegt wird. Jetzt teilen wir auch das Balkenstück, indem wir durch die Punkte des Linienzuges $B_1 A B_2$ zur

z-Achse parallele Geraden ziehen und die Trennung nach den so entstehenden Flächen vornehmen, Bild 1.3b. Die Flächen durch $B_1 A$ und $B_2 A$ bezeichnen wir als Längsschnitte. Nun betrachten wir die Kräfte, die in diesen Flächen in z-Richtung wirken. In einem Punkte der Linie $B_1 A$ treten die Spannungen τ_{xz} und τ_{yz} auf. In einem Flächenteilchen df an dieser Stelle erhalten wir die Kräfte $\tau_{xz}\,df$ und $\tau_{yz}\,df$, die

wir zur Resultierenden $\tau\,df$ zusammensetzen. Diese Resultierende
zerlegen wir in Richtung von dt und normal dazu und bezeichnen die
Komponenten mit $\tau_{tz}\,df$ und $\tau_{nz}\,df$. In den Punkten der Linie B_1A erhalten wir folglich die Spannungen τ_{tz} und τ_{nz} . Die Spannungen τ_{nz}
treten auch in dem Längsschnitt B_1A auf, vergl. Gleichung (I, 1b)
und (I, 1c), und zwar in Richtung der positiven z -Achse beim Teil
I und in Richtung der negativen z -Achse beim Teil II.

Wir bilden für das Balkenstück von der Länge l die Kräfte $\tau_{nz}\cdot l\,dt$
und setzen diese für Teil I zu einer Längsschnittkraft $F_{B_1A}\cdot l$
zusammen:

$$F_{B_1A}\cdot l \ = \int\limits_{B_1}^{A}\tau_{nz}\cdot l\,dt\,.$$

Ebenso erhalten wir im Längsschnitt B_2A des Teiles II in z -Richtung:

$$F_{B_2A}\cdot l \ = \int\limits_{B_2}^{A}\tau_{nz}\cdot l\,dt\,,$$

und dieselbe Kraft in negativer z -Richtung am Teil I.

Außer diesen zwei Kräften in z -Richtung können an den Quer-
schnitts-Teilflächen des Teiles I Kräfte in z -Richtung auftreten; diese
sind jedoch im Gleichgewicht, da die Spannungen σ_z unabhängig von z
sind.

Wir erhalten aus der Gleichgewichtsbedingung der Kräfte in z -Rich-
tung am Teil I:

oder
$$F_{B_1A}\cdot l \ - F_{B_2A}\cdot l \ = \ 0$$

$$F_{B_1A} \ = \ F_{B_2A}\,.$$

Die Längsschnittkraft $F\cdot l$ von einem Punkte des Außenrandes zum
Punkte A ist folglich für alle Randpunkte die gleiche; sie ist auch unabhängig von der Gestalt des Weges B_1A bzw. B_2A . Sie hängt jedoch
von der Lage des Punktes A ab. Die Längsschnittkraft $F\cdot l$ ist damit
eine Funktion von x und y , den Koordinaten des Punktes A . Für einen Punkt des Außenrandes wird $F = F_{Außenrd.} = 0$.

Hat der Querschnitt Löcher, so können wir für die Randpunkte dieser Löcher eine weitere Aussage machen. Wir führen, Bild 3c, Längsschnitte von den Punkten A_1 und A_2 des Randes des k -ten Loches bis
zu den Punkten B_1 und B_2 des Außenrandes und erhalten auf Grund der
Gleichgewichtsbedingung der Kräfte in z -Richtung als Ergebnis, daß
F für alle Randpunkte des Loches denselben Wert hat. Diesen Wert
bezeichnen wir für das k -te Loch mit F_k .

Ergebnis: Die Längsschnittkraft $F\cdot l$ ist eine Funktion der Lage des
Punktes A . Für den Außenrand ist $F_{Außenrd} = 0$, für den Rand
des k -ten Loches ist F konstant. Nach Wahl des Koordinatensystems
ist $F\cdot l$ eine Funktion von x und y .

Ist diese Funktion gegeben, so können aus ihr die Spannungen τ_{xz}
und τ_{yz} bestimmt werden. Um dieses zu zeigen, nehmen wir den Punkt
A mit den Koordinaten x,y und den benachbarten Punkt A' mit den

Koordinaten $x+dx, y$, Bild 1.4. Für Punkt A hat die Längsschnittkraft den Wert $F(x,y)\cdot l$, für den Punkt A' den Wert

$$\left[F(x,y) + \frac{\partial F(x,y)}{\partial x}\, dr \right]\cdot l.$$

Nun führen wir eine Linie von einem Randpunkte B nach A' über A.
Dann ist

$$\int_B^{A'} \tau_{nz}\cdot l\, dt = \int_B^{A} \tau_{nz}\cdot l\, dt + \int_A^{A'} \tau_{nz}\cdot l\, dt ,$$

und da

$$\int_A^{A'} \tau_{nz}\cdot l\, dt = -\tau_{yz}\cdot l\, dx$$

ist, so folgt

$$\left[F(x,y) + \frac{\partial F(x,y)}{\partial x}\, dx \right]\cdot l = F(x,y)\cdot l - \tau_{yz}\cdot l\, dx$$

oder

$$\tau_{yz} = -\frac{\partial F(x,y)}{\partial x}. \tag{1,4a}$$

Ebenso finden wir, falls wir die Punkte A mit den Koordinaten x,y
und A'' mit den Koordinaten $x, y+dy$ nehmen, die Beziehung

$$\tau_{xz} = +\frac{\partial F(x,y)}{\partial y}. \tag{1,4b}$$

Wir sehen, daß mit der Funktion $F(x,y)$ auch die Spannungen τ_{xz}
und τ_{yz} bekannt sind. Wir bezeichnen daher diese Funktion als S p a n -
n u n g s f u n k t i o n   d e r   T o r s i o n.

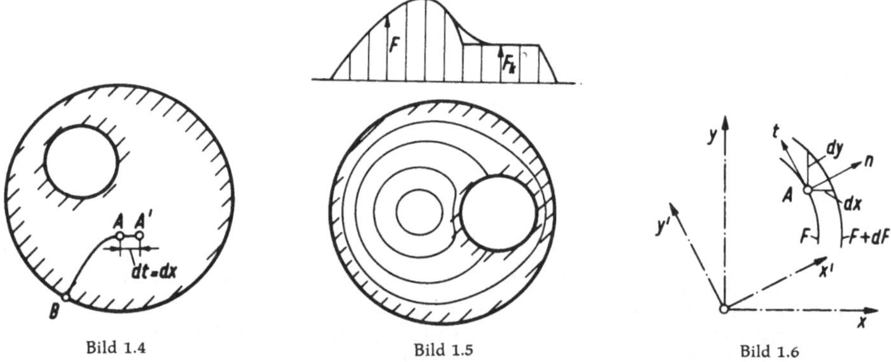

Bild 1.4   Bild 1.5   Bild 1.6

Die Spannungen τ_{xz} und τ_{yz} nach Gl. (1, 4a, b) befriedigen die
Gleichgewichtsbedingung (1, 3), wie durch Einsetzen geprüft werden
kann.

Tragen wir $F(x,y)$ über dem Querschnitt auf, so erhalten wir
eine gewölbte Fläche, die wir als S p a n n u n g s h ü g e l bezeichnen.
Da die Spannungsfunktion die Dimension kp/cm hat, müssen wir beim
Auftragen einen Maßstab für F einführen. Bild 1.5 zeigt ein Beispiel

6

hierfür. Um den Spannungshügel auch im Grundrisse darzustellen, sind in diesem Höhenlinien eingetragen. Wir wollen anhand der Höhenlinien die Spannungen in einem Punkte $A(x,y)$ näher untersuchen. Hierzu ziehen wir durch A die Höhenlinie F, außerdem ziehen wir die benachbarte Höhenlinie $F+dF$, Bild 1.6.

Aus dem Bilde können wir uns dann die Spannungen veranschaulichen. Gehen wir vom Punkte A der Höhenlinie F parallel zur x-Achse zur benachbarten Höhenlinie, so wird

$$\left[dF\right]_{y=const} = \frac{\partial F}{\partial x}\,dx$$

und

$$\tau_{yz} = \frac{\partial F}{\partial x} = -\frac{[dF]_{y=const}}{dx}.$$

Ebenso wird

$$\tau_{xz} = +\frac{\partial F}{\partial y} = +\frac{[dF]_{x=const}}{dy}.$$

Nun wählen wir ein Koordinatensystem x',y' so, daß die x'-Achse normal zur F-Linie im Punkte A verläuft. Dann ist die Spannung in Richtung der Tangente:

$$\tau_{tz} = \tau_{y'z} = -\frac{\partial F}{\partial n}\,,$$

und die Spannung normal zur F-Linie:

$$\tau_{nz} = \tau_{x'z} = \frac{\partial F}{\partial t} = 0\,.$$

Der Wert Null folgt daraus, daß entlang der F-Linie F konstant ist.

Normal zur F-Linie treten keine Tangentialspannungen im Querschnitte auf. In Richtung der F-Linie erhalten wir für jeden Punkt die größte Tangentialspannung τ_{tz}. Diese Tangentialspannung erhalten wir auf Grund folgender Überlegung:

Auf ein Flächenstück df des Querschnittes wirken die Kräfte $\tau_{xz}\,df$ und $\tau_{yz}\,df$; ihre Resultierende gibt die Kraft

$$\tau_z \cdot df = \sqrt{\tau_{xz}^2 + \tau_{yz}^2}\;df.$$

Hieraus

$$\tau_z = \sqrt{\tau_{xz}^2 + \tau_{yz}^2}\,. \tag{1,5}$$

Im weiteren werden wir bei τ_{xz} und τ_{yz} den Index z fortlassen und ferner τ_z mit τ bezeichnen.

Die Untersuchung zeigt: Schreitet man auf der F-Linie so vorwärts, daß die F-Fläche zur rechten Hand abfällt, so erhält man die Richtung der maximalen Tangentialspannung; die Größe dieser Spannung entspricht zahlenmäßig dem Abfall der F-Fläche nach rechts.

Wir haben damit eine Vorstellung von der Spannungsfunktion F. Wir werden jetzt aus den Tangentialspannungen des Querschnittes Einzelkräfte bilden und diese zu Kräften in x - und y -Richtung zusammensetzen; ferner werden wir das Moment M_t für den Koordinatennullpunkt berechnen.

Auf das Flächenteilchen $dx \cdot dy = df$ wirkt in x -Richtung die Kraft

$$\tau_x \, dx \, dy = \frac{\partial F}{\partial y} \, dx \, dy \, .$$

Die Gesamtkraft in x -Richtung erhalten wir durch Integration über die Fläche f :

$$\iint\limits_{(f)} \tau_x \, dx \, dy = \int \left[\int \frac{\partial F}{\partial y} \, dy \right] dx \, .$$

Integrieren wir erst über einen Streifen von der Breite dx von unten bis oben, so erhalten wir $F_{oben} - F_{unten}$. Da an den Enden des Streifens $F = F_{Rand} = 0$ ist, so erhalten wir bei dieser Integration den Wert Null. Denselben Wert erhalten wir, wenn wir beim Integrieren auf ein Loch treffen, Bild 1.7. Am Lochrande ist $F = F_k$: dann gibt das Integral über y :

$$\left[F_{oben} - F_k \right] + \left[F_k - F_{unten} \right] = 0 \, .$$

Die Kraft in x -Richtung wird folglich gleich Null. Dasselbe gilt auch für die Kraft in y -Richtung.

Nun berechnen wir das Moment M_t:

$$M_t = \iint\limits_{(f)} \left[x \tau_y - y \tau_x \right] dx \, dy = -\int \left[\int x \frac{\partial F}{\partial x} \, dx \right] dy - \int \left[\int y \frac{\partial F}{\partial y} \, dy \right] dx \, . \tag{1,6}$$

Beim ersten Integral führen wir eine partielle Integration nach x der Ableitung von F , beim zweiten entsprechend nach y durch:

$$M_t = -\int\limits_{(y)} \left[x \cdot F \right]_{links}^{rechts} \cdot dy - \int\limits_{(x)} \left[y \cdot F \right]_{unten}^{oben} \cdot dx + 2 \iint\limits_{(f)} F \, dx \, dy \, .$$

Bei einem Querschnitt ohne Löcher werden die zwei ersten Glieder gleich Null, und wir erhalten:

$$M_t = 2 \iint\limits_{(f)} F \, dx \, dy \, . \tag{1,7}$$

Das heißt: das Moment M_t ist gleich dem doppelten Rauminhalt des Spannungshügels F .

Nun führen wir die Berechnung auch für einen Querschnitt mit Löchern durch. Hierzu untersuchen wir in Formel (1,7) das Glied

$$-\int\limits_{(y)} \left[x F \right]_{links}^{rechts} \cdot dy$$

anhand des Bildes 1. 8. Am Außenrande ist $F = 0$, am Rande des k -ten
Loches ist $F = F_k$; wir erhalten für das k -te Loch:

$$\left[xF \right]_{links}^{rechts} = \left[xF \right]_A - \left[xF \right]_B + \left[xF \right]_C - \left[xF \right]_D =$$

$$= x_A \cdot 0 - x_B \cdot F_k + x_C \cdot F_k - x_D \cdot 0 = - \left(x_B - x_C \right) \cdot F_k .$$

Damit wird für das k -te Loch:

$$- \int\limits_{(y)} \left[xF \right]_{links}^{rechts} \cdot dy = F_k \cdot \int\limits_{(y)} \left(x_B - x_C \right) dy = F_k \cdot f_k .$$

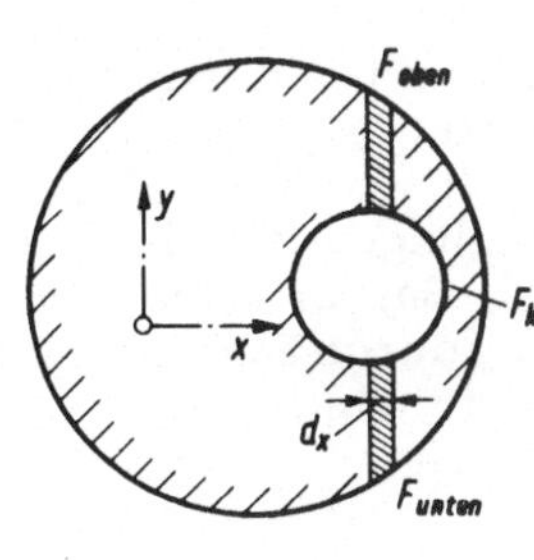
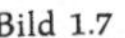

Bild 1.7

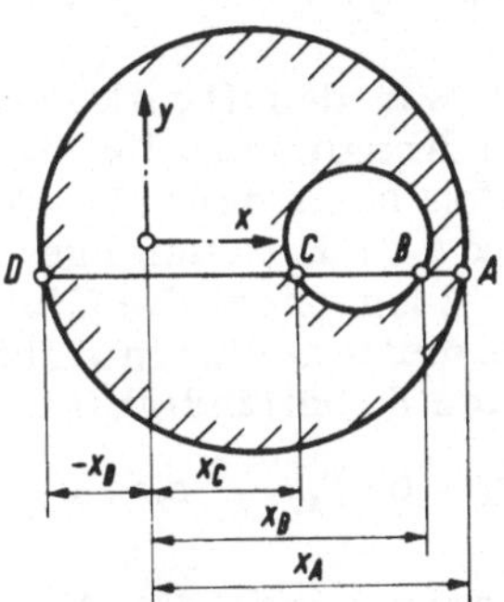

Bild 1.8

Hierin ist f_k die Fläche des Loches. Denselben Wert gibt auch das
Glied

$$- \int\limits_{(x)} \left[y \cdot F \right]_{unten}^{oben} \cdot dx .$$

Damit wird

$$M_t = 2 \sum_k F_k \cdot f_k + 2 \iint\limits_{(f)} F \, df . \tag{1, 8a}$$

Das Doppelintegral ist für die wirkliche Querschnittsfläche zu nehmen;
der Summenausdruck gilt für alle Löcher, mit $F_k \cdot f_k$ für das k -te
Loch. Nehmen wir an, daß innerhalb eines Loches die Spannungsfunktion denselben Wert hat wie am Lochrande, so können wir für das Torsionsmoment M_t auch schreiben:

$$M_t = 2 \iint\limits_{(f + \sum_k f_k)} F \, df . \tag{1, 8b}$$

Hierbei ist das Integral für das ganze Gebiet innerhalb des Außenrandes zu nehmen.

1. 4 Verknüpfung der geometrischen Größen mit den statischen Größen durch das H o o k e ' sche Gesetz

Die geometrische Untersuchung war nur auf geometrischen Betrach-
tungen aufgebaut; wir erhielten als Ergebnis, daß Tangentialzerrungen
γ_{xz} und γ_{yz} auftreten, die aus der Drillung ϑ und der Verwölbung

w zu berechnen sind, siehe Gleichung (1, 3):

$$\gamma_{xz} = -\vartheta \cdot y + \frac{\partial w}{\partial x} \qquad \gamma_{yz} = +\vartheta \cdot x + \frac{\partial w}{\partial y} . \qquad\qquad (1, 3)$$

Alle anderen Zerrungen wurden gleich Null.

Bei der statischen Untersuchung gingen wir von der Annahme aus, daß das Torsionsmoment M_t durch die Tangentialspannungen $\tau_x \equiv \tau_{xz}$ und $\tau_y \equiv \tau_{yz}$ übertragen wird. Die Gleichgewichtsbedingung ergab die Abhängigkeit von einer Spannungsfunktion $F(x, y)$; siehe Gl. (1, 4a) und (1, 4b):

$$\tau_x = \frac{\partial F}{\partial y} \ , \quad \tau_y = -\frac{\partial F}{\partial x} . \qquad\qquad (1, 4)$$

Nun führen wir das H o o k e ' sche Gesetz ein. Da nach unseren geometrischen Annahmen alle Zerrungen außer γ_{xz} und γ_{yz} Null sind, verschwinden nach dem H o o k e ' schen Gesetz auch alle Spannungen außer τ_x und τ_y . Die Gleichgewichtsbedingungen für die Kräfte in x - und y -Richtung, siehe die Gleichungen (I, 2a, b), sind damit e füllt, während die dritte Gleichgewichtsbedingung durch Einführung der Spannungsfunktion F befriedigt ist. Drücken wir nun in

$$\tau_x = G \cdot \gamma_{xz} \ , \quad \tau_y = G \, \gamma_{yz}$$

die Spannungen durch die Ableitungen der Spannungsfunktion F , die Zerrungen durch ϑ und durch die Ableitungen der Verwölbungsfunktion w aus, so erhalten wir:

$$\frac{\partial F}{\partial y} = -G \, \vartheta y + G \frac{\partial w}{\partial x} \ ,$$

$$-\frac{\partial F}{\partial x} = +G \, \vartheta x + G \cdot \frac{\partial w}{\partial y} \ ;$$

oder umgeformt mit $r^2 = x^2 + y^2$:

$$x = \frac{\partial}{\partial x}\left(\tfrac{1}{2} r^2\right) , \quad y = \frac{\partial}{\partial y}\left(\tfrac{1}{2} r^2\right) ,$$

$$\frac{\partial}{\partial x}\left(\frac{w}{\vartheta}\right) = \frac{\partial}{\partial y}\left(\frac{F}{G\vartheta} + \tfrac{1}{2} r^2\right) , \qquad\qquad (1, 9\text{a})$$

$$\frac{\partial}{\partial y}\left(\frac{w}{\vartheta}\right) = -\frac{\partial}{\partial x}\left(\frac{F}{G\vartheta} + \tfrac{1}{2} r^2\right) . \qquad\qquad (1, 9\text{b})$$

Setzen wir $\quad \dfrac{w}{\vartheta} = \varphi \qquad\qquad\qquad\qquad\qquad\qquad (1, 10\text{a})$

und $\quad \dfrac{F}{G\vartheta} + \tfrac{1}{2} r^2 = \psi \ , \qquad\qquad\qquad\qquad (1, 10\text{b})$

so gehen diese Gleichungen über in das Gleichungspaar

$$\frac{\partial \varphi}{\partial x} = \frac{\partial \psi}{\partial y} \ , \quad \frac{\partial \varphi}{\partial y} = -\frac{\partial \psi}{\partial x} . \qquad\qquad (1, 11)$$

Diese Gleichungen lassen sich allgemein in folgender Weise lösen:*)
Wir nehmen eine analytische Funktion der komplexen Veränderlichen
$z = x + iy$ (eine Verwechslung mit der Raumkoordinate z , die wir im
folgenden n i c h t mehr benötigen werden, ist nicht zu befürchten) und
zerlegen sie in ihren reellen und imaginären Anteil:

$$f(z) = \Re\{f(z)\} + i \cdot \Im\{f(z)\} \; .$$

Setzen wir nun

$$\Re\{f(z)\} = \varphi(x,y), \quad \Im\{f(z)\} = \psi(x,y),$$

so genügen φ und ψ den Differentialgleichungen (1, 11).

Aus den Differentialgleichungen (1, 11) folgen für die Funktionen φ
und ψ einzeln die Potentialgleichungen

$$\Delta\varphi(x,y) \equiv \frac{\partial^2\varphi}{\partial x^2} + \frac{\partial^2\varphi}{\partial y^2} = 0 ,$$
$$\Delta\psi(x,y) \equiv \frac{\partial^2\psi}{\partial x^2} + \frac{\partial^2\psi}{\partial y^2} = 0 ; \tag{1, 12}$$

ψ ist die zu φ , φ die zu $(-\psi)$ konjugierte Potentialfunktion.

Ist die komplexe Funktion $f(z)$ gegeben, so können wir die Verwölbungsfunktion w und die Spannungsfunktion F angeben:

$$w = \vartheta \cdot \varphi = \vartheta \cdot \Re\{f(x+iy)\} ,$$
$$F = G\vartheta\left[\psi - \tfrac{1}{2}r^2\right] = G\vartheta\left[\Im\{f(x+iy)\} - \tfrac{1}{2}r^2\right]. \tag{1, 13}$$

Die Funktion $f(x+iy)$ muß natürlich bestimmte Bedingungen erfüllen:
Innerhalb des Bereiches der Querschnittsfläche muß sie regulär, also
im ganzen Bereich differenzierbar sein (nur dann können nämlich die
Spannungen aus der Spannungsfunktion F durch Differenzieren nach
Gleichung (1, 4) berechnet werden). Ferner ist am Außenrande $F=0$;
das ergibt für $\psi = \Im\{f(z)\}$ die Bedingung

$$\left[\psi - \tfrac{1}{2}r^2\right]_{Au\beta enrd.} = 0 . \tag{1, 14}$$

Am Innenrande des k -ten Loches nimmt F einen konstanten Wert F_k
an; daraus folgt die Bedingung

$$\left[\psi - \tfrac{1}{2}r^2\right]_{Innenrd.} = \frac{F_k}{G\vartheta} . \tag{1, 15}$$

Bei einem Querschnitt ohne Löcher sind durch (1, 14) die Randwerte
von ψ gegeben. Hieraus folgt die Potentialfunktion

$$\psi = \Im\{f(z)\}$$

und weiter bis auf eine belanglose additive reelle Konstante die Funktion $f(z)$. Aus dieser finden wir

$$w = \vartheta \cdot \varphi = \vartheta \cdot \Re\{f(z)\} ;$$

---

*) Im Anhang II ist die allgemeine Lösung eingehender dargelegt.

da ψ und damit $f(z)$ im Querschnittsbereich regulär sind, wird w eindeutig für den ganzen Querschnitt. Die oben angegebene additive Konstante gibt nur eine Verschiebung in Richtung der Längsachse des Stabes.

Anders verhalten sich die Lösungen für einen Querschnitt mit Löchern. Bei diesen ist für ψ die Randbedingung des Außenrandes durch Gl. (1, 14) gegeben. Bei den Lochrändern sind in den Bedingungsgleichungen (1, 15) die Festwerte F_k aber noch nicht bekannt. Bestimmt man für angenommene Werte F_k die Funktion ψ und hieraus $f(z)$, so folgen daraus Ausdrücke für die Verschiebung

$$w = \vartheta \cdot \varphi = \vartheta \cdot \Re\{f(z)\} .$$

Diese Verschiebung muß eindeutig für den Querschnittsbereich werden, was nicht von vornherein erfüllt zu sein braucht, da ja innerhalb der Lochflächen singuläre Stellen liegen können. Um die Eindeutigkeit der Verschiebungen für den Querschnitt mit Löchern zu formulieren, ziehen wir um das k-te Loch eine geschlossene Kurve C_k mit dem Linienelement dt . Senkrecht zu dt wählen wir die Streckenelemente dn ; hierbei ist dn zum Loch zu gerichtet, während dn und dt gegenseitig dieselbe Lage wie dx und dy haben, siehe Bild 1.9. Dann lautet die Eindeutigkeitsbedingung:

$$\oint_{(C_k)} d\varphi \equiv \oint_{(C_k)} \frac{\partial \varphi}{\partial t} \, dt = 0 .$$

Auf Grund der Gleichungen (1, 11), in die wir n anstelle von x und t anstelle von y einsetzen, wird

$$\frac{\partial \varphi}{\partial t} = -\frac{\partial \psi}{\partial n} \quad .$$

Damit erhalten wir für das k-te Loch die Eindeutigkeitsbedingung:

$$\oint_{(C_k)} \frac{\partial \psi}{\partial n} \, dt = 0. \tag{1, 16}$$

Als geschlossene Linie C_k werden wir im weiteren den Rand des k-ten Loches nehmen.

Anstelle von ψ können wir in alle Gleichungen und Randbedingungen auch die Spannungsfunktion F einführen. Dann folgt aus Gleichung (1, 12) mit $\psi = \frac{F}{G\vartheta} + \frac{1}{2} r^2$:

$$\Delta F = -2 \, G\vartheta . \tag{1, 17}$$

Die Randbedingungen ergeben für den Außenrand: $F_{\text{Außenrd.}} = 0$

und für das k-te Loch: $F_{\text{Innenrd.}} = F_k$

Gleichung (1, 16) gibt für den Rand des k-ten Loches:

$$\frac{1}{G\vartheta} \oint_{(C_k)} \frac{\partial F}{\partial n} \, dt + \oint_{(C_k)} \frac{1}{2} \frac{\partial r^2}{\partial n} \, dt = 0. \tag{1, 18}$$

Das zweite Integral formen wir für den Lochrand um. Die geometrische Bedeutung dieses Integrals ist unabhängig von der Lage des Koordinatensystems. Wir wählen den Koordinatennullpunkt innerhalb des Loches und ziehen für ein Linienelement dt des k-ten Loches die x-Achse parallel zur Normalen nach innen, die y-Achse parallel zur Tangente, Bild 1.10. Die Koordinate x ist für das Linienelement gleich $-r_n$, wobei r_n die Projektion von r auf die Normale ist. Nunmehr ist

$$\tfrac{1}{2} r^2 = \tfrac{1}{2} \left(x^2 + y^2 \right)$$

und $\tfrac{1}{2} \dfrac{\partial r^2}{\partial x} = x$ oder $\tfrac{1}{2} \dfrac{\partial r^2}{\partial n} = -r_n$.

Das Integral lautet hiermit:

$$\frac{1}{G\vartheta} \oint_{(C_k)} \frac{\partial F}{\partial n} \, dt = - \oint_{(C_k)} r_n \, dt.$$

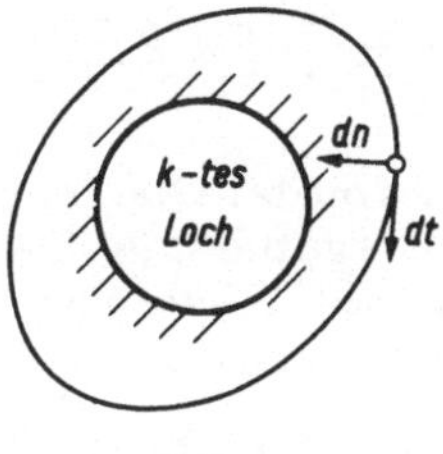

Bild 1.9 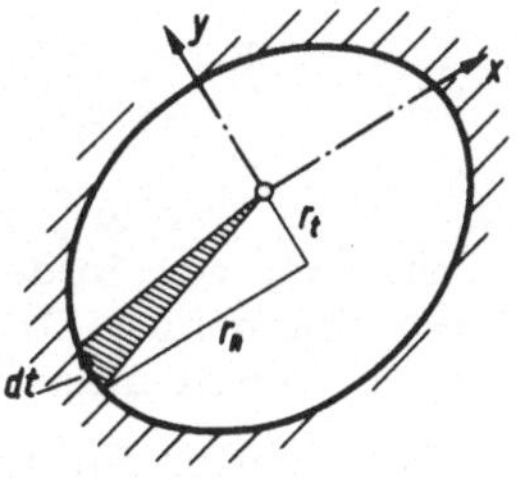   Bild 1.10

Nun ist $r_n \, dt$ gleich dem doppelten Flächeninhalt des Dreieckes, das wir erhalten, wenn wir die Endpunkte von dt mit dem Koordinatennullpunkt verbinden. Somit wird

$$\oint_{(C_k)} r_n \, dt$$

gleich dem doppelten Flächeninhalt des k-ten Loches. Gleichung (1, 18) gibt hiermit

$$\oint_{(C_k)} \frac{\partial F}{\partial n} \, dt = 2\, G\vartheta \cdot f_k. \tag{1, 19}$$

Also ist, mit $-\dfrac{\partial F}{\partial n} = \tau_{t,\text{Innenrand}}$:

$$\oint_{(C_k)} \tau_{t,\text{Innenrand}} \cdot dt = 2\, G\vartheta\, f_k \tag{1, 20}$$

(1, 19) bzw. (1, 20) muß für alle Löcher erfüllt sein. Hierdurch sind die Werte F_k der Löcher festgelegt, wie wir im nächsten Abschnitt sehen werden.

Nun sei für eine bestimmte Querschnittsform die Funktion ψ gefunden, so daß die Differentialgleichung und die Randbedingungen für den Außenrand und die Lochränder erfüllt sind. Aus der Funktion ψ, die also nur von der gewählten Querschnittsform abhängt, bilden wir die Spannungsfunktion

$$F(x,y) = G\vartheta \cdot \left[\psi(x,y) - \tfrac{1}{2} r^2 \right]. \tag{1, 21}$$

Wir können dann die Spannungen berechnen. Ferner ergibt sich das Torsionsmoment nach (1, 8a) zu

$$M_t = G\vartheta \left[2 \iint_{(f)} \left[\psi - \tfrac{1}{2} r^2 \right] df + 2 \sum_k \left[\psi - \tfrac{1}{2} r^2 \right]_k \cdot f_k \right].$$

13

Hierin ist $\left[\,\psi - \tfrac{1}{2}r^2\right]_k$ der konstante Wert $F_k/G\vartheta$ für den Rand des k -ten Loches.

Wir bezeichnen den Klammerausdruck, der nur von ψ abhängt, mit J_t , und erhalten

$$M_t = G\vartheta\, J_t \tag{1,22}$$

mit

$$J_t = 2\iint\limits_{(f)}\left[\psi - \tfrac{1}{2}r^2\right]df + 2\sum_k\left[\psi - \tfrac{1}{2}r^2\right]_k \cdot f_k \;. \tag{1,23}$$

J_t hängt, wie ψ , nur von der Querschnittsform ab; es hat die Dimension cm^4, wie in der Biegetheorie die Flächenträgheitsmomente. Wir bezeichnen diese Größe als F l ä c h e n t o r s i o n s m o m e n t . Die Größe $G J_t$ nennt man "T o r s i o n s s t e i f i g k e i t".

Wir wollen für M_t noch eine andere Formel entwickeln. Nach Gleichung (1, 6) hatten wir

$$M_t = -\iint\limits_{(f)}\left[\,x\,\frac{\partial F}{\partial x} + y\,\frac{\partial F}{\partial y}\right]df \;.$$

Führen wir ψ statt F ein (Gleichung 1, 21), so wird:

$$M_t = G\vartheta\left\{\iint\limits_{(f)} r^2 df - \iint\limits_{(f)} x\cdot\frac{\partial\psi}{\partial x}\,dx\,dy - \iint\limits_{(f)} y\,\frac{\partial\psi}{\partial y}\,dx\,dy\right\}.$$

Das erste Integral ist das polare Trägheitsmoment der Querschnittsfläche. Die anderen Integrale werden wieder durch partielle Integration umgeformt, wobei wir

$$x = \frac{\partial}{\partial x}\left(\tfrac{1}{2}r^2\right)\;,\qquad y = \frac{\partial}{\partial y}\left(\tfrac{1}{2}r^2\right) \qquad\text{setzen.}$$

Während bei der Herleitung der Gleichung (1, 8) die zweiten Faktoren integriert wurden, integrieren wir jetzt die ersten Faktoren. Dann wird z. B. :

$$-\iint\limits_{(f)} x\,\frac{\partial\psi}{\partial x}\,dx\,dy = -\int\limits_{(y)}\left\{\int\limits_{(x)}\frac{\partial}{\partial x}\left[\tfrac{1}{2}\left(x^2+y^2\right)\right]\cdot\frac{\partial\psi}{\partial x}\,dx\right\}dy =$$

$$= -\int\limits_{(y)}\left[\tfrac{1}{2}\left(x^2+y^2\right)\cdot\frac{\partial\psi}{\partial x}\right]_{links}^{rechts}\cdot dy + \iint\limits_{(f)}\tfrac{1}{2}\left(x^2+y^2\right)\cdot\frac{\partial^2\psi}{\partial x^2}\,dx\,dy \;.$$

Damit geben das zweite und dritte Integral:

$$-\int\limits_{(y)}\left[\tfrac{1}{2}r^2\,\frac{\partial\psi}{\partial x}\right]_{links}^{rechts}\cdot dy - \int\limits_{(x)}\left[\tfrac{1}{2}r^2\cdot\frac{\partial\psi}{\partial y}\right]_{unten}^{oben}\cdot dx + \iint\limits_{(f)}\tfrac{1}{2}r^2\cdot\Delta\psi\,dx\,dy .$$

Das Flächenintegral fällt wegen $\Delta\psi = 0$ fort. Für die Randintegrale führen wir die Richtungen n normal zum Rande und t tangential zum

Rande ein. Hierbei ist — wie früher — n so orientiert, daß es von der Querschnittsfläche fortweist; n und t sind gegenseitig wie die x - und die y -Achse orientiert, siehe Bild 1.11. Der Außenrand wird folglich im mathematisch positiven Sinne, jeder Innenrand entgegengesetzt durchlaufen.

Um die Randintegrale zu berechnen, nehmen wir ein Randelement, das parallel zur y -Achse liegt, und erhalten

$$\left[\tfrac{1}{2} r^2 \frac{\partial \psi}{\partial x} \right]^{rechts} \cdot dy \; = \; \tfrac{1}{2} r^2 \frac{\partial \psi}{\partial n} \cdot dt \; .$$

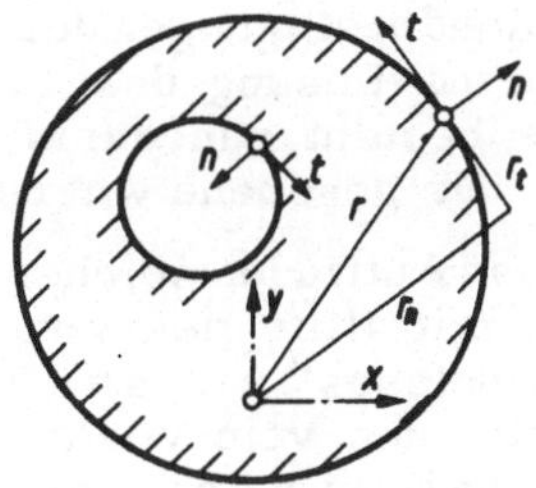

Bild 1.11

Hiermit lassen sich die Integrale für den Außenrand und die Lochränder zu

$$-\sum_{(R\ddot{a}nder)} \oint \tfrac{1}{2} r^2 \cdot \frac{\partial \psi}{\partial n}\, dt$$

zusammenfassen.

Das Torsionsmoment wird also

$$M_t = G\vartheta \left[J_p - \sum_{(R\ddot{a}nder)} \oint \tfrac{1}{2} r^2 \cdot \frac{\partial \psi}{\partial n}\, dt \right] , \tag{1,24}$$

das Flächentorsionsmoment:

$$J_t = J_p - \sum_{(R\ddot{a}nder)} \oint \tfrac{1}{2} r^2 \frac{\partial \psi}{\partial n}\, dt . \tag{1,25}$$

2 Prandtl'sches Membrangleichnis mit Anwendungsbeispielen
Streifenquerschnitte und dünnwandige Hohlquerschnitte

In Abschnitt 1 haben wir die Gleichungen des Torsionsproblems und die Randbedingungen der Lösung aufgestellt. Ferner haben wir die allgemeine Lösung des Problemes angegeben. Die mathematische Aufgabe besteht nun darin, die Lösung für bestimmte Randbedingungen, d. h. für gegebene Querschnittsformen, zu finden.

Das Auffinden solcher Lösungen wird dadurch erleichtert, daß man sich mit Hilfe des von L. Prandtl [1] stammenden "Membrangleichnisses" ein anschauliches Bild des Spannungshügels und damit auch vom Verlauf der Spannungen machen kann. Auch Näherungslösungen lassen sich oft für bestimmte Querschnittsformen auf Grund des Membrangleichnisses herleiten. *)

Bevor wir daher mathematische Lösungsmethoden für die Torsionsaufgabe entwickeln, wollen wir das Membrangleichnis erläutern und seine Anwendung an einigen Beispielen zeigen.

2.1 Membrangleichnis für Querschnitte ohne Löcher

Wir denken uns in eine waagerechte starre materielle Ebene ein Loch geschnitten, dessen äußerer Umriß mit der Randkurve des Stabquerschnittes übereinstimmt, siehe Bild 2, 1. Über das Loch der materiellen Ebene spannen wir eine Membran mit allseitig konstantem Zug (Diese Membran kann bei praktischen Versuchen eine dünne gespannte Gummihaut oder noch besser eine Seifenhaut sein, wie man sie erhält, wenn man Seifenblasen macht.) Der allseitige Zug in der Membran sei H , gemessen als Kraft je Längeneinheit. Nun lassen wir einen konstanten Druck p von unten auf die Membran wirken, so daß sie sich schwach hochwölbt. Wir werden sehen, daß die gespannte und belastete Membran dieselbe Gestalt annimmt wie der Spannungshügel über dem entsprechenden Querschnitt.

Die Höhen der Membran bezeichnen wir mit ζ ; ζ ist eine Funktion von x und y . Wir schneiden ein Flächenstück $dx \cdot dy$ der Membran heraus und stellen die Gleichgewichtsbedingung auf, Bild 2.2. Auf das Flächenstück wirkt von unten die Kraft $p \cdot dx\,dy$. Die horizontale Komponente infolge der nur geringen Schräglage des Flächenstük-

---

*) Neben dem Membrangleichnis gibt es noch andere Gleichnisse für das Torsionsproblem, z. B. das "hydrodynamische Gleichnis" [2] sowie eine von E. Pestel [3] aufgefundene Analogie. Sie lassen jedoch u. E. die Anschaulichkeit des Membrangleichnisses vermissen und bringen uns daher bei der Behandlung von Torsionsaufgaben nicht weiter.

kes wird vernachlässigt. Am linken Rande wirkt horizontal die Kraft $H\,dy$, da sich durch das schwache Hochwölben der Zug nicht nennenswert ändert. Vertikal nach unten wirkt dann am linken Rande die Kraft $H\cdot dy\cdot tg\,\alpha$, wobei $tg\,\alpha = \frac{\partial\zeta}{\partial x}$ ist. Am rechten Rande des Flächenstückes erhalten wir die vertikale Kraft $H\cdot dy\cdot tg\left(\alpha + \frac{\partial\alpha}{\partial x}dx\right)$ nach oben. Ausgedrückt durch ζ werden die Kräfte beider Ränder, positiv nach oben gerechnet:

$$\text{links:}\quad -H\,dy\cdot\frac{\partial\zeta}{\partial x}\ ,$$

$$\text{rechts:}\quad +H\,dy\cdot\frac{\partial}{\partial x}\left(\zeta + \frac{\partial\zeta}{\partial x}dx\right)\ .$$

Der Überschuß der Kräfte nach oben gibt: $\ H\cdot\frac{\partial^2\zeta}{\partial x^2}dx\,dy$.

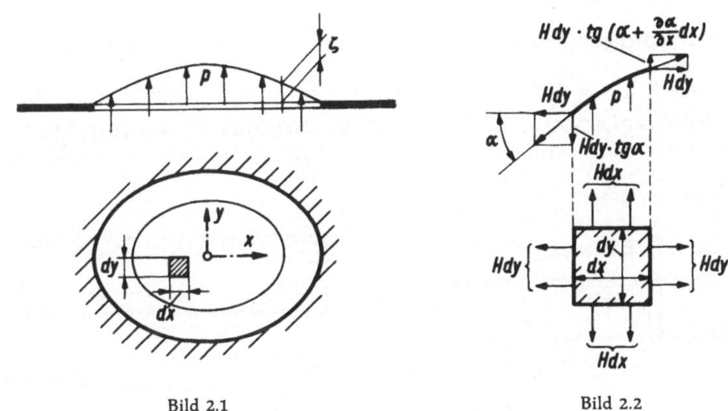

Bild 2.1Bild 2.2

Ebenso geben die zwei anderen Ränder des Flächenstückes die nach oben gerichtete Kraft

$$H\cdot\frac{\partial^2\zeta}{dy^2}dx\,dy\ .$$

Aus der Gleichgewichtsbedingung der Kräfte in vertikaler Richtung folgt die Gleichung

$$H\cdot\frac{\partial^2\zeta}{\partial x^2}dx\,dy + H\cdot\frac{\partial^2\zeta}{\partial y^2}dx\,dy + p\cdot dx\,dy = 0$$

oder

$$\Delta\zeta = -\,{}^{p}\!/\!_{H}\ . \tag{2,1}$$

Vergleichen wir nun die Differentialgleichungen der gewölbten Membran und des Spannungshügels miteinander! Wir sehen: setzen wir $c\cdot\zeta = F$ und $c\cdot{}^{p}\!/\!_{H} = 2\,G\vartheta$, wobei c eine Proportionalitätskonstante von der Dimension $\frac{k}{cm^2}$ ist, so geht die Membrangleichung in die Gleichung des Spannungshügels über. Da auch die Randbedingungen übereinstimmen — denn am Rande ist sowohl ζ als auch F gleich Null —, haben beide Differentialgleichungen für eine gegebene Randlinie bis auf den konstanten Faktor c dieselbe Lösung. Nunmehr haben wir ein anschauliches Bild für den Spannungshügel. Der doppelte Rauminhalt zwischen der hochgewölbten Membran und der Ebene $\zeta = 0$ stellt die Größe $\frac{1}{c} \cdot M_t$ dar, die Neigungen $-\frac{\partial \zeta}{\partial x}$ und $+\frac{\partial \zeta}{\partial y}$ die Größen $\frac{1}{c} \cdot \tau_y$ und $\frac{1}{c} \cdot \tau_x$, die resultierende Tangentialspannung hat die Richtung der Höhenlinien usw..

Wir bringen ein B e i s p i e l hierfür. Der Querschnitt sei ein langes Rechteck, Bild 2.3a, mit den Seiten $x = \pm a$ und $y = \pm b$, wobei $a \gg b$ ist. Die Teile des Rechteckes in der Nähe von $x = \pm a$ bezeichnen wir als R e c h t e c k e n d e n. Die Membran verwölbt sich bis auf die Teile über diesen Enden über der Breite nach einer Parabel

$$\zeta = \zeta_m \left[1 - \left(\tfrac{y}{b} \right)^2 \right] ,$$

so daß

$$\Delta \zeta = -2 \, \frac{\zeta_m}{b^2}$$

ist. Die Randneigung entlang der langen Seiten wird, wieder bis auf die Rechteckenden, gleich $2 \, \frac{\zeta_m}{b}$. Ein Schnitt quer durch den Spannungshügel hat den Flächeninhalt $\frac{4}{3} \zeta_m b$; der Rauminhalt unter dem Spannungshügel wird bei Vernachlässigung des Abfalles an den Streifenenden gleich $\frac{8}{3} \zeta_m ab$.

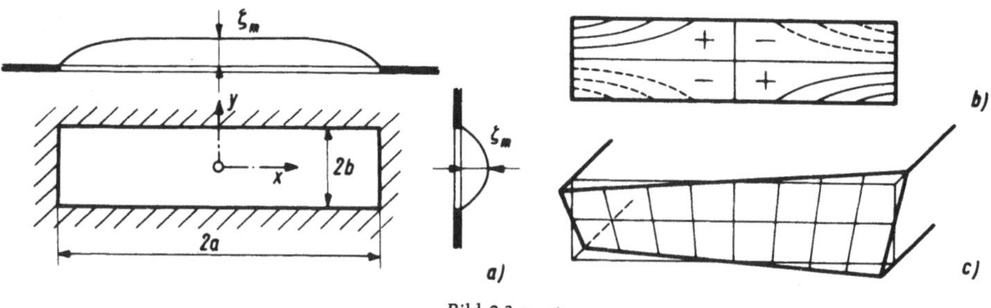

Bild 2.3 a—c

Setzen wir $\zeta = {}^F\!/_c$ und $\Delta \zeta = -2 \, {}^{\zeta_m}\!/_{b^2} = -\frac{2 G \vartheta}{c}$, so wird

$$F = G \vartheta b^2 \left[1 - \left(\tfrac{y}{b} \right)^2 \right] . \tag{2,2}$$

Die Spannung entlang der langen Seiten (bis auf die Enden) wird

$$\tau_x = \left(\frac{\partial F}{\partial y} \right)_{y=-b} = 2 \, G \vartheta b ,$$

und das Torsionsmoment

$$M_t = \frac{16}{3} \, G \vartheta a b^3 ,$$

hieraus:

$$J_t = \frac{16}{3} \, a b^3 . \tag{2,3}$$

Infolge des Abfalles des Spannungshügels an den Enden sind in den Gleichungen für M_t und J_t Korrekturglieder abzuziehen, die wir später bestimmen werden.

Nicht nur auf gerade Streifenquerschnitte läßt sich das Ergebnis anwenden, sondern auch auf Streifenquerschnitte mit gekrümmter Mittellinie; es läßt sich auch für Streifenquerschnitte mit veränderlicher Breite formulieren: Nehmen wir einen Streifenquerschnitt nach Bild 2.4. Zwischen den zwei gebogenen Längsseiten ziehen wir die im Bilde strichpunktierte Mittellinie mit der Koordinate t ; hierbei sei $t_1 \leqq t \leqq t_2$. Die Breite 2b ist eine Funktion von t , wobei sich b nur allmählich ändere. Dann wird näherungsweise

$$M_t \approx \tfrac{16}{3} G \vartheta \int_{t_1}^{t_2} b^3 \, dt \, ,$$

$$J_t \approx \tfrac{16}{3} \int_{t_1}^{t_2} b^3 \, dt \qquad (2,4)$$

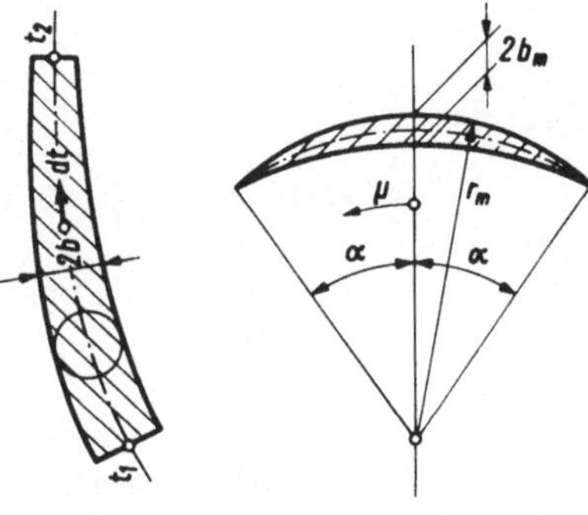

Bild 2.4   Bild 2.5

und, bis auf die Enden,

$$\tau_{Rand} \approx 2 G \vartheta b \, . \qquad (2,5)$$

Beispiel:

Für einen sichelförmigen Querschnitt, Bild 2.5, der durch zwei Kreisbögen begrenzt ist, wird:

$$b \approx b_m \left[1 - \left(\tfrac{\mu}{\alpha} \right)^2 \right] ,$$
$$dt = r_m \, d\alpha , \quad r_m \alpha = a$$

und damit

$$J_t \approx \tfrac{8}{3} \int_{-\alpha}^{+\alpha} b_m^3 \, r_m \left[1 - \left(\tfrac{\mu}{\alpha} \right)^2 \right]^3 d\mu = \tfrac{256}{105} a b_m^3 \, . \qquad (2,6)$$

Weiter gibt das Membrangleichnis Näherungen für verzweigte Streifenquerschnitte. Hierbei ist angenommen, daß keine mehrfach zusammengesetzten Querschnitte (Querschnitte mit Löchern) entstehen. Hat der Streifenquerschnitt verdickte Stellen, wie z. B. in den Ecken eines C -Querschnittes oder in dem Verzweigungspunkte eines T -Querschnittes, so treten nach dem Membrangleichnis dort Erhöhungen des Spannungshügels ein, die eine Erhöhung der Randspannung und eine Vergrößerung des Momentes bedingen. Hierfür sind Sonderuntersuchungen erforderlich; wir werden in späteren Abschnitten Verfahren zu ihrer Berechnung angeben.

Nachdem wir durch das Membrangleichnis eine Vorstellung von der Spannungsfunktion gewonnen haben, wenden wir uns der Verwölbung w von Streifenquerschnitten zu. Die Ergebnisse sind hierbei auch nur gute Näherungen.

Für das lange Rechteck erhielten wir

$$F = G \vartheta b^2 \left[1 - \left(\tfrac{y}{b} \right)^2 \right] .$$

Wir setzen nach Gleichung (1, 21)

$$F = G \vartheta \left[\psi - \tfrac{1}{2} \left(x^2 + y^2 \right) \right] .$$

Aus beiden Gleichungen folgt:

$$\psi = b^2 + \tfrac{1}{2} \left(x^2 - y^2 \right) = \operatorname{Im} \left\{ i b^2 + i \cdot \tfrac{1}{2} \left(x + iy \right)^2 \right\} .$$

Hieraus

$$\varphi = \operatorname{Re} \left\{ i b^2 + i \cdot \tfrac{1}{2} \left(x + iy \right)^2 \right\} = - xy ,$$

und

$$w = - \vartheta xy . \qquad (2, 7)$$

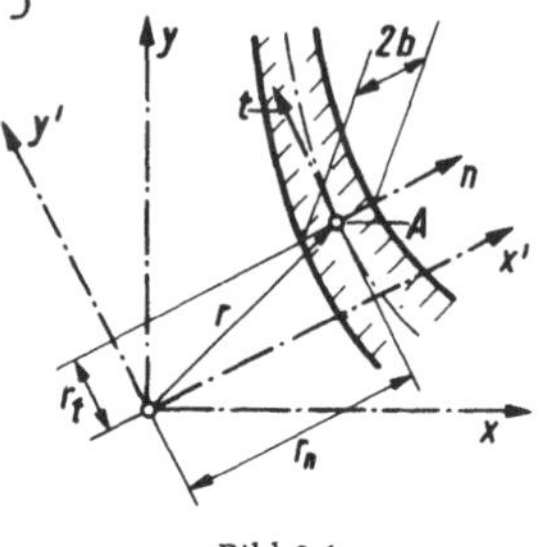

Bild 2.6

Bild 2. 3b zeigt die Höhenlinien, Bild 2. 3c eine perspektivische Darstellung von w . Für die Achsen $x=0$ und $y=0$ wird $w=0$; für das Gebiet $x>0, y>0$ wird w negativ. Die Breitenlinien x = konst 'neigen sich
zur xy -Ebene und stellen sich damit senkrecht zu den Längsfasern des
Stabes ein. An den Rechteckenden stimmt die Gleichung (2, 7) für w
nicht, da F nur eine Näherung ist.

Jetzt wollen wir den allgemeinen Fall untersuchen. Bild 2. 6 zeigt
einen Teil des Streifens. Zwischen den langen Begrenzungslinien ziehen wir wieder die strichpunktierte Mittellinie und im Punkte A senkrecht zu dieser die Querlinie. Unsere Aufgabe ist nun, festzustellen,
wie sich die Punkte der Mittellinie infolge der Verwölbung in z -Rich-
tung verschieben, und wie sich die Querlinien dazu einstellen.

Wir berechnen hierzu die Spannungen in der Querlinie. Wir verwenden, mit A als Koordinatennullpunkt, die lokalen Koordinaten n normal zur Mittellinie und t in Richtung derselben. Der Schnitt des Spannungshügels über der Querlinie ist angenähert eine Parabel mit der
Gleichung

$$F = G \vartheta b^2 \left[1 - \left(\tfrac{n}{b} \right)^2 \right] . \qquad (2, 8)$$

Die Spannungen in t -Richtung sind

$$\tau_t = - \frac{\partial F}{\partial n} = 2 \, G \vartheta n . \qquad (2, 9)$$

Für Punkt A wird $\tau_t = 0$.

Nun führen wir ein gedrehtes (x', y') Koordinatensystem ein, dessen
Nullpunkt mit dem Nullpunkt des (x, y) -Systems übereinstimmt; die
x' -Achse wird parallel zur n -Achse gewählt. Den Strahl r vom Koordinatennullpunkt zum Punkte A zerlegen wir in die Komponenten $x_A' = r_n$
und $y_A' = r_t$. Mit diesen Bezeichnungen erhalten wir nach Gleichung (1, 9b):

$$\frac{\partial (Gw)}{\partial y'} = - \frac{\partial}{\partial x'} \left[F + \tfrac{1}{2} G \vartheta r^2 \right] ,$$

$$\frac{\partial (Gw)}{\partial y'} = + \tau_{y'} - G \vartheta x' ,$$

und für Punkt A mit $\tau_{y'} = \tau_t = 0$, $x' = r_n$ und $\frac{\partial w}{\partial y'} = \frac{\partial w}{\partial t}$:

$$\frac{\partial w}{\partial t} = -\vartheta r_n .$$

(2, 10)

Damit sind die Verschiebungen w für die Punkte der Mittellinie bestimmt. Nun wenden wir uns einer Querlinie zu. Ändert sich die Streifenbreite nur langsam mit t , so wird für alle Punkte der Querlinie $\tau_n = 0$. Damit wird nach Gleichung (1, 9a):

$$\frac{\partial (Gw)}{\partial x'} = \frac{\partial}{\partial y'} \left[F + \tfrac{1}{2} G \vartheta r^2 \right] ,$$

$$\frac{\partial (Gw)}{\partial x'} = \tau_{x'} + G \vartheta y' ,$$

und mit $\tau_{x'} = \tau_n = 0$, $y' = r_t$ und $\frac{\partial w}{\partial x'} = \frac{\partial w}{\partial n}$:

$$\frac{\partial w}{\partial n} = \vartheta r_t .$$

(2, 11)

Wir stellen noch eine Beziehung zwischen der Lage der Längsfasern des Stabes und der Verwölbung eines beliebigen Punktes der Mittellinie fest. Im Punkte A sind τ_x und τ_y und somit auch γ_{xz} und γ_{yz} gleich Null. Das Flächenelement des Querschnittes im Punkte A wird sich folglich senkrecht zur geneigten Längsfaser einstellen.

Wir untersuchen nun die Verwölbung für einige B e i s p i e l e : Für das lange Rechteck nach Bild 2. 3a ist $x = t, y = -n, r_n = 0$ und $r_t = x$; damit wird für die Mittellinie $\frac{\partial w}{\partial t} = 0$ und $w_{Mittellinie} = 0$. Für die Querlinien wird

$$\frac{\partial w}{\partial n} = -\frac{\partial w}{\partial y} = \vartheta r_n = \vartheta x ,$$

und damit wie vorher:

$$w = -\vartheta x y .$$

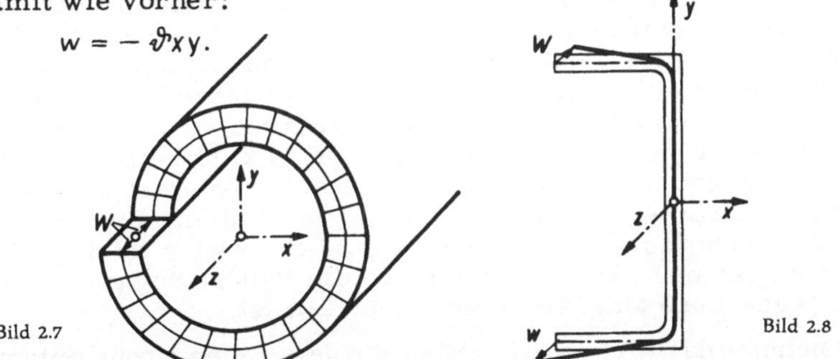

Bild 2.7

Bild 2.8

Als nächstes Beispiel nehmen wir den geschlitzten Ringquerschnitt, Bild 2. 7. Für diesen ist $r_n = r_m$ = konst. und $r_t = 0$. Wir erhalten die Wendelfläche

$$w = -\vartheta r_m^2 \cdot \mu .$$

(2, 12)

Für den $\sqsubset$ -Querschnitt nach Bild 2. 8 geben wir nur die Verwölbung der Mittellinie an. Die Punkte der Stegmittellinie verschieben sich nicht, die Mittellinien der Flansche verschieben sich entsprechend der Gleichung

$$w_{Flansch} = \pm \, \vartheta x \, \frac{ht}{2} .$$

(2, 13)

Zum Schlusse zeigen Bild 2. 9a und Bild 2. 10 die Verwölbung der Mittellinien des I -Querschnittes und eines mehrfach abgewinkelten Streifenquerschnittes; Bild 2. 9b ist das perspektivische Bild des verwölbten I -Querschnittes.

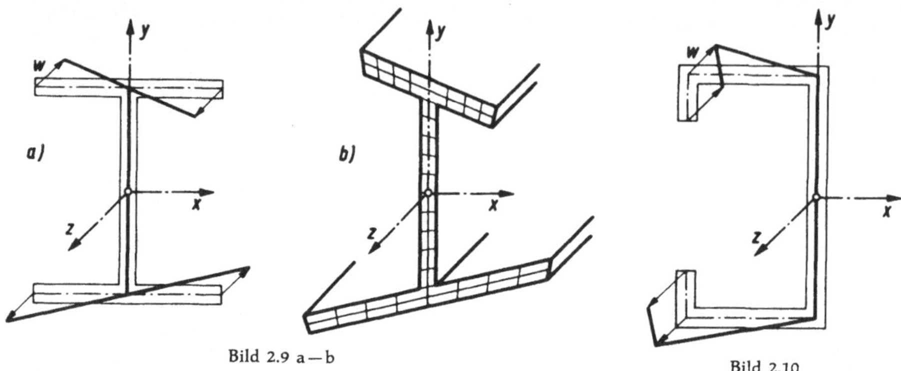

Bild 2.9 a—b

Bild 2.10

Die Kenntnis der Verwölbung ist für bestimmte technische Probleme besonders wichtig, und zwar dann, wenn diese Verwölbung an den Stabenden durch die Gesamtkonstruktion verhindert wird. Dann treten zusätzliche Spannungen auf, die gesondert zu untersuchen sind.

2. 2 Membrangleichnis für Querschnitte mit Löchern

Wir wenden uns nun dem Membrangleichnis für Querschnitte mit Löchern zu. Wir denken uns — wie vorher — in der horizontalen starren materiellen Ebene ein Loch, dessen Umrißlinie mit dem Außenrande des Querschnittes übereinstimmt. Dann spannen wir darüber die Membran. Weiter verbinden wir die Membran mit starren Scheiben, deren Ränder mit den Randlinien der Löcher übereinstimmen. Diese Scheiben werden so geführt, daß sie sich senkrecht zur Ebene bewegen können, ohne daß sie sich hierbei neigen. Bild 2. 11 zeigt eine Ausführung. Nun lassen wir den Druck p senkrecht von unten auf die Membran und auf die Scheiben wirken. Die Membran nimmt für $c \cdot p/H = 2\,G\vartheta$ wieder die Form des Spannungshügels an. Der Beweis ist derselbe wie vorher; es ist nur noch zu prüfen, ob die Randbedingung (1, 19), die wir für jedes Loch aufgestellt haben, erfüllt ist.

Wir nehmen dazu die k -te Scheibe, die dem k -ten Loche entspricht. Die Kraft, die infolge des Druckes p nach oben wirkt, ist $p \cdot f_k$; am Randelement dt_k wirkt nach unten die Komponente $-\frac{\partial \zeta}{\partial n} \cdot H \cdot dt_k$. Aus der Gleichgewichtsbedingung folgt damit

$$p \cdot f_k + \oint_{(C_k)} H \frac{\partial \zeta}{\partial n}\, dt_k = 0 \, ,$$

oder mit $c \cdot p/H = 2\,G\vartheta$ und $c \cdot \zeta = F$:

$$\oint_{(C_k)} \frac{\partial F}{\partial n}\, dt_k + 2\,G\vartheta f_k = 0 \, . \tag{2, 14}$$

Dieses ist die Bedingung, die wir für die Löcher des Querschnittes erhalten hatten, damit die Verwölbung w eine eindeutige Funktion wird.

Als Anwendung behandeln wir zuerst einen dünnwandigen Querschnitt mit e i n e m Loch. Der Querschnitt ist dadurch entstanden, daß die Enden eines langen schmalen Streifens miteinander verbunden sind, siehe Bild 2.12. Im Membrangleichnis werde die Scheibe durch den Druck p um die Höhe ζ_1 gehoben. Da die Randlinien gekrümmt sind, und der Druck p auch auf den Membranstreifen wirkt, wölbt sich dieser. Ziehen wir zwischen der äußeren Randlinie und dem Lochrande die strichpunktierte Mittellinie, so wird die Neigung der Membran in den Punkten derselben ungefähr gleich ζ_1/s . Nun stellen wir die Gleichgewichtsbedingung auf für die Fläche f_1' , die innerhalb der strichpunktierten Linie liegt. Die Kraft nach oben ist $p \cdot f_1'$; die Kraft am Randelement dt dieser Fläche, also der strichpunktierten Linie, wird $\zeta_1/s \cdot H dt$. Aus der Gleichgewichtsbedingung

$$c p f_1' - \oint \frac{c \zeta}{s} H dt = 0$$

folgt

$$F_1 \approx 2 G \vartheta f_1' \Big/ \oint \frac{dt}{s} \quad . \qquad (2, 15)$$

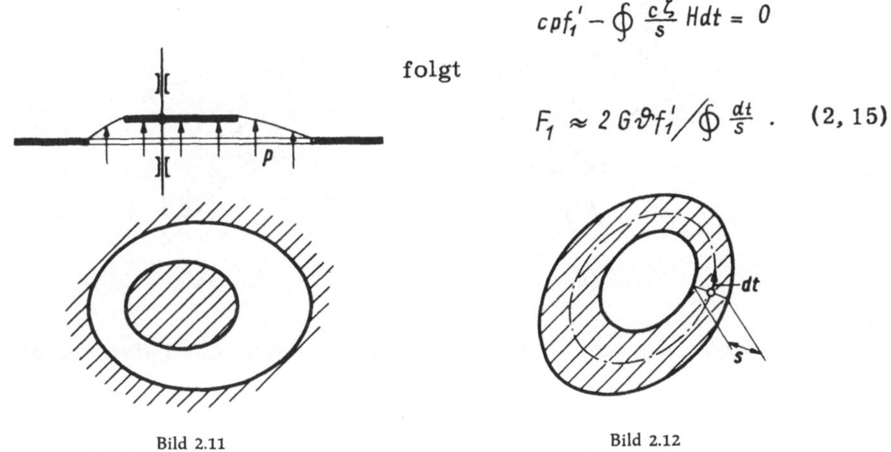

Bild 2.11
Bild 2.12

Die mittlere Spannung im Streifen wird $\tau_t = F_1/s$ (2, 16). Das Moment wird als doppelter Rauminhalt des Spannungshügels:

$$M_t \approx 4 F_1 f_1' = 4 G \vartheta f_1'^{\,2} \Big/ \oint \frac{dt}{s} \quad . \qquad (2, 17)$$

Hierbei ist der Spannungshügel, der einem abgestumpften Kegel ähnelt, durch einen Zylinder mit der Grundrißfläche f_1' und der Höhe F_1 ersetzt.

Als weiteres Beispiel nehmen wir einen dünnwandigen Querschnitt mit mehreren Löchern, die demnach so groß sind, daß zwischen den Löchern und zwischen Löchern und Außenrand schmale Streifen nachbleiben. In diese Streifen legen wir die in Bild 2.13 strichpunktiert gezeichneten Mittellinien; alle Mittellinien der Streifen, die an das k -te Loch grenzen, bilden den Rand der Fläche f_k' , die etwas größer als die Lochfläche f_k ist, da überall die halbe Streifenbreite hinzukommt. Die Neigung der Membran ist in den Punkten der Mittellinie des Streifens zwischen dem k-ten und dem benachbarten h-ten Loch gleich $(\zeta_k - \zeta_h)/s_{kh}$; die Gleichgewichtsbedingung gibt wie vorher nach Multiplikation mit c :

$$G\vartheta f_k' = \sum_h \int \frac{F_k - F_h}{s_{kh}} \cdot dt_{kh} \ . \tag{2,18}$$

Der Summationsindex gilt für alle Lochränder einschließlich eines benachbarten Außenrandes.

Die Anzahl der Gleichungen entspricht der Anzahl der Löcher, so daß wir die Unbekannten $F_k (k = 1,2,3\ldots)$ hieraus bestimmen können.

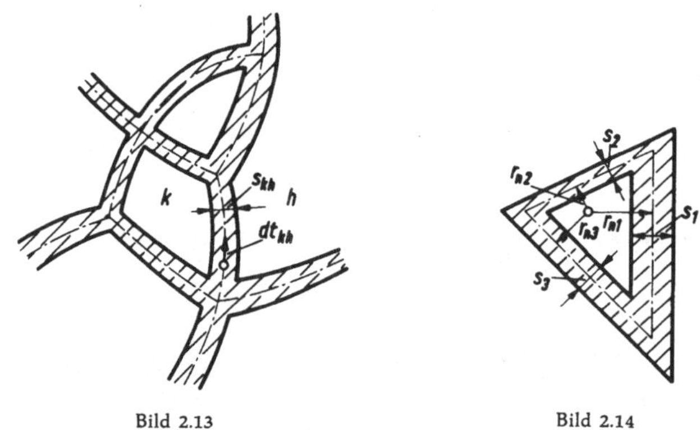

Bild 2.13   Bild 2.14

Die Spannungen werden für den Streifen zwischen dem k-ten und dem h-ten Loch:

$$\tau_t \approx \frac{F_k - F_h}{s_{kh}} \ . \tag{2,19}$$

Das Moment wird

$$M_t \approx 2 \sum_k f_k' F_k \ . \tag{2,20}$$

Wir untersuchen noch die Verwölbung w der Mittellinien dieses Querschnittes, da hierdurch die Verwölbung des gesamten Querschnittes im wesentlichen bestimmt ist. Mit den Bezeichnungen nach Bild 2.6 wird

$$\frac{\partial (Gw)}{\partial y'} = - \frac{\partial}{\partial x'} \left[F + \frac{1}{2} G\vartheta r^2 \right] = \tau_{y'} - G\vartheta x',$$

oder mit $\dfrac{\partial w}{\partial y'} = \dfrac{\partial w}{\partial t}$, $\tau_{y'} = \tau_t$, $x' = r_n$:

$$\frac{\partial w}{\partial t} = \frac{1}{G} \cdot \tau_t - \vartheta r_n \ . \tag{2,21}$$

Hiermit kann für jede Stelle der Mittellinie der Anstieg von w berechnet werden.

Es gibt dünnwandige Querschnitte, bei denen die Punkte der verwölbten Mittellinien in einer Ebene liegen. Wir leiten die Bedingungen hierfür ab. Als z-Achse nehmen wir die Längsfaser, zu der die Ebene der verwölbten Mittellinien senkrecht bleibt. Dann ist $\frac{\partial w}{\partial t} = 0$ und für alle Punkte der Mittellinien

$$\tau_t = G \vartheta r_n \ .$$

Bei dem Querschnitt mit einem Loch erhalten wir aus dieser Bedingung und der Gleichung $\tau_t = F_1/s$:

$$s = \frac{G \vartheta}{F_1} \cdot r_n \ .$$

Die Streifenstärke s muß folglich überall proportional der Strahlkomponente r_n sein.

Bei einem Querschnitt, dessen Mittellinien ein Dreieck bilden, liegen bei konstanter Stärke der Streifen jeder Dreiecksseite die Mittellinien stets in einer Ebene. Die z-Achse, zu der diese Ebene senkrecht ist, Bild 2.14, ist bestimmt durch die Gleichungen

$$\frac{s_1}{r_{n_1}} = \frac{s_2}{r_{n_2}} = \frac{s_3}{r_{n_3}} \ . \tag{2,22}$$

Bei dünnwandigen Querschnitten mit mehreren Löchern schreiben wir die Lage der Mittellinien und die Verhältnisse der F_k-Werte vor und bestimmen nach Wahl des Koordinatennullpunktes das Verhältnis der Streifenstärken so, daß

$$s_{kh} = \frac{G \vartheta}{F_k - F_h} \cdot r_n \tag{2,23}$$

wird.

3 Einige geschlossene Lösungen des Torsionsproblems
(Umkehrmethode)

Die Gleichungen für die zwei Grundfunktionen der Torsionstheorie, nämlich für die Verwölbungsfunktion $w(x,y)$ und die Spannungsfunktion $F(x,y)$, lauten:

$$w = \vartheta \cdot \varphi ,$$

$$F = G\vartheta \cdot \left(\psi - \tfrac{1}{2} r^2 \right) . \qquad (3,1)$$

Hierin ist φ eine Potentialfunktion, ψ die zu φ konjugierte Potentialfunktion. Wählen wir nun eine zunächst beliebige Funktion $f(z)$ der komplexen Veränderlichen $z = x + iy$ und trennen sie in ihren Realteil

$$\varphi(x,y) = \mathfrak{Re}\left\{ f(z) \right\}$$

und ihren Imaginärteil

$$\psi(x,y) = \mathfrak{Im}\left\{ f(z) \right\},$$

so erhalten wir eine Lösung des Torsionsproblemes. Die Randkurve des Querschnittes ist gegeben durch

$$\psi - \tfrac{1}{2} r^2 = 0 .$$

Da innerhalb der Querschnittsfläche keine unendlichen oder mehrdeutigen Spannungen auftreten dürfen, muß $f(z)$ in diesem Gebiete (mit Ausschluß des Randes!) regulär sein, so daß dort ψ weder unendlich noch mehrdeutig wird. Wir werden in diesem Abschnitte einige Fälle behandeln, wo der auf diese Weise erhaltene Querschnitt praktisches Interesse bietet.

Im allgemeinen lautet aber das Problem: die Querschnittsform ist gegeben; gesucht ist $f(z)$. Die Lösung solcher Probleme ist die Hauptaufgabe dieses Buches. Das soeben geschilderte Verfahren bezeichnen wir hingegen als Umkehrmethode.

a) Die Funktion

$$f(x+iy) = a_0 + ib_0 \qquad \left[a_0, b_0 \text{ reelle Konstante} \right]$$

gibt

$$F = G\vartheta \cdot \left(b_0 - \tfrac{1}{2} r^2 \right) . \qquad (3,2)$$

Als Randkurve erhalten wir für $F=0$ einen Kreis; die Verwölbung des Querschnittes wird

$$w = \vartheta a_0 ; \qquad (3,3)$$

alle Punkte des Querschnittes verschieben sich um den gleichen Betrag in Richtung der Stabachse.

b) Die lineare Funktion

$$f(x+iy) = (a_0 + ib_0) + a_1(x+iy)$$

gibt die Verwölbung

$$w = \vartheta(a_0 + a_1 x) \ ; \qquad\qquad\qquad (3,4)$$

der Querschnitt neigt sich, bleibt aber eben. Es ist die vorherige Lösung, nur ist eine andere Längsfaser als Torsionsachse gewählt, was
nach Abschnitt 1 zulässig ist. In den beiden Fällen a) und b) erhalten
wir Kreis- oder Kreisringquerschnitte; dem Rande des Kreisloches
entspricht ein konstanter Wert der Spannungsfunktion.

c) Aus der quadratischen Funktion

$$f(x+iy) = (a_0 + ib_0) + ib_2 \left(x+iy\right)^2$$

ergibt sich die Spannungsfunktion

$$F = G\vartheta \left[b_0 + b_2 (x^2 - y^2) - \tfrac{1}{2}\left(x^2 + y^2\right)\right] . \qquad\qquad (3,5)$$

Je nach Wahl von b_2 erhalten wir aus $F_{Rand} = 0$ verschiedene Querschnitte:

c_1) Für $b_2 < \tfrac{1}{2}$ stellt die Gleichung der Randkurve

$$x^2\left(\tfrac{1}{2} - b_2\right) + y^2\left(\tfrac{1}{2} + b_2\right) - b_0 = 0 \qquad (3,6)$$

eine Ellipse mit den Halbachsen

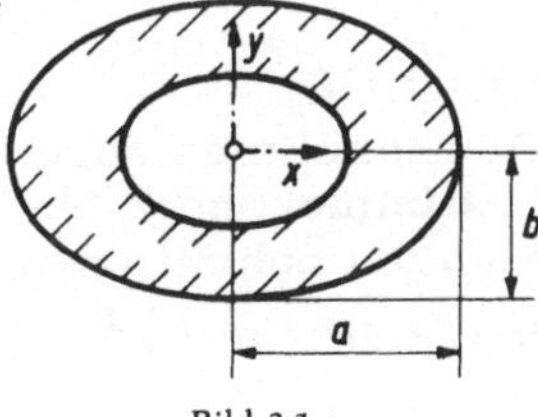

$$a = \sqrt{\frac{b_0}{\tfrac{1}{2} - b_2}} \ , \qquad b = \sqrt{\frac{b_0}{\tfrac{1}{2} + b_2}}$$

Bild 3.1

dar. Die Höhenlinien des Spannungshügels sind ähnliche und ähnlich
gelegene Ellipsen, so daß c_1) auch die Lösung für elliptische Querschnitte mit elliptischem Loch darstellt, wobei Innen- und Außenrand
des Querschnittes ähnliche und ähnlich gelegene Ellipsen sind, siehe
Bild 3.1.

c_2) Für $b_2 = \tfrac{1}{2}$ erhalten wir als Gleichung der Randkurven:

$$y^2 - b_0 = 0 \ ,$$
$$y = b = + \sqrt{b_0} \qquad und \qquad y = -b = -\sqrt{b_0} \ ,$$

also als Querschnitt den unendlichen Streifen von der Breite $2b$. Die
Spannungsfunktion lautet dann

$$F = G\vartheta\left[b^2 - y^2\right] . \qquad\qquad\qquad (3,8)$$

Dieselbe Lösung erhielten wir auf Grund des Prandtl'schen Membrangleichnisses.

Wir können aber durch Hinzufügen weiterer Potentialfunktionen geschlossene Lösungen finden, bei denen der Querschnitt durch die zwei
Geraden $y = +b$ und $y = -b$ begrenzt ist, und der noch zwei weitere Rand-

linien aufweist. Die hinzuzufügende Potentialfunktion muß für $y = \pm b$ den Wert Null annehmen. Wir wählen hierzu (mit reellem a_1):

$$\psi' = a_1 \, \Im\left\{ i \, \mathfrak{Cof} \, \frac{\pi(x+iy)}{2b} \right\} =$$

$$= a_1 \, \mathfrak{Cof} \, \frac{\pi x}{2b} \, \cos \frac{\pi y}{2b} \ .$$

Dann wird die Spannungsfunktion

$$F = G\vartheta \left[b^2 - y^2 + a_1 \, \mathfrak{Cof} \, \frac{\pi x}{2b} \, \cos \frac{\pi y}{2b} \right] \ . \tag{3,9}$$

Der Streifen möge auf der x-Achse durch $x = \pm a$ begrenzt sein; dann ist für $y = 0$, $x = a$:

$$b^2 + a_1 \, \mathfrak{Cof} \, \frac{\pi a}{2b} = 0$$

und

$$a_1 = - \frac{b^2}{\mathfrak{Cof} \, \frac{\pi a}{2b}} \ .$$

und hiermit

$$F = G\vartheta \left[b^2 - y^2 - b^2 \, \frac{\mathfrak{Cof} \, \frac{\pi x}{2b}}{\mathfrak{Cof} \frac{\pi a}{2b}} \cdot \cos \frac{\pi y}{2b} \right] \ . \tag{3,10}$$

Die Randlinien durch die Punkte $x = \pm a$ sind aber keine Geraden. Wir bestimmen noch ihre Schnittpunkte mit den Geraden $y = \pm b$. Da es sich um Schnittpunkte zweier Randlinien handelt, muß in diesen Punkten nicht nur $F = 0$, sondern auch $\frac{\partial F}{\partial y} = 0$ werden. Dies gibt:

$$\left[-2y + b^2 \cdot \frac{\pi}{2b} \, \sin \frac{\pi y}{2b} \cdot \frac{\mathfrak{Cof} \, \frac{\pi x}{2b}}{\mathfrak{Cof} \, \frac{\pi a}{2b}} \right]_{y=b} = 0 \ .$$

Somit folgt für die Abszisse x_B des Schnittpunktes B :

$$\mathfrak{Cof} \, \frac{\pi x_B}{2b} = \frac{4}{\pi} \, \mathfrak{Cof} \frac{\pi a}{2b} \ ;$$

$|x_B|$ ist folglich etwas größer als a . Bild 3.2 zeigt ein Beispiel mit $a = 2b$.

d) Die Funktion dritten Grades

$$f(x + iy) = (a_0 + ib_0) + ib_3 \cdot (x + iy)^3$$

(bzw. in Polarkoordinaten $z = r \cdot e^{i\mu}$):

$$f(r \cdot e^{i\mu}) = (a_0 + ib_0) \cdot ib_3 \, r^3 \cdot e^{3i\mu}$$

führt auf die Spannungsfunktion

$$F = G\vartheta \cdot \left[b_0 + b_3 (x^3 - 3xy^2) - \tfrac{1}{2}(x^2 + y^2) \right]$$

$$= G\vartheta \cdot \left[b_0 + b_3 \, r^3 \, \text{as} \, 3\mu - \tfrac{1}{2} r^2 \right] \ . \tag{3,11}$$

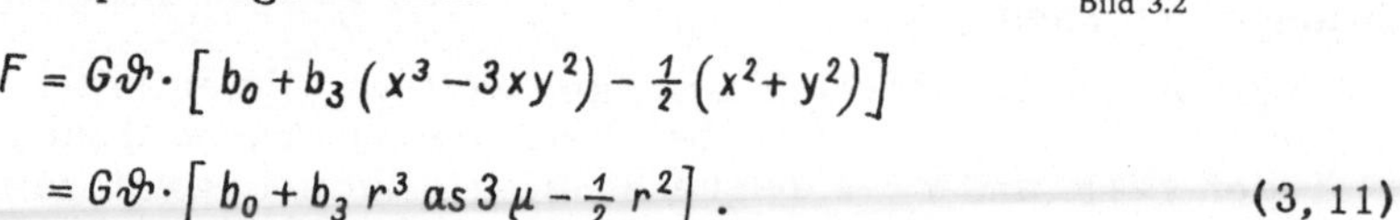

Bild 3.2

28

Der Querschnitt hat also drei Symmetrielinien. Durch geeignete Wahl der Konstanten b_0 und b_3 können wir es erreichen, daß der Querschnitt ein gleichseitiges Dreieck wird. Für das gleichseitige Dreieck nach Bild 3. 3a lautet nämlich die Gleichung der drei sich schneidenden Randgeraden:

$$(x - a)(x + 2a - y \cdot \sqrt{3})(x + 2a + y \cdot \sqrt{3}) = 0 \; ;$$

a ist der Halbmesser des Inkreises. Diese Gleichung formen wir um in

$$-6a \left[\tfrac{2}{3} a^2 - \tfrac{1}{6a} \left(x^3 - 3xy^2 \right) - \tfrac{1}{2} \left(x^2 + y^2 \right) \right] = 0 .$$

Wählen wir also in (3, 11):

$$b_0 = \tfrac{2}{3} a^2 \, , \quad b_3 = - \tfrac{1}{6a} \, ,$$

so wird die Spannungsfunktion:

$$F = G \vartheta \left[\tfrac{2}{3} a^2 - \tfrac{1}{6a} \left(x^3 - 3 xy^2 \right) - \tfrac{1}{2} \left(x^2 + y^2 \right) \right] , \tag{3, 12}$$

und $F_{Rand} = 0$ ist gerade die Randgleichung des gleichseitigen Dreiecks. Die zugehörige Verwölbungsfunktion lautet

$$w = \vartheta \varphi = - \tfrac{\vartheta}{6a} \left(3 x^2 y - y^3 \right) = - \tfrac{\vartheta r^3}{6a} \cdot \sin 3 \mu . \tag{3, 13}$$

Bild 3. 3a zeigt im Grundriß den Querschnitt und im Aufriß die Spannungsfunktion F , Bild 3. 3b die Höhenlinien der Verwölbungsfunktion w .

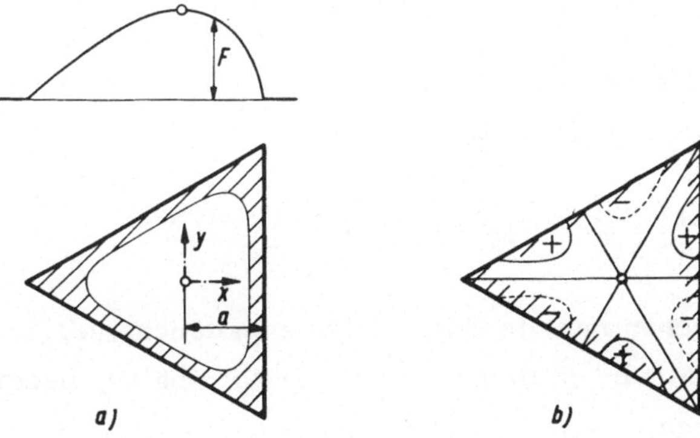

Bild 3.3 a — b

e) Wir bilden jetzt auch aus der Lösung für den Kreis eine neue Lösung durch Hinzufügen einer weiteren Potentialfunktion zu ψ .

Die Lösung für den Kreisquerschnitt lautete

$$F = G \vartheta \left(\psi - \tfrac{1}{2} r^2 \right)$$

mit

$$\psi = \tfrac{1}{2} r_a^2 \; .$$

Wir führen, Bild 3. 4, das Koordinatensystem $x'=x+r_a,\ y'=y$ ein und nehmen die Potentialfunktion

$$\psi'=\mathfrak{Im}\left\{-\frac{ic}{x'+iy'}\right\}=-c\cdot\frac{y'}{x'^2+y'^2}\qquad\qquad(c\ \text{reell})$$

oder in Polarkoordinaten $r',\ \mu'$:

$$\psi'=-c\cdot\frac{\cos\mu'}{r'}\ .$$

Auf jedem Kreise, der die y'-Achse berührt, nimmt ψ' einen konstanten Wert an, denn es ist dort nach Bild 3. 5:

$$r'=2a'\cdot\cos\mu'$$

und damit

$$\psi'=-\frac{c}{2a'}\ .$$

Dieses gilt aber nicht für
den Punkt $x'=y'=0$.

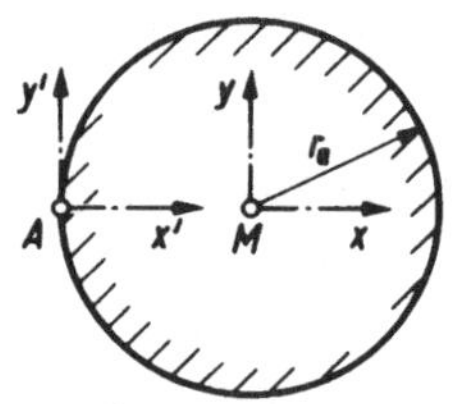

Bild 3.4

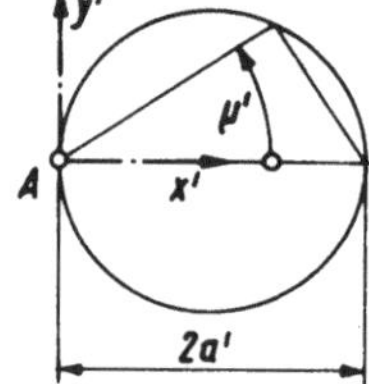

Bild 3.5

Nun stellen wir uns als Aufgabe, zu $\psi=\frac{1}{2}r_a^2$ eine Potentialfunktion hinzuzufügen, die auf dem Rande des Kreises $r=r_a$ die Werte Null gibt. Dieses ist die Funktion

$$-c\cdot\frac{x'}{r'^2}+c\cdot\frac{1}{2r_a}\ .$$

Damit wird

$$\psi=\frac{1}{2}r_a^2-c\cdot\frac{x'}{r'^2}+c\cdot\frac{1}{2r_a}\ ,$$

und die Spannungsfunktion wird

$$F=G\vartheta\left[\frac{1}{2}r_a^2-c\cdot\frac{x'}{r'^2}+c\cdot\frac{1}{2r_a}+\frac{1}{2}r^2\right]\ .\qquad\qquad(3,14)$$

Wir untersuchen nun die Form des so erhaltenen Querschnittes. Wir schreiben den Ausdruck in den $r',\ \mu'$ -Koordinaten, bezeichnen $\frac{c}{r_a}$ mit b^2 und setzen

$$r^2=x^2+y^2=(x'-a)^2+y'^2=r'^2-2x'a+a^2$$

in (3, 14) ein:

$$F=G\vartheta\ \frac{(r'^2-b^2)\cdot(r'-2r_a\cos\mu')}{2r'r_a}\ .\qquad\qquad(3,15)$$

Wir erhalten als Ränder die zwei Kreise mit $r'=b$ und $r=r_a$. Hiervon ist nur das Gebiet $r\leqq r_a$ und $r'\geqq b$ mit $b<2r_a$ brauchbar, da F

für $r'=0$ unendlich wird. Wir erhalten hiermit den Kreisquerschnitt mit Kreiskerbe, siehe Bild 3.6.

Die Berechnung des Flächenträgheitsmomentes geschieht am einfachsten in den Koordinaten r', μ' :

$$J_t = 2 \int_{-\alpha'}^{+\alpha'} \left\{ \int_{b}^{r_a} \frac{F(r',\mu')}{G\vartheta} \, r' \, dr' \right\} d\mu'$$

mit

$$\alpha' = arc \; cos \frac{b'}{2a} \; .$$

Setzen wir hier $F(r', \mu')$ nach Gleichung (3, 15) ein, so erhalten wir nach Ausführung der Integration:

$$J_t = 4 r_a^4 \left[\tfrac{1}{48} sin^4\alpha' + \tfrac{1}{6} sin 2\alpha' + \tfrac{1}{4}\alpha' - \tfrac{b^2}{r_a^2} \left(\tfrac{1}{4} sin 2\alpha' + \tfrac{1}{2}\alpha' \right) + \right.$$
$$\left. + \tfrac{2}{3} \tfrac{b^3}{r_a^3} sin \alpha' - \tfrac{1}{8} \tfrac{b^4}{r^4} \alpha' \right] \; ,$$

oder, mit

$$\frac{b}{r_a} = 2 cos \alpha', \; sin 4\alpha' = 8 sin \alpha' cos^3\alpha' - 4 sin \alpha' cos \alpha', \; sin 2\alpha' = 2 sin\alpha' cos\alpha':$$

$$J_t = 4 r_a^4 \left[sin \alpha' \left(\tfrac{1}{4} cos\alpha' + \tfrac{7}{2} cos^3\alpha' \right) + \alpha' \left(\tfrac{1}{4} - 2 cos^2\alpha' - 2 cos^4 \alpha' \right) \right] .$$

$$(3, 16)$$

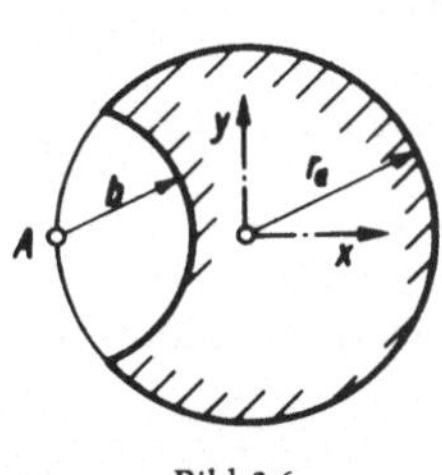

Bild 3.6

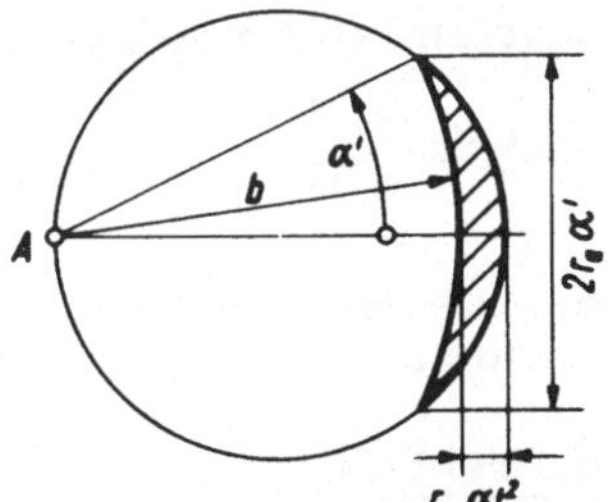

Bild 3.7

Für sehr kleine Werte von α', Bild 3.7, entsteht eine schmale Sichel von der Länge $2 r_a \cdot \alpha'$ und der größten Breite $r_a \cdot \alpha'^2$. Durch Reihenentwicklung von Gleichung (3, 16) erhalten wir:

$$J_{t_{(\alpha' \to 0)}} = \tfrac{32}{105} r_a^4 \cdot \alpha'^7 + \dots \qquad \text{Glieder höherer Ordnung;}$$

die Reihenglieder mit α', α'^3, α'^5 heben sich bei der Entwicklung weg. Man vergleiche das Ergebnis mit dem Resultat (2, 6) des vorigen Abschnittes; den Größen $r_a \cdot \alpha'$ bzw. $\tfrac{1}{2} r_a \cdot \alpha'^2$ entsprechen dort die Größen a und b_m .

4 Lösungen durch Potenzreihen

(Angepaßte Umkehrmethode)

Schon im Abschnitt 3 untersuchten wir Lösungen für ψ, die aus den einfachsten Potenzreihen ersten, zweiten und dritten Grades entstanden. Wir führen diese Untersuchung fort, nehmen Potenzreihen mit positiven Exponenten und weiter auch mit negativen Exponenten und überlegen uns, wie wir hiermit Querschnitte erhalten können, die von Bedeutung sind. Die noch freien Beiwerte der Ansätze werden wir den vorgegebenen Querschnitten anpassen. Wir bezeichnen daher die Methode als angepaßte Umkehrmethode.

4.1 Quadratischer Querschnitt

Beim regelmäßigen Dreieck genügte für ψ ein Ausdruck dritten Grades, der die erforderlichen Symmetrien aufwies. Beim quadratischen Querschnitt genügt der Ansatz

$$\psi = \Im\left\{i\left(a_0 + a_4 z^4\right)\right\} = a_0 + a_4 r^4 \cos 4\mu$$

nicht, wovon sich der Leser selbst überzeugen kann, da dann $\psi - \frac{1}{2}r^2 \doteq 0$ nicht in die Gleichung von vier Geraden zerfällt. Wegen der vorhandenen Symmetrien ist der allgemeine Ansatz

$$\psi = \Im\left\{i\sum_{n=0}^{\infty} a_{4n} z^4\right\} = \sum_{n=0}^{\infty} a_{4n} r^{4n} \cos 4n\mu$$

zu wählen. Die Bestimmung der Koeffizienten werden wir allgemein für ein regelmäßiges Vieleck weiter unten durchführen.

Rechteckquerschnitt

Hierfür wäre ein Ansatz

$$\psi = \Im\left\{i\sum_{n=0}^{\infty} a_{2n} z^{2n}\right\} = \sum_{n=0}^{\infty} a_{2n} r^{2n} \cos 2n\mu$$

zu wählen. Der Ansatz ist sehr ungünstig, die Bestimmung der Koeffizienten mit viel Rechenarbeit verbunden; für das Rechteck werden wir in Abschnitt 9 geeignetere Ansätze verwenden.

4.2 Regelmäßige Geradlinien- und Bogenvielecke

In den Bildern 4.1 a, b, c sind drei Querschnitte dargestellt mit der Seitenzahl fünf. Wir setzen hierfür an:

$$\psi = \Im\left\{i\sum_{n=0}^{\infty} a_{5n} z^{5n}\right\} = \sum_{n=0}^{\infty} a_{5n} r^{5n} \cos 5n\mu \ . \tag{4,1}$$

Der Ansatz besitzt die erforderlichen Symmetrien. Für das geradlinige regelmäßige Fünfeck nach Bild 4. 1 b und das Bogenfünfeck nach Bild 4. 1 a gilt der Ansatz im ganzen Querschnittsbereich. Beim Querschnitt nach Bild 4. 1 c gilt der Ansatz nur innerhalb des Konvergenzkreises, der durch die fünf Innenecken geht; für diesen Querschnitt gilt die nachfolgende Untersuchung nicht.

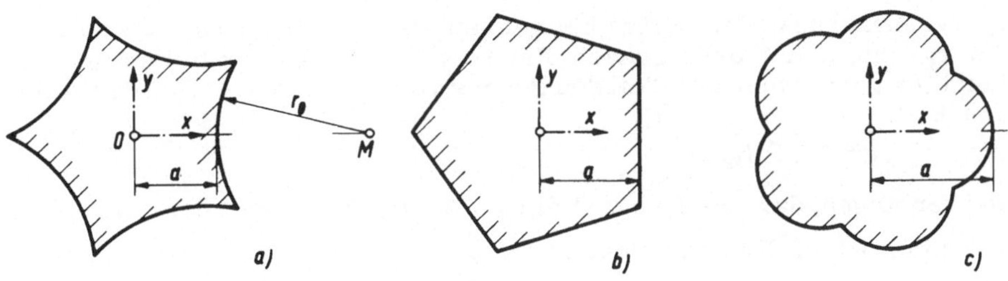

Bild 4.1 a — c

4. 3 Verfahren zur Bestimmung der Koeffizienten

Ein Verfahren, um für die Querschnitte nach Bild 4. 1 a und 4. 1 b alle Beiwerte a_{5n} von $n=0$ bis $n=\infty$ zu bestimmen, gibt es nicht. Wir können nur Näherungslösungen mit einer beschränkten Anzahl von Gliedern finden, durch Erhöhung der Anzahl der Glieder jedoch eine beliebige Genauigkeit erzielen. Wir machen also den Näherungsansatz

$$\psi = \sum_{n=0}^{N} a_{5n} \, r^{5n} \cos 5n\,\mu \; . \tag{4, 2}$$

Die Koeffizienten a_{5n} von a_0 bis a_{5N} werden wir so bestimmen, daß der Querschnitt, der durch die Linie

$$\psi - \tfrac{1}{2} r^2 = 0$$

berandet ist, möglichst gut mit dem vorgegebenen Querschnitt übereinstimmt. Was unter "möglichst gut" zu verstehen ist, hängt davon ab, was man mit der Näherung erreichen will.

a) Will man einen möglichst guten Wert für das Flächentorsionsmoment J_t erhalten, so ist ein Verfahren zweckmäßig, das wir in Abschnitt 20 darlegen werden. Hierzu benötigen wir aber nicht einen Ansatz für ψ , sondern einen Näherungsansatz für die Verwölbung

$$w = \vartheta \cdot \varphi \; .$$

Diesen erhalten wir aus Gleichung (4, 2):

$$w = -\vartheta \sum_{n=1}^{N} a_{5n} \, r^{5n} \sin 5n\,\mu \; . \tag{4, 3}$$

Die weitere allgemeine Behandlung findet der Leser im angegebenen Abschnitt.

b) Wir werden nun die Frage untersuchen, wie wir den Querschnitt mit dem Rande

$$\psi - \tfrac{1}{2} r^2 = 0$$

dem vorgegebenen Querschnitt anpassen können. Wir geben hierfür einige Verfahren an und nehmen hierzu den Querschnitt nach Bild 4.1 b und den Ansatz (4, 2).

b_1) Wir berechnen für den Rand des Querschnittes die Werte $\left[\psi - \tfrac{1}{2} r^2\right]_{Rd}$. Dieser Ausdruck wird selbst bei geeigneter Wahl der Koeffizienten a_0 bis a_{5N} nicht auf dem ganzen Rande gleich Null. Wir bilden für den Rand (es genügt hier der Teil des Randes von $\mu = 0$ bis $\mu = \pi/5$) den Ausdruck

$$\left[\psi - \tfrac{1}{2} r^2\right]_{Rd}^{2}$$

und verlangen, daß das Integral dieses Ausdruckes über den Rand zum Minimum wird. Für das Fünfeck wird mit $r = \dfrac{a}{\cos^2 \mu}$:

$$\left[\psi - \tfrac{1}{2} r^2\right]_{Rd} = \sum_{n=0}^{N} a_{5n} \cdot \left(\frac{a}{\cos \mu}\right)^{5n} \cdot \cos 5n\mu - \frac{1}{2} \frac{a}{\cos^2 \mu} \; ,$$

und mit dem Randelement $dt = \dfrac{a}{\cos^2 \mu}\, d\mu$ lautet unsere Bedingung:

$$\int\limits_{\mu=0}^{\pi/5} \left\{ \sum_{n=0}^{N} a_{5n} \left(\frac{a}{\cos \mu}\right)^{5n} \cdot \cos 5n\mu - \frac{1}{2} \frac{a^2}{\cos^2 \mu} \right\}^{2} \frac{a}{\cos^2 \mu}\, d\mu = Min. \qquad (4, 4)$$

Man kann aber die Randelemente auch mit einem positiv-definiten Faktor multiplizieren, wodurch man auf bestimmte Teile des Randes größeres Gewicht legt. Nehmen wir als solchen Faktor den Ausdruck $cos^2 \mu$ so erhalten wir die Bedingungsgleichung

$$\int\limits_{\mu=0}^{\pi/5} \left\{ \sum_{n=0}^{N} a_{5n} \left(\frac{a}{\cos \mu}\right)^{5n} \cdot \cos 5n\mu - \frac{1}{2} \frac{a^2}{\cos^2 \mu} \right\}^{2} a\, d\mu = Min. \qquad (4, 5)$$

Der Ausdruck, der zum Minimum zu machen ist, wird in beiden Fällen ein Polynom 2. Grades in den Freiwerten a_{5n}. Wir differenzieren ihn nach den a_{5n}, setzen die erhaltenen Differentialquotienten gleich Null und bekommen ein System von $N+1$ linearen Gleichungen, aus denen die Werte a_0 bis a_{5N} zu berechnen sind.

b_2) In einfacherer Weise kommen wir zu $N+1$ linearen Gleichungen, indem wir an $N+1$ Punkten P_n des Randes die Bedingung erfüllen, daß

$$\left[\psi - \tfrac{1}{2} r^2\right]_{n} = 0$$

wird. Die $N+1$ Punkte P_n wählen wir wegen der Symmetrie auf der halben Seite von $\mu = 0$ bis $\mu = \pi/5$.

b_3) Lassen wir die $N+1$ Punkte oder einen Teil derselben mit dem Randpunkte $\mu=0$ (oder $x=a, y=0$) zusammenfallen, so ist an dieser Stelle sowohl F als auch eine entsprechende Anzahl von Ableitungen in Richtung der Randkurve gleich Null zu setzen.

Mit diesem Fall werden wir uns eingehender befassen. Dann ist anzunehmen, daß für diese Stelle des Randes die Randspannung $\tau_y = -\frac{\partial F}{\partial x}$ der Näherungslösung einen ziemlich genauen Wert geben wird. Diese Annahme stützt sich auf die Vorstellung, die wir durch das Prandtl'sche Membrangleichnis gewinnen.

4.4 Regelmäßiges geradliniges Fünfeck

Für n in Gleichung (4, 3) nehmen wir die Werte 0, 1 und 2 und erhalten zunächst als Gleichung der Randkurve:

$$\psi - \tfrac{1}{2}r^2 = a \; + a_5 \left(x^5 - 10\,x^3 y^2 + 5\,x y^4 \right) +$$

$$+ a_{10} \left(x^{10} - 45\,x^8 y^2 + 210\,x^6 y^4 - 210\,x^4 y^6 + 45\,x^2 y^8 - y^{10} \right) - \frac{x^2 + y^2}{2} = 0 . \tag{4, 6}$$

Die Randlinie geht durch die Mitte einer Seite mit den Koordinaten $x=a, y=0$. Setzen wir diese Werte in Gleichung (4, 6) ein, so erhalten wir als erste Gleichung

$$a_0 + a_5\,a^5 + a_{10}\,a^{10} - \tfrac{1}{2}\,a^2 = 0 . \tag{4, 7}$$

Nun stellen wir weitere Bestimmungsgleichungen für die Koeffizienten auf. Für unsere Randlinie wählten wir Gleichung (4, 6), für die wir allgemein

$$G(x, y) = 0$$

schreiben. Aus dieser Gleichung erhalten wir für den gewählten Randpunkt die Differentialquotienten für die Randlinie: $\frac{dx}{dy}$, $\frac{d^2 x}{dy^2}$ usw. Diese drücken wir durch die Ableitungen der Funktion $G(x, y)$ aus und schreiben hierbei abgekürzt:

$$\frac{\partial G}{\partial x} = G_x , \quad \frac{\partial G}{\partial y} = G_y , \quad \frac{\partial^2 G}{\partial x^2} = G_{xx} . \qquad\text{usw.}$$

Wir erhalten dann

$$\frac{dx}{dy} = - \frac{G_y}{G_x} ,$$

$$\frac{d^2 x}{\partial y^2} = \frac{\partial}{\partial y}\left(\frac{dx}{dy} \right) + \frac{\partial}{\partial x}\left(\frac{dx}{dy} \right) \cdot \frac{dx}{dy} = - \frac{1}{G_x^3}\left[G_{yy}\,G_x^2 - 2\,G_{xy}\,G_x\,G_y + G_{xx}\,G_y^2 \right] ,$$

$$\frac{d^3 x}{dy^3} = \frac{\partial}{\partial y}\left(\frac{d^2 x}{dy^2} \right) + \frac{\partial}{\partial x}\left(\frac{d^2 x}{dy^2} \right) \cdot \frac{dx}{dy} =$$

$$= - \frac{1}{G_x^4}\left[G_{yyy}\,G_x^3 - 3\,G_{xyy}\,G_x^2\,G_y + 3\,G_{xxy}\,G_x\,G_y^2 - G_{xxx}\,G_y^3 \right] +$$

$$+ \frac{3}{G_x^5}\left(G_{xy}\,G_x - G_{xx}\,G_y \right)\left(G_{yy}\,G_x^2 - 2\,G_{xy}\,G_x\,G_y + G_{xx}\,G_y^2 \right) ,$$

usw.

Bei dem von uns gewählten Ansatz und Randpunkt werden alle in y un-
geraden Ableitungen G_y, G_{yyy}, G_{xxy} usw. gleich Null, und wir erhalten:

$$\frac{dx}{dy} \equiv 0$$

$$\frac{d^2x}{dy^2} = -\frac{G_{yy}}{G_x}$$

$$\frac{d^3x}{dy^3} \equiv 0$$

$$\frac{d^4x}{dy^4} = -\frac{G_{yyyy}}{G_x} + 6\frac{G_{xyy}}{G_x^2} - 3\frac{G_{xx}G_{yy}^2}{G_x^3} =$$

$$= -\frac{G_{yyyy}}{G_x} - 6\frac{G_{xyy}}{G_x}\cdot\frac{d^2x}{dy^2} - 3\frac{G_{xx}}{G_x}\left(\frac{d^2x}{dy^2}\right)^2 . \tag{4,8}$$

Für das regelmäßige Fünfeck mit geraden Seiten ist für $x = a$, $y = 0$

$$\frac{d^2x}{dy^2} = 0 \quad\text{und}\quad \frac{d^4x}{dy^4} = 0 .$$

Hieraus folgt

$$G_{yy} = 0 \quad\text{und}\quad G_{yyyy} = 0 .$$

Für G ist die linke Seite der Gleichung (4,6) zu nehmen. Damit erhalten wir das System von drei Gleichungen:

$$a_0 + a^5\cdot a_5 + a^{10}\cdot a_{10} - \tfrac{1}{2}a^2 = 0$$

$$-5\cdot 4\cdot a^3\cdot a_5 - 10\cdot 9\cdot a^8\cdot a_{10} - 1 = 0$$

$$+5\cdot 4\cdot 3\cdot 2\cdot a\cdot a_5 + 10\cdot 9\cdot 8\cdot 7\cdot a^6\cdot a_{10} = 0 = 0$$

mit den Lösungen:

$$a_0 = \frac{208}{307}a^2$$

$$a_5 = -\frac{7}{125}a^{-3}$$

$$\text{und}\quad a_{10} = \frac{1}{750}a^{-8} .$$

Berechnet man nach diesen Werten die Randlinie, so weicht sie nur in
den Ecken merkbar von dem vorgegebenen Fünfeck ab.

4.5 Regelmäßiges Kreisbogenfünfeck nach Bild 4.1 a

Wir berechnen erst für die Mitte einer Seite $\frac{d^2x}{dy^2}$ und $\frac{d^4x}{dy^4}$ der
wirklichen Randlinie. Die Gleichung des Kreisbogens wird

$$\left[x - (a + r_a)\right]^2 + y^2 - r_a^2 = 0 .$$

Hieraus:

$$x = -\sqrt{r_a^2 - y^2} + \left(a + r_a \right) \equiv$$

$$\equiv -r_a \left[1 - \left(\tfrac{y}{r_a} \right)^2 \right]^{\frac{1}{2}} + \left(a + r_a \right) \equiv$$

$$\equiv a + r_a \cdot \left[\tfrac{1}{2} \left(\tfrac{y}{r_a} \right)^2 + \tfrac{1}{8} \left(\tfrac{y}{r_a} \right)^4 + \cdots \right] ,$$

also

$$\frac{d^2x}{dy^2} \bigg|_{y=0} = \frac{1}{r_a} \ , \quad \frac{d^4x}{dy^4} \bigg|_{y=0} = \frac{3}{r_a^3} \ . \qquad (4,9)$$

Für die Lösung benutzen wir wieder den Ansatz (4,6). Die Bestimmungsgleichungen finden wir auf Grund folgender Bedingungen:

Für $x=a, y=0$ wird $G(x,y)=0$. Weiter sind die Ableitungen $\frac{d^2x}{dy^2}$ und $\frac{d^4x}{dy^4}$ nach Gleichung (4,8) gleich den gefundenen Werten (4,9) zu setzen. Wir erhalten hiermit:

$$a_0 + a^5 \cdot a_5 + a^{10} \cdot a_{10} - \tfrac{1}{2} a_*^2 = 0 ,$$

$$\frac{5 \cdot 4 \cdot a^3 a_5 + 10 \cdot 9 \cdot a^8 \cdot a_{10} - 1}{5 \cdot a^4 \cdot a_5 + 10 \cdot a^3 \cdot a_{10}} = \frac{1}{r_a} ,$$

$$-\frac{5 \cdot 4 \cdot 3 \cdot 2 \cdot a \cdot a_5 + 10 \cdot 9 \cdot 8 \cdot 7 \cdot a^6 \cdot a_{10}}{5 \cdot a^4 \cdot a_5 + 10 \cdot a^9 \cdot a_{10}} +$$

$$+\frac{5 \cdot 4 \cdot 3 \cdot a^2 \cdot a_5 + 10 \cdot 9 \cdot 8 \cdot a^7 \cdot a_{10}}{5 \cdot a^4 \cdot a_5 + 10 \cdot a^9 \cdot a_{10}} \cdot \frac{1}{r_a} -$$

$$-\frac{5 \cdot 4 \cdot a^4 \cdot a_5 + 10 \cdot 9 \cdot a^8 \cdot a_{10}}{5 \cdot a^4 \cdot a_5 + 10 \cdot a^9 \cdot a_{10}} \cdot \frac{1}{r_a^2} = \frac{3}{r_a^3} \ .$$

Wir erhalten drei lineare Gleichungen zur Bestimmung der Beiwerte a_0, a_5 und a_{10} ; die Auswertung bleibe dem Leser überlassen.

4.6 Lösungsansätze mit positiven und negativen Exponenten

Für Querschnitte mit einem Loch sind Potenzansätze mit positiven und negativen Exponenten möglich. Bei regelmäßigen Querschnitten werden die Ansätze besonders einfach. Für die Querschnitte nach Bild 4.2 a und 4.2 b z.B.:

$$\psi = \sum_{n=0}^{\infty} a_{5n} \ r^{5n} \cos 5n\mu + \sum_{n=0}^{\infty} a'_{5n} \ r^{-5n} \cos 5n\mu \ .$$

Dieser Ansatz wird aber bei dem Querschnitt nach Bild 4. 2 a nicht im
ganzen Querschnittsbereich konvergieren, u. U. aber für den Querschnitt nach Bild 4. 2 b. Für den regelmäßigen Dreiecksquerschnitt
mit Kreisloch nach Bild 4. 2 konvergiert ein entsprechender Ansatz

$$\psi = \sum_{n=0}^{\infty} a_{3n}\, r^{3n}\, \cos 3n\mu + \sum_{n=0}^{\infty} a'_{3n}\, r^{-3n}\, \cos 3n\mu$$

nicht, wie wir später zeigen werden.

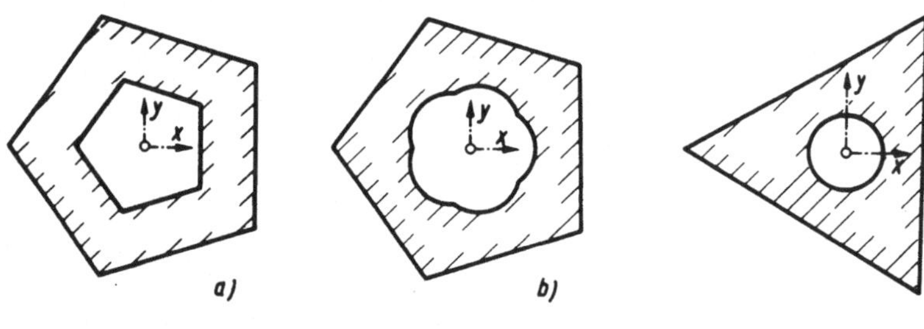

Bild 4.2 a—b

Bild 4.3

Wie die Konvergenz untersucht werden kann, wird im Abschnitt 16
gezeigt; in Fällen, bei denen diese Ansätze nicht konvergieren, sind
u. U. Methoden anzuwenden, die in den Abschnitten 16 und 19 dargelegt sind.

5 Sektoren der Ebene, der Kreisfläche und der Kreisringfläche

Das Gebiet $-\alpha \leqq \mu \leqq +\alpha$ ist ein "Sektor der Ebene". Durch Hinzunahme einer weiteren Randkurve erhalten wir einen geschlossenen Querschnitt, z.B. durch Hinzunahme der Kurve $r = r_a$ einen "Sektor der Kreisfläche". Wir stellen erst eine Lösung für den Sektor der Ebene auf, die allgemein für die Ecke mit dem Winkel 2α gilt; hierbei kann 2α auch größer als π sein. Dann leiten wir hieraus die Lösung für den Sektor der Kreisfläche ab, wobei wir für den Rand $r = r_a$ die Bedingung $F_{Rd}=0$ durch Fourier-Zerlegung erhalten. Wir nennen diese Methode M e t h o d e   d e r   F o u r i e r - Z e r l e g u n g. Für den Sektor der Kreisringfläche sind weitere Glieder hinzuzunehmen, da die Ecke fortfällt.

5.1 Allgemeine Lösung für den Sektor der Ebene

Auf den Randgeraden $\mu = \pm\alpha$ wird $\psi = \frac{1}{2}r^2$; eine Grundlösung hierfür ist leicht anzugeben. Wir wählen nämlich die Potentialfunktion zweiten Grades

$$\psi_{Gr} = c \, \Im\left\{i z^2\right\} = cr^2 \cos 2\mu . \tag{5,1}$$

Damit die Randbedingung erfüllt ist, setzen wir $c = \dfrac{1}{2\cos 2\alpha}$ und erhalten

$$\frac{F_{Gr}}{G\vartheta} = \psi_{Gr} - \frac{1}{2}r^2 = \frac{r^2 \cos 2\mu}{2 \cos 2\alpha} - \frac{1}{2} r^2 .$$

Um den allgemeinen Ausdruck für $\psi - \frac{1}{2}r^2$ zu gewinnen, fügen wir zur Grundlösung Glieder hinzu, die für $\mu = \pm\alpha$ den Wert Null geben und für $r = 0$ n i c h t unendlich werden. Als solche wählen wir die Potentialfunktionen

$$a_n \, r^{\frac{n\pi}{2\alpha}} \cdot \cos \frac{n\pi}{2\alpha} \mu \; , \qquad n = 1, 3, 5 \ldots \, ,$$

und

$$b_m \, r^{\frac{m\pi}{2\alpha}} \cdot \sin \frac{m\pi}{2\alpha} \mu \; , \qquad m = 2, 4, 6 \ldots \, ,$$

Die allgemeine Lösung wird hiermit:

$$\frac{F}{G\vartheta} = \psi - \frac{1}{2}r^2 = \sum_{n=1,3,5,\ldots} a_n \, r^{\frac{n\pi}{2\alpha}} \cdot \cos \frac{n\pi}{2\alpha} \mu + \sum_{m=2,4,6,\ldots} b_m \, r^{\frac{m\pi}{2\alpha}} \sin \frac{m\pi}{2\alpha} \mu +$$

$$+ \; \frac{r^2 \cos 2\mu}{2 \cos 2\alpha} - \frac{1}{2} r^2 . \tag{5,2}$$

Durch Wahl von geeigneten Beiwerten a_n und b_m erhalten wir Lösungen für geschlossene Querschnitte. Diese Lösungen gelten aber nur bis zum Konvergenzkreise der Reihe (5, 2); für bestimmte Querschnitte werden wir in späteren Abschnitten die Konvergenzkreise bestimmen.

Für $\alpha = \frac{\pi}{4}$ und $\alpha = \frac{3\pi}{4}$ versagt der Ansatz nach Gleichung (5, 2), da hierfür $\cos 2\alpha = 0$ wird. Um diese Fälle zu untersuchen, bilden wir den Sektor der Ebene konform auf die Halbebene ab *). Für $\alpha = \frac{\pi}{4}$ setzen wir hierzu

$$z^2 = z_1$$

oder

$$r^2 e^{2i\mu} = r_1 e^{i\mu_1} \; ,$$

so daß

$$\mu_1 = 2\mu \quad und \quad r_1 = r^2 \qquad \qquad \text{wird.}$$

Auf dem Rande der Halbebene werden für $\mu = \pm\alpha = \pm\frac{\pi}{4}$, $\mu_1 = \pm\frac{\pi}{2}$ die Werte von ψ_{Gr} :

$$\psi_{Gr} = \tfrac{1}{2} r^2 = \tfrac{1}{2} r_1 \; .$$

Im Bild 5.1 a und b sind die Randwerte für die z -Ebene und für die z_1 -Ebene dargestellt. Tragen wir ψ_{Gr} über y_1 auf, so erhalten wir zwei vom Nullpunkt ausgehende Geraden, so daß in diesem Punkte ein Knick entsteht.

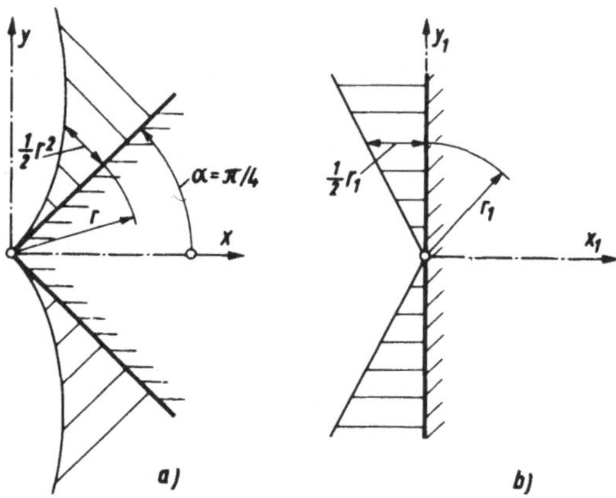

Bild 5.1 a — b

Wie lautet für diese Werte die Potentialfunktion? Nun, wir wissen, daß die Funktion

$$\tfrac{1}{\pi} \mu_1 = \tfrac{1}{\pi} \, arctg \, \tfrac{y_1}{x_1} = \tfrac{1}{\pi} \, \Im\left\{ ln \, \tfrac{z_1}{a} \right\}$$

am Rande der Halbebene $x_1 \gtreqless 0$ die Werte $+\frac{1}{2}$ für $y_1 > 0$ und $-\frac{1}{2}$ für $y_1 < 0$ hat. Wir versuchen darum, eine Lösung zu bilden, indem wir die Funktion

$$\psi_{Gr,\alpha=\frac{\pi}{4}} = \tfrac{1}{\pi} \, \Im\left\{ -iz_1 \cdot ln \, \tfrac{z_1}{a} \right\} = \tfrac{1}{\pi} \cdot \Re\left\{ -z_1 \cdot ln \, \tfrac{z_1}{a} \right\}$$

nehmen.

---

*) Über konforme Abbildungen siehe Anhang II.

(Den beliebigen konstanten Wert α (mit derselben Dimension wie z_1) führen wir hier wie auch später ein, damit das Argument des Logarithmus dimensionslos wird.)

Wir erhalten

$$\psi_{Gr,\alpha=\frac{\pi}{4}} = \frac{1}{\pi}\left[-\mathfrak{Re}\{z_1\}\cdot\mathfrak{Re}\left\{\ln\tfrac{z_1}{a}\right\} + \mathfrak{Im}\{z_1\}\cdot\mathfrak{Im}\left\{\ln\tfrac{z_1}{a}\right\}\right] =$$

$$= \frac{2}{\pi}\left[-\mathfrak{Re}\{z^2\}\cdot\mathfrak{Re}\left\{\ln\tfrac{z}{a}\right\} + \mathfrak{Im}\{z^2\}\cdot\mathfrak{Im}\left\{\ln\tfrac{z}{a}\right\}\right] =$$

$$= \frac{2}{\pi}\left[-r^2\cdot\ln\tfrac{r}{a}\cdot\cos 2\mu + r^2\mu\cdot\sin 2\mu\right]. \tag{5,3}$$

Für $\mu = \pm\frac{\pi}{4}$ wird mit $\cos 2\mu = 0$, $\sin 2\mu = 1$:

$$\psi_{Gr,\alpha=\frac{\pi}{4}} = \tfrac{1}{2}r^2.$$

Für $\alpha = \frac{3\pi}{4}$ finden wir in gleicher Weise:

$$\psi_{Gr,\alpha=\frac{3\pi}{4}} = -\frac{2}{3\pi}\left[-r^2\ln\tfrac{r}{a}\cdot\cos 2\mu + r^2\mu\cdot\sin 2\mu\right]. \tag{5,4}$$

Daß sich für $\alpha = \frac{\pi}{4}$ und $\alpha = \frac{3\pi}{4}$ scheinbar andere Lösungen als im allgemeinen Fall für ψ_{Gr} ergeben, veranlaßt uns, für diese Fälle Grenzübergänge vorzunehmen. Für $\alpha < \frac{\pi}{4}$ nehmen wir nach (5,2) die Lösung für ψ_{Gr} mit einem Teile des ersten Reihengliedes und bilden hieraus eine neue Grundlösung ψ'_{Gr} :

$$\psi'_{Gr} = \frac{r^2\cos 2\mu}{2\cos 2\alpha} + a_1\cdot r^{\frac{\pi}{2\alpha}}\cdot\cos\frac{\pi}{2\alpha}\mu.$$

Wir setzen $a_1 = -\dfrac{1}{2\cos 2\alpha}$ und fassen beide Glieder zusammen, so daß der Ausdruck für $\alpha\to\frac{\pi}{4}$ gegen $\frac{0}{0}$ geht. Wir erhalten dann

$$\psi'_{Gr,\alpha\to\frac{\pi}{4}} = \left[\frac{r^2\cos 2\mu - r^{\frac{\pi}{2\alpha}}\cos\frac{\pi}{2\alpha}\mu}{2\cos 2\alpha}\right]_{\alpha\to\frac{\pi}{4}} =$$

$$= \left[\frac{\mathfrak{Re}\left\{z^2 - z^{\frac{\pi}{2\alpha}}\right\}}{2\cos 2\alpha}\right]_{\alpha\to\frac{\pi}{4}} =$$

$$= \left[\frac{\frac{\partial}{\partial\alpha}\left(\mathfrak{Re}\left\{z^2 - z^{\frac{\pi}{2\alpha}}\right\}\right)}{\frac{\partial}{\partial\alpha}\left(2\cos 2\alpha\right)}\right]_{\alpha\to\frac{\pi}{4}} =$$

$$= \mathfrak{Re}\left\{\tfrac{2}{\pi}z^2\ln z\right\} = \tfrac{2}{\pi}\left[-r^2\ln r\cdot\cos 2\mu + r^2\mu\cdot\sin 2\mu\right].$$

Fügen wir das weitere Teilglied der Reihe $\frac{2}{\pi}r^2\ln a\cdot\cos 2\mu$ hinzu, so erhalten wir den früheren Ausdruck für $\psi_{Gr,\alpha=\frac{\pi}{4}}$.

Zu den Grundlösungen für $\alpha = \frac{\pi}{4}$ und $\alpha = \frac{3\pi}{4}$ sind zur Bildung der allgemeinen Lösung ebenfalls die Reihensummen $\sum\limits_{n=1,3,5\dots} a_n \dots$ und $\sum\limits_{m=2,4,6,\dots} b_m \dots$ hinzuzufügen. Wir erhalten hiermit:

für $\alpha = \frac{\pi}{4}$:

$$\frac{F}{G\vartheta} = \psi - \tfrac{1}{2} r^2 = \sum_{n=1,3,5,\dots} a_n \, r^{\frac{n\pi}{2\alpha}} \cdot \cos\left(\frac{n\pi}{2\alpha}\,\mu\right) + \sum_{m=2,4,6,\dots} b_m \, r^{\frac{m\pi}{2\alpha}} \cdot \sin\left(\frac{m\pi}{2\alpha}\,\mu\right) +$$

$$+ \frac{2}{\pi}\left[-r^2 \ln \frac{r}{a} \cdot \cos 2\mu + r^2 \mu \cdot \sin 2\mu \right] - \tfrac{1}{2} r^2, \qquad (5,5)$$

und für $\alpha = \frac{3\pi}{4}$:

$$\frac{F}{G\vartheta} = \psi - \tfrac{1}{2} r^2 = \sum_{n=1,3,5,\dots} a_n \, r^{\frac{n\pi}{2\alpha}} \cdot \cos\left(\frac{n\pi}{2\alpha}\,\mu\right) + \sum_{m=2,4,6,\dots} b_m \, r^{\frac{m\pi}{2\alpha}} \cdot \sin\left(\frac{m\pi}{2\alpha}\,\mu\right) -$$

$$- \frac{2}{3\pi}\left[-r^2 \ln \frac{r}{a} \cdot \cos 2\mu + r^2 \mu \cdot \sin 2\mu \right] - \tfrac{1}{2} r^2. \qquad (5,6)$$

5.2 Lösung für den Sektor der Kreisfläche durch Fourier-Zerlegung

Die Gleichung (5,2) und für $\alpha = \frac{\pi}{4}$ bzw. $\alpha = \frac{3\pi}{4}$ die Gleichungen (5,5) bzw. (5,6) geben uns die allgemeine Lösung für $\psi - \tfrac{1}{2} r^2$ für einen Querschnitt, der durch zwei Geraden durch den Koordinatennullpunkt und, bei geeigneter Wahl der Beiwerte, durch eine weitere Randlinie begrenzt ist. Ist diese Randlinie ein Kreisbogen mit $r = r_a$, so erhalten wir als Querschnitt einen Sektor der Kreisfläche mit dem Zentriwinkel 2α , wobei 2α auch größer als π sein kann. Wie sind dann die Beiwerte a_n und b_m zu wählen?

Wir setzen für den allgemeinen Fall, also für $\alpha \neq \frac{\pi}{4}$ und $\alpha \neq \frac{3\pi}{4}$:

$$\frac{F}{G\vartheta} = \sum_{n=1,3,5,\dots} a_n \, r^{\frac{n\pi}{2\alpha}} \cdot \cos\left(\frac{n\pi}{2\alpha}\,\mu\right) + \frac{r^2 \cos 2\mu}{2\cos 2\alpha} - \tfrac{1}{2}\, r^2. \qquad (5,7)$$

Die Summe mit den Sinus-Gliedern fällt infolge der Symmetrie zur x-Achse fort. Für $r = r_a, \; -\alpha \leq \mu \leq +\alpha$ erhalten wir die Randbedingung:

$$\sum_{n=1,3,5,\dots} a_n \, r_a^{\frac{n\pi}{2\alpha}} \cdot \cos\left(\frac{n\pi}{2\alpha} \cdot \mu\right) + \frac{r_a^2 \cos 2\mu}{2\cos 2\alpha} - \tfrac{1}{2}\, r_a^2 = 0. \qquad (5,8)$$

Die Funktion $\dfrac{r_a^2 \cos 2\mu}{2\cos 2\alpha} - \tfrac{1}{2}\, r_a^2$ gilt für das Intervall $-\alpha < \mu < +\alpha$; im anschließenden Intervall $\alpha < \mu < 3\alpha$ ist der gleiche Funktionsverlauf mit entgegengesetzten Vorzeichen zu nehmen, so daß wir eine periodische Funktion mit der Periode 4α erhalten.

Wir zerlegen $\frac{r_a^2 \cos 2\mu}{2\cos 2\alpha} - \frac{1}{2}\, r_a^2$ in eine Fourier-Reihe mit den Gliedern $a_n' \cdot \cos\left(\frac{n\pi}{2\alpha}\cdot\mu\right)$; die Berechnung gibt

$$\frac{2}{\alpha}\int_0^{\alpha} a_n'\,\cos^2\left(\frac{n\pi}{2\alpha}\,\mu\right)\cdot d\mu \;=\; \frac{2}{\alpha}\int_0^{\alpha}\left[\frac{r_a^2\cos 2\mu}{2\cos 2\alpha} - \frac{1}{2}\,r_a^2\right]\cos\left(\frac{n\pi}{2\alpha}\,\mu\right)d\mu \;.$$

Hieraus

$$a_n' = (-1)^{\frac{n-1}{2}}\cdot\frac{2}{\pi}\,r_a^2\left[\frac{n\cdot\operatorname{tg}2\alpha}{n^2-\left(\frac{4\alpha}{\pi}\right)^2} - \frac{1}{n}\right]\;. \tag{5,9}$$

Um Gleichung (5, 8) zu befriedigen, setzen wir die Freiwerte

$$a_n = -\,\frac{a_n'}{r_a^{\frac{n\pi}{2\alpha}}}\;. \tag{5,10}$$

Hiermit ist die Lösung für den Sektor der Kreisfläche gefunden. Entsprechend ist die Lösung für $\alpha=\frac{\pi}{4}$ und $\alpha=\frac{3\pi}{4}$ durchzuführen.

Für den allgemeinen Fall (also für $\alpha\neq\frac{\pi}{4}$ und $\alpha\neq\frac{3\pi}{4}$) erhalten wir:

$$\frac{F}{G\vartheta} = \psi - \frac{1}{2}r^2 = \sum_{n=1,3,\cdots}(-1)^{\frac{n+1}{2}}\cdot\frac{2}{\pi}\,r_a^2\left[\frac{n\operatorname{tg}^2\alpha}{n^2-\left(\frac{4\alpha}{\pi}\right)^2} - \frac{1}{n}\right]\cdot\left(\frac{r}{r_a}\right)^{\frac{n\pi}{2\alpha}}\cdot\cos\frac{n\pi}{2\alpha}\mu$$

$$+\;\frac{r^2\cos 2\mu}{2\cos 2\alpha} - \frac{1}{2}r^2 =$$

$$=\;\Im\left\{\frac{2i}{\pi}\,r_a^2\sum_{n=1,3,\cdots}(-1)^{\frac{n+1}{2}}\cdot\left[\frac{n\operatorname{tg}^2\alpha}{n^2-\left(\frac{4\alpha}{\pi}\right)^2}\right]\cdot\left(\frac{z}{r_a}\right)^{\frac{n\pi}{2\alpha}} + \frac{z^2}{2\cos 2\alpha}\right\} - \frac{1}{2}r^2\,.$$

Wir betrachten die Teilfunktion ψ' von ψ , die wir erhalten, indem wir nur die Glieder mit $-\frac{1}{n}$ der eckigen Klammer nehmen; wir setzen

$$\psi' = \Im\left\{f'(z)\right\}\,,$$

$$f'(z) = \frac{2i}{\pi}\,r_a^2\sum_{n=1,3,\cdots}(-1)^{\frac{n-1}{2}}\cdot\frac{1}{n}\left[\left(\frac{z}{r_a}\right)^{\frac{\pi}{2\alpha}}\right]^n.$$

Wir beseitigen rechts die Brüche $\frac{1}{n}$, indem wir $f'(z)$ nach $\left(\frac{z}{r_a}\right)^{\frac{\pi}{2\alpha}}$ differenzieren:

$$\frac{d\,f'(z)}{d\left[\left(\frac{z}{r_a}\right)^{\frac{\pi}{2\alpha}}\right]} = \frac{2i}{\pi}\,r_a^2\sum_{n=1,3,\cdots}(-1)^{\frac{n-1}{2}}\left[\left(\frac{z}{r_a}\right)^{\frac{\pi}{2\alpha}}\right]^{n-1} =$$

$$=\;\frac{2i}{\pi}\,r_a^2\left[1-\left(\frac{z}{r_a}\right)^{\frac{\pi}{\alpha}}+\left(\frac{z}{r_a}\right)^{\frac{2\pi}{\alpha}}-+\cdots\right] =$$

$$=\;\frac{2i}{\pi}\,r_a^2\cdot\frac{1}{1+\left[\left(\frac{z}{r_a}\right)^{\frac{\pi}{2\alpha}}\right]^2}\;.$$

Durch Integration folgt $f'(z)$, und hieraus

$$\psi' = \Im\left\{f(z)\right\} = \Im\left\{\frac{2i}{\pi}\, r_a^2 \cdot arc\,tg\left(\frac{z}{r_a}\right)^{\frac{\pi}{2\alpha}}\right\}\ .$$

Das Ergebnis regt an, auch mit dem anderen Gliede der eckigen Klammer eine ähnliche Umformung vorzunehmen. Hierzu zerlegen wir zunächst dieses Klammerglied in Partialbrüche:

$$\frac{n\cdot tg^2\alpha}{n^2-\left(\frac{4\alpha}{\pi}\right)^2} = \frac{1}{2}\,tg^2\alpha \cdot \left[\frac{1}{n+\frac{4\alpha}{\pi}} + \frac{1}{n-\frac{4\alpha}{\pi}}\right]$$

und setzen $\psi'' = \Im\left\{f''(z)\right\}$, $\psi''' = \Im\left\{f'''(z)\right\}$

mit

$$f''(z) = \frac{1}{\pi}\,r_a^2 \cdot tg^2\alpha \sum_{n=1,3,\dots}(-1)^{\frac{n+1}{2}}\cdot\frac{1}{n+\frac{4\alpha}{\pi}}\cdot\left[\left(\frac{z}{r_a}\right)^{\frac{\pi}{2\alpha}}\right]^n$$

und

$$f'''(z) = \frac{1}{\pi}\,r_a^2\,tg^2\alpha \sum_{n=1,3,\dots}(-1)^{\frac{n+1}{2}}\frac{1}{n-\frac{4\alpha}{\pi}}\left[\left(\frac{z}{r_a}\right)^{\frac{\pi}{2\alpha}}\right]^n\ ,$$

bezw.

$$f''(z)\cdot\left(\frac{z}{r_a}\right)^2 = \frac{1}{\pi}\,r_a^2\,tg^2\alpha \sum_{n=1,3,\dots}(-1)^{\frac{n+1}{2}}\cdot\frac{1}{n+\frac{4\alpha}{\pi}}\left[\left(\frac{z}{r_a}\right)^{\frac{\pi}{2\alpha}}\right]^{n+\frac{4\alpha}{\pi}}$$

und

$$f'''(z)\cdot\left(\frac{z}{r_a}\right)^{-2} = \frac{1}{\pi}\,r_a^2\,tg^2\alpha \sum_{n=1,3,\dots}(-1)^{\frac{n+1}{2}}\cdot\frac{1}{n-\frac{4\alpha}{\pi}}\left[\left(\frac{z}{r_a}\right)^{\frac{\pi}{2\alpha}}\right]^{n-\frac{4\alpha}{\pi}}$$

Diese Ausdrücke werden nach $\left(\frac{z}{r_a}\right)^{\frac{\pi}{2\alpha}}$ differenziert und die Reihen wie vorher zusammengefaßt:

$$\frac{d\left[f''(z)\cdot\left(\frac{z}{r_a}\right)^2\right]}{d\left[\left(\frac{z}{r_a}\right)^{\frac{\pi}{2\alpha}}\right]} = -\frac{1}{\pi}\,r_a^2\,tg^2\alpha\cdot\frac{\left(\frac{z}{r_a}\right)^2}{1+\left(\frac{z}{r_a}\right)^{\frac{\pi}{\alpha}}}\ ,$$

$$\frac{d\left[f'''(z)\cdot\left(\frac{z}{r_a}\right)^{-2}\right]}{d\left[\left(\frac{z}{r_a}\right)^{\frac{\pi}{2\alpha}}\right]} = -\frac{1}{\pi}\,r_a^2\,tg^2\alpha\cdot\frac{\left(\frac{z}{r_a}\right)^{-2}}{1+\left(\frac{z}{r_a}\right)^{\frac{\pi}{\alpha}}}\ .$$

Hiermit wird

$$\psi''(x,y) = \Im\left\{f''(z)\right\} = -\Im\left\{\frac{i}{\pi}\,r_a^2\,tg^2\alpha\cdot\left(\frac{z}{r_a}\right)^{-2}\cdot\int\frac{\left(\frac{z}{r_a}\right)^2}{1+\left(\frac{z}{r_a}\right)^{\frac{\pi}{\alpha}}}\cdot d\left[\left(\frac{z}{r_a}\right)^{\frac{\pi}{2}}\right]\right\}$$

und

$$\psi'''(x,y) = \mathfrak{Im}\left\{f'''(z)\right\} = -\mathfrak{Im}\left\{\frac{i}{\pi}\, r_a^2\, tg^2\alpha \cdot \left(\frac{z}{r_a}\right)^2 \cdot \int \frac{\left(\frac{z}{r_a}\right)^{-2}}{1+\left(\frac{z}{r_a}\right)^{\frac{\pi}{\alpha}}} \cdot d\left[\left(\frac{z}{r_a}\right)^{\frac{\pi}{2\alpha}}\right]\right\}.$$

Auf die Weise können die Summen durch Integrale ersetzt werden.

Die Umformung ist der Untersuchung von G r e e n h i l l [4] entnommen; daselbst wird noch angegeben, daß für bestimmte Winkel α die Integrationen durchführbar sind. Wir werden im nächsten Abschnitt sowohl für diese als auch noch für weitere Werte α nach der Kombinationsmethode geschlossene Lösungen entwickeln.

5.3 Lösung für den Sektor der Kreisringfläche

Wir nehmen an, daß der Querschnitt wieder durch die Geraden $\mu = -\alpha$ und $\mu = +\alpha$, durch den Kreisbogen $r = r_a$ und durch einen weiteren Kreisbogen $r = r_i$, $r_i < r_a$ begrenzt ist, Bild 5.2. Zum Ansatz nach Gleichung (5,7) müssen wir weitere Glieder hinzufügen. Da der Koordinatennullpunkt nicht mehr zum Querschnitt gehört, nehmen wir noch folgende Summe hinzu:

$$\sum_{n=1,3,5,\dots} a_{-n}\, r^{-\frac{n\pi}{2\alpha}} \cdot \cos\left(\frac{n\pi}{2\alpha}\,\mu\right) .$$

Wir erhalten den Ansatz:

$$\frac{F}{G\vartheta} = \sum_{n=1,3,5,\dots} \left(a_n\, r^{\frac{n\pi}{2\alpha}} + a_{-n}\, r^{-\frac{n\pi}{2\alpha}}\right) \cos\left(\frac{n\pi}{2\alpha}\,\mu\right) + \frac{r^2 \cos 2\mu}{2\cos 2\alpha} - \frac{1}{2}\, r^2 .$$

$$(5,11)$$

Die Randwerte $\dfrac{r^2\cos 2\mu}{2\cos 2\alpha} - \dfrac{1}{2}\, r^2$ werden für $r = r_a$ und für $r = r_i$ wieder in Fourier-Reihen zerlegt. Für den Außenrand mit $r = r_a$ erhalten wir

$$\sum_{n=1,3,5,\dots} a_n'\, \cos\left(\frac{n\pi}{2\alpha}\,\mu\right)$$

mit

$$a_n' = (-1)^{\frac{n-1}{2}} \cdot \frac{2}{\pi}\, r_a^2 \left[\frac{n\, tg\, 2\alpha}{n^2 - \left(\frac{4\alpha}{\pi}\right)^2} - \frac{1}{n}\right] .$$

Und für den Innenrand mit $r = r_i$:

$$\sum_{n=1,3,5,\dots} a_n''\, \cos\left(\frac{n\pi}{2\alpha}\,\mu\right)$$

mit

$$a_n'' = (-1)^{\frac{n-1}{2}} \cdot \frac{2}{\pi}\, r_i^2 \left[\frac{n\, tg\, 2\alpha}{n^2 - \left(\frac{4\alpha}{\pi}\right)^2} - \frac{1}{n}\right] .$$

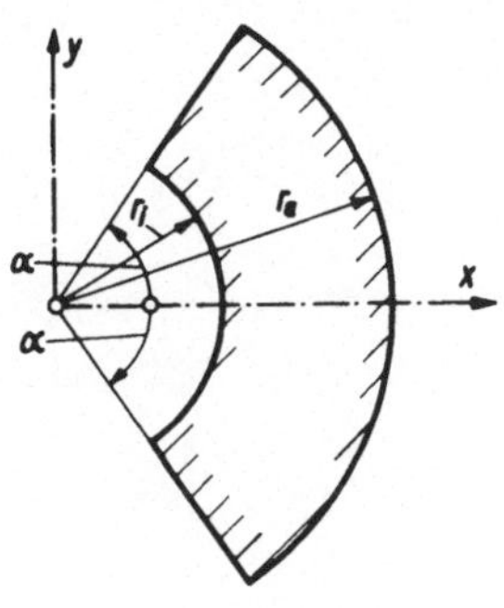

Bild 5.2

Nun setzen wir $F/G\vartheta$ nach Gleichung (5, 11) für Außenrand und Innenrand gleich Null und erhalten:

$$a_n \, r_a^{\frac{n\pi}{2\alpha}} + a_{-n} \, r_a^{-\frac{n\pi}{2\alpha}} = -\alpha_n'$$

und

$$a_n \, r_i^{\frac{n\pi}{2\alpha}} + a_{-n} \, r_i^{-\frac{n\pi}{2\alpha}} = -\alpha_n'' \ .$$

Hieraus folgen die Freiwerte a_n und a_{-n} der Lösung.

Wir werden im Abschnitt 10: "Rechteckquerschnitte und verwandte
Probleme" sowohl diese Lösung wieder erwähnen als auch eine weitere
Lösung angeben, die in bestimmten Fällen schneller konvergiert.

6 Geschlossene Lösungen für den Sektor der Kreisfläche

(Methode der Green'schen Funktion und Kombinationsmethode)

Im Abschnitt 5 brachten wir die allgemeine Lösung für den Sektor der Kreisfläche durch Fourier-Reihen. Nun gibt es Winkel α , für die geschlossene Lösungen möglich sind. Erst zeigen wir für den Winkel $\alpha = \frac{\pi}{4}$, wie mit Hilfe der Green' schen Funktion eine solche Lösung gefunden werden kann. Die Methode läßt sich auch für $\alpha = \frac{\pi}{2}$ (die Halbkreisfläche) und für $\alpha = \pi$ (Kreisfläche mit Schlitz bis zum Kreismittelpunkt) anwenden. Wir bezeichnen sie als M e t h o d e   d e r   G r e e n'-s c h e n   F u n k t i o n .

Wir zeigen aber auch einen anderen Lösungsweg für alle Winkel $2\alpha = \pi \cdot p/q$, worin p und q ganze Zahlen sind. Da hierbei bekannte Potentialfunktionen zusammengesetzt werden, bezeichnen wir die Methode als K o m b i n a t i o n s m e t h o d e .

6. 1 Lösung für den Kreissektor mit Hilfe der G r e e n' schen Funktion

Ist $\alpha = \frac{\pi}{4}$, so läßt sich eine Lösung in g e s c h l o s s e n e r   F o r m angeben. Zur Herleitung brauchen wir die konforme Abbildung dieses Kreissektors auf die Einheitskreisfläche, deren Ebene die Koordinaten $z_0 = x_0 + iy_0 = r_0 \cdot e^{i\mu_0}$ hat. *) Die Abbildungsfunktion lautet:

$$z_0 = \frac{z^4 + 2z^2 \cdot r_\alpha^2 - r_\alpha^4}{-z^4 + 2z^2 \cdot r_\alpha^2 + r_\alpha^4} = g(z). \tag{6, 1}$$

Setzen wir umgekehrt

$$z = g_0(z_0),$$

so werden die Randwerte der Funktion ψ beim Einheitskreis, mit $\bar{z} = x - iy$:

$$\psi_{Rd} = \tfrac{1}{2}\left[r^2\right]_{Rd} = \tfrac{1}{2}\left[z\,\bar{z}\right]_{Rd} = \tfrac{1}{2}\left[g_0(z_0) \cdot \bar{g}_0(\bar{z}_0)\right]_{Rd}$$
$$= \tfrac{1}{2}g_0\left(e^{i\mu_0}\right) \cdot \bar{g}_0\left(e^{-i\mu_0}\right).$$

Hierbei bilden wir $\bar{g}_0$ aus g_0 und $\bar{z}_0$ aus z_0 , indem wir $-i$ anstelle von $+i$ setzen. Auf dem Einheitskreis sind uns damit die Randwerte von ψ als Funktion von $\mu_{0\,Rd}$ bekannt. Hieraus folgt die Funktion ψ für das Innere des Einheitskreises (siehe Anh. II):

$$\psi = - \oint \frac{1}{\pi} \frac{z_0 + e^{i\mu_{0Rd}}}{z_0 - e^{i\mu_{0Rd}}} \cdot \frac{1}{2}\left[g_0(z_0) \cdot \bar{g}_0(\bar{z}_0)\right]_{Rd} d\mu_{0\,Rd} . \tag{6, 2}$$

---

*) Siehe Anhang II

47

Wir formen die Gleichung um für die Koordinaten der z -Ebene und erhalten mit $z_0 = g(z)$:

$$\psi = - \oint_{Rand} \frac{1}{\pi} \frac{g(z) + g(z_{Rd})}{g(z) - g(z_{Rd})} \cdot \left| \frac{d g(z)}{dz} \right|_{Rd} \cdot \frac{1}{2} r_{Rd}^2 \; dt_{Rd} \; . \qquad (6,3)$$

Der Ausdruck $\dfrac{1}{\pi} \dfrac{g(z) + g(z_{Rd})}{g(z) - g(z_{Rd})} \cdot \left| \dfrac{d g(z)}{dz} \right|_{Rd}$ ist die Normalableitung

der **Green' schen Funktion des Querschnittes** für den betreffenden Randpunkt.

Die Auswertung der verwickelten Integrale für $\alpha = \frac{\pi}{4}$ finden wir in einem Aufsatze von Herzig [5] . Weiter sind dort auch die entsprechenden Berechnungen für $\alpha = \frac{\pi}{2}$ und $\alpha = \pi$ durchgeführt, wobei sich in allen drei Fällen geschlossene Ausdrücke ergeben.

Diese **Methode der Green' schen Funktion** zur Bestimmung von ψ scheitert allgemein an der Schwierigkeit oder Unmöglichkeit der Durchführung der Integrationen; außer den angegebenen Kreissektor-Querschnitten existieren unseres Wissens keine weiteren Querschnitte, bei denen dieses Verfahren durchgeführt worden ist.

Anders liegen die Verhältnisse, falls uns die konforme Abbildung des Einheitskreises auf den Querschnitt bekannt ist; dann können wir ψ in den Koordinaten x_0, y_0 des Einheitskreises bestimmen. Mit diesem Problem werden wir uns in späteren Abschnitten befassen.

6.2 Lösung für den Kreissektor nach der Kombinationsmethode

Wir werfen jetzt eine andere Frage auf: läßt sich nicht allgemein eine geschlossene Lösung für den Kreissektor finden, wenn der Zentriwinkel des Kreissektors

$$2\alpha = \frac{p}{q} \cdot \pi$$

ist, wobei p und q ganze, teilerfremde Zahlen sind? Zur Beantwortung dieser Frage werden wir die Lösung durch systematischen Aufbau der Funktion ψ bilden; hierbei hilft die Kenntnis des Verlaufes der Real- und Imaginärteile einiger einfachen analytischen Funktionen.

Wir zerlegen ψ in zwei Anteile: in die Grundfunktion ψ_{Gr} und in die Ergänzungsfunktion ψ_{Erg} , wobei beide Anteile Potentialfunktionen sind. Die Grundfunktion nimmt an den Rändern $\mu = \pm \alpha$ die Werte $\frac{1}{2} r^2$ an. Diese Teilfunktion ist in Abschnitt 5 angegeben und lautet

für $\qquad \alpha \neq \frac{\pi}{4}$, $\alpha \neq \frac{3\pi}{4}$: $\quad \psi_{Gr} = \dfrac{r^2 \cos 2\mu}{2 \cos 2\alpha}$,

für $\qquad \alpha = \frac{\pi}{4}$: $\quad \psi_{Gr} = \dfrac{2}{\pi} r^2 \left[-\ln \frac{r}{a} \cdot \cos 2\mu + \mu \cdot \sin 2\mu \right]$

und für $\quad \alpha = \frac{3\pi}{4}$: $\quad \psi_{Gr} = -\dfrac{2}{3\pi} r^2 \left[-\ln \frac{r}{a} \cdot \cos 2\mu + \mu \cdot \sin 2\mu \right]$.

Für die Potentialfunktion ψ_{Erg} erhalten wir die Randbedingungen:

für die geraden Ränder $\mu = \pm\alpha$: $\qquad \left[\psi_{Erg}\right]_{\mu=\pm\alpha} = 0$

für den Bogenrand $r = r_\alpha$:

$$\left[\psi_{Erg}\right]_{r=r_\alpha} = \tfrac{1}{2}\,r_\alpha^2 - \left[\psi_{Gr}\right]_{r=r_\alpha}$$

$\left[\psi_{Erg}\right]_{r=r_\alpha}$ ist damit eine bekannte Funktion von μ für $-\alpha \leqq \mu \leqq +\alpha$.

Nun nehmen wir an, daß in den anschließenden Sektoren $-3\alpha \leqq \mu < -\alpha$ und $\alpha < \mu \leqq 3\alpha$ die gleichen Randwerte mit umgekehrten Vorzeichen auftreten. So erhalten wir – wie schon früher beschrieben – einen periodischen Verlauf der Randwerte, wobei sich die Werte nach dem Winkel 4α wiederholen. Nach einem vollen Umlauf, also nach dem Winkel 2π, erhält man für $p > 1$ nicht wieder dieselben Randwerte. Um dieses zu erreichen, bilden wir den Sektorenquerschnitt konform auf einen neuen Sektor ab, für den diese Bedingung erfüllt ist. Wir nehmen hierzu die Abbildungsfunktion

$$\frac{z}{r_\alpha} = z_1^p .$$

Dann wird $\mu = p \cdot \mu_1$, und die radialen Randgeraden des neuen Sektors bilden den Winkel
$$2\,\alpha_1 = \tfrac{1}{q} \cdot \pi .$$

Wiederholen wir q-mal den Periodenwinkel $4\,\alpha_1$, so erhalten wir den Wert 2π. Weiter wird durch diese konforme Abbildung der Halbmesser des Sektors in der z_1-Ebene gleich eins.

In z_1-Koordinaten werden die Randwerte von ψ_{Erg} :

$$\left[\psi_{Erg}\right]_{r_1=1} = \tfrac{1}{2}\,r_\alpha^2 - \left[\psi_{Gr}\right]_{\substack{r=r_\alpha\\ \mu=p\mu_1}} .$$

Jetzt ist $\left[\psi_{Erg}\right]_{r_1=1}$ eine Funktion von μ_1 für das Intervall $-\tfrac{1}{q} \cdot \tfrac{\pi}{2} < \mu_1 < +\tfrac{1}{q} \cdot \tfrac{\pi}{2}$. Wir können nun zwei Potentialfunktionen $\psi_{Erg}^{*(1)}$ und $\psi_{Erg}^{*(2)}$ angeben, die wenigstens in diesem Intervall die vorgeschriebenen Werte annehmen. Hierzu schreiben wir:

$$\tfrac{1}{2}\,r_\alpha^2 - \psi_{Gr} = \tfrac{1}{2}\,r_\alpha^2 - \mathfrak{Im}\left\{f_{Gr}(z)\right\} = \mathfrak{Im}\left\{\tfrac{1}{2}\,i\,r_\alpha^2 - f_{Gr}(z)\right\} .$$

Dann ersetzen wir z durch $r_\alpha \cdot z_1^p$ und erhalten

$$\left[\psi_{Erg}^{*(1)}\right]_{r_1=1} = \mathfrak{Im}\left\{\tfrac{1}{2}\,i\,r_\alpha^2 - f_{Gr}\left(r_\alpha z_1^p\right)\right\}_{r_1=1} = \mathfrak{Im}\left\{\tfrac{1}{2}\,i\,r_\alpha^2 - f_{Gr}\left(r_\alpha\,e^{ip\mu_1}\right)\right\} .$$

Da die Achse $\mu_1 = 0$ Symmetrieachse ist, ist $\left[\psi_{Erg}^{*(1)}\right]_{r_1=1}$ eine in μ_1 gerade Funktion, und wir erhalten dieselbe Funktion, wenn wir $+\mu_1$ durch $-\mu_1$ ersetzen. Auf diese Weise erhalten wir die zweite Funktion

$$\left[\psi_{Erg}^{*(2)}\right]_{r_1=1} = \Im\left\{\tfrac{1}{2} i r_a^2 - f_{Gr}\left(r_a\, e^{-ip\mu_1}\right)\right\}.$$

Um nun die Potentialfunktionen zu erhalten, ersetzen wir in $\left[\psi_{Erg}^{*(1)}\right]_{r_1=1}$ und $\left[\psi_{Erg}^{*(2)}\right]_{r_1=1}$ $e^{ip\mu_1}$ durch z_1^p und $e^{-ip\mu_1}$ durch z_1^{-p}, und streichen den Index $r_1=1$:

$$\psi_{Erg}^{*(1)} = \Im\left\{\tfrac{1}{2} i r_a^2 - f_{Gr}\left(r_a z_1^p\right)\right\},$$

$$\psi_{Erg}^{*(2)} = \Im\left\{\tfrac{1}{2} i r_a^2 - f_{Gr}\left(r_a z_1^{-p}\right)\right\}.$$

Die Randwerte beider Funktionen sind die gleichen. Nehmen wir aber die konjugierten Potentialfunktionen $-\varphi_{Erg}^{*(1)}$ und $-\varphi_{Erg}^{*(2)}$, so unterscheiden sich ihre Randwerte im Vorzeichen. Bilden wir nun $\psi_{Erg}^* = \tfrac{1}{2}\left[\psi_{Erg}^{*(1)} + \psi_{Erg}^{*(2)}\right]$, so erhalten wir eine Potentialfunktion mit den vorgeschriebenen Randwerten, deren konjugierte Potentialfunktion die Randwerte Null hat. Die Funktionen ψ_{Erg}^* und φ_{Erg}^* werden:

$$\psi_{Erg}^* = \Im\left\{\tfrac{1}{2} i r_a^2 - \tfrac{1}{2}\left[f_{Gr}\left(r_a z_1^p\right) + f_{Gr}\left(r_a z_1^{-p}\right)\right]\right\}$$

und

$$\varphi_{Erg}^* = \Re\left\{\tfrac{1}{2} i r_a^2 - \tfrac{1}{2}\left[f_{Gr}\left(r_a z_1^p\right) + f_{Gr}\left(r_a z_1^{-p}\right)\right]\right\}.$$

Damit ist unser Problem natürlich noch nicht gelöst. Beim nächsten Schritt bilden wir eine Potentialfunktion $\psi_{Erg,1}$, die in der z_1-Ebene im Intervalle $-\alpha_1 < \mu_1 < +\alpha_1$ die vorgeschriebenen Randwerte, in allen weiteren Randpunkten aber den Wert Null annimmt. Erst suchen wir hierzu eine Potentialfunktion, die im angegebenen Intervall den Randwert eins, in den anderen Randpunkten den Wert Null hat. Dieses ist die Funktion

$$\chi^* = \Im\left\{\tfrac{1}{\pi}\left[\ln\frac{z_1 - e^{i\alpha_1}}{z_1 - e^{-i\alpha_1}} + i\left(2\pi - \alpha_1\right)\right]\right\}.$$

Jetzt können wir aus den komplexen Funktionen, deren Imaginärteile ψ_{Erg}^* und χ^* sind, eine Funktion bilden, die unsere Bedingungen erfüllt. Wir setzen

$$\psi_{Erg}^* = \Im\left\{f_{Erg}^*\left(z_1\right)\right\}, \quad \chi^* = \Im\left\{h^*\left(z_1\right)\right\}$$

und bilden

$$\psi_{Erg,1} = -\mathfrak{Re}\left\{ f_{Erg}^{*}(z_1) \cdot h^{*}(z_1)\right\} \equiv \mathfrak{Im}\left\{-i\, f_{Erg}^{*}(z_1)\, h^{*}(z_1)\right\} \equiv$$

$$\equiv -\mathfrak{Re}\left\{ f_{Erg}^{*}(z_1)\right\} \cdot \mathfrak{Re}\left\{ h^{*}(z_1)\right\} + \mathfrak{Im}\left\{ f_{Erg}^{*}(z_1)\right\} \cdot \mathfrak{Im}\left\{ h^{*}(z_1)\right\} .$$

Im Gebiet $-\alpha_1 < \mu_1 < +\alpha_1$ fällt am Rande wegen $\mathfrak{Re}\left\{ f_{Erg}^{*}(z_1)\right\}_{Rd} = 0$ das Produkt der Realteile fort, so daß nur das Produkt der Imaginärteile nachbleibt. Da $\mathfrak{Im}\left\{ h^{*}(z_1)\right\}_{Rd} = 1$ ist, erhalten wir die Randwerte $\mathfrak{Im}\left\{ f_{Erg}^{*}(z_1)\right\}_{Rd}$. Im Gebiete $\alpha_1 < \mu_1 < 2\pi - \alpha_1$ erhalten wir am Rande die Werte Null, da $\mathfrak{Re}\left\{ f_{Erg}^{*}(z_1)\right\}_{Rd}$ und $\mathfrak{Im}\left\{ h^{*}(z_1)\right\}_{Rd}$ gleich Null werden.

Für alle α-Werte, außer $\alpha = \frac{\pi}{4}$ und $\alpha = \frac{3\pi}{4}$, ist nach Gleichung (6, 1):

$$\psi_{Gr} = \mathfrak{Im}\left\{ f_{Gr}(z)\right\} = \mathfrak{Im}\left\{ i \cdot \frac{z^2}{2\cos 2\alpha}\right\},$$

und damit

$$f_{Gr}(z) = i \cdot \frac{z^2}{2\cos 2\alpha} \quad .$$

Nach Gleichung (6, 2) wird mit $\frac{z}{r_a} = z_1^{p}$:

$$\psi_{Erg}^{*} = \mathfrak{Im}\left\{ f_{Erg}^{*}(z)\right\} = \mathfrak{Im}\left\{ \tfrac{1}{2} i\, r_a^2 - \tfrac{1}{2} i \left[\frac{z^2}{2\cos 2\alpha} + \frac{r_a^4\, z^{-2}}{2\cos 2\alpha}\right]\right\}$$

und damit

$$\psi_{Erg,1} = \mathfrak{Im}\left\{ \left[\tfrac{1}{2} r_a^2 - \frac{z^2 + r_a^4\, z^{-2}}{4 \cdot \cos 2\alpha}\right] \cdot \frac{1}{\pi} \cdot \left[\ln \frac{z^{1/p} - (r_a\, e^{i\alpha})^{1/p}}{z^{1/p} - (r_a\, e^{-i\alpha})^{1/p}} + i\left(2\pi - \tfrac{\alpha}{p}\right)\right]\right\} .$$

Als letzten Schritt stellen wir die entsprechenden Lösungen für $\alpha < \mu < 3\alpha$, $3\alpha < \mu < 5\alpha$ usw. auf. Die Randwerte sind dieselben wie für $-\alpha < \mu < +\alpha$ mit wechselnden Vorzeichen. Die Summe der Einzellösungen gibt dann die gesuchte Funktion ψ_{Erg}; hieraus folgt weiter

$$F(x,y) = G\vartheta\left[\frac{r^2\cos 2\mu}{2\cos 2\alpha} - \tfrac{1}{2} r^2 + \mathfrak{Im}\left\{ \sum_{n=0}^{q} (-1)^{n}\left(\tfrac{1}{2} r_a^2 - \frac{(z\, e^{2in\alpha})^2 + r_a^4\, (z\, e^{2in\alpha})^{-2}}{4\cos 2\alpha}\right) \right. \right.$$

$$\left. \left. \cdot \frac{1}{\pi} \cdot \left(\ln \frac{z^{1/p} - (r_a\, e^{(2n+1)i\alpha})^{1/p}}{z^{1/p} - (r_a\, e^{(2n-1)i\alpha})^{1/p}} + i\left(2\pi - \tfrac{\alpha}{p}\right)\right)\right\}\right] . \tag{6, 4}$$

Für $\alpha = \frac{\pi}{4}$ und $\alpha = \frac{3\pi}{4}$ bleibt die Methode zur Zusammensetzung der Lösung die gleiche, nur sind für ψ_{Gr} die Ausdrücke nach Gleichung (5, 5) und (5, 6) zu nehmen.

7 Lösung durch Abbildung der Einheitskreisfläche auf den Querschnitt

Wir nehmen an, daß uns die Abbildungsfunktion der Einheitskreisfläche auf den Querschnitt ohne Löcher bekannt ist:

$$z = g_0 \, (z_0) \, .$$

In diesem Fall werden wir eine theoretisch stets mögliche Lösung für ψ in den z_0-Koordinaten angeben und daraus das Flächenträgheitsmoment J_t und die Spannungen berechnen.

Nach Darlegung der allgemeinen Methode werden wir eine Gruppe von Sonderfällen untersuchen, für die geschlossene Lösungen aus der Abbildungsfunktion folgen.

7.1 Allgemeine Methode

Es ist die Abbildungsfunktion

$$z = g_0 (z_0) \tag{7,1}$$

gegeben. Die Randwerte von ψ sind in der z-Ebene

$$\psi_{Rd} = \tfrac{1}{2} r_{Rd}^2 = \tfrac{1}{2} \left[z \, \bar{z} \right]_{Rd}$$

mit

$$\bar{z} = x - iy \, .$$

Nun drücken wir ψ_{Rd} in den z_0-Koordinaten aus; um aus z nach Gleichung (7,1) die Größe $\bar{z}$ zu erhalten, müssen wir überall $(-i)$ anstelle $(+i)$ schreiben, also g_0 durch $\bar{g}_0$ und z_0 durch $\bar{z}_0 = x_0 - iy_0$ ersetzen. Wir erhalten

$$\bar{z} = \bar{g}_0 (\bar{z}_0) \, .$$

Hiermit wird

$$\psi_{Rd} = \tfrac{1}{2} \left[g_0 (z_0) \cdot \bar{g}_0 (\bar{z}_0) \right]_{Rd} = \tfrac{1}{2} g_0 \left(e^{i\mu_0} \right) \cdot \bar{g}_0 \left(e^{-i\mu_0} \right) \, . \tag{7,2}$$

Eine Potentialfunktion mit den Randwerten (7,2) können wir leicht angeben:

$$\psi = \tfrac{1}{2} \, \mathfrak{Re} \left\{ g_0 (z_0) \cdot \bar{g}_0 \left(z_0^{-1} \right) \right\} \, .$$

Diese Funktion hat aber singuläre Stellen innerhalb des Einheitskreises und ist deshalb nicht die gesuchte Potentialfunktion.

Sind die Randwerte von ψ nach Gleichung (7,2) ermittelt, so gibt es verschiedene Wege, um ψ selbst zu finden. Entweder führen wir eine Fourierzerlegung von ψ_{Rd} durch:

$$\psi_{Rd} = \sum_{n=0}^{\infty} \left[a_n \cdot \sin n \, \mu_{0\,Rd} - b_n \cdot \cos n \, \mu_{0\,Rd} \right] \, ,$$

und erhalten

$$\psi = \sum_{n=0}^{\infty} r_o^n \left[a_n \cdot \sin n\mu_0 - b_n \cdot \cos n\mu_0 \right] =$$

$$= \Im\left\{ \sum_{n=0}^{\infty} \left[a_n + i b_n \right] z_o^n \right\} ,$$

oder wir finden ψ mit Hilfe der Integralformel, siehe Anhang II.

$$\psi = \Re\left\{ \oint \psi_{Rd} \cdot \frac{z_0 + e^{i\mu_{0Rd}}}{z_0 - e^{i\mu_{0Rd}}} \cdot d\mu_{0Rd} \right\} . \qquad (7,3)$$

Ist ψ gefunden, so wird das Flächenträgheitsmoment:

$$J_t = 2 \iint\limits_{(f)} \left[\psi - \tfrac{1}{2} r^2 \right] dx\,dy = 2 \iint\limits_{(f)} \psi\, dx\,dy - J_p .$$

Das Integral werten wir nun in der z_0-Ebene aus:

$$2 \iint\limits_{(f)} \psi\, dx\,dy = 2 \iint\limits_{(f)} \psi \cdot \left| \frac{dg_0(z_0)}{dz_0} \right|^2 r_0\, dr_0\, d\mu_0 .$$

Nach Gleichung (1, 25) können wir J_t auch wie folgt ausdrücken:

$$J_t = J_p - \tfrac{1}{2} \oint\limits_{Rd} r^2\, \frac{\partial \psi}{\partial n} \cdot dt ,$$

oder in z_0-Koordinaten:

$$J_t = J_p - \tfrac{1}{2} \oint\limits_{Rd} \left[g_0(z_0) \cdot \bar{g}_0(\bar{z}_0)\, \frac{\partial \psi}{\partial r_0} \right]_{Rd} \cdot d\mu_{0Rd} ,$$

Das erste Glied wird in z-Koordinaten, das zweite in z_0-Koordinaten berechnet; aber auch das erste kann als Randintegral in z_0-Koordinaten dargestellt werden. Hierzu verwandeln wir zuerst

$$J_p = \iint\limits_{(f)} (x^2 + y^2)\, dx\,dy$$

in ein Randintegral in z-Koordinaten, was in verschiedener Weise durchgeführt werden kann. Erstmalig ist diese Umformung wohl von Muskhelishvili [6] vorgenommen. Wir schlagen einen anderen Weg ein; auch das Endergebnis bringen wir in eine andere, uns zweckmäßiger erscheinende Form.

Wir setzen

$$J_p = \iint\limits_{(f)} (x^2+y^2)\,dx\,dy = \tfrac{1}{4}\left\{ \iint \left[\int (3x^2+y^2)\,dx \right] dy + \iint \left[\int (x^2+3y^2)\,dy \right] dx \right\} =$$

$$= \tfrac{1}{4} \oint (x^2+y^2)\left(x\,\frac{dy}{dt} - y\,\frac{dx}{dt} \right) dt = \tfrac{1}{4} \oint (r^2 r_n)_{Rd}\, dt = \tfrac{1}{8} \oint \left(r^2\,\frac{\partial r^2}{\partial n} \right)_{Rd} dt.$$

Die Bedeutung von r_n folgt aus Bild 1.11.

In z_0-Koordinaten erhalten wir mit $r^2 = z\bar{z} = g_0(z_0) \cdot \bar{g}_0(\bar{z}_0)$:

$$J_p = \frac{1}{8} \oint \left[g_0(z_0) \cdot \bar{g}_0(\bar{z}_0) \cdot \frac{\partial}{\partial r_0} \left(g_0(z_0) \cdot \bar{g}_0(\bar{z}_0) \right) \right]_{Rd} d\mu_{0\,Rd} .$$

Damit wird

$$J_t = \frac{1}{2} \oint \left[g_0(z_0) \cdot \bar{g}_0(\bar{z}_0) \frac{\partial}{\partial r_0} \left(\frac{1}{4} g_0(z_0) \cdot \bar{g}_0(\bar{z}_0) - \psi \right) \right]_{Rd} d\mu_{0\,Rd} \qquad (7,4)$$

Wir geben noch die Gleichung für die Randspannung an:

$$\tau_{t\,Rd} = \left[\frac{\partial F}{\partial n} \right]_{Rd} = G\vartheta \left[\frac{\partial \psi}{\partial n} - r_n \right]_{Rd} = G\vartheta \left[\frac{\partial \psi}{\partial r_0} : \left| \frac{dg_0}{dz_0} \right| - r_n \right]_{Rd} . \qquad (7,5a)$$

Den ersten Summanden des Klammerausdruckes finden wir in z_0-Koordinaten, den zweiten für denselben Randpunkt in der z-Ebene.

Legt man das Koordinatensystem so, daß die x-Achse mit der Normalen des Randpunktes zusammenfällt, was durch Drehung des Koordinatensystems leicht erreicht wird, so wird die Gleichung (7,4) besonders einfach. Wir erhalten:

$$\tau_{t\,Rd} = G\vartheta \left[\frac{\partial \psi}{\partial r_0} : \frac{\partial g_0}{\partial r_0} - \mathfrak{Re}\{g_0\} \right]_{Rd} . \qquad (7,5b)$$

7.2 <u>Sonderfall einer rationalen algebraischen Abbildungsfunktion $g_0(z_0)$</u>

Ist $g_0(z_0)$ eine rationale algebraische Funktion, so lassen sich die Integrationen zur Ermittlung von ψ und zur Berechnung von J_t in geschlossener Form durchführen.

Wir wollen hier einen anderen Weg einschlagen, um ψ zu finden. Die rationale algebraische Funktion kann als Summe dargestellt werden endlich vieler Polfunktionen der Gestalt $c_n \cdot (z_0 - \zeta_n)^{-p_n}$ mit komplexen Beiwerten c_n, mit komplexen Koordinaten $\zeta_n = r_{0n} e^{i\mu_{0n}}$ der Pole, die außerhalb des Einheitskreises liegen, und mit ganzen negativen Exponenten $-p_n$.

Wir setzen also:

$$z = g_0(z_0) = \sum_{n=1}^{N} c_n (z_0 - \zeta_n)^{-p_n} . \qquad (7,6)$$

Sollte die Funktion $g_0(z_0)$ außer dieser Reihe noch einen konstanten Wert und eine Polfunktion im Unendlichen $\sum_{k=0}^{K} c_k' z^{p_k}$ enthalten, so beseitigen wir diese durch Inversion um einen Punkt außerhalb des Einheitskreises, anschließende allseitige Längenänderung und Verschiebung des Koordinatennullpunktes der z-Ebene.

Wir erhalten für ψ in der z_0-Ebene auf dem Einheitskreise die Randwerte

$$\psi_{Rd} = \left[\tfrac{1}{2} \sum_{n=1}^{N} c_n \left(z_0 - \zeta_n \right)^{-p_n} \cdot \sum_{m=1}^{N} \bar{c}_m \left(\bar{z}_0 - \bar{\zeta}_m \right)^{-p_m} \right]_{Rd} =$$

$$= \tfrac{1}{2} \sum_{n=1}^{N} c_n \left(e^{i\mu_{0Rd}} - \zeta_n \right)^{-p_n} \cdot \sum_{m=1}^{N} \bar{c}_m \left(e^{-i\mu_{0Rd}} - \bar{\zeta}_m \right)^{-p_m}$$

oder

$$\psi_{Rd} = \left[\tfrac{1}{2} \sum_{n=1}^{N} c_n \left(z_0 - \zeta_n \right)^{-p_n} \cdot \sum_{m=1}^{N} \bar{c}_m \left(\tfrac{1}{z_0} - \bar{\zeta}_m \right)^{-p_m} \right]_{Rd} \ . \qquad (7,7)$$

Die analytische Funktion des Klammerausdruckes geht für $z \to \infty$ gegen Null; in den Punkten $z_0 = \zeta_n$ und $z_0 = \tfrac{1}{\bar{\zeta}_m}$ geht sie gegen Unendlich wie eine Polfunktion vom Grade p_n bzw. p_m. Die Koordinaten der Pole sind

$$\zeta_n = r_{0n} \cdot e^{i\mu_{0n}}$$

und

$$\frac{1}{\bar{\zeta}_m} = \frac{1}{r_{0m}} \cdot e^{i\mu_{0m}} \ .$$

Die Pole der ersten Gruppe mit den Koordinaten $\zeta_n = r_{0n} e^{i\mu_{0n}}$ liegen außerhalb des Einheitskreises, da sie auch die Pole der Funktion $g_0(z_0)$ sind; folglich ist $r_{0n} > 1$; die Pole der zweiten Gruppe mit

den Koordinaten $\dfrac{1}{\bar{\zeta}_m} = \dfrac{1}{r_{0m}} e^{i\mu_{0m}}$ liegen innerhalb des Einheitskrei-

ses, da $\dfrac{1}{r_{0m}} < 1$ ist. Die Funktion von z_0 in der eckigen Klammer

der Gleichung (7,7) ist folglich nicht die gesuchte Potentialfunktion ψ. Ersetzen wir in der analytischen Funktion r_0 durch $\tfrac{1}{r_0}$ und wechseln bei allen i das Vorzeichen, so geht der Ausdruck in den ursprünglichen über.

Wir zerlegen nun die analytische Funktion in drei Summanden. Der erste Summand besteht aus Polfunktionen mit Polen außerhalb des Einheitskreises, der zweite Summand aus Polfunktionen mit Polen innerhalb des Einheitskreises, der dritte Summand ist eine Konstante c. Ist der erste Summand bestimmt, so folgt aus ihm der zweite, indem r_0 durch $\tfrac{1}{r_0}$ ersetzt wird und die Vorzeichen von i gewechselt werden. Beide Summanden haben auf dem Einheitskreis dieselben Realteile, während die Imaginärteile sich durch ihr Vorzeichen unterscheiden.

Hieraus folgt zur Bestimmung von ψ ein einfacher Weg: Wir zerlegen den Klammerausdruck der Gleichung (7, 7) in die Summanden und nehmen vom ersten Summanden mit den Polen außerhalb des Einheitskreises den Realteil; den zweiten Summanden mit den Polen innerhalb des Einheitskreises ersetzen wir durch eine Funktion, die gleich dem ersten Summanden ist, so daß ψ der doppelte Realteil des ersten Summanden wird. Hierzu kommt dann nur noch die Konstante c .

Wir wollen nun den Realteil der ersten Summe in (7, 7) bestimmen: Der Summand ist eine Summe von Polfunktionen; wir betrachten ein Glied dieser Summe. Dieses lautet:

$$\tfrac{1}{2} c_n \left(z_0 - \zeta_n \right)^{-p_n} \cdot \sum_{m=1}^{N} \bar{c}_m \left(\tfrac{1}{z_0} - \bar{\zeta}_m \right)^{-p_m} .$$

Hierin setzen wir

$$\sum_{m=1}^{N} \bar{c}_m \left(\tfrac{1}{z_0} - \bar{\zeta}_m \right)^{-p_m} = \bar{g}\left(\tfrac{1}{z_0} \right)$$

und erhalten für den Realteil:

$$\mathfrak{Re} \left\{ \tfrac{1}{2} c_n \left(z_0 - \zeta_n \right)^{-p_n} \cdot \bar{g}\left(\tfrac{1}{z_0} \right) \right\} .$$

Von Belang ist das Verhalten in der Umgebung des Poles $z_0 = \zeta_n$. Um dieses zu untersuchen, entwickeln wir $\bar{g}\left(\tfrac{1}{z_0} \right)$ in eine Potenzreihe des Argumentes $\left(z_0 - \zeta_n \right)$:

$$\bar{g}\left(\tfrac{1}{z_0} \right) = \bar{g}\left(\tfrac{1}{\zeta_n} \right) + \tfrac{1}{1!} \tfrac{\partial}{\partial \zeta_n} \bar{g}\left(\tfrac{1}{\zeta_n} \right) \cdot \left(z_0 - \zeta_n \right) +$$

$$+ \tfrac{1}{2!} \tfrac{\partial^2}{\partial \zeta_n^2} \bar{g}\left(\tfrac{1}{\zeta_n} \right) \cdot \left(z_0 - \zeta_n \right)^2 + \ldots =$$

$$= \sum_{k=0}^{\infty} \tfrac{1}{k!} \cdot \tfrac{\partial^k}{\partial \zeta_n^k} \bar{g}\left(\tfrac{1}{\zeta_n} \right) \cdot \left(z_0 - \zeta_n \right)^k .$$

Diese Reihe ist mit $\tfrac{1}{2} c_n \left(z_0 - \zeta_n \right)^{-p_n}$ zu multiplizieren. Ist $k < p_n$, so gibt das Produkt Funktionen, die an der Stelle $z_0 = \zeta_n$ wie $c \cdot \left(z_0 - \zeta_n \right)^{-(p_n - k)}$ gegen Unendlich gehen. Für $p = k$ erhalten wir eine Konstante, die unberücksichtigt bleibt; für $k > p$ erhalten wir die Werte Null.

Die Polfunktion lautet

$$\mathfrak{Re} \left\{ \tfrac{1}{2} c_n \sum_{k=0}^{p_n - 1} \cdot \tfrac{1}{k!} \cdot \tfrac{\partial^k}{\partial \zeta_n^k} \bar{g}\left(\tfrac{1}{\zeta_n} \right) \cdot \left(z_0 - \zeta_n \right)^{-(p_n - k)} \right\} .$$

Nun nehmen wir die Summe dieser Ausdrücke für alle Werte n und erhalten für den Realteil des ersten Summanden:

$$\mathfrak{Re} \left\{ \sum_{n=1}^{N} \tfrac{1}{2} c_n \cdot \sum_{k=0}^{p_n - 1} \tfrac{1}{k!} \cdot \tfrac{\partial^k}{\partial \zeta_n^k} \bar{g}\left(\tfrac{1}{\zeta_n} \right) \cdot \left(z_0 - \zeta_n \right)^{-(p_n - k)} \right\} .$$

Der zweite Summand gibt denselben Realteil, wie oben erklärt wurde.
Hiermit wird:

$$\psi = \Re\left\{\sum_{n=1}^{N} c_n \sum_{k=0}^{p_n-1} \frac{1}{k!} \cdot \frac{\partial^k}{\partial \zeta_n^k}\, \bar{g}\left(\frac{1}{\zeta_n}\right) \cdot \left(z_0 - \zeta_n\right)^{-(p_n-k)}\right\} + c \ . \qquad (7,8)$$

Die Konstante c bestimmen wir, indem wir ψ für einen Randpunkt berechnen und mit dem Werte nach Gleichung $(7,7)$ vergleichen.

7.3 Beispiele für rationale algebraische Funktionen $g_0(z_0)$

Im allgemeinen wird es schwer sein, in der z-Ebene einen Querschnitt anzugeben, für den $g_0(z_0)$ eine rationale algebraische Funktion
ist. Bequemer ist es, die Funktion $g_0(z_0)$ anzunehmen und daraus den
Querschnitt zu bestimmen. Wir werden zwei Beispiele bringen; beim
ersten nehmen wir den Querschnitt, beim zweiten die Abbildungsfunktion an.

7.4 Epizykloide

Auf einem Kreis vom Halbmesser r_1 rolle ein zweiter Kreis vom
Halbmesser r_2 ab; hierbei sei $r_1 : r_2 = m$ eine ganze Zahl. Ein Randpunkt des rollenden Kreises beschreibt dann eine Epizykloide mit m
Bögen. Die Gleichung der Kurve lautet, wenn α die Polarkoordinate
des Berührungspunktes beider Kreise ist, siehe Bild 7.1:

$$x = \left(r_1 + r_2\right)\cos\alpha + r_2\cos\left(\frac{r_1+r_2}{r_2}\,\alpha\right),$$

$$y = \left(r_1 + r_2\right)\sin\alpha + r_2\sin\left(\frac{r_1+r_2}{r_2}\,\alpha\right)$$

oder mit $r_1 : r_2 = m$:

$$z = r_2\left[(m+1)\,e^{i\alpha} + e^{i(m+1)\alpha}\right].$$

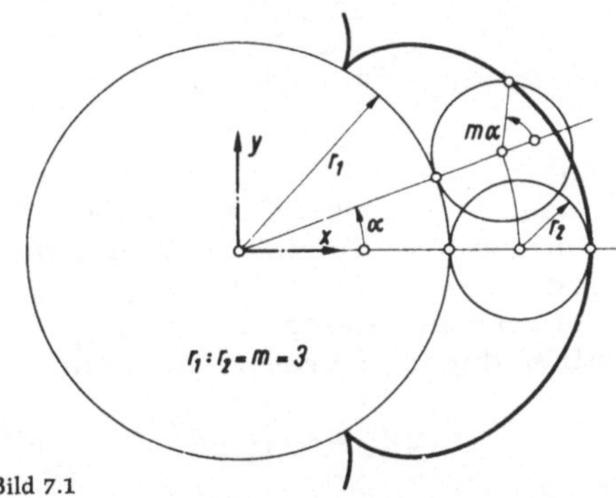

Bild 7.1

Dieses sei die Randkurve eines Querschnittes; hierfür ist es leicht,
die Abbildungsfunktion anzugeben:

$$z = g_0(z_0) = r_2\left[(m+1)z_0 + z_0^{m+1}\right].$$

Die weitere Berechnung von ψ erfolgt unmittelbar, die von J_t nach
Gl. $(7,4)$. Wir wollen hier nur angeben, wie ψ gefunden wird:

$$\psi_{Rd} = r_2\left[(m+1)\,e^{i\mu_{0Rd}} + e^{i(m+1)\mu_{0Rd}}\right] \cdot r^2\left[(m+1)\,e^{-i\mu_{0Rd}} + e^{-i(m+1)\mu_{0Rd}}\right]$$

$$= r_2^2\left[(m+1)^2 + 1 + 2\,(m+1)\cos m\,\mu_{0Rd}\right]$$

und $\qquad \psi = r_2^2 \left[(m+1)^2 + 1 + 2 \left(m+1 \right) r_0^m \cos m\mu_0 \right]$.

7.5 Inverse Ellipse oder Booth'sche Lemniskate

Wir nehmen den einfachen Fall mit zwei Polen erster Ordnung mit

$$\zeta_1 = a = |a| \, , \, \zeta_2 = -a \, , \, c_1 = c_2 = -a \, , \quad a > 1 \ .$$

Dann ist

$$z = g_0(z_0) = -\left[\frac{a}{z_0 - a} + \frac{a}{z_0 + a} \right] \ . \tag{7,9}$$

Wir bestimmen nun nach Gleichung (7,9) den Querschnitt in der z-Ebene. Für den Mittelpunkt $z_0 = 0$ des Einheitskreises erhalten wir den Koordinatennullpunkt der z-Ebene. Der Rand des Querschnittes entspricht dem Einheitskreise mit $r_0 = 1$. Hiermit wird nach Gleichung (7,9):

$$z_{Rd} = -\frac{2ae^{i\mu_0}}{e^{2i\mu_0} - a^2} \ .$$

Anstelle der z-Ebene nehmen wir erst die durch Inversion entstehende z_1-Ebene: $z_1 = \frac{1}{z}$

In der z_1-Ebene erhalten wir für den Rand des Querschnittes:

$$z_{1_{Rd}} = \frac{1}{z_{Rd}} = -\frac{1}{2a} \left(e^{i\mu_0} - a^2 e^{-i\mu_0} \right) \ . \tag{7,10a}$$

Aus dieser Gleichung erhalten wir durch Trennung des Realteiles vom Imaginärteil zwei Gleichungen, aus denen μ_0 zu beseitigen ist; hieraus ergibt sich dann eine Gleichung zwischen $x_{1_{Rd}}$ und $y_{1_{Rd}}$. Wir schlagen einen anderen Weg ein, indem wir die der Gleichung (7,10a) entsprechende Gleichung für $\bar{z}_{1_{Rd}} = x_{1_{Rd}} - iy_{1_{Rd}}$ bilden. Hierzu muß überall $+i$ durch $-i$ ersetzt werden:

$$\bar{z}_{1_{Rd}} = -\frac{1}{2a} \left(e^{-i\mu_0} - a^2 e^{i\mu_0} \right) \ . \tag{7,10b}$$

Aus den Gleichungen (7,10a) und (7,10b) finden wir durch lineare Kombination Ausdrücke für $e^{i\mu_0}$ und $e^{-i\mu_0}$:

$$z_{1_{Rd}} + a^2 \bar{z}_{1_{Rd}} = -\frac{1 - a^4}{2a} \cdot e^{i\mu_0} \quad ,$$

$$a^2 \cdot z_{1_{Rd}} + \bar{z}_{1_{Rd}} = -\frac{1 - a^4}{2a} \cdot e^{-i\mu_0} \ .$$

Multiplizieren wir die linken und rechten Seiten beider Gleichungen, so fallen die Ausdrücke mit μ_0 fort, und wir erhalten:

$$\left(z_{1_{Rd}} + a^2 \bar{z}_{1_{Rd}} \right) \cdot \left(a^2 z_{1_{Rd}} + \bar{z}_{1_{Rd}} \right) = \frac{(1 - a^4)^2}{4a^2} \ .$$

Oder in $x_1\,y_1$ -Koordinaten nach Umformung:

$$\frac{x_{1Rd}^2}{\left(\frac{a^2-1}{2a}\right)^2} + \frac{y_{1Rd}^2}{\left(\frac{a^2+1}{2a}\right)^2} = 1 .$$

(7, 11)

Wir erhalten eine Ellipse, bei der die große Achse in der y_1 -Achse liegt. Der Abstand der Brennpunkte wird $2p = 2$.

Das Gebiet der Einheitskreisfläche entspricht hierbei dem Gebiet außerhalb dieser Ellipse, da der Mittelpunkt des Einheitskreises den unendlich fernen Punkt der z_1 -Ebene gibt.

Durch die Inversion $z_1 = \frac{1}{z}$ erhalten wir den Rand des Querschnittes. Wir nennen die Randkurve "inverse Ellipse". Die Gleichung lautet in Polarkoordinaten:

$$\frac{\cos^2\mu}{\left(\frac{a^2-1}{2a}\right)^2} + \frac{\sin^2\mu}{\left(\frac{a^2+1}{2a}\right)^2} = r^2 .$$

(7, 12)

Im Bild 7.2 a ist der Einheitskreis mit $a = 2$ dargestellt. Die Pole sind durch kleine Kreise gekennzeichnet. Die kurzen Pfeile bei den Polen geben an, wo die positiven Werte der Polfunktion liegen.

Bild 7.2 b zeigt die Ellipsen in der z -Ebene für $a = 1,2,3$ und $a = 4,7$, Bild 7.2 c die Querschnitte in der z -Ebene; die Randlinien schneiden hierbei die y -Achse in den Punkten

$$y = \pm 1, \quad \pm 0,8, \quad \pm 0,6 \quad \text{und} \pm 0,4 .$$

Die Randwerte von ψ werden:

$$\psi_{Rd} = \tfrac{1}{2}\,r_{Rd}^2 = \tfrac{1}{2}\,z_{Rd}\cdot\bar{z}_{Rd} .$$

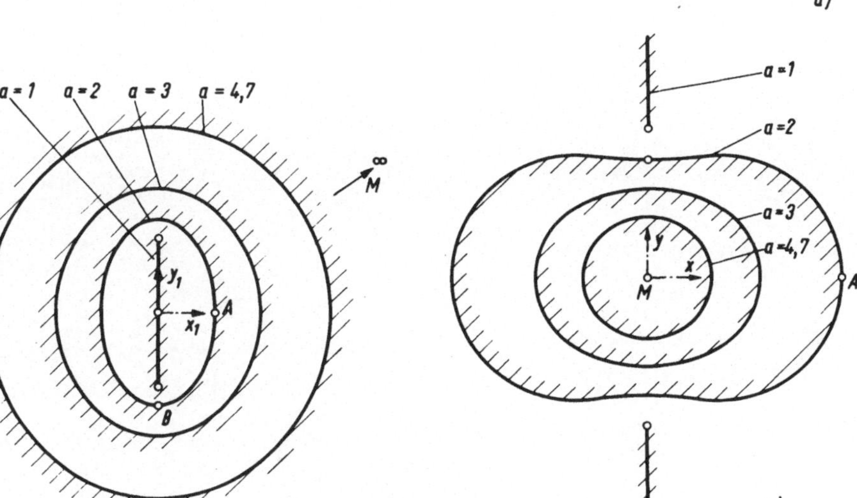

In den Koordinaten des Einheitskreises ist

$$z_{Rd} = - \frac{2 a e^{i\mu_o}}{e^{2i\mu_o} - a^2}$$

und

$$\bar{z}_{Rd} = - \frac{2 a e^{-i\mu_o}}{e^{-2i\mu_o} - a^2} \,.$$

Damit wird

$$\psi_{Rd} = \frac{2 a^2}{\left(e^{2i\mu_o} - a^2\right)\left(e^{-2i\mu_o} - a^2\right)} \equiv \frac{2 a^2}{a^4 + 1 - 2 a^2 \cos 2\mu_o} \,. \tag{7,13}$$

Die Funktion ψ wird nach Gleichung (7, 8) mit z nach Gleichung (7, 9):

$$\psi = \Re\left\{ \frac{2 a^3}{a^4 - 1} \left(- \frac{1}{z_o - a} + \frac{1}{z_o + a} \right) - \frac{1}{a} \right\} \,,$$

oder in Polarkoordinaten:

$$\psi = \frac{2 a^2}{a^4 - 1} \cdot \frac{a^4 - r_o^4}{a^4 + r_o^4 - 2 a^2 r_o^2 \cos 2\mu_o} \,. \tag{7,14}$$

Für $r_o = 1$ erhalten wir den Ausdruck für ψ_{Rd}, der mit dem Ausdruck nach Gleichung (7, 13) übereinstimmt.

8 Konforme Abbildung
der Kreisringfläche auf den Querschnitt mit einem Loch

Ist die Abbildungsfunktion

$$z = g_1(z_1)$$

der Kreisringfläche mit $r_{1i} \leqq r_1 \leqq r_{1a}$ auf einen Querschnitt mit Loch bekannt, so läßt sich für ψ eine Lösung durch Fourier-Reihen angeben. Auf dem Außenkreise der Kreisringfläche mit $r_1 = r_{1a}$ wird

$$\psi_{Außenrd.} = \left[\tfrac{1}{2} g_1(z_1) \cdot \bar{g}_1(\bar{z}_1) \right]_{Außenrd.} =$$
$$= \tfrac{1}{2} g_1\left(r_{1a} e^{i\mu_1} \right) \cdot \bar{g}_1\left(r_{1a} e^{-i\mu_1} \right) ;$$

auf dem Innenrande mit $r_1 = r_{1i}$ wird

$$\psi_{Innenrd.} = \left[\tfrac{1}{2} g_1(z_1) \cdot \bar{g}_1(\bar{z}_1) \right]_{Innenrd.} =$$
$$= \tfrac{1}{2} g_1\left(r_{1i} e^{i\mu_1} \right) \cdot \bar{g}_1\left(r_{1i} e^{-i\mu_1} \right) .$$

Wir zerlegen $[\psi]_{Außenrd.}$ und $[\psi]_{Innenrd}$ in Fourier-Reihen von μ_1 und machen den Ansatz

$$\psi = \mathfrak{Im} \left\{ c_0 + c_1 z_1 + c_2 z_1^2 + \ldots\ldots + \right.$$
$$\left. + c_1' z_1^{-1} + c_2' z_1^{-2} + \ldots\ldots \right\}$$

mit komplexen Konstanten c_0, c_1,...usw.. Die freien Koeffizienten bestimmen wir aus den Randbedingungen. Es liegt hier wieder die Me - thode der Fourier-Zerlegung vor.

Als Beispiele bringen wir die Untersuchung des Kreisringquerschnittes mit exzentrischem Kreisloch und des elliptischen Querschnittes mit konfokalem elliptischem Loch. Die Abbildungsfunktionen entwickeln wir unmittelbar mit in diesem Abschnitt.

8.1 Kreisringquerschnitte mit exzentrischem Loch

Der Kreisquerschnitt vom Halbmesser r_a, siehe Bild 8.1 a, habe ein Kreisloch vom Halbmesser r_i ; die Koordinaten des Mittelpunktes M des Außenkreises sind $x_M = y_M = 0$, die des Mittelpunktes M' des Innenkreises $x_{M'} = c$, $y_{M'} = 0$; c ist die Exzentrizität des Lochkreises. Für die Spannungsfunktion machen wir wieder den Ansatz

$$F = G\vartheta \left[\psi - \tfrac{1}{2} r^2 \right] \quad .$$

Am Außenrand wird F gleich Null und daher

$$\psi_a = \tfrac{1}{2} r_a^2 \; . \tag{8,1}$$

Am Innenrand muß die Klammer einen positiven konstanten Wert k^2 geben; folglich wird:

$$\psi_i = k^2 + \tfrac{1}{2} r^2_{Innenrd.} = k^2 + \tfrac{1}{2} \left(z \cdot \bar{z} \right)_{Innenrd.} \quad . \tag{8,2}$$

Die zu ψ konjugierte Potentialfunktion $-\varphi$ muß hierbei eindeutig werden.

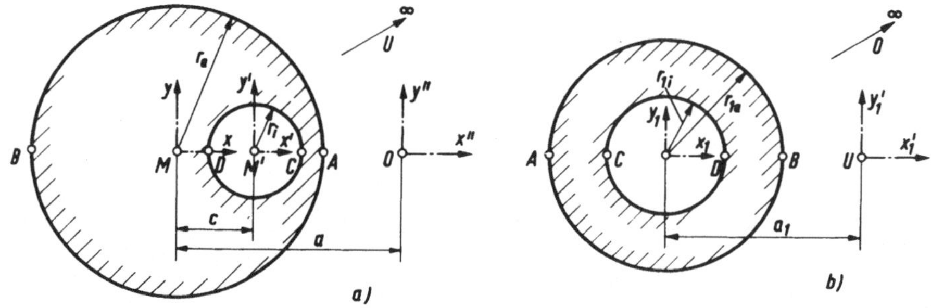

Bild 8.1 a—b

Wir lösen das Problem, indem wir den Querschnitt auf ein Gebiet konform abbilden, das konzentrische Kreise als Ränder hat. Die Abbildung ist in Bild 8. 1 b dargestellt. Als konforme Abbildung wählen wir die Inversion, da hierbei Kreise wieder in Kreise übergehen. Als Inversionspunkt 0 mit den Koordinaten $x_0 = a, y_0 = 0$ nehmen wir den äußeren Pol der Kreisschar, zu der die Kreise mit den Halbmessern r_a und r_i gehören.

Die Abbildungsfunktion lautet

$$z_1' = \frac{1}{z-a} \qquad \text{oder} \qquad z = a + \frac{1}{z_1'} \; . \tag{8,3}$$

Die vier Punkte A, B, C und D der r-Achse mit den Koordinaten

$$z_A = r_a \;\; , \;\; z_B = -r_a \;\; , \;\; z_C = c + r_i \;\; , \;\; z_D = c - r_i$$

erhalten nach der Inversion die Koordinaten

$$z_{1_A}' = -\left(a_1 + r_{1_a} \right) = -\frac{1}{(a-r_a)} \;\; , \;\; z_{1_B}' = -\left(a_1 - r_{1_a} \right) = -\frac{1}{(a+r_a)} \;\; ,$$

$$z_{1_C}' = -\left(a_1 + r_{1_i} \right) = -\frac{1}{a-c-r_i} \;\; , \;\; z_{1_D}' = -\left(a_1 - r_{1_i} \right) = -\frac{1}{a-c+r_i} \; . \tag{8,4}$$

Die Summen $z'_{1_A} + z'_{1_B}$ und $z'_{1_C} + z'_{1_D}$ geben:

$$2a_1 = \frac{1}{a - r_a} + \frac{1}{a + r_a} = \frac{1}{a - c - r_i} + \frac{1}{a - c + r_i} \quad .$$

Aus den beiden Ausdrücken für $2a_1$ folgt:

$$a = \frac{r_a^2 - r_i^2 + c^2}{2c} + \sqrt{\left(\frac{r_a^2 - r_i^2 + c^2}{2c}\right)^2 - r_a^2} \quad . \tag{8,5}$$

Wir wählen den Wurzelwert mit positiven Vorzeichen, da a der Abstand des ä u ß e r e n Poles der Kreisschar ist, zu dem beide Randkreise gehören.

Aus den Gleichungen (8,4) folgt weiter:

$$a_1 = \frac{a}{a^2 - r_a^2} \tag{8,6a} \quad \text{oder} \quad a_1 = \frac{a - c}{(a - c)^2 - r_i^2} \quad . \tag{8,6b}$$

Die Halbmesser der Randkreise in der z'_1 -Ebene werden:

$$r_{1_a} = \tfrac{1}{2}\left(z'_{1_B} - z'_{1_A}\right) = \frac{r_a}{a^2 - r_a^2} \quad , \tag{8,7a}$$

$$r_{1_i} = \tfrac{1}{2}\left(z'_{1_D} - z'_{1_C}\right) = \frac{r_i}{(a - c)^2 - r_i^2} \quad . \tag{8,7b}$$

Wir werden im weiteren auch mit den Werten a, a_1, r_{1_a} und r_{1_i} rechnen; diese können durch die gegebenen Werte r_a, r_i und c mit Hilfe der gefundenen Gleichungen ersetzt werden.

In den Mittelpunkt M_1 der konzentrischen Kreise legen wir das Koordinatensystem x_1, y_1 ; die Abbildungsfunktion lautet dann

$$z_1 = a_1 + z'_1 = a_1 - \frac{1}{a - z}$$

oder

$$z = a - \frac{1}{a_1 - z_1} \quad . \tag{8,8}$$

Wir berechnen jetzt die Potentialfunktion ψ in den Koordinaten x_1, y_1 ; die Randbedingungen sind hierbei folgende:

Am Außenrande ist

$$\psi_a = \tfrac{1}{2} r_a^2 \quad .$$

Am Innenrande wird nach Gleichung (8,2):

$$\psi_i = k^2 + \tfrac{1}{2}\left(z \cdot \bar{z}\right)_{\text{Innenrd.}} = k^2 + \tfrac{1}{2}\left[\left(a - \frac{1}{a_1 - z_1}\right) \cdot \left(a - \frac{1}{a_1 - \bar{z}_1}\right)\right]_{\text{Innenrd.}}$$

oder mit $z_1 = r_1\, e^{i\mu_1}$, $\bar{z}_1 = r_1\, e^{-i\mu_1}$:

$$\psi_i = k^2 + \tfrac{1}{2}\left(a - \frac{1}{a_1 - r_{1_i}\, e^{i\mu_1}}\right) \cdot \left(a - \frac{1}{a_1 - r_{1_i}\, e^{-i\mu_1}}\right) \quad . \tag{8,9}$$

Wir zerlegen nun ψ_i in eine Fourier-Reihe; hierbei entwickeln wir erst den Bruch $\dfrac{1}{a_1 - r_{1_i}\, e^{\pm i \mu_1}}$, wobei wir berücksichtigen, daß $r_{1_i} < a_1$ ist:

$$\frac{1}{a_1 - r_{1_i}\, e^{\pm i \mu_1}} = \frac{1}{a_1} + \frac{r_{1_i}}{a_1^2}\, e^{\pm i \mu_1} + \frac{r_{1_i}^2}{a_1^3}\, e^{\pm 2 i \mu_1} + \ldots \ldots .$$

Hiermit wird

$$\psi_i = k^2 + \frac{1}{2}\left[a - \frac{1}{a_1} - \frac{r_{1_i}}{a_1^2}\, e^{i \mu_1} - \ldots .\right]\cdot\left[a - \frac{1}{a_1} - \frac{r_{1_i}}{a_1^2}\, e^{-i \mu_1} - \ldots .\right] \ .$$

Wir multiplizieren die Klammern aus, wobei wir die Produktglieder nach $e^{n i \mu_1} + e^{-n i \mu_1}$ ordnen, und erhalten:

$$\psi_i = k^2 + \frac{1}{2}\Bigg[\left(a^2 - 2\frac{a}{a_1} + \frac{1}{a_1^2} + \frac{r_{1_i}^2}{a_1^4} + \frac{r_{1_i}^4}{a_1^6} + \ldots . \right) +$$

$$+ 2\left(-\frac{a}{a_1} + \frac{1}{a_1^2} + \frac{r_{1_i}^2}{a_1^4} + \frac{r_{1_i}^4}{a_1^6} \right) \frac{r_{1_i}}{a_1}\, \cos\mu_1 +$$

$$+ 2\left(-\frac{a}{a_1} + \frac{1}{a_1^2} + \frac{r_{1_i}^2}{a_1^4} + \frac{r_{1_i}^4}{a_1^6} \right) \frac{r_{1_i}^2}{a_1^2}\, \cos 2\mu_1 + \ldots . \Bigg] .$$

In jeder runden Klammer fassen wir die Glieder, die a nicht enthalten, zu $\dfrac{1}{a_1^2 - r_{1_i}^2}$ zusammen; weiter setzen wir nach Gleichung $(8, 6\,\mathrm{a})$:

$$\frac{a}{a_1} = a^2 - r_a^2$$

und nach Gleichung $(8, 4)$:

$$\frac{1}{a_1^2 - r_{1_i}^2} = \frac{1}{a_1 + r_{1_i}} \cdot \frac{1}{a_1 - r_{1_i}} = (a - c - r_i)(a - c + r_i) =$$

$$= a^2 - 2ac + c^2 - r_i^2 \ .$$

Wir erhalten

$$\psi_i = k^2 + \frac{1}{2}\left[r_a^2 - \left(2ac - r_a^2 + r_i^2 - c^2 \right)\left(1 + 2\frac{r_{1_i}}{a_1}\cos\mu_1 + 2\left(\frac{r_{1_i}}{a_1}\right)^2 \cos 2\mu_1 + \ldots . \right) \right]. \quad (8, 10)$$

Der Klammerwert $\left(2ac - r_a^2 + r_i^2 - c^2 \right)$ ist hierin wegen Gleichung $(8, 5)$ positiv.

Hiermit ist ψ_i als Fourier-Reihe dargestellt. Vermutlich kommt man auch auf anderem Wege zu diesem Ergebnis; hier ist der Weg über das Komplexe gewählt, der oft bequemer zum Ziele führt.

Die Gleichungen (8, 1) und (8, 10) geben uns die Randbedingungen für ψ in den Koordinaten der Kreisringfläche; ψ_a ist eine Konstante; ψ_i eine Fourier-Reihe in μ_1, die nur Glieder mit $cos\, n\mu_1$ enthält. Wir machen darum für ψ den Ansatz mit reellen Koeffizienten $c_{\pm n}$:

$$\psi = c_0 + \Im\left\{ i \sum_{n=1}^{\infty} \left[c_n \left(\frac{z_1}{r_{1a}}\right)^n + c_{-n}\left(\frac{z_1}{r_{1a}}\right)^{-n}\right]\right\} =$$

$$= c_0 + \sum_{n=1}^{\infty} \left[c_n \left(\frac{r_1}{r_{1a}}\right)^n + c_{-n}\left(\frac{r_{1a}}{r_1}\right)^n\right] cos\, n\mu_1 \ .$$

Die konjugierte Potentialfunktion $-\varphi$ und damit $w = \vartheta \cdot \varphi$ werden eindeutig.

Aus der Randbedingung (8, 1) für den Außenrand folgt:

$$c_0 = \tfrac{1}{2} r_a^2 \qquad \text{und} \qquad c_{-n} = -c_n \ .$$

Hiermit wird

$$\psi = \tfrac{1}{2} r_a^2 + \sum_{n=1}^{\infty} c_n\left[\left(\frac{r_1}{r_{1a}}\right)^n - \left(\frac{r_{1a}}{r_1}\right)^n\right] cos\, n\mu_1 \ .$$

Nun setzen wir $r_1 = r_{1i}$ und finden durch Koeffizientenvergleich mit ψ nach Gleichung (8, 10):

$$\tfrac{1}{2} r_a^2 = k^2 + \tfrac{1}{2}\left[r_a^2 - \left(2ac - r_a^2 + r_i^2 - c^2\right)\right]$$

oder

$$k^2 = 2ac - r_a^2 + r_i^2 - c^2$$

und

$$c_n\left[\left(\frac{r_{1i}}{r_{1a}}\right)^n - \left(\frac{r_{1a}}{r_{1i}}\right)^n\right] = -\left(2ac - r_a^2 + r_i^2 - c^2\right)\cdot\left(\frac{r_{1i}}{a_1}\right)^n ,$$

oder

$$c_n = \frac{2ac - r_a^2 + r_i^2 - c^2}{\left(\frac{r_{1a}}{r_{1i}}\right)^n - \left(\frac{r_{1i}}{r_{1a}}\right)^n} \cdot \left(\frac{r_{1i}}{a_1}\right)^n .$$

Hiermit wird

$$\psi = \tfrac{1}{2} r_a^2 - \Im\left\{ i \sum_{n=1}^{\infty} \frac{2ac - r_a^2 + r_i^2 - c^2}{\left(\frac{r_{1a}}{r_{1i}}\right)^n - \left(\frac{r_{1i}}{r_{1a}}\right)^n} \cdot \left(\frac{r_{1i}}{a_1}\right)^n \cdot \left[\left(\frac{z_1}{r_{1a}}\right)^n - \left(\frac{z_1}{r_{1a}}\right)^{-n}\right]\right\} .$$

$$(8, 12)$$

8.2 Elliptischer Querschnitt mit konfokalem elliptischem Loch

Die Lösung für einen Ellipsenquerschnitt mit einem Loch, dessen Rand eine zum Außenrande ähnliche Ellipse ist, wurde in Abschnitt 3 gebracht. Jetzt untersuchen wir den Fall, daß Außenrand und Innenrand konfokale Ellipsen sind. Die Entfernung beider Brennpunkte voneinander setzen wir hierbei gleich "2", Bild 8.2.

Die Außenellipse habe die Halbachsen $a_a = \sqrt{1 + b_a^2}$ und b_a, die Innenellipse die Halbachsen $a_i = \sqrt{1 + b_i^2}$ und b_i. Die Gleichungen der Ellipsen sind

für den Außenrand
$$\frac{x^2}{1 + b_a^2} + \frac{y^2}{b_a^2} = 1 \quad , \tag{8,13}$$

für den Innenrand
$$\frac{x^2}{1 + b_i^2} + \frac{y^2}{b_i^2} = 1 \quad . \tag{8,14}$$

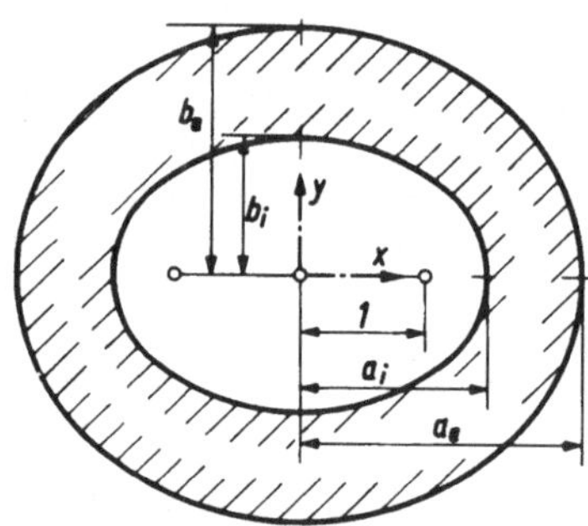

Bild 8.2

Nun bilden wir den Ellipsenring auf einen Kreisring ab:

$$z = \tfrac{1}{2}\left(z_1 + \tfrac{1}{z_1}\right) \ , \qquad \text{oder} \quad \bar z = \tfrac{1}{2}\left(\bar z_1 + \tfrac{1}{\bar z_1}\right) . \tag{8,15}$$

Die Strecke zwischen den Brennpunkten geht hierbei in den Einheitskreis über, die Ellipsen verwandeln sich in Kreise mit den Halbmessern

$$r_{1_a} = b_a + \sqrt{1 + b_a^2} = b_a + a_a \ ,$$

$$r_{1_i} = b_i + \sqrt{1 + b_i^2} = b_i + a_i \ .$$

Wir erhalten für die Potentialfunktion ψ die Randbedingungen:

$$\psi_{Au\beta enrd.} \equiv \psi_a = \tfrac{1}{2}\left[r^2\right]_{Au\beta enrd.} = \tfrac{1}{2}\left[z\,\bar z\right]_{Au\beta enrd.} \ ,$$

und wegen

$$F_{Jnnenrd.} = G\vartheta\left[\psi - \tfrac{1}{2}r^2\right]_{Jnnenrd.} = G\vartheta k^2 :$$

$$\psi_{Jnnenrd.} \equiv \psi_i = k^2 + \tfrac{1}{2}r^2_{Jnnenrd.} = k^2 + \tfrac{1}{2}\left[z\,\bar z\right]_{Jnnenrd.}$$

Für die Ränder des Kreisringes, in den wir den Ellipsenring konform
abgebildet haben, wird mit z_1 nach Gleichung (8, 15):

$$\psi_a = \frac{1}{2}\left[\frac{1}{2}\left(z_1 + \frac{1}{z_1}\right) \cdot \frac{1}{2}\left(\bar{z}_1 + \frac{1}{\bar{z}_1}\right)\right]_{r_1 = r_{1_a}}$$

$$= \frac{1}{8}\left(r_{1_a} e^{i\mu_1} + \frac{1}{r_{1_a}} e^{-i\mu_1}\right)\left(r_{1_a} e^{-i\mu_1} + \frac{1}{r_{1_a}} e^{i\mu_1}\right)\Bigr] \quad ;$$

$$\psi_a = \frac{1}{8}\left(r_{1_a}^2 + r_{1_a}^{-2} + 2\cos 2\mu_1\right) . \qquad\qquad (8, 16a)$$

Ebenso wird

$$\psi_i = k^2 + \frac{1}{8}\left(r_{1_i}^2 + r_{1_i}^{-2} + 2\cos 2\mu_1\right) . \qquad\qquad (8, 16b)$$

Auf Grund dieser Randbedingungen setzen wir:

$$\psi = \frac{1}{8}\left[r_{1_a}^2 + r_{1_a}^{-2} + c_2\, r_1^2 \cos 2\mu_1 + c_{-2}\, r_1^{-2} \cos 2\mu_1\right] . \qquad (8, 17)$$

Aus den Randbedingungen folgt:

$$k^2 = \left(r_{1_a}^2 + r_{1_a}^{-2}\right) - \left(r_{1_i}^2 + r_{1_i}^{-2}\right) ,$$

$$c_2\, r_{1_a}^2 + c_{-2}\, r_{1_a}^{-2} = 2 ,$$

$$c_2\, r_{1_i}^2 + c_{-2}\, r_{1_i}^{-2} = 2 .$$

Hieraus

$$c_2 = \frac{2}{r_{1_a}^2 + r_{1_i}^2} \quad , \qquad c_{-2} = \frac{2 r_{1_a}^2\, r_{1_i}^2}{r_{1_a}^2 + r_{1_i}^2} \quad ,$$

und daher

$$\psi = \frac{1}{8}\left[r_{1_a}^2 + r_{1_a}^{-2} + \frac{2 r_{1_a}\, r_{1_i}}{r_{1_a}^2 + r_{1_i}^2}\left(\frac{r_1^2}{r_{1_a}\, r_{1_i}} + \frac{r_{1_a}\, r_{1_i}}{r_1^2}\right) \cos 2\mu_1\right] . \qquad (8, 18)$$

Wir berechnen hieraus das Flächentorsionsmoment:

$$J_t = 2 \iint\limits_{(f)}\left(\psi - \frac{1}{2} r^2\right) dx\, dy + 2 k^2 f_{Loch} = 2 \iint\limits_{(f)} \psi\, dx\, dy - J_p + 4 k^2 \pi\, a_i\, b_i \quad .$$

Hierin ist

$$J_p = \frac{\pi}{4}\left[a_a\, b_a \left(a_a^2 + b_a^2\right) + a_i\, b_i \left(a_i^2 + b_i^2\right)\right] .$$

Das Integral berechnen wir in den z_1-Koordinaten:

$$2\iint\limits_{(f)} \psi\, dx\, dy = 2\iint\limits_{(f_1)} \psi\, \frac{dg_1}{dz_1}\, \frac{d\bar{g}_1}{d\bar{z}_1}\, dx_1\, dy_1 \; ;$$

$$\frac{dg_1}{dz_1} = \frac{d}{dz_1}\left[\frac{1}{2}\left(z_1 + \frac{1}{z_1}\right)\right] = \frac{1}{2}\left(1 - \frac{1}{z_1^2}\right)\, ,$$

$$\frac{d\bar{g}_1}{d\bar{z}_1} = \frac{d}{d\bar{z}_1}\left[\frac{1}{2}\left(\bar{z}_1 + \frac{1}{\bar{z}_1}\right)\right] = \frac{1}{2}\left(1 - \frac{1}{\bar{z}_1^2}\right)\, ,$$

$$\frac{dg_1}{dz_1}\, \frac{d\bar{g}_1}{d\bar{z}_1} = \frac{1}{4}\left(1 + \frac{1}{r_1^4} - 2\cdot\frac{1}{r_1^2}\, \cos 2\mu_1\right)\, .$$

$$2\iint\limits_{(f)} \psi\, dx\, dy = 2\cdot\int\limits_{r_{1i}}^{r_{1a}}\int\limits_0^{2\pi} \frac{1}{8}\left[r_{1a}^2 + r_{1a}^{-2} + \frac{2 r_{1a} r_{1i}}{r_{1a}^2 + r_{1i}^2}\left(\frac{r_1^2}{r_{1a} r_{1i}} + \frac{r_{1a} r_{1i}}{r_1^2}\right)\cdot \cos 2\mu_1\right]\cdot$$

$$\cdot \frac{1}{4}\left(1 + \frac{1}{r_1^4} - 2\cdot\frac{1}{r_1^2}\cos 2\mu_1\right)\cdot r_1\, d\, r_1\, d\mu_1 =$$

$$= \frac{\pi}{16}\cdot\frac{\left(r_{1a}^2 + r_{1a}^{-2}\right)\left(r_{1a}^2 - r_{1i}^2\right)\left(r_{1a}^2 r_{1i}^2 + 1\right)}{r_{1a}^2\, r_{1i}^2} - \frac{\pi}{4}\cdot\frac{r_{1a}^2 - r_{1i}^2}{r_{1a}^2 + r_{1i}^2}\quad .$$

9 Rechteckquerschnitte und verwandte Probleme

Für den Streifen mit parallelen Rändern $y = \pm b$ fanden wir die Lösung

$$\psi = b^2 + \frac{x^2 - y^2}{2}$$

Durch Hinzufügen von weiteren geeigneten Potentialfunktionen zu ψ, die auf den Rändern $y = \pm b$ den Wert Null annehmen, finden wir die Lösung für rechteckige Querschnitte. Wegen der Wichtigkeit dieser Querschnitte wird auch ihr Flächenträgheitsmoment berechnet. Die hinzuzufügenden Potentialfunktionen lauten

$$a_n \cdot e^{\pm \frac{n\pi x}{2b}} \cdot \cos \frac{n\pi y}{2b} \qquad \text{mit } n = 1,3, \dots$$

Das Auftreten der Exponentialfunktion in x bewirkt, daß diese Glieder bei langen Streifen nur an den Enden von Bedeutung sind.

Es gibt Querschnitte, die auf den unendlich langen Streifen konform abgebildet werden können und für die die Lösung für ψ bekannt ist. Schneiden wir aus dem unendlichen Streifen ein Rechteck heraus, so entspricht diesem ein neuer Querschnitt. Für diesen können wir in gleicher Weise wie für den rechteckigen Querschnitt eine Lösung bilden. An einem Beispiele wird das Verfahren gezeigt und eine Reihe weiterer Querschnitte angegeben, für die seine Anwendung möglich ist.

9.1 Rechteckquerschnitte

Das Rechteck habe die Kantenlänge $2a$ und $2b$, Bild 9.1. Für den Streifen von der Breite $2b$ nehmen wir die Grundlösung

$$\psi_{Gr} = b^2 + \frac{x^2 - y^2}{2}. \tag{9,1}$$

Dann wird

$$\psi_{Gr} - \tfrac{1}{2} r^2 = b^2 - y^2$$

an den Rändern $y = \pm b$ gleich Null.

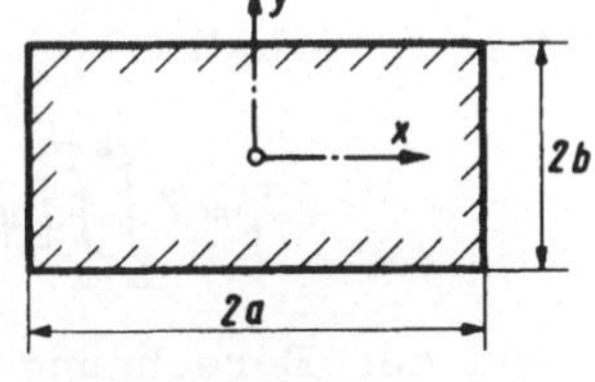

Bild 9.1

Die hinzuzufügende Ergänzungsfunktion lautet infolge der Symmetrie zur y-Achse:

$$\psi_{Erg} = \sum_{n=1,3,\dots} a_n \cos \frac{n\pi x}{2b} \cos \frac{n\pi y}{2b} \, .$$

Wir erhalten den Ansatz:

$$\psi - \tfrac{1}{2} r^2 = \psi_{Gr} + \psi_{Erg} - \tfrac{1}{2} r^2 = b^2 - y^2 + \sum_{n=1,3,\dots} a_n \cos \frac{n\pi x}{2b} \cdot \cos \frac{n\pi y}{2b} \, . \tag{9,2}$$

Auf den Rändern $y = \pm b$ bleibt die Bedingung

$$\left[\psi - \tfrac{1}{2}r^2\right]_{y=\pm b} = 0$$

erhalten.

Nun stellen wir die Bedingung auf, daß $\psi - \tfrac{1}{2}r^2$ auch für $x = \pm a$ gleich Null wird. Wir erhalten:

$$b^2 - y^2 + \sum_{n=1,3,\ldots} a_n \; \mathrm{Cos}\, \frac{n\pi a}{2b}\, \cos \frac{n\pi y}{2b} = 0.$$

Die ersten zwei Glieder stellen eine Parabel dar. Das letzte Glied ist eine Summe von cos-Gliedern. Ihre Summe ist eine periodische Funktion, die im Intervall $-b \leqq y \leqq +b$ gleich $-(b^2 - y^2)$ sein muß. Im nächsten Intervall $b \leqq y \leqq 3b$ erhalten wir eine Parabel mit entgegengesetztem Vorzeichen und so fort. Die Periodenlänge wird folglich gleich $4b$. Bild 9.2 a zeigt diesen periodischen Verlauf. Für das Intervall $-b \leqq y \leqq +b$ setzen wir

$$b^2 - y^2 = \sum_{n=1,3,\ldots} c_n \; \cos \frac{n\pi y}{2b}.$$

Die Fourier-Zerlegung gibt:

$$c_n = (-1)^{\frac{n-1}{2}} \cdot \frac{32\, b^2}{\pi^3 n^3}.$$

Hieraus folgt die Lösung

$$\psi - \tfrac{1}{2}r^2 = b^2 \left[1 - \frac{y^2}{b^2} - \frac{32}{\pi^3} \cdot \sum_{n=1,3\ldots} (-1)^{\frac{n-1}{2}} \cdot \frac{\mathrm{Cos}\, \frac{n\pi x}{2b}}{n^3\, \mathrm{Cos}\, \frac{n\pi a}{2b}} \; \cos \frac{n\pi y}{2b} \right]. \quad (9,3)$$

Für J_t erhalten wir

$$J_t = 2 \int_{-b}^{+b} \int_{-a}^{+a} \left[\psi - \tfrac{1}{2}r^2\right] dx\, dy = b^2 \left[\frac{16}{3} ab - \frac{1024}{\pi^5} b^2 \sum_{n=1,3\ldots} \frac{1}{n^5}\, \mathrm{Tg}\, \frac{n\pi a}{2b} \right].$$

Bei der Berechnung der Summe gehen wir möglichst praktisch vor. Die Werte $\mathrm{Tg}\, \frac{n\pi a}{2b}$ nähern sich für $a/b > 1$ schnell dem Werte eins, so daß wir eine Zerlegung in zwei Summen vornehmen:

$$\sum_{n=1,3,\ldots} \frac{1}{n^5}\, \mathrm{Tg}\, \frac{n\pi a}{2b} = \sum_{n=1,3,\ldots} \frac{1}{n^5} + \sum_{n=1,3,\ldots} \frac{\mathrm{Tg}\, \frac{n\pi a}{2b} - 1}{n^5}.$$

Die erste Summe ist unabhängig vom Verhältnis $a:b$ und gibt den Wert $1{,}0045$; die zweite Summe konvergiert rasch, so daß wir nur 2 bis 3 Glieder zu nehmen brauchen.

Damit wird:

$$J_t = \tfrac{16}{3}\, b^3 \left[a - b \cdot \left(0{,}630 - \tfrac{192}{\pi^5} \cdot \sum_{n=1,3,\dots} \frac{1 - \mathrm{Tg}\,\frac{n\pi a}{2b}}{n^5} \right) \right] . \qquad (9,4)$$

Für lange Rechtecke wird das Summenglied belanglos, und wir erhalten

$$\left[J_t \right]_{a \gg b} = \tfrac{16}{3}\, b^3 \left(a - 0{,}630\, b \right) . \qquad (9,5)$$

Wir hatten das lange Rechteck schon näherungsweise mit Hilfe des Prandtl'schen Membrangleichnisses behandelt. Da sahen wir, daß der Rauminhalt unter dem Spannungshügel im wesentlichen von der Länge $2a$ des Rechteckes abhängt. Nur ist von der Länge $2a$ ein Stück abzuziehen, um den Höhenabfall des Spannungshügels an den Enden zu berücksichtigen. Wir sehen jetzt, daß für jedes Ende der Betrag $0{,}630b$ abzuziehen ist. Dieses Ergebnis kann benutzt werden, um die Lösung für J_t von zusammengesetzten Streifenquerschnitten mit stumpfen Streifenenden zu verbessern.

Die Berechnung der Spannungen bietet keine Schwierigkeit, so daß wir hierauf nicht eingehen.

Lehrreich ist aber noch folgende Untersuchung: Der Streifen beginne an der Stelle $x=0$ und erstrecke sich bis zu sehr großen Werten $2a$. Gesucht wird die Ergänzungsfunktion ψ_{Erg}, die zu $\psi_{Gr} - \tfrac{1}{2} r^2 = b^2 - y^2$ hinzuzufügen ist, wobei das Verhalten für die Umgebung von $x=0$ zu berücksichtigen ist. Geht $2a \to \infty$, so erhalten wir den "Halbstreifen". Die Funktion lautet dann:

$$\psi_{Erg} = \sum_{n=1,3,\dots} (-1)^{\frac{n-1}{2}} \cdot \frac{32\, b^2}{\pi^3 n^3}\, e^{-\frac{n\pi x}{2b}} \cdot \cos \frac{n\pi y}{2b} . \qquad (9,6)$$

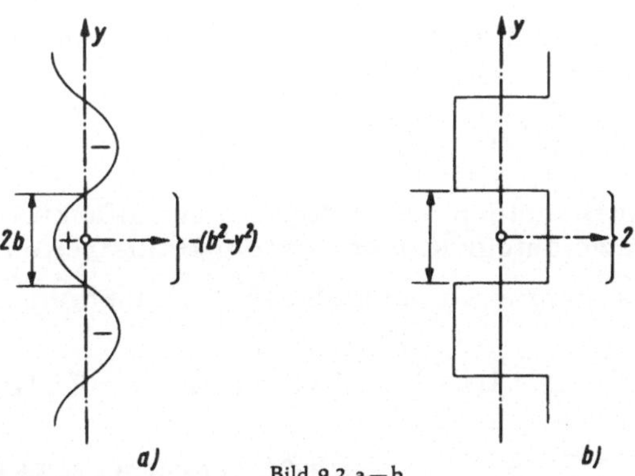

Bild 9.2 a—b

Die Funktion ψ_{Erg} können wir auch geschlossen, aber nur in Integralform darstellen, jedoch wohl nicht in geschlossener Form integrieren. Wir wissen, daß ψ_{Erg} für $x=0$ eine periodische Funktion ist, die im ersten Intervall $-b \leqq y \leqq +b$ die Werte $-(b^2-y^2)$ hat und in den anschließenden Intervallen die Vorzeichen wechselt, siehe Bild 9.2 a.

Differenzieren wir diese Funktionen zweimal nach y , so erhalten wir
im ersten Intervall den Wert $+l$, in den anliegenden Intervallen den
Wert $-l$ und so fort, siehe Bild 9. 2 b. Die Potentialfunktion mit diesen Randwerten lautet:

$$\frac{\partial^2 \psi_{Erg}}{\partial x^2} \equiv - \frac{\partial^2 \psi_{Erg}}{\partial y^2} = \frac{2}{\pi} \cdot \Re \left\{ \ln \left(i \, \mathfrak{Tg} \, \frac{z-ib}{2b} \right) \right\} =$$

$$= \frac{2}{\pi} \, arctg \left(\cos \frac{\pi y}{2b} \Big/ \mathfrak{Sin} \frac{\pi x}{2b} \right) .$$

Für $0 < x \to 0$ geht diese Potentialfunktion tatsächlich in die vorge-
schriebene periodische Funktion über; $\mathfrak{Sin} \frac{\pi x}{2b}$ geht gegen Null, bleibt
aber positiv, $\cos \frac{\pi y}{2b}$ wechselt an den Stellen $y = \pm b$, $\pm 3b$ die Vor-
zeichen, so daß $arctg \left(\cos \frac{\pi y}{2b} \Big/ \mathfrak{Sin} \frac{\pi x}{2b} \right)$ abwechselnd $+\frac{\pi}{2}$ und $-\frac{\pi}{2}$ wird.
Für $\frac{\partial \psi_{Erg}}{\partial x}$ und ψ_{Erg} erhalten wir hieraus:

$$\frac{\partial \psi_{Erg}}{\partial x} = - \frac{2}{\pi} \int\limits_{x}^{\infty} arctg \left(\frac{\cos \frac{\pi y}{2b}}{\mathfrak{Sin} \frac{\pi x}{2b}} \right) dx$$

und

$$\psi_{Erg} = \frac{2}{\pi} \int\limits_{x}^{\infty} \int\limits_{x}^{\infty} arctg \left(\frac{\cos \frac{\pi y}{2b}}{\mathfrak{Sin} \frac{\pi x}{2b}} \right) dx \, dx .$$

Die Untersuchung zeigt uns, von welcher Art die Singularitäten in
den Eckpunkten des Rechteckes sind. Um $\frac{\partial^2 \psi}{\partial x^2}$ für die Umgebung der
Ecke $x=0, y=b$ beim Halbstreifen zu erhalten, nehmen wir an, daß x
und $(y-b)$ klein sind. Dann erhalten wir:

$$\frac{\partial^2 \psi}{\partial x^2} \approx - \frac{2}{\pi} \, arctg \, \frac{y-b}{x} \quad ,$$

also eine wohlbekannte mehrdeutige Potentialfunktion; ψ selbst folgt
hieraus durch zwei Integrationen. Für den Halbstreifen können wir folg-
lich $\frac{\partial^2 \psi_{Erg}}{\partial x^2}$ als Summe von singulären Teilfunktionen ausdrücken:

$$\frac{\partial^2 \psi_{Erg}}{\partial x^2} = \frac{2}{\pi} \cdot \Im \left\{ \sum_{k=0}^{\infty} \left[(-1)^{k+1} \cdot \ln \left(z - i(1+2k) b \right) - \right. \right.$$

$$\left. \left. - (-1)^{k+1} \ln \left(z + i(1+2k) b \right) \right] \right\} =$$

$$= \frac{2}{\pi} \cdot \sum_{k=0}^{\infty} \left[(-1)^{k+1} \cdot arctg \, \frac{y - (1+2k) b}{x} - \right.$$

$$\left. - (-1)^{k+1} \cdot arctg \, \frac{y + (1+2k) b}{x} \right] . \tag{9,7}$$

Die singulären Stellen befinden sich in den Punkten $x=0, y=\pm(1+2k)b$.
Beim Rechteck mit $-a \leqq x \leqq +a$ befinden sich diese singulären Stellen
der Funktion $\dfrac{\partial^2 \psi}{\partial x^2}$ in den Punkten

$$x = \pm\left(1+2k'\right)a \quad, \quad y = \pm\left(1+2k\right)b$$

mit $\qquad k' = 0,1,2,\dots \quad , \quad k = 0,1,2,\dots \quad .$

Das in (9, 7) gefundene Verhalten der Funktion $\dfrac{\partial^2 \psi_{Erg}}{\partial x^2}$ in den Ecken
des Rechteckes ist im Einklang mit dem Ergebnis der Untersuchung
des Abschnittes 5: "Sektoren der Ebene..."; man vergleiche etwa mit
(5, 3).

Umschreiben wir dem Rechteck einen Kreis, so liegt innerhalb dieses Kreises keine singuläre Stelle, so daß für ein Rechteck grundsätzlich eine Potenzreihen-Entwicklung für ψ zulässig ist.

Im Abschnitt 16 werden wir mit Hilfe der Spiegelungsmethode für Querschnitte, die von Geradenstücken und Kreisbögen begrenzt sind, allgemein das singularitätenfreie Gebiet feststellen.

Wir nahmen bisher an, daß wir für $a \geqq b$ von der Streifenlösung
$\psi_{Gr} - \frac{1}{2}r^2 = b^2 - y^2$ ausgehen. Wir können aber auch, ebenfalls für
$a \geqq b$, von der Streifenlösung $\psi_{Gr} - \frac{1}{2}r^2 = a^2 - x^2$ ausgehen. Nur konvergieren (infolge von $a \gtrless b$) die Reihen wesentlich schlechter.

9.2 Konforme Abbildung auf das Rechteck

Wir geben im weiteren einige Querschnitte an, die wir konform auf
das Innere des Rechteckes abbilden können. Auch führen wir die Lösungen für den unendlichen Streifen an, den wir erhalten, wenn wir
zwei Seiten von $-\infty$ bis $+\infty$ verlängern. Die Koordinaten des Querschnittes bezeichnen wir mit $z = x + iy$, die der konformen Abbildung
mit $z_1 = x_1 + iy_1$ bzw. $z_2 = x_2 + iy_2$ usw.

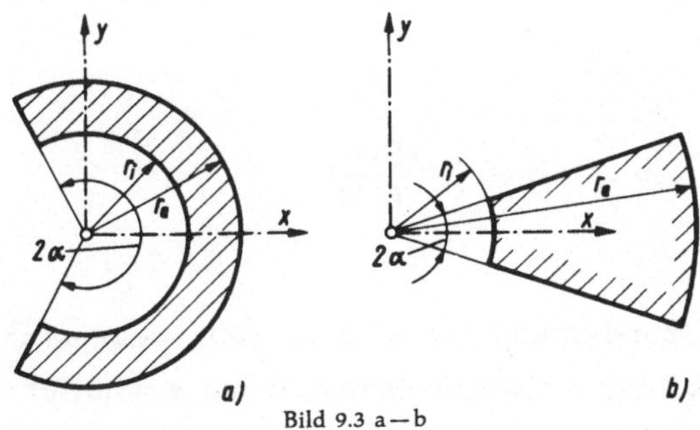

Bild 9.3 a—b

9.3 Sektor der Kreisringfläche

Die Querschnittsfläche erstreckt sich von $r = r_i$ bis $r = r_a$ und von
$\mu = -\alpha$ bis $\mu = +\alpha$, siehe Bild 9.3 a und 9.3 b.

Wir setzen

$$z_1 = \ln \frac{z}{r_i} = \ln \frac{r}{r_i} + i\mu \;\; ; \quad x_1 = \ln \frac{r}{r_i} \;\; , \quad y_1 = i\mu \; .$$

Die konforme Abbildung ist ein Rechteck mit

$$0 \leqq x_1 \leqq \ln \frac{r_a}{r_i}$$

und

$$-\alpha \leqq y_1 \leqq +\alpha \; .$$

Wir können zwei Grundlösungen für den Streifen $-\infty < x_1 < +\infty$ bzw. den Streifen $-\infty < y_1 < +\infty$ angeben.

Die erste Grundlösung bilden wir für den Streifen $-\infty < x_1 < +\infty$, $-\alpha \leqq y_1 \leqq +\alpha$:

$$\psi_{Gr_1} - \frac{1}{2} r^2 = \frac{1}{2} r^2 \left(\frac{\cos 2\mu}{\cos 2\alpha} - 1 \right) \; .$$

Die Lösung gilt nicht für $\alpha = \frac{\pi}{4}$ und $\alpha = \frac{3\pi}{4}$. Für diese Sonderfälle ist die Grundlösung nach Abschnitt 5 zu nehmen.

Bei der zweiten Grundlösung wird für $r = r_i$ und $r = r_a$ der Ausdruck $\psi_{Gr} - \frac{1}{2} r^2$ Null.

Hierzu wählen wir für ψ_{Gr} eine Potentialfunktion, die nur von r abhängt:

$$\psi_{Gr_2} = c_0 + c_l \cdot \ln \frac{r}{r_i} \quad ,$$

und erhalten zur Bestimmung von c_0 und c_l die Bedingungsgleichungen:

$$c_0 + c_l \cdot \ln \frac{r_i}{r_i} - \frac{1}{2} r_i^2 = 0 \quad ,$$

$$c_0 + c_l \cdot \ln \frac{r_a}{r_i} - \frac{1}{2} r_a^2 = 0 \quad ,$$

woraus wir

$$c_0 = \frac{1}{2} r_i^2 \quad , \qquad c_l = \frac{1}{2} \frac{r_a^2 - r_i^2}{\ln \frac{r_a}{r_i}}$$

finden.

Die erste Grundlösung ist vorzuziehen, wenn $\ln \frac{r_a}{r_i} > 2\alpha$ ist; für $\ln \frac{r_a}{r_i} < 2\alpha$ gibt die zweite Grundlösung schneller konvergierende Reihen für die Ergänzungsfunktion.

Es sei hier bemerkt, daß die erste Grundlösung natürlich zu derselben Lösung führt, die schon im Abschnitt 5: "Sektoren der Ebene der Kreisfläche und der Kreisringfläche" angegeben wurde.

9.4 Kreis mit zwei Kreisbogeneinschnitten

Der Querschnitt ist in Bild 9.4 a dargestellt. Der Kreisquerschnitt
vom Halbmesser r_a hat zwei Einschnitte; die Ränder dieser Einschnitte sind Kreisbögen, die den Grundkreis senkrecht schneiden. Beide
Kreisbögen sind Teile von Kreisen einer Kreisschar, deren Pole A und
B auf dem Grundkreise liegen. Diese Pole haben die Koordinaten

$$z_A = r_a\, e^{-i\alpha} \qquad\qquad \text{und} \qquad z_B = r_a\, e^{+i\alpha}.$$

Wir bilden den Kreis ohne Einschnitte konform auf einen unendlich langen Streifen ab. Die Abbildungsfunktion lautet:

$$z_1 = \ln \frac{z - z_A}{z - z_B} = \ln \frac{z/r_a - e^{-i\alpha}}{z/r_a - e^{+i\alpha}}$$

mit der Umkehrung

$$z = r_a \cdot \frac{\sin\left(\frac{z_1}{2} + i\alpha\right)}{\sin \frac{z_1}{2}} \equiv r_a \left[\cos\alpha + i\sin\alpha\,\operatorname{Ctg}\frac{z_1}{2}\right].$$

Bei der Abbildung geht der rechte Kreisbogen AB in die Gerade $y_1 = \pi - \alpha$,
der linke Kreisbogen BA in die Gerade $y_1 = 2\pi - \alpha$ über, so daß wir einen
Streifen von der Breite π erhalten. Den Punkten A und B entsprechen
die unendlich fernen Punkte $x_{1A} = -\infty$ und $x_{1B} = +\infty$.

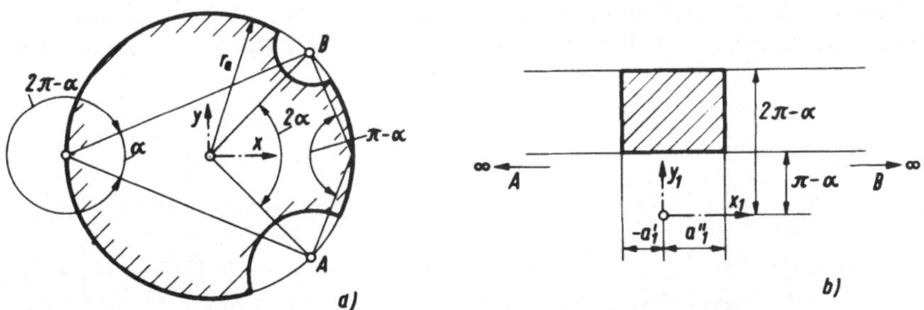

Bild 9.4 a—b

Die Kreisbögen der Einschnitte haben als Bild in der z_1-Ebene die
Geraden $x_1 = a_1'$ und $x_1 = a_1''$; die Werte a_1' und a_2' hängen von den Abmessungen des gegebenen Querschnittes ab.

Beim Kreis ohne Einschnitte nehmen wir für ψ die Grundlösung

$$\psi_{Gr} = \tfrac{1}{2}\, r_a^2.$$

Dann lauten die Randbedingungen für die Ergänzungsfunktion ψ_{Erg}:
für die Ränder $y_1 = \pi - \alpha$ und $y_1 = 2r - \alpha$:

$$\left[\psi_{Erg}\right]_{Rd} = 0 \quad;$$

für die Ränder $r_1 = a_1'$ bezw. $x_1 = a_1''$:

$$\left[\psi_{Erg}\right]_{Rd} = -\tfrac{1}{2} r_a^2 + \tfrac{1}{2} z\,\bar{z}$$

$$= \tfrac{1}{2} r_a^2 \left[-1 + \left(\cos\alpha + i\sin\alpha\,\operatorname{Ctg}\tfrac{z_1}{2}\right)\left(\cos\alpha - i\sin\alpha\,\operatorname{Ctg}\tfrac{\bar{z}_1}{2}\right)\right]$$

mit $z_{1_{Rd}} = a_1' + iy_1$ bezw. $z_{1_{Rd}} = a_1'' + iy_1$.

9.5 Querschnitt mit Rändern aus konfokalen Ellipsen- und Hyperbelbögen

In Abschnitt 8 fanden wir die konforme Abbildung des Ringquerschnittes, der von zwei konfokalen Ellipsen begrenzt ist, auf den Ringquerschnitt mit konzentrischen Kreisen als Rändern. Von dieser Abbildung gehen wir aus: Der Abstand der Brennpunkte voneinander ist gleich "zwei" angenommen. Die Abbildungsfunktion lautet:

$$z = \tfrac{1}{2}\left(z_1 + \tfrac{1}{z_1}\right) \qquad \text{oder} \qquad z_1 = z \pm \sqrt{z^2 - 1}.$$

Alle konfokalen Ellipsen gehen in Kreise $r_1 =$ konst, alle Hyperbeln mit denselben Brennpunkten in Strahlen $\mu_1 = \pm\alpha$ über, Bild 9.5 a und 9.5 b. Für das Bogenviereck, das durch zwei Ellipsenbögen und zwei Hyperbelbögen begrenzt ist, erhalten wir in den z_1'-Koordinaten ein Bogenviereck mit zwei Kreisbögen und zwei Geradenstücken als Rändern. Als Beispiel sind in den Bildern 9.5 a und 9.5 b entsprechende Flächenstücke durch Schraffur hervorgehoben. Durch eine weitere konforme Abbildung wird das Bogenviereck auf ein Rechteck abgebildet.

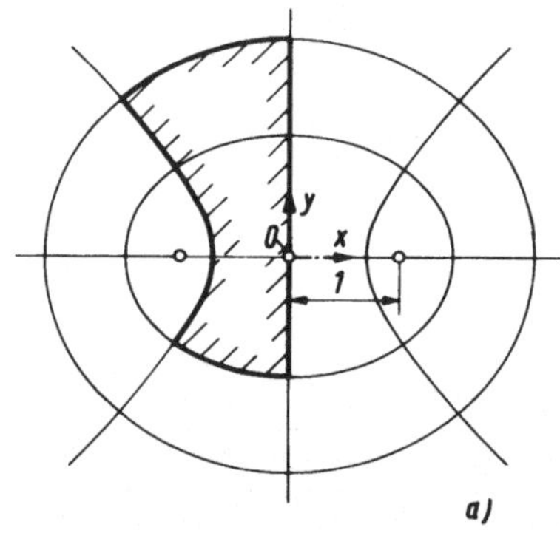
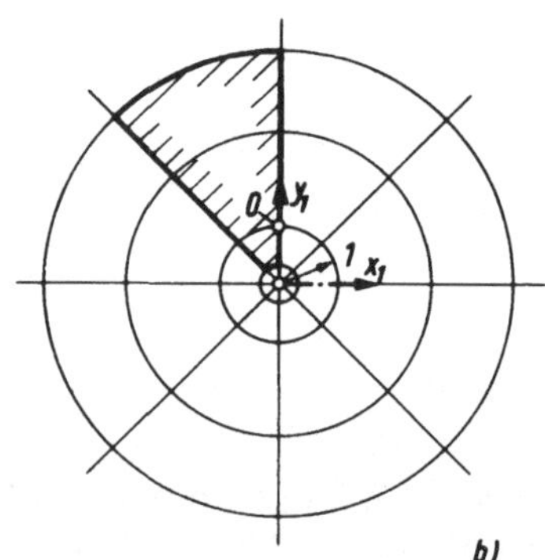

a)   b)

Bild 9.5 a—b

Die erste Grundfunktion, für die

$$\psi_{Gr1} - \tfrac{1}{2} r^2$$

für die zwei E l l i p s e n r ä n d e r gleich Null wird, finden wir wie folgt: Den Ellipsen entsprechen in der z_1-Ebene die Kreise mit $r_1 = r_{1i}$ und $r_1 = r_{1a}$.

Aus Gleichung (9, 8) finden wir

$$\frac{1}{2} r^2 - \frac{1}{2} z\bar{z} = \frac{1}{8}\left(z_1 + \frac{1}{z_1}\right)\left(\bar{z}_1 + \frac{1}{\bar{z}_1}\right) =$$

$$= \frac{1}{8}\left(r_1^2 + \frac{1}{r_1^2} + 2\cos 2\mu_1\right) \ . \tag{9, 9}$$

Wir machen für ψ_{Gr} den Ansatz in z_1-Koordinaten:

$$\psi_{Gr_1} = c_0 + c_l \ln \frac{r_1}{r_{1i}} + c_2 r_1^2 \cos 2\mu_1 + c_2' r_1^{-2} \cos 2\mu_1 \ .$$

Die Koeffizienten c_0, c_l, c_2 und c_2' finden wir aus den Bedingungen, daß für $r_1 = r_{1i}$ und $r_1 = r_{1a}$

$$\psi_{Gr_1} - \frac{1}{2} r^2 = 0$$

wird, wobei $\frac{1}{2} r^2$ der Ausdruck nach Gleichung (9, 9) ist.

Jetzt bestimmen wir die zweite Grundfunktion, für die

$$\psi_{Gr_2} - \frac{1}{2} r^2$$

für die Hyperbelränder gleich Null wird. Den Hyperbelrändern entsprechen in der z_1-Ebene die Strahlen mit $\mu_1 = \alpha$ und $\mu_1 = \beta$. Wir machen für ψ_{Gr_2} den Ansatz

$$\psi_{Gr_2} = a_2 r_1^2 \cos 2\mu_1 + b_2 r_1^2 \sin 2\mu_1 +$$

$$+ a_2' r_1^{-2} \cos 2\mu_1 + b_2' r_1^{-2} \sin 2\mu_1 + a_0 + a_1 \mu_1 \ .$$

Die Koeffizienten finden wir aus der Bedingung, daß für $\mu_1 = \alpha$ bezw. $\mu_1 = \beta$

$$\psi_{Gr_2} - \frac{1}{2} r^2 = 0$$

wird, wobei $\frac{1}{2} r^2$ wieder aus Gleichung (9, 9) folgt.

Wir haben hiermit für eine Reihe uns bekannter Fälle die Grundlagen für die weitere Untersuchung gebracht. In den Fällen, bei denen zwei Grundlösungen möglich sind, wird man stets mit der Grundlösung die Randbedingungen der längeren Rechteckseite befriedigen, um für die Ergänzungsfunktion schneller konvergierende Reihen zu erhalten.

9.6 Lösung für den langen Ausschnitt einer schmalen Kreisringfläche

Als Beispiel führen wir die Untersuchung durch für einen langen Ausschnitt einer Kreisringfläche, für die r_a/r_i keinen zu großen Wert gibt. In diesem Falle ist es vorzuziehen, die Grundlösung so zu wählen, daß für $r = r_i$ und $r = r_a$

$$\psi_{Gr} - \tfrac{1}{2} r^2 = 0$$

wird. Wir erhalten dann:

$$x_1 = \ln \frac{r}{r_i} \quad , \quad y_1 = \mu \quad , \quad r = r_i \, e^{x_1} \quad ,$$

$$\psi_{Gr} - \frac{1}{2} r^2 = \frac{1}{2} r_i^2 + \frac{1}{2} \frac{r_a^2 - r_i^2}{\ln \frac{r_a}{r_i}} \cdot x_1 - \frac{1}{2} r_i^2 \, e^{2x_1} \quad .$$

Die Ergänzungsfunktion ψ_{Erg} muß für $r = r_i$, also für $x_1 = 0$ und für
$r = r_a$, also für $x_1 = \ln \frac{r_a}{r_i}$, gleich Null werden. Wir beginnen folglich
mit dem Ansatz:

$$\psi_{Erg} = \sum_{n=1}^{\infty} a_n \, \cos \frac{n \pi y_1}{\ln \frac{r_a}{r_i}} \cdot \sin \frac{n \pi x_1}{\ln \frac{r_a}{r_i}} \quad .$$

Die Koeffizienten a_n müssen so bestimmt werden, daß für $y_1 = \pm \alpha$
im Bereich $r_i \leqq r \leqq r_a$,

$$\psi_{Gr} + \psi_{Erg} - \frac{1}{2} r^2 = 0$$

wird.

Hieraus folgt

$$\sum_{n=1}^{\infty} a_n \, \cos \frac{n \pi \alpha}{\ln r_a - \ln r_i} \cdot \sin \frac{n \pi x_1}{\ln r_a - \ln r_i} =$$

$$= - \left[\frac{1}{2} r_i^2 + \frac{1}{2} \frac{r_a^2 - r_i^2}{\ln r_a - \ln r_i} \cdot x_1 - \frac{1}{2} r_i^2 \, e^{2x_1} \right] \quad .$$

Durch Fourier-Zerlegung sind wieder die Koeffizienten zu finden.

10 Konforme Abbildung
der Einheitskreisfläche auf zusammengesetzte Streifenquerschnitte

Die Abbildungsfunktion der Einheitskreisfläche auf einige zusammengesetzte Streifenquerschnitte läßt sich in geschlossener Form angeben. Es sind dies Querschnitte nach Bild 10.1 a, b, c und d.

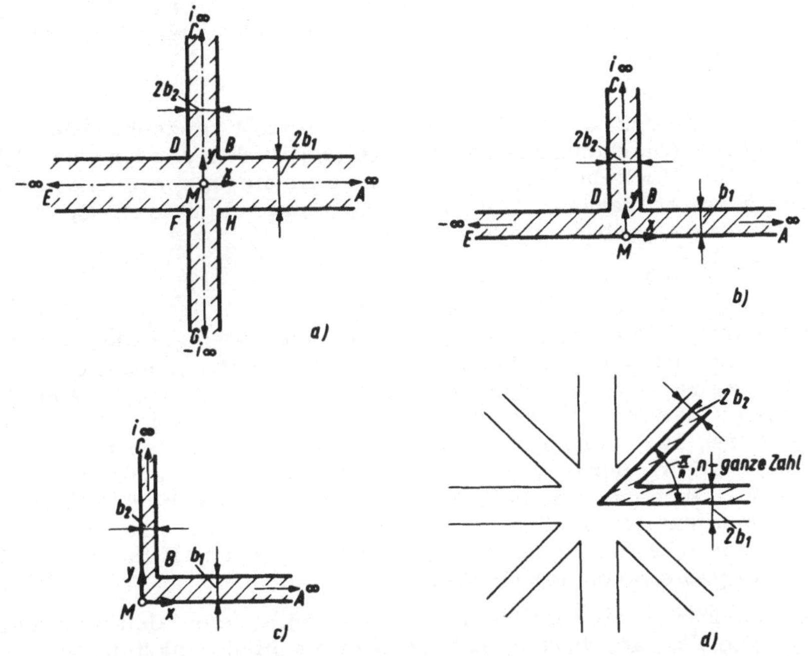

Bild 10.1 a—d

Bild 10.1 a zeigt das **allgemeine Streifenkreuz**; ist b_1 gleich b_2, so erhalten wir das **symmetrische Streifenkreuz**; Bild 10.1 b stellt das **Streifen-T** und Bild 1 c den **rechtwinkligen Streifenwinkel** dar. Aus der Abbildungsfunktion des Streifenkreuzes folgen die Abbildungsfunktionen der Querschnitte nach Bild 10.1 b und c.

Um die Abbildungsfunktion für den Streifenwinkel nach Bild 10.1 d zu erhalten, bilden wir durch Spiegelung an den Außenrändern erst einen **Streifenstern** mit den Streifenbreiten $2b_1$ und $2b_2$. Die mathematische Behandlung ist dieselbe wie für den Querschnitt nach Bild 10.1 a, so daß wir uns mit diesem Hinweis begnügen.

10.1 Abbildungsfunktion für das Streifenkreuz

Wir erhalten das allgemeine Streifenkreuz, indem wir zwei Streifen von der Breite $2b_1$ und $2b_2$ aufeinander legen, so daß sie sich rechtwinklig kreuzen. Die unendlich fernen Punkte sind A, C, E und G; ihre z-Koordinaten sind:

$$
\begin{aligned}
z_A &= +\infty, \\
z_C &= i\,\infty, \\
z_E &= -\infty, \\
z_G &= -i\,\infty.
\end{aligned}
$$

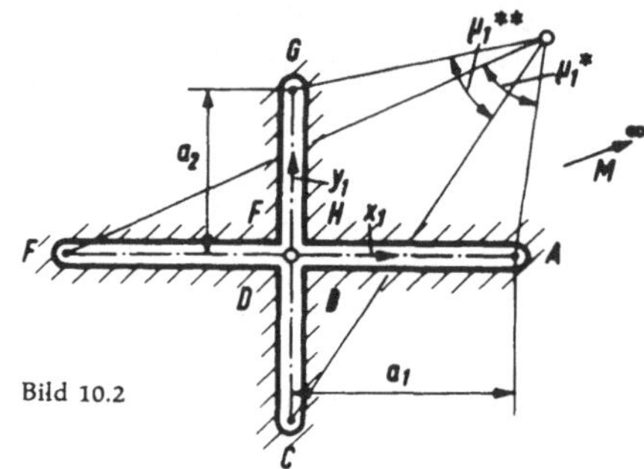

Bild 10.2

Wir bilden erst die Vollebene z_A mit einem Kreuzschlitz nach Bild 10.2 auf den Querschnitt ab. Die einzelnen Punkte des Kreuzschlitzes sind mit denselben Buchstaben bezeichnet wie die entsprechenden Punkte des Streifenkreuzes. Die unendlich fernen Punkte A, C, E und G haben in der z_1-Ebene die Koordinaten

$$
z_{1A} = a_1 \;,\quad z_{1C} = -i\,a_2 \;,\quad z_{1E} = -a_1 \;,\quad z_{1G} = i\,a_2 \;.
$$

Der Kreuzschlitz besteht aus zwei sich kreuzenden geraden Schlitzen; der eine Schlitz geht von A nach E, der andere von C nach G. Um die Schlitze zu veranschaulichen, sind im Bild 10.2 die zwei Ränder eines jeden Schlitzes etwas auseinandergeschoben. Von A nach E führen auf diese Weise zwei gerade Ränder; der eine Rand gehört zur Halbebene oberhalb AE, wir bezeichnen ihn als oberes Ufer; der andere Rand gehört zur Halbebene unterhalb AE, das ist das untere Ufer des Schlitzes AE. Ebenso hat der Schlitz CG ein rechtes und ein linkes Ufer. Durch die Schlitze erhalten wir bei den Punkten B, D, F und H in der z_1-Ebene Winkelgebiete von der Größe $\pi/2$.

Um die Ebene mit dem Schlitz AE auf den horizontalen Streifen von der Breite $2b_1$ abzubilden, nehmen wir die Abbildungsfunktion

$$
z = -\frac{b_1}{\pi}\left[\ln\left(z_1 - a_1\right) - \ln\left(z_1 + a_1\right)\right].
$$

Jeder Punkt der Ebene z_1 gibt den Imaginärteil $y = -\dfrac{b_1}{\pi}\,\mu_1^{*}$; für das obere Ufer erhalten wir folglich den Wert $-b_1$, für das untere Ufer den Wert $+b_1$.

Der Realteil geht für beide Ufer von $-\infty$ für Punkt E bis $+\infty$ für Punkt A.

Um die z_1-Ebene mit dem Schlitz CG auf den vertikalen Streifen von der Breite $2b_2$ abzubilden, nehmen wir die Abbildungsfunktion

$$
z = -\frac{i\,b_2}{\pi}\left[\ln\left(z_1 + i\,a_2\right) - \ln\left(z_1 - i\,a_2\right)\right].
$$

Der Realteil wird $\quad x = \frac{b_2}{\pi}\,\mu_1^{**}$

mit $x = b_2$ für das rechte und $x = -b_2$ für das linke Ufer. Die Imaginärteile gehen von $y_C = i\,\infty$ bis $y_G = -i\,\infty$.

Nun nehmen wir für z die Summe der beiden Funktionen

$$z = -\frac{b_1}{\pi}\Big[\ln\big(z_1-a_1\big)-\ln\big(z_1+a_1\big)\Big]-\frac{ib_2}{\pi}\Big[\ln\big(z_1+ia_2\big)-\ln\big(z_1-ia_2\big)\Big].$$

$$(10,1)$$

Die berechneten Werte der Einzelfunktionen addieren sich, und wir erhalten, als Abbildung der Ebene z_1 mit Kreuzschlitz, in der z -Ebene das Streifenkreuz.

Nun sind noch die Werte a_1 und a_2 bzw. ihr Verhältnis zu bestimmen. Hierzu dient uns die Überlegung, daß dz/dz_1 für die Punkte B, D, F und H, also für $z_1 = 0$, den Wert Null geben muß, da in diesen Punkten dem Winkel $3\pi/2$ der z -Ebene ein Winkel $\pi/2$ in der z_1 -Ebene entspricht. Nun ist

$$\frac{dz}{dz_1} = -\frac{b_1}{\pi}\Big(\frac{1}{z_1-a_1}-\frac{1}{z_1+a_1}\Big)-\frac{b_2}{\pi}\Big(\frac{i}{z_1+ia_2}-\frac{i}{z_1-ia_2}\Big).$$

Für $z_1 = 0$ erhalten wir

$$\Big(\frac{dz}{dz_1}\Big)_{z_1=0} = \frac{2b_1}{\pi a_1}-\frac{2b_2}{\pi a_2}.$$

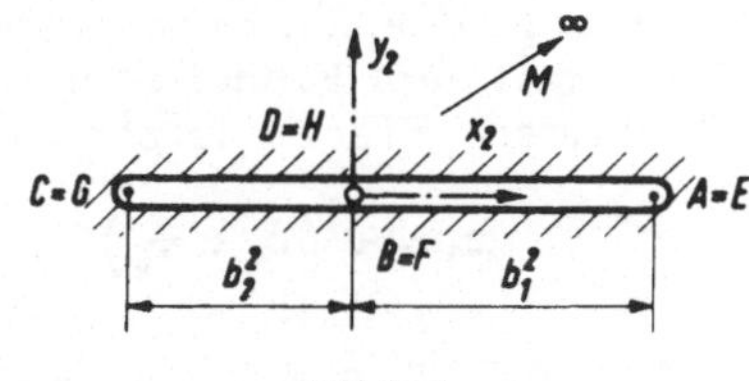

Bild 10.3

Damit der Ausdruck den Wert Null gibt, muß $a_1 : a_2 = b_1 : b_2$ gewählt werden. Wir nehmen $a_1 = b_1$ und $a_2 = b_2$, wodurch zugleich der Abbildungsmaßstab festgelegt ist.

Wir erhalten

$$z = -\frac{b_1}{\pi}\Big[\ln\big(z_1-b_1\big)-\ln\big(z_1+b_1\big)\Big]-i\frac{b_2}{\pi}\Big[\ln\big(z_2+ib_2\big)-\ln\big(z_2-ib_2\big)\Big].$$

Da die Funktionen mehrdeutig sind, beachten wir, daß bei unserer Abbildung der Imaginärteil der ersten eckigen Klammer die Werte von $-\pi$ bis $+\pi$ annimmt; ebenso nimmt der Realteil der zweiten eckigen Klammer die Werte von $-\pi$ bis $+\pi$ an. Der unendlich ferne Punkt der z_1 -Ebene gibt den Wert $z = 0$ und entspricht dem Mittelpunkt M des Streifenkreuzes.

Nun bilden wir eine z_2 -Ebene auf die z_1 -Ebene so ab, daß wir einen einfachen Schlitz erhalten, siehe Bild 10.3. Wir setzen hierzu

$$z_1 = \sqrt{z_2} .$$
$$(10,2)$$

Der Punkt A gibt das rechte Ende des Schlitzes mit $z_2 = +b_1^2$, der

Punkt C das linke Ende mit $z_2 = -b_2^2$; die z_2 -Ebene ist doppelt überdeckt: gehen wir in der z_1-Ebene einmal um den Koordinatennullpunkt oder, was dasselbe ist, in der z_2-Ebene einmal um den unendlich-fernen Punkt herum, so erhalten wir in der z_2-Ebene einen Weg, der zweimal um den unendlich-fernen Punkt herum geht. Nun führen in der z_2-Ebene ein neues Koordinatensystem mit den Koordinaten z_2' ein, so daß der Koordinatennullpunkt in die Mitte des Schlitzes AC kommt:

$$z_2 = z_2' + \frac{b_1^2 - b_2^2}{2} \, . \tag{10, 3}$$

Weiter ändern wir die Längenabmessungen, so daß die Punkte A und C in einer weiteren z_3-Ebene die Koordinaten $+1$ und -1 erhalten, indem wir

$$z_2' = \frac{b_1^2 + b_2^2}{2} \, z_3 \tag{10, 4}$$

setzen. Aus Gleichung (10, 3) und (10, 4) erhalten wir

$$z_2 = \frac{b_1^2 + b_2^2}{2} \, z_3 + \frac{b_1^2 - b_2^2}{2} \, . \tag{10, 5}$$

Für $z_3 = +1$ wird $z_2 = b_1^2$, für $z_3 = -1$ wird $z_2 = -b_2^2$, so daß die Punkte A und C die angegebenen Koordinaten erhalten. Jetzt ist es einfach, die z_3-Ebene mit dem Einheitsschlitz in das Innengebiet des Einheitskreises abzubilden. Hierzu setzen wir

$$z_3 = \frac{1}{2} \left(z_4 + \frac{1}{z_4} \right) . \tag{10, 6}$$

Nun erhalten wir für jeden Wert $z_4 = e^{i\mu_4}$, also für den Rand des Einheitskreises, zwei Werte für z_1 und damit auch für z ; aus den Werten für z_4 folgt eindeutig ein Wert für z_3 und z_2 ; für $z_1 = \pm \sqrt{z_2}$ erhalten wir zwei Werte mit entgegengesetzten Vorzeichen. Der unendlich-ferne Punkt M wird hierbei zum Verzweigungspunkt. Um die Verzweigung zu beseitigen, setzen wir $z_4 = z_0^2$. Den positiven Werten von z_0 ordnen wir positive Werte von z_1 zu und den negativen Werten negative. Jetzt ist die Einheitskreisfläche der z_0-Ebene eindeutig auf das Streifenkreuz abgebildet. Die Lage der Punkte A bis H auf dem Einheitskreis zeigt Bild 10. 4.

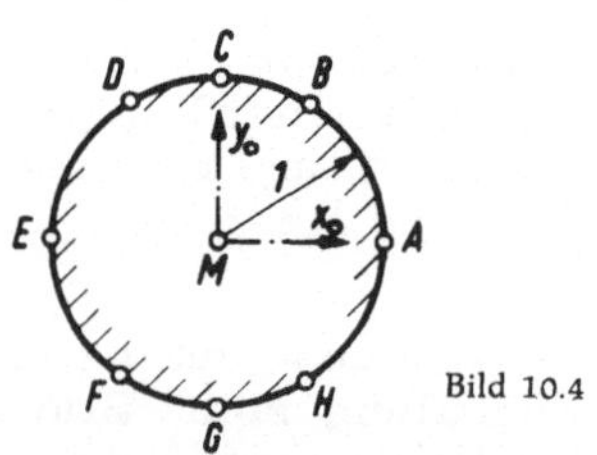

Bild 10.4

Die Abbildungsfunktion der Einheitskreisfläche auf das allgemeine Streifenkreuz erhalten wir, indem wir aus den Gleichungen (1) bis (6) die Hilfskoordinaten z_1, z_2 und z_3 beseitigen.

10.2 Abbildungsfunktion für das symmetrische Streifenkreuz

Für das symmetrische Streifenkreuz mit $b_1 = b_2 = b$, das wir im nächsten Abschnitt 11 behandeln werden, folgt aus den Gl. (10, 1) bis (10, 6):

$$z = -\frac{b}{\pi}\left[\ln\left(\sqrt{\tfrac{1}{2}\left(z_0^2 + z_0^{-2}\right)} - 1\right) - \ln\left(\sqrt{\tfrac{1}{2}\left(z_0^2 + z_0^{-2}\right)} + 1\right)\right.$$
$$\left. - i\ln\left(\sqrt{\tfrac{1}{2}\left(z_0^2 + z_0^{-2}\right)} + i\right) + i\ln\left(\sqrt{\tfrac{1}{2}\left(z_0^2 + z_0^{-2} - i\right)}\right)\right]. \qquad (10,7)$$

Die Lösung drücken wir noch in anderer Form aus. Zur Umformung benutzen wir die Beziehungen:

$$-i\ln\frac{t+i}{t-i} = 2\,\mathrm{arctg}\,\frac{1}{t}$$

und

$$\ln\frac{t+1}{t-1} = 2\,\mathrm{Ar\,Tg}\,\frac{1}{t}$$

Damit wird:

$$z = -\frac{2b}{\pi}\left[\mathrm{Ar\,Tg}\,\frac{1}{\sqrt{\tfrac{1}{2}\left(z_0^2 + z_0^{-2}\right)}} + \mathrm{arctg}\,\frac{1}{\sqrt{\tfrac{1}{2}\left(z_0^2 + z_0^{-2}\right)}}\right]. \qquad (10,8)$$

Für $z_0 = 0$ wird $z = 0$.

Gehen wir zum Rande, so wird

$$\tfrac{1}{2}\left(z_0^2 + z_0^{-2}\right) = \cos 2\mu_{0\,Rd} .$$

Nun ist

$$\mathrm{arctg}\,\frac{1}{t} = \pm\frac{\pi}{2} - \mathrm{arctg}\,t .$$

Setzen wir hierin it anstelle von t ein, so wird weiter nach Teilung durch $-i$:

$$\mathrm{Ar\,Tg}\,\frac{1}{t} = \pm\frac{\pi}{2}i + \mathrm{Ar\,Tg}\,t .$$

Damit erhalten wir für den Rand

$$z_{Rd} = -\frac{b}{\pi}\left[\pm\pi \pm i\pi + 2\,\mathrm{Ar\,Tg}\,\sqrt{\cos 2\mu_{0,Rd}} - 2\,\mathrm{arctg}\,\sqrt{\cos 2\mu_{0,Rd}}\right].$$
$$(10,9)$$

Für die Punkte B, D, F und H wird

$$\cos 2\mu_{0,Rd} = 0$$

und der Ausdruck für z_{Rd} lautet:

$$z_{Rd} = -b\left(\pm 1 \pm i\right).$$

Für Punkt B ist $z_B = b + ib$, für Punkt D ist $z_D = -b + ib$ usw. zu setzen. Hiermit liegen die Vorzeichen für jeden Viertelbogen des Einheitskreises fest.

10.3 Abbildungsfunktion für den Streifen-T-Querschnitt

Durch die Abbildungsfunktionen nach Gleichung (10,1) und (10,2) wird das Streifenkreuz auf die z_2-Ebene mit einfachem Schlitz abgebildet, wobei der Mittelpunkt M zum unendlich-fernen Punkte wird und, wie schon hervorgehoben, die z_2-Ebene doppelt überdeckt ist. Durch diese Abbildungsfunktion wird der Streifen-T-Querschnitt, welcher der oberen Hälfte des Streifenkreuzes entspricht, nach Bild 10.5 auf die z_2-Ebene abgebildet. Wir führen in diesem Bild die neuen Koordinaten z_2' ein:

$$z_2 = z_2' + b_2^2 , \qquad (10,10)$$

und setzen

$$z_2' = z_5^{\frac{1}{2}} . \qquad (10,11)$$

Damit erhalten wir die Abbildung der unteren Halbebene z_5 nach Bild 10.6 auf den Streifen-T-Querschnitt nach Bild 10.1 b.

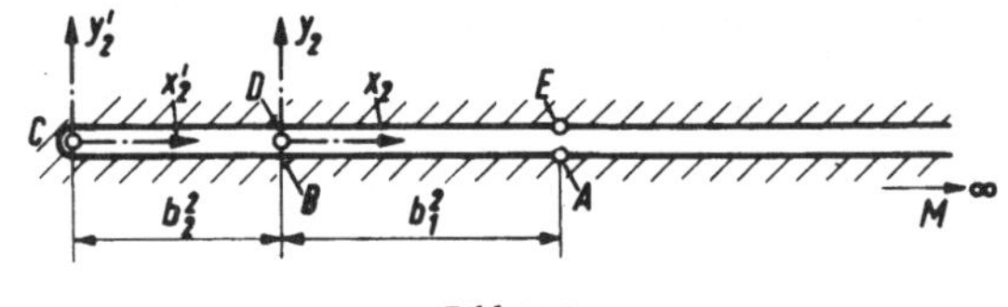

Bild 10.5

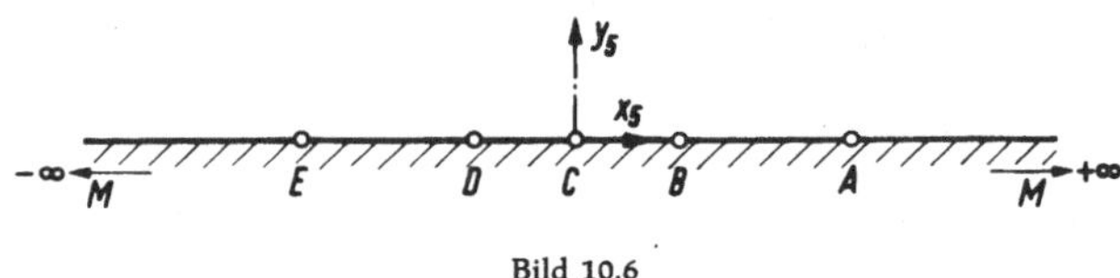

Bild 10.6

Die weitere Abbildung der Halbebene auf die Einheitskreisfläche bietet keine Schwierigkeit; wir werden bei der Behandlung des Streifenwinkels diese Abbildung eingehender behandeln.

10.4 Abbildungsfunktion für den Streifenwinkel

Wieder greifen wir auf die Gl. (10,1) und (10,2) zurück. Die untere Halbebene der z_3-Ebene ist durch diese Abbildungsfunktionen auf den Streifenwinkel abgebildet. Das Bild 10.7 zeigt die Zuordnung der Randpunkte zu den Randpunkten des Streifenwinkels nach Bild 10.1 c.

Wir bilden nun die untere z_2 -Halbebene auf die Einheitskreisfläche ab;
die Koordinaten der Einheitskreisebene bezeichnen wir wieder mit z_0 .
Bei der Abbildung müssen wir festsetzen, wie die einzelnen Randpunkte
auf dem Einheitskreis liegen sollen. Für die Punkte A und C wählen

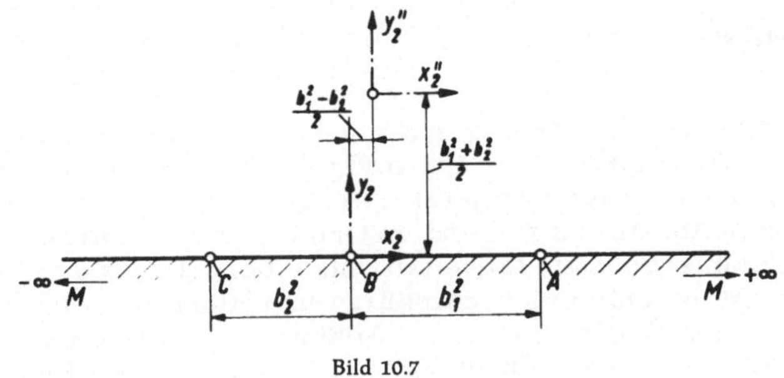

Bild 10.7

wir die Punkte $z_{0A}=1$ und $z_{0C}=-1$, für den Punkt M den Punkt $z_{0M}=-i$.
Wir wählen in der z_2 -Ebene ein neues Koordinatensystem z_2'' . Die
Lage des Koordinatennullpunktes ist aus dem Bild 10. 7 zu ersehen.

$$z_2 = z_2'' + \frac{b_1^2 - b_2^2}{2} - i \frac{b_1^2 + b_2^2}{2} . \tag{10,12}$$

Durch die Inversion $z_2'' = \frac{1}{z_6}$ geht die untere Halbebene in die Kreisfläche nach Bild 10. 8 über.

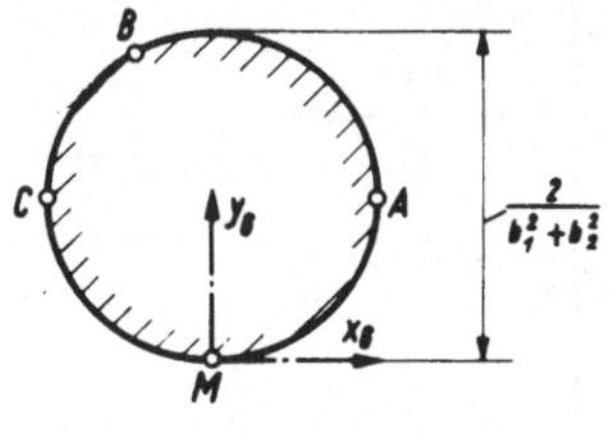

Bild 10.8

Durch Maßstabänderung und Koordinatenverschiebung erhalten wir
schließlich:

$$z_6 = \frac{z_0 + i}{b_1^2 + b_2^2} . \tag{10,13}$$

Durch die Gleichungen (10, 1), (10, 2), (10, 13) und (10, 14) ist die Ein-
heitsfläche auf dem Streifenwinkel abgebildet.

11 Symmetrisches Streifenkreuz

Die konforme Abbildung der Einheitskreisfläche auf das symmetrische Streifenkreuz haben wir im vorigen Abschnitt kennengelernt; diesen Querschnitt wollen wir jetzt untersuchen.

Das Problem ist aus folgendem Grunde von Wichtigkeit: Für beliebige Streifenquerschnitte fanden wir nach dem P r a n d t l ' schen Membrangleichnis technisch zweckmäßige und gute Näherungslösungen. Bei
diesen bleibt leider die Gestalt des Spannungshügels über den Verzwei-
gungsstellen unberücksichtigt, während für die freien Enden der Streifen eine Berichtigung gefunden werden konnte, siehe Abschnitt 9. Wir
vollführen im vorliegenden Abschnitt einen ersten Schritt zur Klärung
der Frage über das Verhalten der Lösung bei Verzweigungen. In ähn-
licher Weise sind die Übergangsgebiete des Streifenwinkels und des
Streifen-T-Querschnittes zu untersuchen.

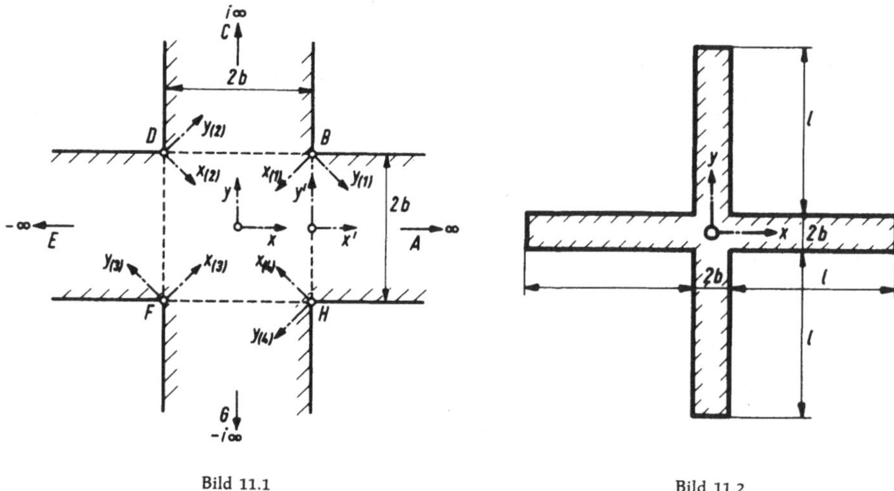

Bild 11.1   Bild 11.2

Außer der Untersuchung des Streifenkreuzes durch konforme Abbildung der Einheitskreisfläche auf den Querschnitt werden wir noch
einen anderen Weg zur Bestimmung der Potentialfunktion ψ einschlagen. Hierbei zerlegen wir den Querschnitt in Teile, siehe Bild 11.1,
und zwar in das quadratische Mittelstück mit $-b \leqq x \leqq +b, -b \leqq y \leqq +b$,
und in die vier angesetzten Streifen von der Breite $2b$; diese sind der
Einfachheit halber unendlich lang genommen. Die Lösung gilt mit gu-
ter Näherung auch für Streifenkreuze mit Streifen von endlicher Länge l, wenn l nur groß ist gegenüber der Streifenbreite $2b$, Bild 11.2.
Für jeden Teil machen wir einen geeigneten Reihenansatz; dann müssen außer den Randbedingungen noch die Anschlußbedingungen für die

Nahtlinien berücksichtigt werden; das sind die Linien, längs derer die Teile des Querschnittes zusammengefügt sind. In den Punkten dieser Linien müssen sowohl die Werte für ψ beider anschließenden Teile als auch die Werte der Normalableitungen von ψ übereinstimmen. Als gleichwertige Bedingung können wir auch fordern, daß in der Nahtlinie sowohl φ als auch ψ übereinstimmen, da

$$\frac{\partial \psi}{\partial n} = - \frac{\partial \varphi}{\partial t}$$

ist. Wir bezeichnen diesen Weg, der sehr aussichtsreich ist, als M e t h o d e d e r Q u e r s c h n i t t s z e r l e g u n g.

Beim vorliegenden Beispiel des Streifenkreuzes gehen wir sowohl den einen als auch den anderen Weg zur Bestimmung von ψ . Zur Berechnung des Flächentorsionsmomentes J_t ist jedoch die Lösung von ψ in den Koordinaten des Einheitskreises nicht geeignet, schon darum nicht, weil wir wegen der unendlichen Längen der Streifen hierfür den Wert Unendlich erhalten würden. Um J_t zu berechnen, verwenden wir die Lösung für das Mittelstück und für die Streifen. Hierbei nehmen wir endliche Längen der Streifen an und berücksichtigen auch den Abfall des Spannungshügels an den freien Enden der Streifen. Die Lösung für ψ , die wir durch konforme Abbildung der Einheitskreisfläche finden, wird daher auf die Koordinaten der Querschnittsfläche umgerechnet, so daß wir hierbei auch auf diesem Wege die Lösungen für die Querschnittsteile erhalten.

11. 1 Lösung durch Querschnittszerlegung

Die Spannungsfunktion lautet

$$F = G \vartheta \left(\psi - \tfrac{1}{2} r^2 \right). \tag{11,1}$$

Für das Mittelstück

$$-b \leqq x \leqq +b, \quad -b \leqq y \leqq +b$$

machen wir den Potenzreihenansatz

$$\psi = \mathfrak{Re} \sum_{n=0}^{\infty} a_{4n} \left(\frac{z}{b\sqrt{2}} \right)^{4n} \equiv \sum_{n=0}^{\infty} a_{4n} \left(\frac{r}{b\sqrt{2}} \right)^{4n} \cos 4n\mu. \tag{11,2}$$

Die Lösung konvergiert innerhalb des Kreises, den wir dem quadratischen Mittelstück umschreiben. Nehmen wir nur eine begrenzte Anzahl von Gliedern, so erhalten wir Näherungsansätze. Anstelle dieser Ansätze werden wir auch einen geeigneten anderen Ansatz machen, der in den Ansatz (11, 2) umgeformt werden kann.

Für den rechten Streifen führen wir die Koordinaten $x' = x - b$, $y' = y$ ein mit dem Koordinatennullpunkt in der Mitte der Nahtlinie. Für große Werte x' geht die Lösung des Streifens über in die Lösung eines unendlichen Streifens von der Breite $2b$:

$$F_{x' \to \infty} = G \vartheta \left(b^2 - y^2 \right) = G \vartheta \left[b^2 + \tfrac{1}{2} \left(x^2 - y^2 \right) - \tfrac{1}{2} r^2 \right] =$$

$$= G \vartheta \left\{ b^2 + \tfrac{1}{2} \left[\left(x' + b \right)^2 - y'^2 \right] \right\} - \tfrac{1}{2} r^2 .$$

Folglich wird dort

$$\psi_{x' \to \infty} = b^2 + \tfrac{1}{2}\left[(x'+b)^2 - y'^2\right] .$$

Um die hiervon abweichenden Anschlußwerte von ψ in der Nahtlinie zu berücksichtigen, fügen wir Glieder hinzu, die für $y' = \pm b$ den Wert Null geben und für $x' \to \infty$ gegen Null gehen; diese Glieder sind uns aus der Untersuchung der Rechtecke, Abschnitt 9, bekannt. Wir setzen daher

$$\psi = b^2 + \frac{1}{2}\left[(x'+b)^2 - y'^2\right] + \sum_{m=0}^{\infty} a'_{2m+1}\, e^{-(2m+1)\pi x'/2b} \cdot \cos(2m+1)\pi y'/2b .$$

$$(11, 3)$$

Dieser Ansatz wird durch Hinzufügen von Gliedern mit

$$e^{+(2m+1)x'/2b}\, \cos(2m+1)\, y'/2b$$

auch für kurze Streifen verwendbar. Die Bedingung für die Nahtlinie

$$x = b \qquad \text{bezw.} \quad x' = 0\, , \ y = y'$$

lautet wegen der Gleichheit der ψ -Werte

$$\Re \sum_{n=0}^{\infty} a_{4n}\left(\frac{b+iy'}{b\sqrt{2}}\right)^{4n} = \frac{3}{2}b^2 - \frac{1}{2}y'^2 + \sum_{m=0}^{\infty} a'_{2m+1}\, \cos\left(2m+1\right)\pi\, y'/2b .$$

$$(11, 4)$$

Die Gleichheit der Ableitungen in x' -Richtung gibt die weitere Bedingung:

$$\Re \sum_{n=0}^{\infty} \frac{4n}{b\sqrt{2}}\, a_{4n}\left(\frac{b+iy'}{b\sqrt{2}}\right)^{4n-1} = b - \sum_{m=0}^{\infty} (2m+1)\frac{\pi}{2b}\, a'_{2m+1}\, \cos(2m+1)\pi y'/2b .$$

$$(11, 5)$$

Eine genaue Berechnung aller Koeffizienten a_{4n} und a'_{2m+1} ist nicht möglich. Wir benutzen darum Näherungsansätze mit einer beschränkten Anzahl von Werten für n und derselben Anzahl für m , und wählen auf der Nahtlinie von $y' = 0$ bis $y' = b$ die gleiche Anzahl von geeigneten Punkten, in denen die Bedingungen nach Gleichung (11, 4) und Gleichung (11, 5) zu erfüllen sind.

Bei der Wahl dieser Punkte werden wir uns von der Anschauung leiten lassen und den mutmaßlichen Fehler berücksichtigen, der durch Abbrechen der Reihe entsteht. So ist in der Innenecke bei Punkt B: $\psi = b^2$, und für das Mittelstück an dieser Stelle $\frac{\partial \psi}{\partial x} \to -\infty$, wie aus der Untersuchung der Innenecken folgt, siehe Abschnitt 5. Der Wert $\psi = b^2$ ergibt sich aber nur, wenn wir unendlich viele Glieder der Reihe für das Mittelstück nehmen. Und die Gleichheit von $\frac{\partial \psi}{\partial x}$ für beide an-einanderstoßenden Querschnittsteile ist hier offensichtlich nicht erfüllt. Wir werden darum für diesen Punkt die Anschlußbedingungen (11, 4) und (15, 5) nicht aufstellen.

Als Beispiel nehmen wir für n die zwei Werte $n=0$ und $n=1$, ebenso für m die zwei Werte $m=0$ und $m=1$, wählen auf der Nahtlinie die Punkte $y'=0$ und $y'=\frac{2}{3}b$, und stellen für diese die Bedingungen (11, 4) und (11, 5) auf; wir erhalten für $y'=0$:

$$a_0 + \tfrac{1}{4}a_4 = \tfrac{3}{2}b^2 + a_1' + a_3' \; ,$$

$$a_4 = b^2 - \tfrac{\pi}{2}a_1' - \tfrac{3\pi}{2}a_3' \; ,$$

und für $y'=\frac{3}{2}b$:

$$a_0 - \frac{119}{4\cdot 81}\cdot a_4 = \tfrac{23}{18}b^2 + \tfrac{1}{2}a_1' - a_3'$$

$$-\tfrac{1}{3}a_4 = b^2 - \tfrac{\pi}{4}a_1' + \tfrac{3\pi}{2}a_3' \; .$$

Die Lösung dieses Gleichungssystems von vier Gleichungen mit den Unbekannten a_0, a_4, a_1' und a_3' gibt:

$$a_0 = 1{,}95\cdot b^2 \qquad a_1' = 0{,}707\cdot b^2$$

$$a_4 = 0{,}51\cdot b^2 \qquad a_3' = 0{,}131\cdot b^2 .$$

Die Spannungsfunktion hat nach dieser Näherungslösung an der Stelle $x=y=0$ den Wert $F(0,0)=1{,}95\ G\vartheta b^2$, und in der Mitte einer Nahtstelle den Wert $F(b,0)=1{,}58\ G\vartheta b^2$.

Wir fragen nun, ob wir den Ansatz der Funktion ψ für das Mittelstück nicht so verbessern können, daß wir das Verhalten von ψ in den Innenecken B, D, F und H genauer erhalten. Wir legen hierzu (mit diesen Punkten als Nullpunkten) die Koordinatensysteme $z_{(1)} = x_{(1)} + i y_{(1)}$ $z_{(2)}$, $z_{(3)}$ und $z_{(4)}$ in den Querschnitt, wobei die $x_{(k)}$ -Achsen zur Mitte des Mittelstückes hin gerichtet sind (Bild 11. 1). Dann machen wir für die Ecke B den Teilansatz

$$\psi_{(1)} = c\cdot \mathfrak{Re}\left\{\left(\frac{z_{(1)}}{b}\right)^{2/3}\right\} \; ,$$

und addieren hierzu entsprechende Ansätze für die anderen Ecken mit dem gleichen c -Wert. Wir erhalten für das Mittelstück mit den beiden ersten Gliedern des Potenzreihenansatzes:

$$\psi_{\mathfrak{M}} = a_0 + a_4\cdot \frac{x^4 - b x^2 y^2 + y^4}{4 b^4} +$$

$$+ c\cdot \mathfrak{Re}\left\{\frac{z_{(1)}^{2/3} + z_{(2)}^{2/3} + z_{(3)}^{2/3} + z_{(4)}^{2/3}}{b^{2/3}}\right\} .$$

Für den rechten Streifen nehmen wir wieder den Ansatz nach Gleichung
(11, 3) mit zwei Freiwerten a_1' und a_2' und bezeichnen diese Näherungsfunktion für ψ mit ψ_{Str} :

$$\psi_{Str} = b^2 + \frac{1}{2}\left[(x'+b)^2 - y^2\right] +$$

$$+ a_1'\, e^{-\pi x'/2b}\, \cos\frac{\pi y'}{2b} + a_3'\, e^{-3\pi x'/2b}\, \cos\frac{3\pi y'}{2b}.$$

Der Näherungsansatz ψ_m für das Mittelstück enthält die drei Freiwerte a_0, a_4 und c, der Näherungsansatz ψ_{Str} die zwei Freiwerte a_1'
und a_j'. Zur Bestimmung dieser Werte stellen wir folgende Bedingungen auf:

Für die zwei Punkte der Nahtlinie $x = b$, $y = 0$ und $x = b$, $y = \frac{1}{2}b$
sollen sowohl die Werte von ψ_m und ψ_{Str} als auch ihre Ableitungen in
x -Richtung übereinstimmen.

Ferner soll ψ_m für den Punkt B mit den Koordinaten $x = b$, $y = b$
den Wert $\frac{1}{2}b^2$ geben.

Zerlegen wir

$$c \cdot \mathfrak{Re}\left\{\left(z_{(1)}^{2/3} + z_{(2)}^{2/3} + z_{(3)}^{2/3} + z_{(4)}^{2/3}\right)\Big/ b^{2/3}\right\}$$

in eine Reihe nach z, so erhalten wir infolge der vorhandenen Symmetrien Glieder von der Gestalt z^{4n}, so daß der Ansatz im Grunde
genommen als Potenzreihenentwicklung aufgefaßt werden kann, bei der
unendlich viele von c abhängige Glieder auftreten.

Die Umformung in eine Reihe nach z wird wie folgt durchgeführt:
es ist

$$z_{(1)} = \left(z + b\cdot\sqrt{2}\cdot e^{-i\cdot 3\pi/4}\right) e^{i\cdot 3\pi/4} = b\sqrt{2}\left(1 + \frac{z}{b\sqrt{2}}\, e^{i\cdot 3\pi/4}\right) ;$$

$$\frac{z_{(1)}^{2/3}}{b^{2/3}} = \left(\sqrt{2}\right)^{2/3}\left(1+t\right)^{2/3}$$

mit $\quad t = \dfrac{z}{b\sqrt{2}}\, e^{i\cdot 3\pi/4} \qquad$ und $\quad t^4 = -\left(\dfrac{z}{b\sqrt{2}}\right)^4.$

Wir zerlegen das Binom in eine Reihe und erhalten:

$$\frac{z_{(1)}^{2/3}}{b^{2/3}} = \sqrt[3]{2}\left[1 - \frac{-2}{3}t + \frac{-2\cdot 1}{3\cdot 6}\cdot t^2 - \frac{-3\cdot 1\cdot 4}{3\cdot 6\cdot 9}\cdot t^3 + \frac{-2\cdot 1\cdot 4\cdot 7}{3\cdot 6\cdot 9\cdot 12}\cdot t^4 - +\dots\right]$$

$$= \sqrt[3]{2}\left[1 - \dots + \frac{-2\cdot 1\cdot 4\cdot 7}{3\cdot 6\cdot 9\cdot 12}\cdot t^4 - \dots + \frac{-2\cdot 1\cdot 4\cdot 7\cdot 10\cdot 13\cdot 16\cdot 19}{3\cdot 6\cdot 9\cdot 12\cdot 15\cdot 18\cdot 21\cdot 24}\cdot t^8 - \dots\right]$$

$$= \sqrt[3]{2}\left[1 - \dots + \frac{2\cdot 1\cdot 4\cdot 7}{3\cdot 6\cdot 9\cdot 12}\cdot\left(\frac{z}{b\sqrt{2}}\right)^4 - \dots - \frac{2\cdot 1\cdot 4\cdot 7\cdot 10\cdot 13\cdot 16\cdot 19}{3\cdot 6\cdot 9\cdot 12\cdot 15\cdot 18\cdot 21\cdot 24}\cdot\left(\frac{z}{b\sqrt{2}}\right)^8\dots\right].$$

Die Reihen für $z_{(2)}^{2/3}/b^{2/3}$ usw. lauten entsprechend, wobei aber die Koeffizienten der Potenzen $z_{(k)}^{r}$, $r \neq 4n$ mit alternierenden Vorzeichen auftreten. Diese Glieder fallen daher bei der Addition der Teillösungen fort, und es wird:

$$c \cdot \Re \frac{z_{(1)}^{2/3} + z_{(2)}^{2/3} + z_{(3)}^{2/3} + z_{(4)}^{2/3}}{b^{2/3}} =$$

$$= 4\sqrt[3]{2} \cdot c \cdot \Re \left[1 + \frac{2 \cdot 1 \cdot 4 \cdot 7}{3 \cdot 6 \cdot 9 \cdot 12} \cdot \left(\frac{z}{b\sqrt{2}} \right)^4 - \frac{2 \cdot 1 \cdot 4 \cdots 19}{3 \cdot 6 \cdot 9 \cdots 24} \cdot \left(\frac{z}{b\sqrt{2}} \right)^8 + - \cdots \right] =$$

$$= 5{,}04 \cdot c \cdot \Re \left[1 + 0{,}0288 \left(\frac{z}{b\sqrt{2}} \right)^4 - 0{,}00837 \left(\frac{z}{b\sqrt{2}} \right)^8 + - \cdots \right] .$$

Wir erhalten eine schnell konvergierende Reihe.

Zur Berechnung der Koeffizienten a_0, a_4, c, a_1' und a_3' zerlegen wir den Ausdruck natürlich nicht in eine Reihe, sondern rechnen mit $z_{(1)}^{2/3}$ usw. Wir erhalten die Gleichungen

für den Punkt $x = b$, $y = 0$:

$$a_0 + 0{,}25\, a_4 + 5{,}11 \cdot c = 1{,}5\, b^2 + a_1' + a_3'$$

und

$$a_4 + 0{,}14 \cdot c = b^2 - 1{,}57\, a_1' - 4{,}71\, a_3' \; ;$$

für den Punkt $x = b$, $y = \frac{1}{2}b$:

$$a_0 - 0{,}11\, a_4 + 4{,}99\, c = 1{,}375\, b^2 + 0{,}471\, a_1' - 0{,}71\, a_3'$$

und

$$0{,}25\, a_4 + 0{,}07\, c = b^2 - 1{,}11\, a_1' + 0{,}333\, a_3' \; ,$$

und für den Punkt $x = b$, $y = b$:

$$a_0 - 0{,}5\, a_4 + 4{,}71 \cdot c = b^2.$$

Die Lösung lautet (mit Rechenschiebergenauigkeit):

$$c = 4{,}60\, b^2 \; , \quad a_0 = -21{,}2\, b^2 \; , \quad a_4 = -0{,}67\, b^2$$

$$a_1' = 0{,}706\, b^2 \; , \quad a_3' = -0{,}017\, b^2.$$

Der Wert F für $x = y = 0$ wird in dieser Näherung:

$$F(0,0) = G\vartheta \left[a_0 + 4c \cdot \sqrt[3]{2} \right] = G\vartheta \left[-21{,}2 + 23{,}2 \right] b^2 = 2\, G\vartheta b^2.$$

Wichtig ist aber nicht dieser Näherungswert für $F(0,0)$; von Bedeutung ist vielmehr der Näherungswert für c , der uns zeigt, wie sich der Spannungshügel in der Umgebung der Innenecke verhält.

11.2 Lösung durch konforme Abbildung der Einheitskreisfläche auf das Streifenkreuz

Die Fläche des Einheitskreises wird nach Gl. (10, 8) auf das Streifenkreuz konform abgebildet durch die Funktion

$$z = -\frac{2b}{\pi}\left[\ \text{Ar Tg}\sqrt{\frac{1}{\frac{1}{2}\left(z_0^2 + z_0^{-2}\right)}}\ +\ \text{arctg}\ \sqrt{\frac{1}{\frac{1}{2}\left(z_0^2 + z_0^{-2}\right)}}\ \right] \quad (11,7)$$

Hierbei entspricht jedem Punkte der Einheitskreisfläche ein Punkt des Querschnittes. Für den Rand wird mit $z_0 = e^{i\mu_0}$ nach Gl. (10, 9) für $0 \leqq \mu_0 \leqq +\,{}^{\pi}\!/_4$

$$z_{Rd} = \frac{b}{\pi}\left[\pi\left(1+i\right) + 2\ \text{Ar Tg}\sqrt{2\cos\mu_0}\ -\right.$$
$$\left. -\ 2\ \text{arc tg}\sqrt{2\cos\mu_0}\,\right]. \qquad\qquad (11,8a)$$

Im angegebenen Winkelbereich ist $\sqrt{2\cos\mu_0}$ reell. Für Ar Tg und arc tg sind die Hauptwerte zu nehmen; es wird daher:

$$\bar{z}_{Rd} = \frac{b}{\pi}\left[\pi\left(1-i\right) + 2\ \text{Ar Tg}\sqrt{2\cos\mu_0} - 2\ \text{arctg}\sqrt{2\cos\mu_0}\,\right] \quad (11,8b)$$

Nun berechnen wir die Randwerte für ψ als Funktion von μ_0 für $0 \leqq \mu_0 \leqq +\,{}^{\pi}\!/_4$:

$$\psi_{Rd} = \tfrac{1}{2}\,z_{Rd}\ \bar{z}_{Rd}$$
$$= \frac{b^2}{2\pi^2}\left[\left(\pi + 2\ \text{Ar Tg}\sqrt{\cos 2\mu_0} - 2\ \text{arc tg}\sqrt{\cos 2\mu_0}\right)^2 + \pi^2\right].$$
$$(11,9)$$

Diese Randwerte wiederholen sich periodisch, so daß die Linien $\mu_0 = 0$, $\mu_0 = \pm\,{}^{\pi}\!/_4$, $\mu_0 = \pm\,{}^{\pi}\!/_2$, $\mu_0 = \pm\,{}^{3\pi}\!/_4$ und $\mu_0 = \pi$ Symmetrielinien sind; Bild 11. 3 zeigt den Verlauf von ψ_{Rd} als Funktion von μ_0 .

Der weitere Weg ist klar; wir zerlegen die Randfunktion in eine Fourierreihe und finden ψ als Potenzreihe in z_0 ; oder wir bestimmen ψ für die uns interessierenden Punkte der Einheitskreisfläche mit Hilfe der Integralformel (siehe Anhang II, Gleichung (II, 27a)).

Es ist verführerisch, ψ sofort als geschlossene Lösung angeben zu wollen, indem wir anstelle von $\mu_0 : -i\cdot\ln z_0 = -i\cdot\ln r_0 + \mu_0$ in Gleichung (11, 9) setzen und für ψ den Realteil dieses Ausdruckes nehmen. Das ist aber nicht zulässig, da Gl. (11, 9) nicht für den ganzen Umfang des Einheitskreises gilt.

Bei der Auswertung der Fourierreihe für ψ stört das Unendlichwerden von ψ_{Rd} in den Randpunkten $\mu_0 = 0, \frac{\pi}{2}, \pi$ und $\frac{3\pi}{2}$. Um alle vier Punkte zu erfassen, setzen wir:

$$z_0 = z_*^{1/4}\ ,\quad \mu_0 = \tfrac{1}{4}\,\mu_* \ .$$

Dann ist das Gebiet $0 \leqq \mu_* \leqq \pi$ des neuen Einheitskreises zu untersuchen. In diesem Koordinatensystem wird ψ_{Rd} nur für $\mu_*=0$ unendlich. Das Glied, das unendlich wird, lautet:

$$2\,\mathrm{Ar\,Tg}\,\sqrt{\cos 2\mu_0} \;=\; 2\,\mathrm{Ar\,Tg}\cdot\sqrt{\cos\tfrac{1}{2}\mu_*} \;=\; \ln\frac{1+\sqrt{\cos\tfrac{1}{2}\mu_*}}{1-\sqrt{\cos\tfrac{1}{2}\mu_*}}\,.$$

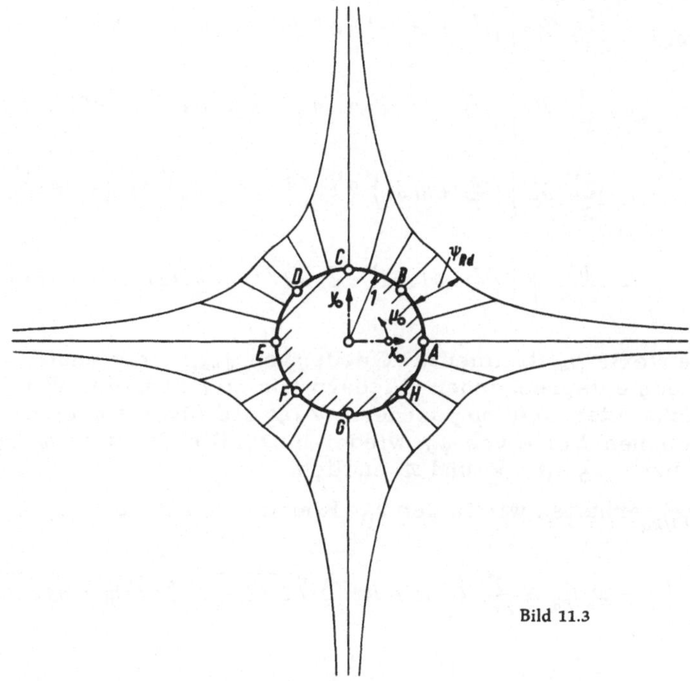

Bild 11.3

Für kleine Werte μ_* ergibt sich dann

$$\cos\tfrac{1}{2}\mu_* \;\longrightarrow\; 1-\tfrac{1}{2}\left(\tfrac{1}{2}\mu_*\right)^2 = 1-\tfrac{1}{8}\mu_*^2\,,$$

$$\sqrt{\cos\tfrac{1}{2}\mu_*} \;\longrightarrow\; 1-\tfrac{1}{16}\mu_*^2\,,\quad 1+\sqrt{\cos\tfrac{1}{2}\mu_*} \;\longrightarrow\; 2\,,$$

$$1-\sqrt{\cos\tfrac{1}{2}\mu_*} \;\longrightarrow\; \tfrac{1}{16}\mu_*^2\,,\quad \ln\frac{1+\sqrt{\cos\tfrac{1}{2}\mu_*}}{1-\sqrt{\cos\tfrac{1}{2}\mu_*}} \;\longrightarrow\; \ln 32 - 2\ln\mu_*\,.$$

Weiter gilt:

$$-2\,\mathrm{arc\,tg}\,\sqrt{\cos\tfrac{1}{2}\mu_*} \;\longrightarrow\; -\,\pi/2\,.$$

Hiermit

$$\psi_{Rd,\,\mu_*\to 0} \;\longrightarrow\; \frac{b^2}{2\pi^2}\left[\left(\frac{\pi}{2}+\ln 32 - 2\ln\mu_*\right)^2 + \pi^2\right]\,.$$

Wir können eine Potentialfunktion ψ_0 , angeben, die an der Stelle $r_* = 1$, $\mu_* = 0$ bzw. $1-z_* = 0$ in gleicher Weise gegen Unendlich geht:

$$\psi_0 = \frac{b^2}{2\pi^2}\,\mathfrak{Re}\left[\left(\frac{\pi}{2} + \ln 32\right) - 2\ln\left(1 - z_*\right)\right]^2, \; |z_*| \leqq 1 \; .$$

Auf dem Rand erhalten wir im Bereich $0 \leqq \mu_* \leqq \pi$:

$$\psi_{0Rd} = \frac{b^2}{2\pi^2}\,\mathfrak{Re}\left[\left(\frac{\pi}{2} + \ln 32\right) - 2\ln\left(1 - \cos\mu_* - i\cdot\sin\mu_*\right)\right]^2 =$$

$$= \frac{b^2}{2\pi^2}\,\mathfrak{Re}\left[\left(\frac{\pi}{2} + \ln 32\right) - \ln\left(2 - 2\cos\mu_*\right) - 2i\cdot\arctan\frac{\sin\mu_*}{1-\cos\mu_*}\right]^2 =$$

$$= \frac{b^2}{2\pi^2}\,\mathfrak{Re}\left[\left(\frac{\pi}{2} + \ln 32\right) - \ln\left(2\cdot\sin\tfrac{1}{2}\mu_*\right)^2 - i\cdot\left(\pi - \mu_*\right)\right]^2 =$$

$$= \frac{b^2}{2\pi^2}\left\{\left[\left(\frac{\pi}{2} + \ln 32\right) - 2\cdot\ln\left(2\cdot\sin\tfrac{1}{2}\mu_*\right)\right]^2 - \left(\pi - \mu_*\right)^2\right\} \; .$$

Für kleine Werte μ_* stimmen die Glieder von ψ_{0Rd} , die unendlich werden, mit den entsprechenden Gliedern von ψ_{Rd} überein. Wir berechnen folglich weiter nicht ψ , sondern $\psi - \psi_0$ und fügen später die analytisch gegebenen Werte von ψ_0 wieder hinzu. Die Funktion $\psi - \psi_0$ bleibt für $\mu_* = 0$ bzw. $\mu_0 = 0$, $\pi/2$ und π endlich.

Für $\left(\psi - \psi_0\right)_{Rd}$ erhalten wir in den z_0 -Koordinaten für $0 \leqq \mu_0 \leqq + \pi/4$:

$$\left(\psi - \psi_0\right)_{Rd} = \frac{b^2}{2\pi^2}\left\{\left[\pi + \operatorname{Ar\,Tg}\sqrt{\cos 2\mu_0} - 2\arctan\sqrt{\cos 2\mu_0}\right]^2 - \right.$$

$$\left. - \left[\left(\frac{\pi}{2} + \ln 32\right)^2 - 2\ln\left(2\sin 2\mu_0\right)\right]^2 + \pi^2 + \left(\pi - 4\mu_0\right)^2\right\} \; .$$

Wir bestimmen $\left(\psi - \psi_0\right)$ als Reihenentwicklung in z_0 ; hierzu müssen wir die Randwerte in eine Fourier-Reihe zerlegen:

$\pi^2 + \left(\pi - 4\mu_0\right)^2$ gibt für $0 \leqq \mu_0 \leqq \frac{\pi}{2}$ die bekannte Reihe:

$$\pi^2 + \frac{\pi^2}{3} + \sum_{n=1}^{\infty}\frac{4}{n^2}\cos 4n\mu_0 = 13{,}16 + 4\cos 4\mu_0 + \cos 8\mu_0 +$$

$$+ 0{,}444\cos 12\mu_0 + 0{,}16\cos 16\mu_0 + \ldots\ldots .$$

Der Ausdruck

$$\left[\pi + 2\operatorname{Ar\,Tg}\sqrt{\cos 2\mu_0} - 2\arctan\sqrt{\cos 2\mu_0}\right]^2 - \left[\left(\frac{\pi}{2} + \ln 32\right)^2 - 2\ln\left(2\sin 2\mu_0\right)\right]^2$$

wird in eine Fourier-Reihe zerlegt, indem die Funktionswerte für eine Anzahl von Werten μ_0 zwischen 0 und $\frac{\pi}{4} = 45^0$ bezw. Werten von $\mu_* = 4\mu_0$ zwischen 0 und $\pi = 180^0$ berechnet werden. Nachstehende Zahlentafel gibt die berechneten Werte.

Z a h l e n t a f e l

μ_0	μ_*	berechneter Wert	μ_0	μ_*	berechneter Wert
0	0	0,0000	25	100	1,5246
5	20	0,1087	30	120	2,0045
10	40	0,3510	35	140	2,5328
15	60	0,6814	40	160	3,0554
20	80	1,0770	45	180	3,4545

Wir erhalten hieraus die Fourier-Reihe

$$\sum_{n=0}^{\infty} c_n \cdot \cos 4n\,\mu_0 = \sum_{n=0}^{\infty} c_n \cdot \cos n\,\mu_*$$

mit $\qquad c_0 = -1,4508\,, \qquad c_1 = 1,5334\,, \qquad c_2 = -0,1878\,,$

$$c_3 = +0,1202\,, \qquad c_4 = -0,0436\,, \qquad c_5 = 0,0350.$$

Hiermit wird

$$(\psi - \psi_0)_{Rd} = \frac{b^2}{2\pi^2} \left(11,71 + 5,53\ \cos 4\mu_0 + 0,812\ \cos 8\mu_0 + \right.$$
$$\left. + 0,324\ \cos 12\,\mu_0 + 0,116\ \cos 16\,\mu_0 + \ldots \right)\,.$$

Für die Potentialfunktion $(\psi - \psi_0)$ erhalten wir damit die Potenzreihe:

$$\psi - \psi_0 = \frac{b^2}{2\pi^2} \cdot \mathfrak{Re}\left\{ 11,71 + 5,53\ z_0^4 + 0,812\ z_0^8 + \right.$$
$$\left. + 0,324\ z_0^{12} + 0,116\ z_0^{16} + \ldots \right\}\,.$$

Um ψ als Fourierreihe zu erhalten, verwandeln wir auch ψ_0 in eine Potenzreihe von z_0 :

$$\psi_0 = \frac{b^2}{2\pi^2}\ \mathfrak{Re}\left[\left(\frac{\pi}{2} + \ln 32 \right) - 2\ln\left(1 - z_0^4\right) \right]^2 =$$

$$= \frac{b^2}{2\pi^2}\ \mathfrak{Re}\left[\left(\frac{\pi}{2} + \ln 32 \right) + 2\left(z_0^4 + \frac{z_0^8}{2} + \frac{z_0^{12}}{3} + \ldots \right) \right]^2 =$$

$$= \frac{b^2}{2\pi^2}\ \mathfrak{Re}\left\{ \left(\frac{\pi}{2} + \ln 32 \right)^2 + 4\left(\frac{\pi}{2} + \ln 32 \right)\left(z_0^4 + \frac{z_0^8}{2} + \frac{z_0^{12}}{3} + \ldots \right) + \right.$$

$$\left. + 4\left(z_0^4 + \frac{z_0^8}{2} + \frac{z_0^{12}}{13} + \ldots \right)^2 \right] =$$

$$= \frac{b^2}{2\pi^2}\ \mathfrak{Re}\left\{ 25,4 + 20,16\ z_0^4 + 14,08 \cdot z_0^8 + 10,7\ z_0^{12} + 8,7\ z_0^{16} + \ldots \right\}.$$

Hiermit lautet die Potentialfunktion $\psi = (\psi - \psi_0) + \psi_0$ als Realteil einer Potenzreihe in z_0 :

$$\psi = \frac{b^2}{2\pi^2} \, \mathfrak{Re} \left\{ 37,1 + 25,7 \cdot z_0^4 + 14,9 \cdot z_0^8 + 11,0 \cdot z_0^{12} + 8,8 \cdot z_0^{16} + \ldots \right\} .$$

$$(11,10)$$

Für $z_0 = 0$ wird

$$\psi(0,0) = \frac{37,1}{2\pi^2} \, b^2 = 1,88 \cdot b^2 .$$

Dieses ist der Wert ψ für die Mitte des Einheitskreises und zugleich für die Mitte des Streifenkreuzes. Zum Vergleich: Die erste Näherungsrechnung ergab hierfür den Näherungswert $\psi(0,0) = 1,95 \cdot b^2$.

11.3 Berechnung von ψ für das Mittelstück

Wir haben ψ , ausgedrückt durch die Koordinaten des Einheitskreises, gefunden (siehe Gleichung 11, 10). Wichtiger ist es für uns, ψ in den Koordinaten der z-Ebene auszudrücken, da wir in diesen das Flächentorsionsmoment J_t bestimmen werden.

Nach Gleichung (11, 2) ist

$$\psi = \mathfrak{Re} \sum_{n=0}^{\infty} a_{4n} \left(\frac{z}{b\sqrt{2}} \right)^{4n} .$$

Wir entwickeln $\frac{z}{b\sqrt{2}}$ nach Potenzen von z_0 , setzen diese Entwicklung in Gleichung (11, 2) ein und finden die Werte a_{4n} durch Koeffizientenvergleich mit der Lösung (11, 10).

Der Zusammenhang zwischen z und z_0 ist durch Gleichung (11, 7) gegeben. Da

$$\frac{\pi}{2} - arctg \; t = arc \; ctg \; t = arctg \; \frac{1}{t}$$

und

$$i \cdot \frac{\pi}{2} + Ar\,\mathfrak{T}g \; t = i \left(\frac{\pi}{2} - arctg \; it \right) = i \, arctg \; \frac{1}{it} = Ar\,\mathfrak{T}g \; \frac{1}{t}$$

ist, schreiben wir ψ nach Gleichung (11, 7) wie folgt:

$$z = \frac{b}{\pi} \left[2 \, Ar\,\mathfrak{T}g \; \frac{1}{\sqrt{\frac{1}{2}\left(z_0^2 + z_0^{-2} \right)}} + 2 \, arctg \; \frac{1}{\sqrt{\frac{1}{2}\left(z_0^2 + z_0^{-2} \right)}} \right] .$$

Nun ist mit

$$z_1 = \sqrt{\tfrac{1}{2}\left(z_0^2 + z_0^{-2} \right)}$$

$$Ar\,\mathfrak{T}g \; \frac{1}{z_1} = \frac{1}{z_1} + \frac{1}{3 z_1^3} + \frac{1}{5 z_1^5} + \ldots .$$

und

$$\operatorname{arc\,tg}\ \frac{1}{z_1} = \frac{1}{z_1} - \frac{1}{3z_1^3} + \frac{1}{5z_1^5} - + \cdots \ ,$$

und damit

$$z = \frac{4b}{\pi}\left[\frac{1}{\sqrt{\frac{1}{2}\left(z_0^2 + z_0^{-2}\right)}} + \frac{1}{5}\cdot\frac{1}{\left(\sqrt{\frac{1}{2}\left(z_0^2 + z_0^{-2}\right)}\right)^5} + \cdots\right] =$$

$$= \frac{4b}{\pi}\cdot\sum_{n=0}^{\infty}\left(\sqrt{2}\,z_0\right)^{4n+1}\cdot\left(1 + z_0^4\right)^{-\frac{4n+1}{2}} =$$

$$= \frac{4b\sqrt{2}}{\pi}\left\{z_0\cdot\left[1 - \frac{1}{2}z_0^4 + \frac{1\cdot 3}{2\cdot 4}z_0^8 - \frac{1\cdot 3\cdot 5}{2\cdot 4\cdot 6}z_0^{12} + - \cdots\right] + \right.$$

$$+ \frac{4}{5}z_0^5\cdot\left[1 - \frac{5}{2}z_0^4 + \frac{5\cdot 7}{2\cdot 4}z_0^8 - \frac{5\cdot 7\cdot 9}{2\cdot 4\cdot 6}z_0^{12} + - \cdots\right] +$$

$$+ \frac{16}{9}z_0^9\cdot\left[1 - \frac{9}{2}z_0^4 + \frac{9\cdot 11}{2\cdot 4}z_0^8 - \frac{9\cdot 11\cdot 13}{2\cdot 4\cdot 6}z_0^{12} + - \cdots\right] +$$

$$+ \frac{64}{13}z_0^{13}\left[1 - \frac{13}{2}z_0^4 + \frac{13\cdot 15}{2\cdot 4}z_0^8 - \frac{13\cdot 15\cdot 17}{2\cdot 4\cdot 6}z_0^{12} + - \cdots\right] +$$

$$\left. + \frac{256}{17}z_0^{17}\left[1 - \frac{17}{2}z_0^4 + - \cdots\right] + \cdots\right\}\ ,$$

oder nach Potenzen von z_0 geordnet:

$$\frac{z}{b\sqrt{2}} = \frac{4}{\pi}\left[z_0 + \frac{3}{2\cdot 5}\cdot z_0^5 + \frac{11}{8\cdot 9}\cdot z_0^9 + \frac{23}{16\cdot 13}\cdot z_0^{13} + \right.$$

$$\left. + \frac{179}{128\cdot 17}\cdot z_0^{17} + \frac{365}{256\cdot 21}z_0^{21} + \cdots\right].$$

Setzen wir diesen Ausdruck in Gleichung (11, 2) ein, so erhalten wir

$$\Psi = \Re\sum_{k=0}^{\infty} a_{4k}\cdot\left(\frac{4}{\pi}\right)^{4k}\cdot\left[z_0 + \frac{3}{2\cdot 5}z_0^5 + \cdots\right]^{4k}. \qquad (11,\,12)$$

In Gleichung (11, 12) werden die Potenzen der Polynome entwickelt und die Koeffizienten der so entstehenden Potenzreihe mit den Koeffizienten der Lösung nach Gleichung (11, 10) verglichen. Wir erhalten die Bestimmungsgleichungen:

$$a_0 = 37{,}1\cdot\frac{b^2}{2\pi^2}\,,$$

$$\left(\frac{4}{\pi}\right)^4\cdot a_4 = 25{,}7\cdot\frac{b^2}{2\pi^2}\,,$$

$$\left(\frac{4}{\pi}\right)^8\cdot a_8 + 4\cdot\frac{3}{2\cdot 5}\cdot\left(\frac{4}{\pi}\right)^4\cdot a_4 = 14{,}9\cdot\frac{b^2}{2\pi^2}\,,$$

$$\left(\frac{4}{\pi}\right)^{12}\cdot a_{12} + 8\cdot\frac{3}{2\cdot 5}\cdot\left(\frac{4}{\pi}\right)^8\cdot a_8 + \left[6\cdot\left(\frac{3}{2\cdot 5}\right)^2 + 4\cdot\frac{11}{8\cdot 9}\right]\cdot\left(\frac{4}{\pi}\right)^4\cdot a_4 = 11{,}0\cdot\frac{b^2}{2\pi^2}\,.$$

Aus diesem Gleichungssystem folgen die Werte a_{4n} :

$$a_0 = 1{,}88\ b^2, \quad a_4 = 0{,}50\ b^2, \quad a_8 = -0{,}12\ b^2 \quad usw.$$

Hiermit wird ψ für das Mittelstück:

$$\psi = 1{,}88\ b^2 + 0{,}50\ \frac{r^4}{4\,b^2}\ cos\ 4\mu - 0{,}12 \cdot \frac{r^8}{16\,b^6} \cdot cos\ 8\mu + - \cdots$$

$$(11,\,13)$$

Auch $a_4 = 0{,}50\ b^2$ vergleichen wir mit dem Werte der ersten Näherungsrechnung, der $0{,}51\ b^2$ war.

Wir sehen, daß der recht einfache Ansatz mit zwei Koeffizienten a_0 und a_4 schon gute Näherungswerte ergab; das ist zum Teil darauf zurückzuführen, daß wir geeignete Punkte auf der Nahtlinie gewählt hatten.

11.4 Berechnung von ψ für den rechten Streifen

Der Ansatz hierfür lautet nach Gleichung (11, 3)

$$\psi = b^2 + \frac{1}{2}\left[(x'+b)^2 - y'^2\right] + \sum_{m=0}^{\infty} a'_{2m+1} \cdot e^{-(2m+1)\pi \cdot x'/2b} \cdot cos\ \frac{(2m+1)\pi\ y'}{2b}\ .$$

Unsere Aufgabe besteht darin, die Koeffizienten a'_{2m+1} zu finden. Der einfachste Weg ist es, aus der Lösung von ψ für das Mittelstück den Verlauf für die Nahtlinie als Funktion von $y' = y$ zu bestimmen und dann eine Fourierzerlegung vorzunehmen. Aus Gleichung (11, 13) finden wir für $x = b$ und für die drei Werte $y = 0$, $y = \frac{1}{3}b$ und $y = \frac{2}{3}b$:

$$\psi\left(b, 0\right) = 2{,}00\ b^2,$$

$$\psi\left(b, \tfrac{1}{3}b\right) = 1{,}93\ b^2,$$

$$\psi\left(b, \tfrac{2}{3}b\right) = 1{,}66\ b^2.$$

Setzen wir diese Werte in Gleichung (11, 3) ein, so erhalten wir die Werte für die Summe der Fourierglieder:

$$\text{für}\quad x = b,\ y = 0 \quad : \quad \text{Summenwert}\ 0{,}50\ b^2$$

$$\text{für}\quad x = b,\ y = \tfrac{1}{3}b \quad : \quad \text{Summenwert}\ 0{,}48\ b^2$$

$$\text{und für}\quad x = b,\ y = \tfrac{2}{3}b \quad : \quad \text{Summenwert}\ 0{,}38\ b^2$$

Nun nehmen wir als Näherung drei Glieder der Fourierzerlegung für $x' = 0$:

$$a'_1 \cdot cos\ \frac{\pi y'}{2b} + a'_3 \cdot cos\ \frac{3\pi y'}{2b} + a'_5 \cdot cos\ \frac{5\pi y'}{2b}$$

und stellen die Bedingung auf, daß sich für die drei Punkte $y = 0$, $y = \frac{1}{3}b$ und $y = \frac{2}{3}b$ die berechneten Werte ergeben; wir erhalten die Gleichungen:

$$a_1' \quad + \quad a_3' \quad + \quad a_5' \quad = \quad 0{,}50 \; b^2$$

$$\tfrac{1}{2}\sqrt{3} \cdot a_1' \qquad\qquad - \tfrac{1}{2}\sqrt{3}\cdot a_5' \; = \; 0{,}48 \; b^2$$

$$\tfrac{1}{2}\,a_1' \quad - \quad a_3' \quad - \tfrac{1}{2}\,a_5' \quad = \quad 0{,}38 \; b^2$$

mit der Lösung

$$a_1' \; = \; 0{,}58 \cdot b^2 \,, \qquad a_3' \; = \; -0{,}11 \cdot b^2 \,, \qquad a_5' \; = \; 0{,}03 \cdot b^2 .$$

Damit wird für den rechten Streifen

$$\psi = b^2 + \tfrac{1}{2}\Big[(x'+b)^2 + y'^2\Big] + 0{,}58\cdot b^2 \cdot e^{-\pi x'/2b} \cdot \cos\frac{\pi y'}{2b} -$$

$$- \; 0{,}11\cdot b^2 \cdot e^{-3\pi x'/2b} \cdot \cos\frac{2\pi y'}{2b} +$$

$$+ \; 0{,}03\cdot b^2 \cdot e^{-5\pi x'/2b} \cdot \cos\frac{5\pi y'}{2b} \dots \qquad (11,14)$$

11.5 Berechnung des Flächentorsionsmomentes J_t

Wir nehmen an, daß jeder Streifen des Streifenkreuzes eine endliche Länge l hat, die wesentlich größer als $2b$ ist. Dann werden die in diesem Abschnitt entwickelten Lösungen für das Mittelstück und für die Streifen im wesentlichen auch gelten. Außer der gefundenen Erhöhung des Spannungshügels für die Streifen in den Nahtlinien erfolgt nur noch an den freien Enden ein Abfall bis zum Werte Null, den wir bei dem unendlich langen Halbstreifen untersucht haben.

Wir bestimmen das Flächentorsionsmoment getrennt für die Querschnittsteile. Für das Mittelstück wird der Anteil von J_t :

$$J_{t_1} = 2 \int\limits_{-b}^{b}\int\limits_{-b}^{b} \left(\psi - \tfrac{1}{2}r^2\right) dx\,dy =$$

$$= 2 \int\limits_{-b}^{b}\int\limits_{-b}^{b} \sum_{n=0}^{\infty} a_{4n} \cdot \frac{r^{4n}}{4^n\,b^{4n-2}} \cdot \cos 4n\mu \; dx\,dy - \int\limits_{-b}^{b}\int\limits_{-b}^{b} r^2\,dx\,dy .$$

Das erste dieser Integrale werten wir für ein einzelnes Summenglied innerhalb der Teilfläche $0 \leqq \mu \leqq {}^{\pi}\!/_{4}$ aus; wir erhalten das Integral mit den nachfolgend angegebenen Grenzen:

$$2 \int\limits_{x=0}^{b}\int\limits_{y=0}^{x} a_{4n}\,\frac{\mathfrak{Re}(x+iy)^{4n}}{4^n \cdot b^{4n-2}}\; dy\,dx =$$

$$= 2 \int\limits_{x=0}^{b} \frac{a_{4n}}{4^n\,b^{4n-2}}\; \mathfrak{Re}\left|\frac{-i}{4n+1}\,(x+iy)^{4n+1}\right|_{y=0}^{y=x} dx =$$

$$= -2 \int\limits_{x=0}^{b} \frac{a_{4n}}{4^n\,b^{4n-2}\,(4n+1)}\; \mathfrak{Re}\left\{i\Big[(1+i)^{4n+1}-1\Big]\right\} \cdot x^{4n+1}\,dx .$$

Nun ist

$$\left(1+i\right)^2 = 2i\,, \quad \left(1+i\right)^4 = -4\,, \quad \text{und} \quad \left(1+i\right)^{4n} = \left(-4\right)^n\,.$$

Also:

$$\mathfrak{Re}\left\{i\left[\left(1+i\right)^{4n+1} - 1\right]\right\} = -\left(-4\right)^n\,.$$

Mit diesem Ausdruck integrieren wir weiter und erhalten:

$$2\int_{x=0}^{b} \left(-1\right)^n \cdot \frac{a_{4n}}{(4n+1)\,b^{4n-2}} \cdot x^{4n+1}\,dx = \left(-1\right)^n \cdot a_{4n} \cdot \frac{2b^4}{(4n+1)(4n+2)}\,.$$

Für den Anteil des Flächentorsionsmomentes des Mittelstückes ist dieser Betrag achtmal zu nehmen; außerdem kommt $-\int\limits_{-b}^{b}\int\limits_{-b}^{b} r^2\,dx\,dy$ hinzu. Wir erhalten:

$$J_{t_1} = 16\,b^4 \sum_{n=0}^{\infty} \left(-1\right)^n \cdot \frac{a_{4n}}{(4n+1)(4n+2)} - \frac{8}{3}\,b^4 =$$

$$= 16\,b^4 \left[\frac{1{,}88}{1\cdot 2} - \frac{0{,}50}{5\cdot 6} - \frac{0{,}12}{9\cdot 10} \cdots\right] - \frac{8}{3}\,b^4 \approx 12{,}33\,b^4\,.$$

Für einen Streifen von der Länge l wird der Anteil von J_t gleich $\frac{8}{3}\,lb^3$; dazu kommt infolge der Erhöhung des Spannungshügels in der Nähe der Anschlußstelle der Anteil

$$2\int_{x'=0}^{\infty}\int_{y=-b}^{b} \sum_{m=0}^{\infty} a'_{2m+1}\, e^{-(2m+1)\pi x'/2b} \cdot \cos\left(2m+1\right)\pi y/2b\; dx'dy =$$

$$= \sum_{m=0}^{\infty} a'_{2m+1}\, \frac{(-1)^m \cdot 16\,b^2}{(2m+1)^2\,\pi^2} = \frac{16\,b^4}{\pi^2}\left(0{,}58 + \frac{0{,}11}{9} + \frac{0{,}03}{25} + \cdots\right) \approx 0{,}955\,b^4.$$

Infolge des Abfalles der Spannungsfunktion an den Enden des Streifens verringert sich der Anteil von J_t um $\frac{8}{3}\cdot 0{,}630\,b^4 = 1{,}680\,b^4$. Für jeden Streifen erhalten wir hiermit:

$$\frac{8}{3}\,l\,b^3 - \left(1{,}680 - 0{,}955\right)b^4 = \frac{8}{3}\,l\,b^3 - 0{,}725\,b^4\,.$$

Somit ergibt sich für das Mittelstück und die vier Streifen:

$$J_t \approx 9{,}43\,b^4 + \frac{32}{3}\,l\,b^3\,.$$

11.6 Verhalten von ψ in der Umgebung einer Innenecke

Aus der Lösung, die wir mit Hilfe der konformen Abbildung der z_0- bzw. der z_*-Ebene auf die z-Ebene gefunden haben, läßt sich das Verhalten von ψ in den Innenecken bestimmen. Wir bevorzugen bei der Untersuchung die z_*-Ebene, da dann nur ein Punkt auftritt, der den einspringenden Ecken B, D, F und H entspricht.

100

Wir wissen, daß der Winkel $^{3\pi}\!/_2$ bei Punkt B des Querschnittes in den Winkel π der Einheitskreisfläche der z_*-Ebene übergeht. Wir berechnen den Koeffizienten, den wir erhalten, wenn wir die Umgebung der Punkte B aufeinander konform abbilden. Hierzu gehen wir von Gleichung (11, 7) aus und führen die Koordinaten $z_{(1)} = x_{(1)} + i y_{(1)}$ und $z_*' = x_*' + i y_*'$, siehe Bilder 11.1 und 11.4, ein. Wir erhalten:

$$z - b(1+i) = z_{(1)}\, e^{-\frac{3 i \pi}{4}}$$

und

$$z_* = z_*' - 1.$$

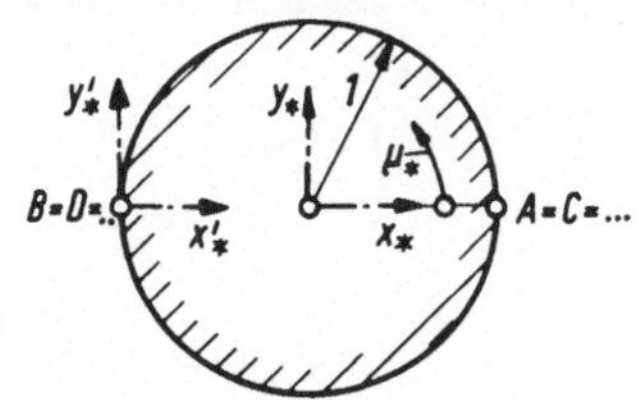

Bild 11.4

Außerdem setzen wir

$$\sqrt{\tfrac{1}{2}\left(z_0^2 + z_0^{-2}\right)} = t$$

und erhalten aus Gleichung (11, 7):

$$z_{(1)}\, e^{-3 i \pi/4} = \frac{b}{\pi}\left[2\,\mathrm{Ar\,Tg}\, t - 2\,\mathrm{arc\,tg}\, t \right] =$$

$$= \frac{2b}{\pi}\left[\left(t + \tfrac{1}{3} t^3 + \ldots\right) - \left(t - \tfrac{1}{3} t^3 + - \ldots\right)\right] =$$

$$= \frac{4b}{\pi}\left[\tfrac{1}{3} t^3 + \tfrac{1}{7} t^7 + \ldots\right].$$

Weiter wird:

$$z_0^2 = z_*^{\frac{1}{2}} = \left(z_*' - 1\right)^{\frac{1}{2}} = i\left(1 - z_*'\right)^{\frac{1}{2}} = i - \tfrac{1}{2} i z_*' + \text{Glieder höherer Ordnung}$$

$$z_0^{-2} = \frac{1}{z_0^2} = \frac{1}{i - \tfrac{1}{2} i z_*' + - \ldots} = -i - \tfrac{1}{2} i z_*' + \text{Glieder höherer Ordnung}$$

$$\tfrac{1}{2}\left(z_0^2 + z_0^{-2}\right) = -\tfrac{1}{2} i z_*' + \text{Glieder höherer Ordnung}$$

$$t \approx \sqrt{-\tfrac{1}{2} i z_*'} = e^{-\frac{i\pi}{4}} \cdot \sqrt{\tfrac{1}{2} z_*'},$$

und daher

$$z_{(1)} \cdot e^{-\frac{3 i \pi}{4}} = \frac{4b}{\pi}\left[\tfrac{1}{3}\left(e^{-\frac{i\pi}{4}} \cdot \sqrt{\tfrac{1}{2} z_*'} + \ldots\right)^3 + \ldots\right].$$

Hieraus

$$z_{(1)} = \frac{\sqrt{2}\cdot b}{3\pi} \cdot \left(z_*'\right)^{\frac{3}{2}} + \ldots,$$

$$x_{(1)} = \frac{\sqrt{2}\cdot b}{3\pi} \cdot \left(x_*'\right)^{\frac{3}{2}} + \ldots.$$

Um das Verhalten der Funktion ψ für die Umgebung des Punktes B zu finden, müssen wir für diesen Punkt in der z'_* -Ebene den Wert $\partial \psi / \partial x'_*$ ermitteln. Hierzu zerlegen wir wieder ψ in die Bestandteile ψ_0 und $(\psi - \psi_0)$, die wir bei der Bestimmung der Fourier-Reihe, ausgedrückt durch μ_* , benutzt haben.

Für die Funktion ψ_0 finden wir

$$\left[\frac{\partial \psi_0}{\partial x'_*}\right]_{z'_* = 0} = \left[\frac{\partial \psi_0}{\partial z_*}\right]_{z_* = -1} =$$

$$= \frac{b^2}{2\pi^2} \, \mathfrak{Re} \left\{ 4\left[\frac{\pi}{2} + \ln 32\right] - 2 \ln\left(1 - z_*\right) \cdot \frac{1}{1 - z_*} \right\}_{z_* = -1}$$

$$= \frac{b^2}{\pi^2} \cdot \left[\frac{\pi}{2} + \ln 8\right] \; .$$

Den Wert

$$\left[\frac{\partial(\psi - \psi_0)}{\partial x'_*}\right]_{z'_* = 0} = \left[\frac{\partial(\psi - \psi_0)}{\partial x_*}\right]_{z_* = -1}$$

finden wir mit Hilfe der Integralformel, siehe Anhang II, Gleichung (II, 29).

Hier tritt nun folgende Schwierigkeit auf: Die Randwerte von ψ sind in der z -Ebene für $x = b$ bis $x = \infty$, $y = b$:

$$\psi_{Rd} = \tfrac{1}{2}\left(x^2 + b^2\right) = \tfrac{1}{2}\left[\left(x - b\right)^2 + 2b\left(x - b\right) + 2b^2\right] \; ,$$

und für $y = b$ bis $y = \infty$, $x = b$:

$$\psi_{Rd} = \tfrac{1}{2}\left(y^2 + b^2\right) = \tfrac{1}{2}\left[\left(y - b\right)^2 + 2b\left(y - b\right) + 2b^2\right] \; .$$

Die Bestandteile $\tfrac{1}{2}(x - b)^2$ und $\tfrac{1}{2}(y - b)^2$ lauten in $z_{(1)}$ -Koordinaten: $\tfrac{1}{2} r^2_{(1)}$.

Sie gehen in der z'_* -Ebene in der Umgebung des Punktes B über in Ausdrücke mit $\left(r'_*\right)^3$, und ihre Werte in der Integralformel bleiben endlich. Anders verhalten sich die Glieder $b(x - b)$ und $b(y - b)$. Ihnen entsprechen in der z'_* -Ebene Ausdrücke mit $\left(r'_*\right)^{3/2}$, die in der Integralformel für $z'_* \to 0$ Werte geben, die gegen Unendlich gehen. Hierdurch wird eine zahlenmäßige Berechnung unmöglich.

Um dieses Unendlichwerden zu vermeiden, könnten wir in der z -Ebene das Koordinatensystem in den Punkt B verschieben. Dann entfällt aber die Symmetrie der $\psi_{R\alpha}$ -Werte in der z_0 -Ebene. Der Weg ist gangbar, aber sehr umständlich.

Statt dessen beseitigen wir die störenden Glieder analytisch. Die Randwerte $b(x-b)$ auf dem zur x -Achse parallelen Randteil und die Randwerte $b(y-b)$ auf dem zur y -Achse parallelen Randteil bei B lauten in $z_{(1)}$ -Koordinaten: $b\,\eta_{(1)}$.

Sie sind die Randwerte der Potentialfunktion

$$= \frac{1}{\sqrt{2}}\, b \cdot \Re\left\{ z_{(1)} \right\} = -\frac{b}{\cos\frac{3\pi}{4}}\, \eta_{(1)}\, \cos\mu_{(1)} \; .$$

Diese Funktion gibt dann in z'_* -Koordinaten für die Umgebung des Punktes B die Funktion

$$-\frac{1}{\sqrt{2}}\, b \; \Re\left\{ \frac{\sqrt{2}\,b}{3\pi}\, \left(z'_*\right)^{\frac{3}{2}} \right\} = -\frac{b^2}{3\pi}\, \left(r'_*\right)^{\frac{3}{2}}\, \cos\frac{3}{2}\, \mu'_* \; .$$

Ihre Ableitung in x'_* -Richtung ist im Punkte B gleich Null. Wir bestimmen darum

$$\left[\frac{\partial\left(\psi - \psi_0 + \frac{b^2}{3\pi}\left(r'_*\right)^{\frac{3}{2}}\cos\frac{3}{2}\mu'_*\right)}{\partial x'_*} \right]_{z'_*=0} \equiv \left[\frac{\partial(\psi-\psi_0)}{\partial x'_*} \right]_{z'_*=0} \; .$$

Die neuen Randwerte auf dem Einheitskreis gestatten nun die zahlenmäßige Berechnung nach der Integralformel.

Einen weiteren Weg zur Berechnung des Verhaltens im Punkte B zeigen wir im nächsten Abschnitt.

11.7 Lösung zur Bestimmung des Verhaltens von ψ in den Innenecken

Wir fragen nun, ob wir die Ansätze für ψ für das Mittelstück und die Streifen nicht so verbessern können, daß das Verhalten in den Innenecken B, D usw. genauer bestimmt wird.

Wir nehmen hierzu für das Mittelstück die Koordinatensysteme $z_{(1)},$ $z_{(2)}, z_{(3)}$ und $z_{(4)}$, deren Koordinatennullpunkte in den vier Innenecken liegen, wobei die $x_{(i)}$ -Achsen zur Mitte des Mittelstückes hingerichtet sind, siehe Bild 11. 5 a. Dann machen wir für die Ecke B wie früher den Teilansatz

$$c \cdot \Re\left\{ \left(\frac{z_{(1)}}{b} \right)^{2/3} \right\}$$

und entsprechende Ansätze für die anderen drei Innenecken mit dem gleichen c -Wert. Für das Mittelstück wird mit zwei weiteren Werten α_0 und a_4 der Potenzreihe:

$$\psi_{\mathfrak{M}} = a_0 + a_4\, \Re\left\{ \left(\frac{z}{b\cdot\sqrt{2}} \right)^4 \right\} + c \cdot \Re\left\{ \sum_{i=1}^{4} \left(\frac{z_{(i)}}{b} \right)^{2/3} \right\} \; .$$

Drücken wir im letzten Gliede die $z_{(i)}$ durch z aus und entwickeln wir den Ausdruck in eine Potenzreihe in z , so erhalten wir:

$$c \cdot \mathfrak{Re}\left\{\left(\frac{z_{(1)}}{b}\right)^{2/3} + \dots\right\} = c \cdot \mathfrak{Re}\left\{\left(\sqrt{2} - \frac{z\,e^{\frac{-i\pi}{4}}}{b} + \dots\right\} =$$

$$= c \cdot 2^{1/3} \cdot \mathfrak{Re}\left\{\left(1 - \frac{z}{b\sqrt{2}} \cdot e^{-i\frac{\pi}{4}}\right)^{2/3} + \dots\right\} =$$

$$= c \cdot 2^{1/3} \cdot \mathfrak{Re}\left\{\left[1 - \binom{2/3}{1}\cdot\left(\frac{z}{b\sqrt{2}} \cdot e^{\frac{-i\pi}{4}}\right)^{1} + \binom{2/3}{2}\cdot\left(\frac{z}{b\sqrt{2}} \cdot e^{\frac{-i\pi}{4}}\right)^{2} - + \dots\right\}=$$

$$= c \cdot 4 \cdot 2^{1/3} \cdot \mathfrak{Re}\left\{1 + \frac{2}{3} \cdot \frac{1\cdot4\cdot7}{6\cdot9\cdot12} \cdot \left(\frac{\cdot}{b\sqrt{2}}\right)^{4} - \frac{2}{3} \cdot \frac{1\cdot4\cdot7\dots19}{6\cdot9\cdot12\dots24} \cdot \left(\frac{z}{b\sqrt{2}}\right)^{8} + - \dots\right\}$$

Wir sehen, daß der neue Ansatz gleichwertig einem Potenzreihenansatz ist mit unendlich vielen Gliedern, deren Koeffizienten das Verhalten in den Innenecken berücksichtigen. Für die zahlenmäßigen Berechnungen werden wir nicht die Reihenentwicklung, sondern den ursprünglichen Ausdruck benutzen. Für die drei Punkte der Nahtlinie $x = b$ mit $y = 0$, $y = \frac{1}{2}b$ und $y = b$ gab die Berechnung von ψ und $\frac{\partial\psi}{\partial x}$:

für

$$x = b,\ y = 0 \ : \quad \psi_{\mathfrak{M}} = a_0 + 0{,}25\,a_4 - 5{,}068 \cdot c$$

$$b \cdot \frac{\partial\psi_{\mathfrak{M}}}{\partial x} = \qquad a_4 + 0{,}1264 \cdot c$$

für

$$x = b,\ y = \tfrac{1}{2}b : \quad \psi_{\mathfrak{M}} = a_0 - 0{,}1096\,a_4 + 5{,}030 \cdot c$$

$$b \cdot \frac{\partial\psi_{\mathfrak{M}}}{\partial x} = \qquad 0{,}25\ a_4 + 0{,}082 \cdot c$$

für

$$x = b,\ y = b \ : \quad \psi_{\mathfrak{M}} = a_0 - \qquad a_4 + 4{,}758 \cdot c$$

$$b \cdot \frac{\partial\psi_{\mathfrak{M}}}{\partial x} = \qquad -2a_4 - \infty \cdot c$$

Nun wenden wir uns dem Ansatz für den rechten Streifen zu. Auch bei diesem werden wir das Verhalten in den Innenecken B und H durch eine geschlossene Funktion berücksichtigen. Wir machen wie früher erst den Ansatz

$$\psi_{\mathfrak{Str}} = b^2 + \mathfrak{Re}\left\{0{,}5\,z^2\right\} + \mathfrak{Re}\left\{\sum_{n=1,3,\dots} a_n'\, e^{-n\cdot\frac{\pi z'}{2b}}\right\}$$

mit $z' = z - b$. Für a_n nehmen wir die zwei Werte a_1' und a_3' . Wir fügen aber eine weitere Potentialfunktion $\psi_{\mathfrak{Str}}'$ hinzu, die im Punkte B mit $z'' = z - b(1+i) = 0$ die Singularität $-c \cdot \Im\left\{\left(\frac{z''}{b}\right)^{\frac{2}{3}}\right\}$, im Punkte H

mit $z''' = z - b(1-i) \neq 0$ die Singularität $c \cdot \Im\left\{\frac{z'''}{b}\right)^{\frac{2}{3}}\right\}$ besitzt. Diese

Singularitäten sind die gleichen wie für diese Punkte des Mittelstückes.

Die hierzu zu bildende Funktion ψ'_{5tr} muß aber weiter die Eigenschaft

haben, daß sie auf den Geraden $y = +b$ und $y = -b$ für $x > b$ die Werte Null gibt. Die Funktion muß folglich (wie auch die Reihe mit a'_1, a'_3 usw.) periodisch in y sein. Um diese Potentialfunktion aufzustellen, bilden wir den rechten Streifen auf die obere Hälfte der Einheitskreisfläche konform ab, siehe Bilder 11. 5 a und 11. 5 b, durch die Abbildungsfunktion

$$z_0 = e^{-\pi z''/2b} \; ;$$

$$r_0 = e^{-\pi x''/2b}, \quad \mu_0 = -\frac{\pi y''}{2b} \; .$$

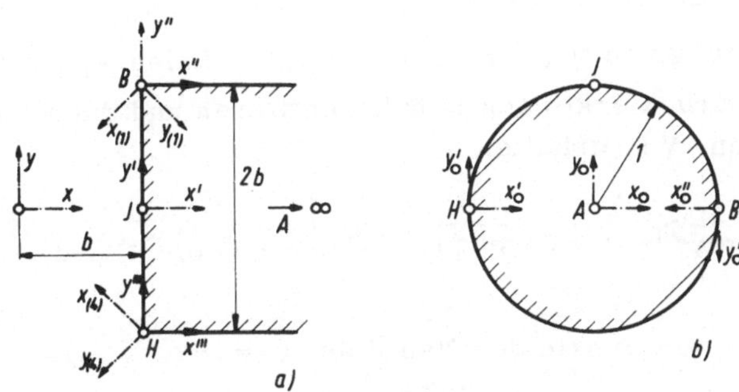

Bild 11.5 a—b

Ferner ist

$$\frac{dz_0}{dz''} = -\frac{\pi}{2b} \cdot z_0 \; .$$

Die Punkte A, B, H und I des Streifens haben in der z_0 -Ebene die Koordinaten

$$z_{0A} = 0 \; , \quad z_{0B} = +1 \; , \quad z_{0H} = -1 \; , \quad z_{0I} = +i \; .$$

In den Punkten B und H lauten die Singularitäten bei Berücksichtigung des Verzerrungsfaktors der Abbildung:

$$-c \cdot \left(\frac{2}{\pi}\right)^{\frac{2}{3}} \cdot \Im\left\{(1-z_0)^{\frac{2}{3}}\right\} \quad und \quad +c \cdot \left(\frac{2}{\pi}\right)^{\frac{2}{3}} \cdot \Im\left\{(1+z_0)^{\frac{2}{3}}\right\} \; .$$

Wir setzen folglich mit $z'_0 = 1 + z_0$ und $z''_0 = 1 - z_0$:

$$\psi'_{5tr} = c \cdot \left(\frac{2}{\pi}\right)^{\frac{2}{3}} \cdot \Im\left\{(z'_0)^{\frac{2}{3}} - (z''_0)^{\frac{2}{3}}\right\} =$$

$$= c \cdot \left(\frac{2}{\pi}\right)^{\frac{2}{3}} \cdot \left[(r'_0)^{\frac{2}{3}} \sin \frac{2}{3}\mu'_0 - (r''_0)^{\frac{2}{3}} \sin \frac{2}{3}\mu''_0\right] \; .$$

Wir drücken noch ψ'_{Str} als Potenzreihe in z_0 und dann als Reihe in y aus:

$$\psi'_{Str} = c \cdot \left(\tfrac{2}{\pi}\right)^{\frac{2}{3}} \cdot \mathfrak{Im}\left\{\left(1+z_0\right)^{\frac{2}{3}} - \left(1-z_0\right)^{\frac{2}{3}}\right\} =$$

$$= c \cdot 4\left(\tfrac{2}{\pi}\right)^{\frac{2}{3}} \cdot \mathfrak{Im}\left\{\tfrac{1}{3}\,z_0 + \tfrac{1\cdot 4}{3\cdot 6\cdot 9}\cdot z_0^3 + \ldots\right\} =$$

$$= c \cdot \tfrac{4}{3}\left(\tfrac{2}{\pi}\right)^{\frac{2}{3}} \cdot \mathfrak{Im}\left\{e^{-\frac{\pi z''}{2b}} + \tfrac{1\cdot 4}{6\cdot 9}\,e^{-\frac{3\pi z''}{2b}} + \ldots\right\} =$$

$$= c \cdot \tfrac{4}{3}\left(\tfrac{2}{\pi}\right)^{\frac{2}{3}} \left[\cos\tfrac{\pi y}{2b}\cdot e^{-\frac{\pi x'}{2b}} - \tfrac{1\cdot 4}{6\cdot 9}\cdot \cos\tfrac{3\pi y}{2b}\cdot e^{-\frac{3\pi x'}{2b}} + -\ldots\right].$$

Wir sehen, daß die Funktion ψ'_{Str} durch eine unendliche Fourier–Reihe in y ausgedrückt werden kann.

Die Ableitung von ψ'_{Str} nach x bezw. x'' finden wir, indem wir den Klammerausdruck erst nach z_0 differentiieren und dann mit $\frac{dz_0}{dz''} = -\frac{\pi}{2b}z_0$ multiplizieren. Wir erhalten:

$$b \cdot \frac{\partial \psi'_{Str}}{\partial x} = -c \cdot \tfrac{2}{3}\left(\tfrac{\pi}{2}\right)^{-\frac{1}{3}} \cdot \mathfrak{Im}\left\{z_0\left[\left(z_0'\right)^{-\frac{1}{3}} + \left(z_0''\right)^{-\frac{1}{3}}\right]\right\}.$$

Für die gewählten Punkte der Nahtlinie: $z_0 = i = e^{\frac{i\pi}{2}}$, $z_0 = e^{\frac{i\pi}{4}}$ und $z_0 = 1$ werden dann ψ'_{Str} und $\frac{\partial \psi_{Str}}{\partial x}$ in z_0 –Koordinaten berechnet. Wir erhalten:

für Punkt $\quad x = b,\; y = 0:\qquad \psi_{Str} = 1{,}5\,b^2 + a_1' + a_3' + 0{,}932\cdot c$

$$b\cdot\frac{\partial\psi_{Str}}{\partial x} = b^2 - \tfrac{\pi}{2}\,a_1' - \tfrac{3\pi}{2}\,a_3' - 1{,}33\cdot c$$

für Punkt $\quad x = b,\; y = 0{,}5\,b:\qquad \psi_{Str} = 1{,}375\cdot b^2 + 0{,}707\cdot a_1' + 0{,}707\cdot a_3' + 0{,}727\cdot c$

$$b\cdot\frac{\partial\psi_{Str}}{\partial x} = b^2 - 0{,}707\,\tfrac{\pi}{2}\,a_1' + 3\cdot 0{,}707\,\tfrac{\pi}{2}\,a_3' - 1{,}16\cdot c$$

für Punkt $\quad x = b,\; y = b\qquad \psi_{Str} = 0$

$$b\cdot\frac{\partial\psi_{Str}}{\partial x} = b^2.$$

Außerdem berechnen wir für den letzten Punkt φ_{Str}, indem wir die negative konjugierte Potentialfunktion zu ψ bilden und auswerten:

$$\varphi_{Str}\,(b,b) = -b^2 + a_1' - a_3' + 1{,}170\cdot c.$$

106

Für die fünf Freiwerte a_0, a_4, c, a_1' und a_3' benötigen wir fünf Gleichungen. Hierzu nehmen wir die Gleichheit von ψ bzw. $b \cdot \frac{\partial \psi}{\partial x}$ für beide Querschnittsteile in den Punkten $y=0$, $y=0,5\,b$ und $y=b$ der Nahtlinie $x=b$. Für den letzten Punkt ist natürlich infolge der Singularität nur ψ zu nehmen.

Wir erhalten das Gleichungssystem:

$$a_0 + 0,25\,a_4 + 5,068\,c = 1,5\,b^2 + a_1' + a_3' + 0,932\,c \ ,$$

$$a_0 - 0,1094\,a_4 + 5,030\,c = 1,375\,b^2 + 0,707\,a_1' - 0,707\,a_3' + 0,727\,c$$

$$a_0 - \qquad a_4 + 4,758\,c = \quad b^2$$

$$a_4 + 0,1264\,c = \quad b^2 - \tfrac{\pi}{2}\,a_1' - \tfrac{3\pi}{2}\,a_3' - 1,33\,c$$

$$0,25\,a_4 + 0,082\,c = \quad b^2 - 0,707\,\tfrac{\pi}{2}\,a_1' + 3 \cdot 0,707 \cdot \tfrac{\pi}{2}\,a_3' - 1,16\,c \,.$$

Aus diesen Gleichungen ergaben sich die (mit dem Rechenschieber berechneten) Werte:

$$c = 2,66\ b^2 , \qquad a_1' = -1,998\,b^2 ,$$

$$a_0 = -11,54\,b^2 , \qquad a_3' = \ \ 0,032\ b^2 .$$

$$a_4 = \ \ 0,11\ b^2 ,$$

Für die Mitte des Streifenkreuzes wird

$$F(0,0)/G\vartheta = \ \ \psi(0,0) = a_0 + 4\sqrt[3]{c} = 1,87\ b^2$$

und für die Mitte der Nahtlinie

$$F(b,0)/G\vartheta = \ \ \psi(b,0) - \tfrac{1}{2}b^2 = a_0 + 0,25\,a_4 + 5,068\,c - 0,5\,b^2 = 1,46\,b^2 .$$

Wir setzen ψ und $\frac{\partial \psi}{\partial x}$ beider Teile für drei Punkte der Nahtlinie einander gleich. Statt dessen kann man auch ψ und φ nehmen. Für $x=b, y=0$ ist für φ die Bedingung ohne weiteres erfüllt.

Für $x=b, y=b$ gibt $\varphi_{\mathfrak{M}} = \varphi_{\mathfrak{Str}}$ mit $\varphi_{\mathfrak{M}}(b,b) = 0$

$$a_1' - a_3' + 1,170 \cdot c = b^2 .$$

Prüfen wir diese Beziehung für die vorher gefundenen Werte; wir erhalten

$$a_1' - a_3' + 1,170 \cdot c = 1,08\ b^2 .$$

Das neue Gleichungssystem gibt folglich etwas abweichende Werte für die Koeffizienten.

12 Methode zur Bestimmung
der zweiten Ableitung bei zusammengesetzten Streifenquerschnitten

Bei der Behandlung des Streifenkreuzes bildeten wir die Einheitskreisfläche auf den Querschnitt ab. Dabei ergab sich die Aufgabe, die Potentialfunktion ψ aus ihren Randwerten zu bestimmen. Leider war es nicht möglich, die Funktion in geschlossener Form zu ermitteln.

Nun erhalten wir wesentlich einfachere Randwerte, wenn wir uns die Aufgabe stellen, nicht ψ, sondern die Potentialfunktion $\psi_{xx} = \frac{\partial^2 \psi}{\partial x^2}$ zu bestimmen. Wegen $\Delta\psi = 0$ wird

$$\psi_{xx} = \frac{\partial^2 \psi}{\partial x^2} = -\frac{\partial^2 \psi}{\partial y^2} = -\psi_{yy} \; .$$

Verlaufen alle Ränder eines Querschnittes p a r a l l e l z u r x - A c h s e oder p a r a l l e l z u r y - A c h s e, so erhalten wir aus

$$\psi_{Rd} = \tfrac{1}{2}\left(x^2 + y^2 \right)_{Rd}$$

für einen zur x-Achse parallelen Rand:

$$\left(\psi_{xx}\right)_{Rd} = \frac{\partial^2}{\partial x^2}\left[\tfrac{1}{2}\left(x^2 + y^2 \right)\right]_{y=const} = +1 \; ,$$

und für einen zur y-Achse parallelen Rand:

$$\left(\psi_{xx}\right)_{Rd} = -\left(\psi_{yy}\right)_{Rd} = -\frac{\partial^2}{\partial y^2}\left[\tfrac{1}{2}\left(x^2 + y^2 \right)\right]_{x=const.} = -1 \; .$$

Ist nun die Einheitskreisfläche konform auf den Querschnitt abgebildet, so erhalten wir für die Potentialfunktion ψ_{xx} auf dem Einheitskreis stückweise die Randwerte $+1$ und -1. Die Lösung für ψ_{xx} kann für diese Randwerte a n a l y t i s c h angegeben werden.

Ist das aber alles? Treten in den Abbildungspunkten der Innenecken, wo zwei solche Ränder unter dem Winkel $3\pi/4$ zusammentreffen, nicht noch Singularitäten auf? Wir legen in die Querschnittsebene ein lokales Koordinatensystem (x', y') mit dem Koordinatennullpunkt in der Innenecke B, siehe Bild 12.1, so daß $-\frac{3\pi}{2} \leq \mu' \leq 0$ für die Querschnittsfläche wird, und ein Koordinatensystem $\left(x_{(1)}, y_{(1)} \right)$ mit $\mu_{(1)} = \mu' + \frac{3\pi}{4}$.

Dann enthält die Reihenentwicklung von ψ für die Umgebung des Punktes B allgemein die Glieder $c_2\, r_{(1)}^{2/3} \cdot \cos\frac{2}{3}\mu_{(1)}$ und $c_4 \cdot r_{(1)}^{4/3} \cdot \sin\frac{4}{3}\mu_{(1)}$. In den Bildern 12.2 a und 12.2 b ist die Abhängigkeit von $\mu_{(1)}$ dargestellt. In $\left(x',y'\right)$ -Koordinaten erhalten wir:

$$-c_2\left(r'\right)^{2/3} \cdot \sin\frac{2}{3}\mu' \equiv -c_2 \cdot \Im\left\{\left(z'\right)^{2/3}\right\}$$

und

$$-c_4 \cdot \left(r'\right)^{4/3} \cdot \sin\frac{4}{3}\mu' \equiv -c_4 \cdot \Im\left\{\left(z'\right)^{4/3}\right\} \ .$$

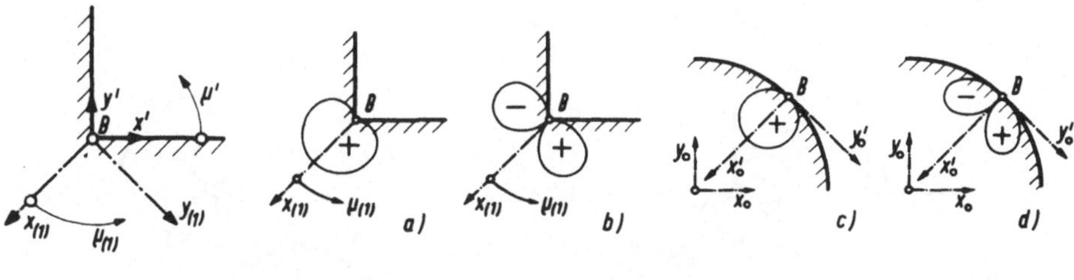

Bild 12.1   Bild 12.2 a—d

Zweimalige Differentiation nach x' (oder z') gibt:

$$\frac{2}{9}\, c_2 \cdot \Im\left\{\left(z'\right)^{-4/3}\right\} \equiv -\frac{2}{9}\, c_2 \cdot \left(r'\right)^{-4/3} \cdot \sin\frac{2}{3}\mu'$$

und

$$\frac{4}{9}\, c_4 \cdot \Im\left\{\left(z'\right)^{-2/3}\right\} \equiv -\frac{4}{9}\, c_4 \cdot \left(r'\right)^{-2/3} \sin\frac{2}{3}\mu' \ .$$

Die Abhängigkeit beider Ableitungen von $\mu_{(1)}$ ist in den weiteren Bildern 12.3 a und 12.3 b dargestellt. In $\left(x_{(1)}, y_{(1)}\right)$ - bzw. $\left(r_{(1)}, \mu_{(1)}\right)$ -Koordinaten lauten die zweiten Ableitungen:

$$\frac{2}{9}\, c_2 \cdot r_{(1)}^{-4/3} \cdot \sin\frac{4}{3}\mu_{(1)} \equiv \frac{2}{9}\, c_2\, \Im\left\{z_{(1)}^{-4/3}\right\}$$

und

$$\frac{4}{9}\, c_4 \cdot r_{(1)}^{-2/3} \cos\frac{2}{3}\mu_{(1)} \equiv +\frac{4}{9}\, c_4\, \Re\left\{z_{(1)}^{-2/3}\right\} \ .$$

Bei der Abbildung der Einheitskreisfläche auf den Querschnitt erhalten wir in den Bildpunkten der Innenecken Pole; die Abhängigkeit der Polfunktionen vom Winkel μ_0' ist in den Bildern 12.2 c, 12.2 d, 13.3 c und 12.3 d dargestellt. Bild 12.2 c stellt diese Abhängigkeit für die Funktion dar, die aus $c_2 \cdot r_{(1)}^{2/3} \cdot \cos\frac{2}{3}\mu_{(1)}$ entsteht, und Bild 12.3 c für deren zweite Ableitung; Bild 12.2 d und 12.3 d gelten für die Funk-

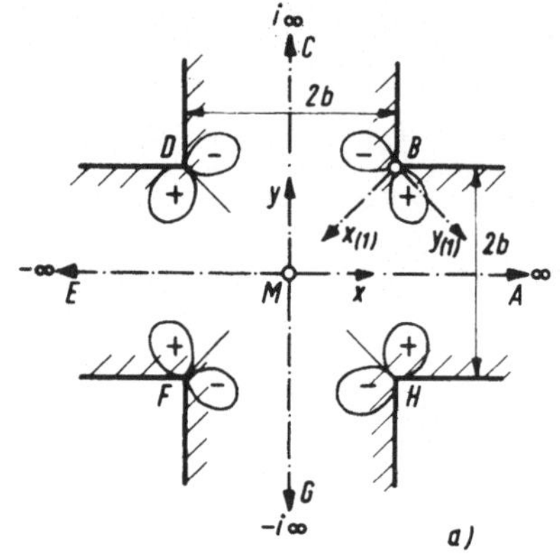
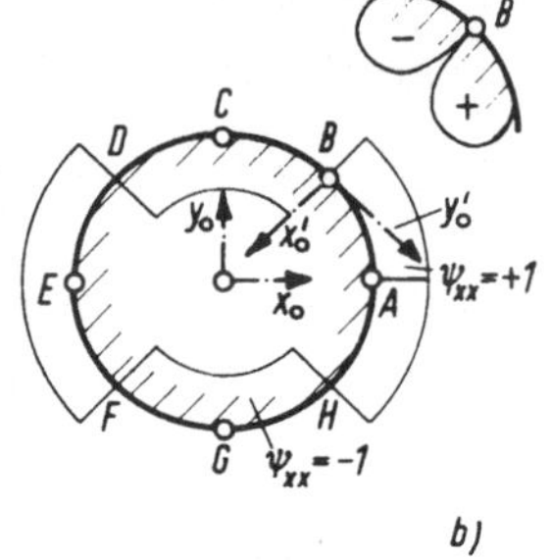

Bild 12.4 a—b

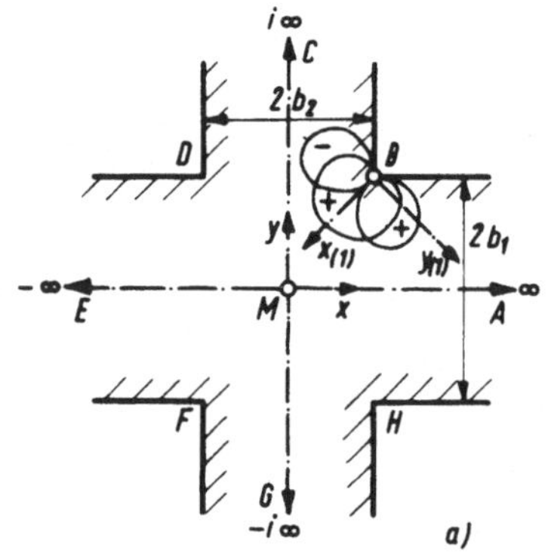
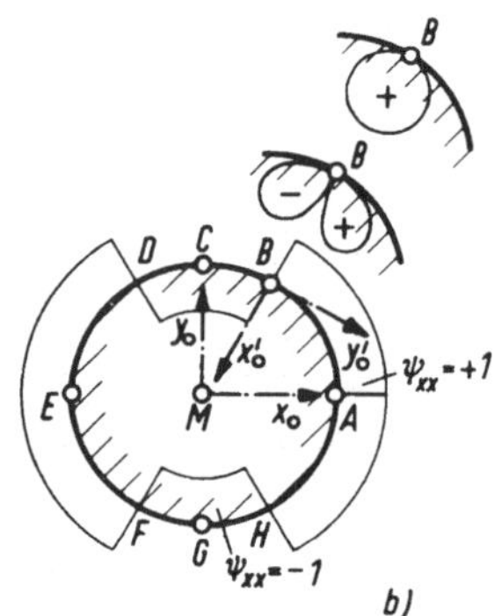

Bild 12.5 a—b

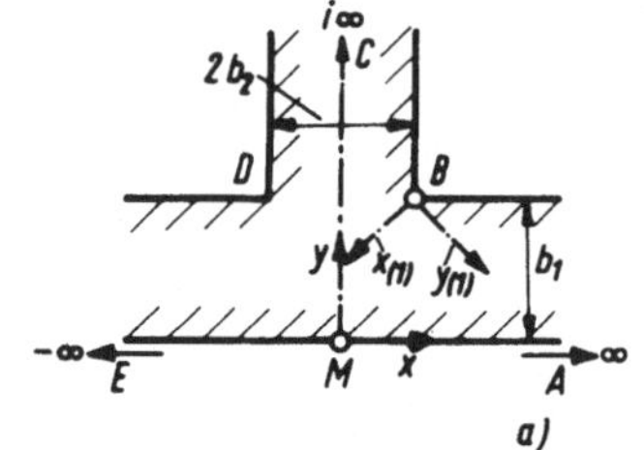
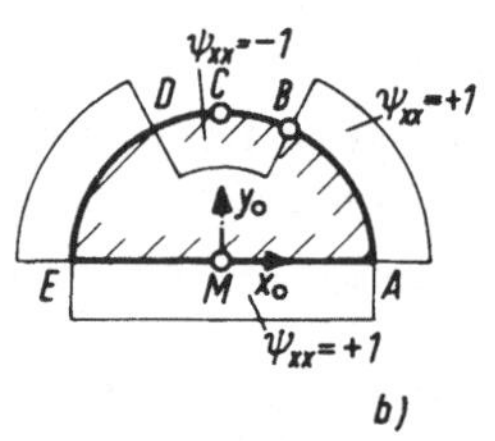

Bild 12.6 a—b

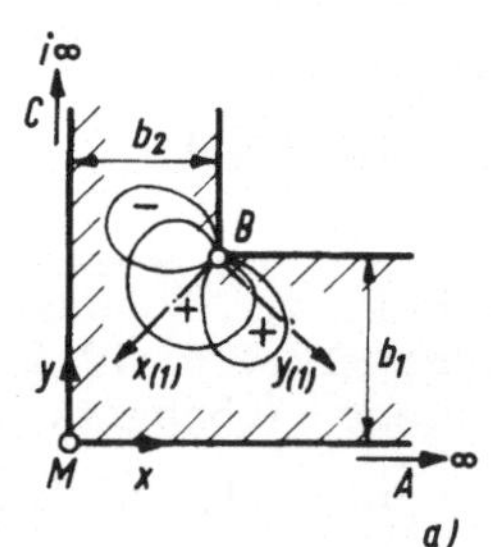
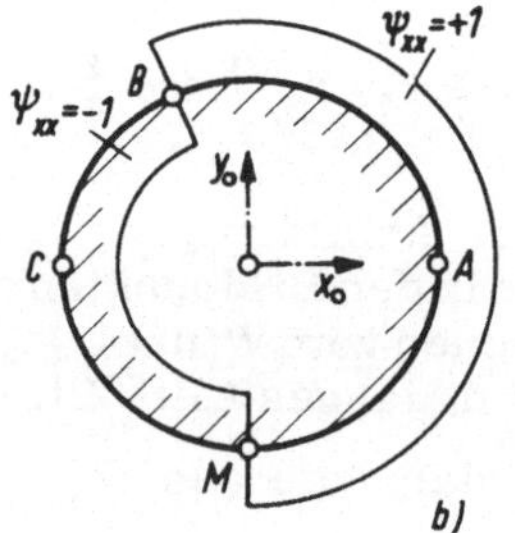

Bild 12.7 a—b

tion $c_4 \cdot r_{(1)}^{-4/3} \cdot \cos \frac{4}{3}\mu_{(1)}$ und ihre zweite Ableitung. Die analytischen Ausdrücke werden weiter unten angegeben, wobei zu beachten ist, daß der Winkel π im Einheitskreis bei der Abbildung in den Winkel $\frac{3\pi}{2}$ übergeht.

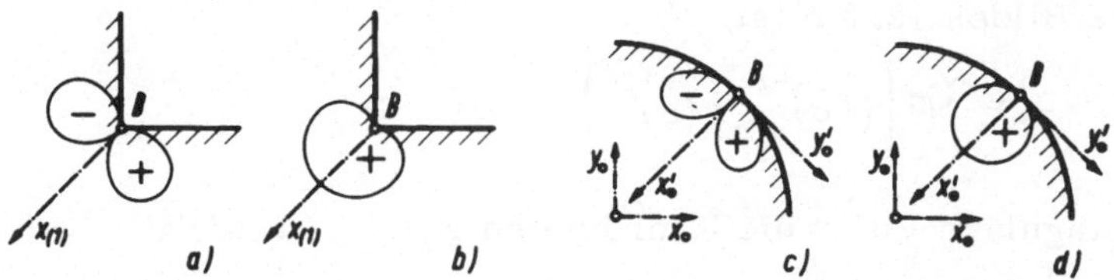

Bild 12.3 a—d

12.1 Ansätze für die Funktionen ψ_{xx} in z_0-Koordinaten

Nun zeichnen wir die einzelnen in Frage kommenden zusammengesetzten Streifenquerschnitte auf, Bild 12.4 a bis 12.7 a; die Abbildungsfunktionen der Einheitskreisfläche auf diese Querschnitte sind in Abschnitt 10 entwickelt. Wir geben in den Bildern 12.4 b bis 12.7 b die Einheitskreise an mit den Randwerten von ψ_{xx} und den auftretenden singulären Stellen mit der Darstellung der Winkelabhängigkeit der Singularitäten in Nebenbildern.

Auf dem Einheitskreis erhalten wir die Randwerte $+1$ und -1 und außerdem in den Bildpunkten der Innenecken die angegebenen Singularitäten. Wir geben nun Teillösungen an, aus denen die Funktionen ψ_{xx} mit diesen Randwerten zu bilden sind.

Teillösung für die Randwerte ohne Singularitäten:

Zum späteren Aufbau der Lösung bilden wir erst eine Teillösung mit folgenden Randwerten:

für $\quad -\alpha < \mu_0 < +\alpha \;\; : \;\; \left(\psi_{xx}\right)_{Rd} = 1 \quad ,$

für $\quad \alpha < \mu_0 < 2\pi - \alpha \;\; : \;\; \left(\psi_{xx}\right)_{Rd} = 0 \;\; .$

Bild 12.8

Im Bilde 12.8 sind diese Randwerte dargestellt. Die Teilfunktion lautet:

$$+ \mathfrak{Im}\left\{ \frac{1}{\pi}\left[\ln \frac{z_0 - e^{i\alpha}}{z_0 - e^{-i\alpha}} + i\left(2\pi - \alpha\right)\right]\right\} \; .$$

Der Wert für den mehrdeutigen Imaginärteil ist hierbei so zu wählen, daß für $\mu_0 = \pi$ die Funktion gleich Null wird. Aus derartigen Teilfunktionen wird die Funktion ψ_{xx} mit den Randwerten $+1$ und -1, ohne Ecksingularitäten, gebildet.

<u>Teillösung für die Singularität nach Bild 12. 3 c:</u>

Wir erhalten eine Polfunktion vom minus zweiten Grade; auf dem Einheitskreis muß diese Funktion (bis auf den singulären Punkt) den Wert Null geben. Die Funktion lautet, da sie antimetrisch zur x_0' - Achse des Bildes 12. 3 c ist,

$$-c_2' \cdot \mathfrak{Im}\left\{ \left(z_0'\right)^{-2} - \left(z_0'\right)^{-1} \right\} \, .$$

Hat der singuläre Punkt die Koordinaten $z_0 = 1$, so wird

$$z_0' = 1 - z_0 \, ,$$

und die Polfunktion lautet in z_0 -Koordinaten:

$$-c_2' \cdot \mathfrak{Im}\left\{ \frac{1}{(1-z_0)^2} - \frac{1}{1-z_0} \right\} \equiv -c_2' \, \mathfrak{Im}\left\{ \frac{z_0}{(1-z_0)^2} \right\} .$$

Diese Funktion wird auf dem Einheitskreis mit $z_0 = e^{i\mu_0}$:

$$-c_2' \cdot \mathfrak{Im}\left\{ \frac{e^{i\mu_0}}{(1-e^{i\mu_0})^2} \right\}$$

$$\equiv -c_2' \cdot \mathfrak{Im}\left\{ \frac{1}{(e^{-i\mu_0/2} - e^{i\mu_0/2})^2} \right\}$$

$$\equiv c_2' \cdot \mathfrak{Im}\left\{ \frac{1}{4\sin^2 \frac{\mu_0}{2}} \right\} \, .$$

Wir erhalten für den Einheitskreis bis auf den singulären Punkt den Wert Null, womit die gestellte Bedingung erfüllt ist.

<u>Teillösung für die Singularität nach Bild 12. 3 c:</u>

Die Polfunktion vom minus ersten Grade lautet mit denselben Koordinaten wie im vorigen Fall:

$$c_4' \cdot \mathfrak{Re}\left\{ \left(z_0'\right)^{-1} - \frac{1}{2} \right\} \equiv c_4' \cdot \mathfrak{Re}\left\{ (1-z_0)^{-1} - \frac{1}{2} \right\}$$

$$\equiv \frac{1}{2} c_4' \cdot \mathfrak{Re}\left\{ \frac{1+z_0}{1-z_0} \right\} \, .$$

Für die Punkte des Einheitskreises wird daraus:

$$\frac{1}{2} c_4' \cdot \mathfrak{Re}\left\{ \frac{1+e^{i\mu_0}}{1-e^{i\mu_0}} \right\} \equiv \frac{1}{2} c_4' \cdot \mathfrak{Re}\left\{ \frac{\cos\frac{1}{2}\mu_0}{-i\sin\frac{1}{2}\mu_0} \right\}$$

$$\equiv \frac{1}{2} c_4' \cdot \mathfrak{Re}\left\{ i \cdot \operatorname{tg} \frac{1}{2}\mu_0 \right\} .$$

Wieder gibt die Funktion auf dem Einheitskreis bis auf den singulären Punkt den Wert Null.

12.2 Lösung für das Streifenkreuz, Bild 12.5 a:

In diesem und in den folgenden Unterabschnitten werden wir die Funktion ψ_{xx} für das Streifenkreuz, den Streifenwinkel und den Streifen-Querschnitt bestimmen. Mit besonderer Sorgfalt werden wir dabei die Bedingungen behandeln, die zur Ermittlung der in ψ_{xx} auftretenden Koeffizienten c_2' und c_4' dienen. Wir beginnen mit dem Streifenkreuz.

Die Abbildungsfunktion

$$z = g_0\left(z_0\right) \tag{12,1}$$

für das Streifenkreuz ist in Abschnitt 10 gefunden, siehe Gleichungen (10,1) bis (10,6). Die vier singulären Punkte der Abbildungen der Innenecken haben die Koordinaten

$$z_{0B} = \pm\, e^{\pm i\mu_{0B}} \ .$$

Hierin ist μ_{0B} die Winkelkoordinate des Abbildungspunktes der Innenecke B. Für das symmetrische Streifenkreuz mit $b_1 = b_2 = b$ ist $\mu_{0B} = \pi/4$.

Den Lösungsansatz für ψ_{xx} des allgemeinen Streifenkreuzes bilden wir aus den angegebenen Teilfunktionen, wobei wir die Lage der singulären Punkte berücksichtigen, und erhalten:

$$
\begin{aligned}
\psi_{xx} = \operatorname{Im}\Bigg\{ \frac{1}{\pi}\Bigg[&\left(\ln\frac{z_0 - e^{i\mu_{0B}}}{z_0 - e^{-i\mu_{0B}}} + i\left(2\pi - \mu_{0B}\right)\right) - \\
& - \left(\ln\frac{z_0 + e^{-i\mu_{0B}}}{z_0 - e^{i\mu_{0B}}} + i\left(2\pi - \left[\frac{\pi}{2} - \mu_{0B}\right]\right)\right) + \\
& + \left(\ln\frac{z_0 + e^{i\mu_{0B}}}{z_0 + e^{-i\mu_{0B}}} + i\left(2\pi - \mu_{0B}\right)\right) - \\
& - \left(\ln\frac{z_0 - e^{-i\mu_{0B}}}{z_0 + e^{i\mu_{0B}}} + i\left(2\pi - \left[\frac{\pi}{2} - \mu_{0B}\right]\right)\right)\Bigg]\Bigg\} - \\
&- c_2'\cdot\operatorname{Im}\left\{ \frac{z_0\, e^{-i\mu_{0B}}}{\left(1 - z_0\, e^{-i\mu_{0B}}\right)^2} + \frac{z_0\, e^{i\mu_{0B}}}{\left(1 + z_0\, e^{i\mu_{0B}}\right)^2} - \frac{z_0\, e^{-i\mu_{0B}}}{\left(1 + z_0\, e^{-i\mu_{0B}}\right)^2} - \frac{z_0\, e^{i\mu_{0B}}}{\left(1 - z_0\, e^{i\mu_{0B}}\right)^2}\right\} \\
&+ c_4'\cdot\operatorname{Re}\Bigg\{ \left(1 - z_0\, e^{-i\mu_{0B}}\right)^{-1} - \frac{1}{2} + \left(1 + z_0\, e^{i\mu_{0B}}\right)^{-1} - \frac{1}{2} + \\
&\qquad + \left(1 + z_0\, e^{-i\mu_{0B}}\right)^{-1} - \frac{1}{2} + \left(1 - z_0\, e^{i\mu_{0B}}\right)^{-1} - \frac{1}{2}\Bigg\} \equiv \\
\equiv \operatorname{Im}\Bigg\{ \frac{2}{\pi}&\left[\ln\left(z_0^2 - e^{2i\mu_{0B}}\right) - \ln\left(z_0^2 - e^{-2i\mu_{0B}}\right) + i\left(\pi - 4\mu_{0B}\right)\right] + \\
& + 8\, i\, c_2'\cdot\frac{\left(z_0^6 + z_0^2\right)\sin 2\mu_{0B}}{\left(1 - 2z_0^2\cos 2\mu_{0B} + z_0^4\right)^2} + \\
& + 2\, i\, c_4'\cdot\frac{1 - z_0^4}{1 - 2z_0^2\cos 2\mu_{0B} + z_0^4}\Bigg\} \ .
\end{aligned}
\tag{12,2}
$$

Hierfür schreiben wir abgekürzt:

$$\psi_{xx} = \Im \left\{ f_1(z_0) + c_2' f_2(z_0) + c_4' f_3(z_0) \right\} , \qquad (12,3)$$

worin $f_1(z_0)$, $f_2(z_0)$ und $f_3(z_0)$ die in Gleichung $(12,2)$ angegebenen Funktionen sind.

Unsere Aufgabe ist es nun, die Bedingungen zur Bestimmung von c_2' und c_4' aufzustellen. Zuerst betrachten wir das Verhalten von ψ_{xx} für große Werte x, also das im Unendlichen liegende Ende des rechten Streifens. Diesem Teil des Querschnittes entspricht im Einheitskreis die Umgebung des Punktes A mit den Koordinaten $z_{0A} = 1$. In diesem Punkte ist $\psi_{xx} = 1$; folglich erhalten wir allgemein für $x \to \infty$:

$$\psi_{xx} = 1 \quad , \quad \psi_x = c_1 + x \quad , \quad \psi = c_0 + c_1 x + \frac{x^2 - y^2}{2} .$$

Hierbei sind ψ_x und ψ durch Integration aus ψ_{xx} gebildet, wobei berücksichtigt worden ist, daß ψ_x und ψ Potentialfunktionen sind.

Nun betrachten wir eine allgemeine Potentialfunktion ψ , für die auf den Streifenrändern $\psi_{xx} = +1$ bzw. $\psi_{yy} = -\psi_{xx} = +1$ ist; hierbei nehmen wir Funktionen ψ, die symmetrisch zur x- und zur y-Achse sind. Die Werte auf den Rändern des rechten Streifens müssen

$$\left[\psi\right]_{y=b_1} = \tfrac{1}{2} b_1^2 + \tfrac{1}{2} x^2 \quad ,$$

und auf den Rändern des oberen Streifens

$$\left[\psi\right]_{x=b_2} = \tfrac{1}{2} b_2^2 + \tfrac{1}{2} y^2$$

sein. Nach unserem Lösungsansatz folgen aber aus $\left[\psi_{xx}\right]_{y=b_1} = +1$ und aus $\left[\psi_{yy}\right]_{x=b_2} = +1$ die Randwerte für ψ :

$$\left[\psi\right]_{y=b_1} = a_0 + \tfrac{1}{2} b_1^2 + a_1(x - b_2) + \tfrac{1}{2} x^2$$

und

$$\left[\psi\right]_{x=b_2} = a_0 + \tfrac{1}{2} b_2^2 + a_2\left(y - b_1\right) + \tfrac{1}{2} y^2 ,$$

wobei beide Ausdrücke für den Punkt B denselben Wert

$$\psi_B = a_0 + \tfrac{1}{2} b_1^2 + \tfrac{1}{2} b_2^2$$

geben. Setzen wir die Integrationskonstante $a_0 = 0$, so erhalten wir den richtigen Wert ψ_B .

Was in der allgemeinen Lösung aber noch nicht stimmt, sind die Glieder mit a_1 und a_2, die fortfallen müssen. Die Koeffizienten c_2' und c_4' müssen folglich so gewählt werden, daß $a_1 = 0$ und $a_2 = 0$ wird.

Um diese Bedingung zu erfüllen, genügt es, die ψ -Werte für **große Werte** x zu betrachten. Auf den Rändern des rechten Streifens müssen wir hierfür die Werte

$$\left[\psi\right]_{y=\pm b_1,\,x\to\infty} = \left[\tfrac{1}{2}b_1^2 + \tfrac{1}{2}x^2\right]_{x\to\infty} ,$$

und für die Punkte der x -Achse die Werte

$$\left[\psi\right]_{y=0,\,x\to\infty} = \left[\tfrac{1}{2}x^2\right]_{x\to\infty}$$

erhalten, oder

$$\left[\psi_x\right]_{y=0,\,x\to\infty} = \left[x\right]_{x\to\infty} .$$

Nun nehmen wir den Ansatz für ψ_{xx} und bilden hieraus $\left[\psi_x\right]_{y=0,\,x\to\infty}$, vergleichen ihn mit der aufgestellten Bedingung und erhalten

$$\int_0^{x\to\infty} \mathfrak{Im}\left\{f_1 + c_2' f_2 + c_4' f_3\right\}_{y=0} \cdot dx = \left[x\right]_{x\to\infty} ,$$

oder

$$\int_0^{x\to\infty} \left(\mathfrak{Im}\left\{f_1(z_0)_{y=0}\right\}-1\right) dx + c_2' \int_0^{x\to\infty} \mathfrak{Im}\left\{f_2(z_0)_{y=0}\right\} dx +$$
$$+ c_4' \cdot \int_0^{x\to\infty} \mathfrak{Im}\left\{f_3(z_0)_{y=0}\right\} dx = 0 .$$

Die Integration ist in z_0 -Koordinaten auszuführen. Aus der Abbildungsfunktion Gleichung (12, 1)

$$z = g_0(z_0)$$

folgt:

$$\left[dx\right]_{y=0} = \frac{d\,g_0(z_0)}{dz_0} \cdot \left[d\,x_0\right]_{y_0=0}$$

und die Bedingungsgleichung wird:

$$\int_0^{x_0=1} \left(\mathfrak{Im}\left\{f_1(x_0)\right\}-1\right) \cdot \frac{dg_0(x_0)}{dx_0}\, dx_0 +$$
$$+ c_2' \cdot \int_0^{x_0=1} \mathfrak{Im}\left\{f_2(x_0)\right\} \cdot \frac{dg_0(x_0)}{dx_0}\, dx_0 +$$
$$+ c_4' \int_0^{x_0=1} \mathfrak{Im}\left\{f_3(x_0)\right\} \cdot \frac{dg_0(x_0)}{dx_0}\, dx_0 = 0. \qquad (12,\,4)$$

Die drei bestimmten Integrale sind u. U. rechnerisch oder graphisch auszuwerten. Durch eine ähnliche Betrachtung finden wir für große Werte y , bzw. für $y_0 = 1$ mit $\psi_{yy} = - \psi_{xx}$:

$$\int_0^{y_0=1} \left(\mathfrak{Im}\left\{ f_1\left(i\, y_0 \right)\right\} + 1 \right) \frac{dg_0\left(i\, y_0 \right)}{dy_0}\, dy_0 +$$

$$+ c_2' \int_0^{y_0=1} \mathfrak{Im}\left\{ f_2\left(i\, y_0 \right)\right\} \cdot \frac{dg_0\left(i\, y_0 \right)}{dy_0}\, dy_0 + c_4' \int_0^{y_0=1} \mathfrak{Im}\left\{ f_3\left(i\, y_0 \right)\right\} \frac{dg_0\left(i\, y_0 \right)}{dy_0}\, dy_0 = 0.$$

$$(12, 5)$$

Aus den beiden Gleichungen (12, 4) und (12, 5) folgen die beiden Koeffizienten c_2' und c_4' . Für das symmetrische Streifenkreuz wird $c_4' = 0$, und beide Bestimmungsgleichungen werden identisch.

12.3 Lösung für den Streifenwinkel, Bild 12.7 a

Die Abbildungsfunktion haben wir im Abschnitt 10, siehe (10, 1), (10, 2), (10, 13) und (10, 14), gefunden. Wir schreiben hierfür wieder:

$$z = g_0\left(z_0 \right).$$

Die Punkte A, B, C und M haben die Koordinaten

$$z_{0A} = +1\,, \quad z_{0B} = e^{i\mu_{0B}}, \quad z_{0C} = -1\,, \quad z_{0M} = -i.$$

Der Ansatz für ψ_{xx} lautet:

$$\psi_{xx} = \mathfrak{Im}\left\{ \frac{1}{\pi}\left[2\ln \frac{z_0 - e^{i\mu_{0B}}}{z_0 + e^{-i\pi/4}} + i\left(\frac{5}{2}\pi - \mu_{0B}\right)\right] - \right.$$

$$\left. - c_2' \frac{z_0\, e^{-i\mu_{0B}}}{\left(1 - z_0\, e^{-i\mu_{0B}}\right)^2} + i\, c_4'\left(\frac{1}{1 - z_0\, e^{-i\mu_{0B}}} - \frac{1}{2}\right)\right\} \,. \qquad (12, 6)$$

Auf der x-Achse wird $\psi_{xx} = +1$; dem entspricht auf dem Einheitskreis der Bogen $-\frac{\pi}{2} \leqq \mu_0 \leqq 0$; auf der y-Achse, also auf dem Bogen $-\pi \leqq \mu_0 \leqq -\frac{\pi}{2}$, wird $\psi_{xx} = -1$. Wir bilden aus ψ_{xx} die Funktion ψ und wählen die Integrationskonstanten so, daß auf der x-Achse

$$\left[\psi\right]_{y=0} = \frac{1}{2}\, x^2\,,$$

auf der y-Achse

$$\left[\psi\right]_{x=0} = \frac{1}{2}\, y^2$$

wird. Für den oberen Rand des rechten Streifens muß dann

$$\left[\psi\right]_{y=b_1} = \frac{1}{2}\, b_1^2 + \frac{1}{2}\, x^2 + k\,,$$

116

und für den rechten Rand des nach oben gerichteten Streifens

$$[\psi]_{x=b_2} = \tfrac{1}{2}b_2^2 + \tfrac{1}{2}y^2 + k$$

werden. Hierbei ist k bei einem Streifenwinkel, bei dem die Ränder
Außenränder sind, gleich Null zu setzen. Ist aber der Streifenwinkel
der Teil eines Rahmenquerschnittes nach Bild 12.9, so wird k ein
Wert größer als Null; dieser kann später aus den Rahmenabmessungen
bestimmt werden. Wir nehmen an, daß $k \gtrless 0$ ein vorgegebener Wert
ist.

Die angegebenen Ausdrücke für $[\psi]_{x=0}$ und $[\psi]_{y=0}$ erhalten wir
nur bei richtig gewählten Werten der Koeffizienten c_2' und c_4' . An-
dernfalls wird

$$[\psi]_{y=b_1} = \tfrac{1}{2}b_1^2 + a_1\left(x - b_2\right) + \tfrac{1}{2}x^2 + k$$

und

$$[\psi]_{x=b_2} = \tfrac{1}{2}b_2^2 + a_2\left(y - b_1\right) + \tfrac{1}{2}y^2 + k .$$

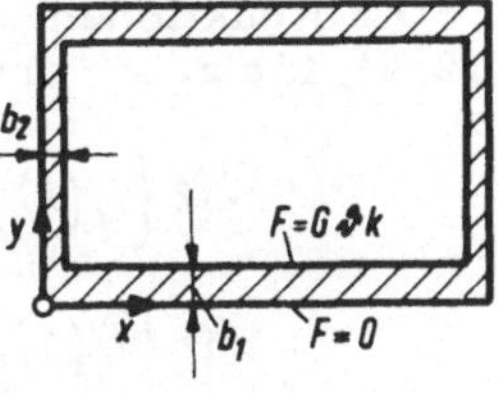

Bild 12.9

Wir müssen die Freiwerte c_2' und c_4' so wählen, daß $a_1 = 0$ und $a_2 = 0$
werden; außerdem werden wir einen dritten Freiwert erhalten, der
durch den Wert k bestimmt wird.

Wieder betrachten wir das Verhalten von ψ für große Werte x . Für
beliebige Werte c_2' und c_4' erhalten wir aus den angegebenen Randwerten und aus $\psi_{xx}' = 1$ den allgemeinen Ausdruck

$$[\psi]_{x \to \infty} = \left[\tfrac{1}{2}x^2 - \tfrac{1}{2}y^2 + a_1\left(x - b_2\right) \cdot \frac{y}{b_1} + \left(k + b_1^2\right)\frac{y}{b_1} \right]_{x \to \infty} .$$

Die Werte c_2' und c_4' sind so zu wählen, daß a_1 und damit ψ_{xy} für
$x \to \infty$ Null wird. Entsprechendes gilt für große Werte y .

Können wir aber ψ_{xy} angeben? Bisher haben wir uns nur mit den
Funktionen ψ_{xx} und $\psi_{yy} = -\psi_{xx}$ befaßt.

Wir machten für ψ_{xx} einen Ansatz

$$\psi_{xx} = \mathfrak{Im}\left\{ f_1\left(z_0\right) + c_2' f_2\left(z_0\right) + c_4' f_3\left(z_0\right) \right\} .$$

ψ_{xx} ist also der Imaginärteil einer komplexen Funktion; dann ist ψ_{xy}
der Realteil d e r s e l b e n Funktion, wobei der Funktion noch eine reelle Konstante c hinzugefügt werden kann:

$$\psi_{xy} = \mathfrak{Re}\left\{ f_1\left(z_0\right) + c_2' f_2\left(z_0\right) + c_4' f_3\left(z_0\right) + c \right\} .$$

117

Die hinzugefügte Konstante ändert die Funktion ψ für $x=y=0$ nicht, da ihr Anteil für ψ bei der Integration den Ausdruck cxy gibt, der auf der x - und auf der y -Achse gleich Null wird.

Unsere Bedingungsgleichung $\psi_{xy}=0$ für $x \to \infty$, also für $z_0 = +1$, und für $y \to \infty$, also für $z_0 = -1$, gibt somit:

$$\mathfrak{Re}\left\{f_1(z_0) + c_2' f_2(z_0) + c_4' f_3(z_0) + c\right\}_{z_0=1} = 0 \tag{12,7}$$

und

$$\mathfrak{Re}\left\{f_1(z_0) + c_2' f_2(z_0) + c_4' f_3(z_0) + c\right\}_{z_0=-1} = 0. \tag{12,8}$$

Hiermit ist c der schon erwähnte dritte Freiwert.

Die Funktionen $f_1(z_0), f_2(z_0)$ und $f_3(z_0)$ folgen aus Gleichung (12,6); für $z_0=1$ erhalten wir:

$$\mathfrak{Re}\left\{f_1(1)\right\} = \frac{1}{\pi} \ln \frac{1-\cos \mu_{OB}}{1-\cos \frac{\pi}{4}} \quad,$$

$$\mathfrak{Re}\left\{f_2(1)\right\} = \frac{1}{4 \sin^2 \frac{\mu_{OB}}{2}} \quad,$$

$$\mathfrak{Re}\left\{f_3(1)\right\} = \frac{1}{2} \operatorname{ctg} \frac{\mu_{OB}}{2} \quad;$$

und für $z_0 = -1$

$$\mathfrak{Re}\left\{f_1(-1)\right\} = \frac{1}{\pi} \ln \frac{1+\cos \mu_{OB}}{1+\cos \frac{\pi}{4}} \quad,$$

$$\mathfrak{Re}\left\{f_2(-1)\right\} = \frac{1}{4 \cos^2 \frac{\mu_{OB}}{2}} \quad,$$

$$\mathfrak{Re}\left\{f_3(-1)\right\} = -\frac{1}{2} \cdot \operatorname{tg} \frac{\mu_{OB}}{2} \quad.$$

Hiermit lauten die zwei Bestimmungsgleichungen für c_2' und c_4' :

$$\frac{1}{\pi} \ln \frac{1-\cos \mu_{OB}}{1-\cos \frac{\pi}{4}} + c_2' \cdot \frac{1}{4 \sin^2 \frac{\mu_{OB}}{2}} + c_4' \cdot \frac{1}{2} \operatorname{ctg} \frac{\mu_{OB}}{2} + c = 0, \tag{12,9}$$

$$\frac{1}{\pi} \ln \frac{1+\cos \mu_{OB}}{1+\cos \frac{\pi}{4}} + c_2' \cdot \frac{1}{4 \cos^2 \frac{\mu_{OB}}{2}} - c_4' \cdot \frac{1}{2} \operatorname{tg} \frac{\mu_{OB}}{2} + c = 0. \tag{12,10}$$

Sind c_2' und c_4' aus diesen Gleichungen errechnet, so werden die Koeffizienten a_1 und a_2 Null; damit erhalten wir für den Oberrand des rechten Streifens:

$$[\psi]_{y=b_1} = \frac{1}{2} b_1^2 + \frac{1}{2} x^2 + k \quad,$$

wie es sein muß. Ebenso bekommen wir für den rechten Rand des oberen Streifens:

$$[\psi]_{x=b_2} = \tfrac{1}{2} b_2^2 + \tfrac{1}{2} y^2 + k .$$

Um auch noch zu erreichen, daß k den vorgeschriebenen Wert annimmt, betrachten wir die Funktion ψ im rechten Streifen für große Werte x . Dort muß

$$[\psi]_{x \to \infty} = \tfrac{1}{2} x^2 - \tfrac{1}{2} y^2 + \left(k + b_1^2\right) \frac{y}{b_1}$$

sein.

Hieraus

$$[\psi_y]_{x \to \infty} = -y + \frac{k + b_1^2}{b_1} ,$$

und daher am Unterrand:

$$[\psi_y]_{\substack{x \to \infty \\ y = 0}} = \frac{k + b_1^2}{b_1} .$$

Aus unserem Ansatz für ψ_{xy} und aus $[\psi_y]_{\substack{x=0 \\ y=0}} = 0$ bestimmen wir

$$[\psi_y]_{\substack{x \to \infty \\ y = 0}} = \int_0^{x \to \infty} [\psi_{xy}]_{y=0} \, dx = \frac{k + b_1^2}{b_1} .$$

Die Integration ist natürlich in z_0 -Koordinaten durchzuführen; hierbei geht der Integrationsweg von $z_0 = -i$ nach $z_0 = +1$:

$$\int_{z_0 = -i}^{z_0 = +1} \psi_{xy} \cdot \frac{dg_0(z_0)}{dz_0} \, dz_0 = \frac{k + b_1^2}{b_1} .$$

Als Integrationsweg wählen wir den Bogen des Einheitskreises von $\mu_0 = -\frac{\pi}{2}$ bis $\mu_0 = 0$. Die Funktion ψ_{xy} wird für den Einheitskreis:

$$[\psi_{xy}]_{z_0 = e^{i\mu_0}} = \mathfrak{Re}\left\{ \frac{2}{\pi} \ln \frac{e^{i\mu_0} - e^{i\mu_{0B}}}{e^{i\mu_0} + e^{-i\pi/4}} + \right.$$

$$\left. + c_2' \frac{1}{4 \sin^2 \frac{\mu_{0B} - \mu_0}{2}} + \tfrac{1}{2} c_4' \, ctg \, \frac{\mu_{0B} - \mu_0}{2} + c \right\} .$$

Damit bei der Auswertung der einzelnen Integrale diese nicht gegen Unendlich gehen, drücken wir erst c_2' und c_4' auf Grund der Gleichungen (12, 7) und (12, 8) durch c aus, so daß $[\psi_{xy}]_{z_0 = e^{i\mu_0}}$ als einzigen unbekannten Freiwert nur c enthält.

Führen wir die Integration, wie angegeben, auf dem Einheitskreise durch, so wird:

$$dx = \frac{dg_0(z_0)}{dz_0}\, dz_0 = \frac{dg_0(e^{i\mu_0})}{d\mu_0}\, d\mu_0 \; .$$

Wir erhalten zur Bestimmung des letzten Freiwertes die Gleichung:

$$\int\limits_{\mu_0=-\frac{\pi}{2}}^{\mu_0=0} \left[\psi_{xy}\right]_{z_0=e^{i\mu_0}} \cdot \frac{dg_0(e^{i\mu_0})}{d\mu_0}\, d\mu_0 = \frac{k+b_1^2}{b_1} \qquad . \qquad (12,12)$$

In gleicher Weise ließe sich eine Gleichung aufstellen auf Grund der Bedingung

$$\int\limits_{y=0}^{y=\infty} \left[\psi_{xy}\right]_{x=0}\, dy = \frac{k+b_2^2}{b_2} \; .$$

Diese Gleichung muß aber mit der vorherigen identisch werden, da beide Gleichungen nur aussagen, daß an den Rändern $y=b_1$ und $x=b_2$ die Funktion $\psi - \frac{1}{2}r^2 = k$ wird.

12.4 Lösung für den Streifen-T-Querschnitt, Bild 12.6 a

Auf den Querschnitt können wir sowohl die Einheitskreisfläche als auch die obere Hälfte der Einheitskreisfläche abbilden. Wir wählen den letzten Weg; die Abbildungsfunktion

$$z = g_0(z_0)$$

ist dann dieselbe wie beim Streifenkreuz. Die Randwerte für ψ_{xx} sind für diesen Fall in Bild 12.6 b dargestellt. Bilden wir die Funktion $(\psi_{xx} - 1)$, so erhalten wir die Randwerte nach Bild 12.10 a; auf dem Halbmesser EMA wird $\psi_{xx} - 1 = 0$. Ergänzen wir den Halbkreis zum Vollkreis, so müssen wir auf diesem die Randwerte nach Bild 12.10 b nehmen.

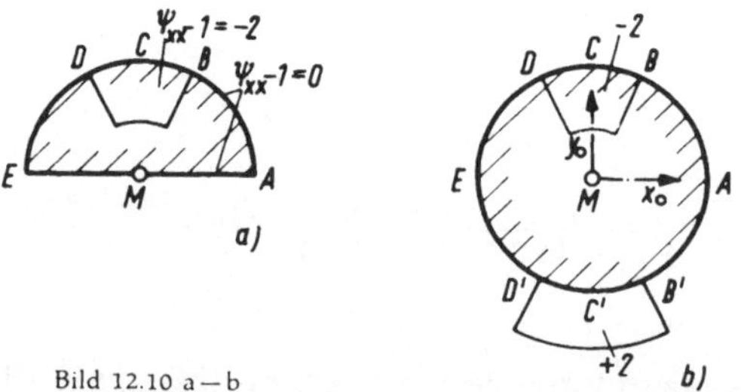

Bild 12.10 a—b

Die singulären Punkte B und D sind Pole; auch die Punkte F und H. Die Polfunktionen sind so zu wählen, daß $\psi_{xx} - 1$ symmetrisch zur y_0-

Achse und antimetrisch zur x_0-Achse wird. Wir erhalten den Ansatz für ψ_{xx} nach Zusammenfassung der einzelnen Glieder:

$$\psi_{xx} = 1 + \Im\left\{ \frac{2}{\pi}\, \ln \frac{z_0^2 - 2z_0\,\cos\mu_{oB} + 1}{z_0^2 + 2z_0\,\cos\mu_{oB} + 1} \right.$$

$$- 4\,c_2' \cdot \frac{(z_0 - 2z_0^3 - 2z_0^5 + z_0^7)\cos\mu_{oB} + (z_0^3 + z_0^5)\cos 3\mu_{oB}}{(1 - 2z_0^2\,\cos 2\mu_{oB} + z_0^4)^2} +$$

$$\left. + 4\,c_4' \cdot \frac{(z_0 + z_0^3)\cdot\sin\mu_{oB}}{1 - 2z_0^2\,\cos 2\mu_{oB} + z_0^4} \right\}$$

$$= 1 + \Im\left\{ f_1(z_0) + c_2'\, f_2(z_0) + c_4'\, f_3(z_0) \right\}.$$

Die Funktion ψ_{xy}, die wir wie im vorherigen Unterabschnitt benötigen werden, wird

$$\psi_{xy} = c + \Re\left\{ f_1(z_0) + c_2'\, f_2(z_0) + c_4'\, f_3(z_0) \right\}.$$

Für $x = y = 0$ und damit $x_0 = y_0 = 0$ wird $\psi_{xy} = c$.

Jetzt stellen wir die Bedingungen zur Bestimmung der drei Freiwerte c_2', c_4' und c auf. Die Funktion ψ nimmt auf der x-Achse die Werte $\psi = \frac{1}{2}x^2$, auf den Oberrändern des rechten und des linken Streifens die Werte $\psi = \frac{1}{2}b_1^2 + \frac{1}{2}x^2$ an. An den zwei Rändern des nach oben gerichteten Streifens wird $\psi = \frac{1}{2}b_2^2 + \frac{1}{2}y^2$. Auf der y-Achse wird infolgedessen $\psi_x = 0$ und damit im Koordinatenanfangspunkt $\psi_{xy} = 0$. Hieraus folgt, daß

$$c = 0 \tag{12,14}$$

zu setzen ist.

Weiter wird für große Werte x auf Grund der Randwerte

$$[\psi]_{x\to\infty} = \frac{1}{2}x^2 - \frac{1}{2}y^2 + b_1 y \;;$$

da kein Glied mit xy auftritt, erhalten wir die Bedingung

$$[\psi_{xy}]_{\substack{x\to\infty \\ y=0}} = 0 \;,$$

oder in z_0-Koordinaten:

$$[\psi_{xy}]_{z_0=1} = 0 \;.$$

Hieraus:

$$\frac{2}{\pi}\ln\frac{1-\cos\mu_{oB}}{1+\cos\mu_{oB}} + 2c_2'\,\frac{\cos\mu_{oB}}{\sin^2\mu_{oB}} + 4c_4'\,\frac{1}{\sin\mu_{oB}} = 0. \tag{12,15}$$

Mit Hilfe dieser Gleichung ersetzen wir den einen Koeffizienten durch den anderen.

Weiter ist für große Werte x auf der x-Achse:

$$[\psi_y]_{\substack{x \to \infty \\ y = 0}} = b_1 \quad ,$$

und für große Werte y auf der y-Achse:

$$[\psi_y]_{\substack{x = 0 \\ y \to \infty}} = 0.$$

Da ψ_y für den Koordinatennullpunkt, also $[\psi_y]_{\substack{x=0 \\ y=0}}$ unbekannt ist, erhalten wir:

$$[\psi_y]_{\substack{x \to \infty \\ y = 0}} = [\psi_y]_{\substack{x=0 \\ y=0}} + \int_{x=0}^{x \to \infty} [\psi_{xy}]_{y=0} \, dx = b_1$$

und

$$[\psi_y]_{\substack{x=0 \\ y \to \infty}} = [\psi_y]_{\substack{x=0 \\ y=0}} + \int_{y=0}^{y \to \infty} [-\psi_{xx}]_{x=0} \, dy = 0.$$

Nach Beseitigung von $[\psi_y]_{\substack{x=0 \\ y=0}}$ aus beiden Gleichungen folgt:

$$\int_{y=0}^{y \to \infty} [\psi_{xx}]_{x=0} \, dy + \int_{x=0}^{x \to \infty} [\psi_{xy}]_{y=0} \, dx = b_1 \, , \qquad (12,16)$$

oder in z_0-Koordinaten:

$$\int_{y_0=0}^{1} \left[\psi_{xx} \cdot \frac{dg_0}{dy_0}\right]_{x_0=0} dy_0 + \int_{x_0=0}^{1} \left[\psi_{xy} \cdot \frac{dg_0}{dx_0}\right]_{y_0=0} dx_0 = b_1 \quad (12,17)$$

Die Summe beider Integrale läßt sich formal durch ein Integral ausdrücken. Zur numerischen Auswertung ist aber die angegebene Gleichung zweckmäßiger.

Das Problem ist z. T. auf anderem Wege von S c h m i e d e n [7] behandelt worden, wobei auch die auftretenden Integrale ausgewertet sind. Hier kam es uns hauptsächlich auf einen systematischen Aufbau der Bedingungen zur Bestimmung der Koeffizienten an.

12.5 Bestimmung der Koeffizienten c_2 und c_4

Die Lösung von ψ_{xx} in z_0-Koordinaten bietet uns einen Weg, die Koeffizienten c_2' und c_4' zu bestimmen. Wie finden wir daraus die Koeffizienten c_2 und c_4, die uns das Verhalten von ψ_{xx} in den Innenecken geben? Von diesen beiden Koeffizienten ist von besonderer Wichtigkeit der Koeffizient c_2 , da das Unendlichwerden der Torsionsspannung von ihm abhängt; wir geben darum im weiteren nur an, wie man c_2 aus c_2' bestimmt.

Das Teilglied mit c_2 von ψ_{xx} in z'-Koordinaten mit der Innenecke B als Koordinatennullpunkt lautete:

$$\tfrac{2}{9}\, c_2 \cdot \operatorname{Im}\left\{\left(z'\right)^{-4/3}\right\} \ .$$

Das entsprechende Glied mit c_2' in z_0'-Koordinaten mit dem Bildpunkt von B als Koordinatennullpunkt war:

$$-c_2' \cdot \operatorname{Im}\left\{\left(z_0'\right)^{-2} - \left(z_0'\right)^{-1}\right\} \ .$$

Hiervon ist nur das erste Klammerglied von Belang.

Wir benötigen jetzt den Zusammenhang von z' mit z_0' für die Umgebung des Punktes B. Hierzu benutzen wir die Abbildungsfunktion

$$z = g_0(z_0) \ .$$

Ersetzen wir z durch z' und z_0 durch z_0' , so erhalten wir eine Beziehung

$$z' = g_0'(z_0') \ .$$

Hierbei wird $z' = 0$ für $z_0' = 0$.

Die Reihenentwicklung gibt:

$$z' = c \cdot \left(z_0'\right)^{3/2} + \ldots$$

oder

$$z_0' = c^{3/2} \left(z'\right)^{2/3} \ldots \ .$$

Man vergleiche hierzu die entsprechende Untersuchung im Abschnitt 10. Damit wird für die Umgebung des Punktes B:

$$-c_2' \cdot \operatorname{Im}\left\{\left(z_0'\right)^{-2} - \left(z_0'\right)^{-1}\right\} = -c_2' \cdot \operatorname{Im}\left\{\left[c^{3/2}\left(z'\right)^{2/3}\right]^{-2} - \ldots\right\}$$

$$= -c_2'\, c^{-3} \cdot \operatorname{Im}\left\{\left(z'\right)^{-4/3} \ldots\right\} \ .$$

Dieser Ausdruck muß mit $\tfrac{2}{9} c_2 \operatorname{Im}\left\{\left(z'\right)^{-4/3}\right\}$ übereinstimmen. Hieraus folgt:

$$c_2 = -\tfrac{9}{2}\, c_2'\, c^{-3} \ .$$

13 Allgemeine Lösung für ψ_{xx} bei geradlinig begrenzten Querschnitten

Sind die Ränder des Querschnittes parallel zur x - und zur y-Achse, so wird $[\psi_{xx}]_{Rd} = \pm 1$. Wir sahen im vorherigen Abschnitt 12, wie dann anstelle von ψ die Potentialfunktion $\frac{\partial^2\psi}{\partial x^2} = \psi_{xx}$ bestimmt werden kann. Nun werfen wir die Frage auf, ob auch für andere geradlinig begrenzte Querschnitte, deren Ränder aber nicht alle parallel zur x - und zur y-Achse sind, das Verfahren erweitert werden kann. Dieses Problem wurde erstmalig von E. Trefftz [8] aufgeworfen und gelöst. Beispiele hierzu finden sich in der Literatur.

Wir erläutern erst das Grundsätzliche der Methode, sodann die bei ihrer Anwendung auftretenden konformen Abbildungen der oberen Halbebene bzw. der Einheitskreisfläche auf geradlinige Polygonquerschnitte. Als Beispiel wird die Funktion ψ für einen Querschnitt berechnet, der durch ein regelmäßiges Fünfeck begrenzt ist.

13.1 Allgemeine Methode

Längs einer Geraden, Bild 13.1 a, mit der Koordinate t in Richtung der Geraden, wird

$$\frac{\partial^2\psi}{\partial t^2} = +1 \ .$$

Nun drücken wir $\frac{\partial^2\psi}{\partial t^2}$ durch Ableitungen nach x und y aus. Es ist

$$\frac{\partial\psi}{\partial t}\cdot dt = \frac{\partial\psi}{\partial x}\cdot dx + \frac{\partial\psi}{\partial y}\cdot dy = \psi_x\, dx + \psi_y\, dy \ .$$

Für den Rand ist

$$\frac{dx}{dt} = \cos\alpha \ , \quad \frac{dy}{dt} = \sin\alpha \ ;$$

folglich:

$$\frac{\partial\psi}{\partial t} = \psi_x\cos\alpha + \psi_y\sin\alpha \ .$$

Differenzieren wir nochmals nach t, so wird:

$$\left[\frac{\partial^2\psi}{\partial t^2}\right]_{Rd} = \frac{\partial}{\partial x}\left(\psi_x\cdot\cos\alpha + \psi_y\cdot\sin\alpha\right)\cdot\cos\alpha +$$

$$+ \frac{\partial}{\partial y}\left(\psi_x\cdot\cos\alpha + \psi_y\cdot\sin\alpha\right)\cdot\sin\alpha \equiv$$

$$\equiv \psi_{xx}\cdot\cos^2\alpha + 2\,\psi_{xy}\sin\alpha\cos\alpha + \psi_{yy}\cdot\sin^2\alpha \ .$$

Nun setzen wir $\psi_{yy} = -\psi_{xx}$ und erhalten:

$$\psi_{xx} \cdot \cos 2\alpha + \psi_{xy} \cdot \sin 2\alpha = 1.$$

Betrachten wir ψ_{xx} als Realteil einer analytischen Funktion $\left(-if_{zz}\right)$, so wird ψ_{xy} der Imaginärteil von $\left(+if_{zz}\right)$:

$$\psi_{xx} = -\mathfrak{Re}\left\{i f_{zz}\right\},$$
$$\psi_{xy} = +\mathfrak{Im}\left\{i f_{zz}\right\}.$$

Wir tragen in einer z_1-Ebene ψ_{xx} und ψ_{xy} ab, so daß

$$x_1 = -\psi_{xx} = \mathfrak{Re}\left\{i f_{zz}\right\},$$
$$y_1 = +\psi_{xy} = \mathfrak{Im}\left\{i f_{zz}\right\}$$

und

$$z_1 = i f_{zz}$$

wird. Hierin sind $\varphi + i\psi = f(z)$ und $i f_{zz} = i \cdot \dfrac{d^2 f}{dz^2}$ analytische Funktionen von z .

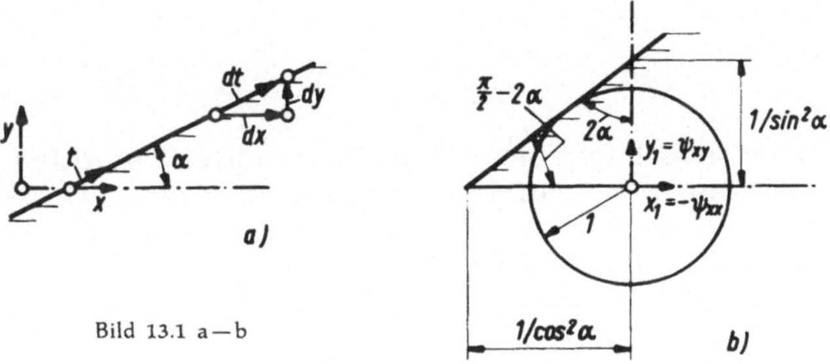

Bild 13.1 a—b

Wir sehen hieraus, daß die z-Ebene durch die Abbildungsfunktion

$$z_1 = -\psi_{xx} + i\psi_{xy} = i \cdot \frac{d^2 f(z)}{dz^2}$$

konform auf die z_1-Ebene abgebildet wird.

Die Randgerade mit dem Steigungswinkel α geht bei der Abbildung über in die Gerade:

$$-x_1 \cos 2\alpha + y_1 \sin 2\alpha = 1.$$

In Bild 13.1 b ist diese Gerade dargestellt. Sie tangiert den Kreis mit $r_1 = 1$ und hat den Steigungswinkel $\alpha_1 = \frac{\pi}{2} - 2\alpha$.

Drehen wir den Querschnitt um einen beliebigen Winkel, so dreht sich die konforme Abbildung um den doppelten Winkel in entgcgengesetztem Sinne.

<u>Beispiel</u>

Wir nehmen als Querschnitt das gleichseitige Dreieck nach Bild 13.2 a. Für dieses ist:

$$\psi = -\frac{1}{6a}\left(x^3 - 3xy^2\right) + \frac{2}{3}a^2 \; ,$$

so daß $\psi - \frac{1}{2}(x^2 + y^2) = 0$ die Randgeraden ergibt.

Dann wird:

$$x_1 = -\psi_{xx} = +\frac{x}{a} \; ,$$
$$y_1 = +\psi_{xy} = +\frac{y}{a} \; .$$

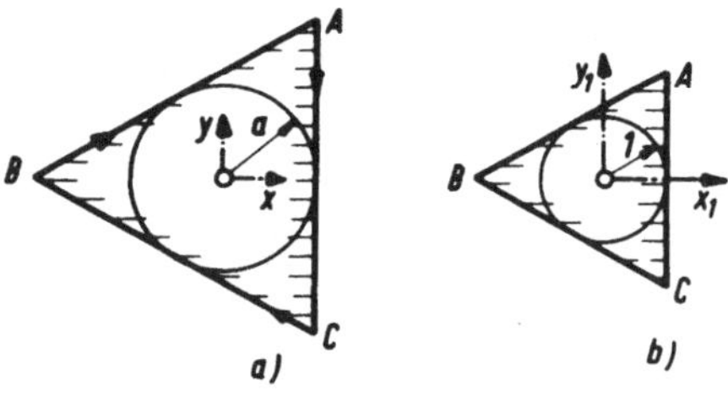

Bild 13.2 a—b

Die konforme Abbildung ist ebenfalls ein gleichseitiges Dreieck mit dem eingeschriebenen Kreis vom Halbmesser eins. Die Winkelbeziehungen sind:

Seite BA: $\quad \alpha = \frac{\pi}{6} \quad , \quad \alpha_1 = \frac{\pi}{2} - 2\cdot\frac{\pi}{6} = -\frac{\pi}{6} \; ;$

Seite AC: $\quad \alpha = -\frac{\pi}{2} \quad , \quad \alpha_1 = \frac{\pi}{2} + 2\cdot\frac{\pi}{2} = +\frac{3\pi}{2} \quad \left(gleichwertig - \frac{\pi}{2}\right) ;$

Seite CB: $\quad \alpha = \frac{5\pi}{6} \quad , \quad \alpha_1 = \frac{\pi}{2} - 2\cdot\frac{5\pi}{6} = -\frac{7\pi}{6} \quad \left(\quad " \quad + \frac{5\pi}{6}\right) .$

Bei einer Drehung des Querschnittes um $\frac{\pi}{3}$ geht A in B, B in C, C in A über; die konforme Abbildung dreht sich hierbei um $-2\cdot\frac{\pi}{3}$, so daß auch die Ecken in der z_1-Ebene in gleicher Weise ihre Plätze tauschen.

Nun lassen wir aus dem gleichseitigen Dreieck ein gleichschenkliges Dreieck entstehen, indem wir CA unverändert lassen und den Winkel bei A bis $\frac{\pi}{2}$ und darüber hinaus vergrößern. Das Ergebnis ist in den Bildern 13.3 a, 13.3 b, 13.3 c und 13.3 d dargestellt, und zwar oben die Querschnitte und darunter die konformen Abbildungen in der z_1-Ebene.

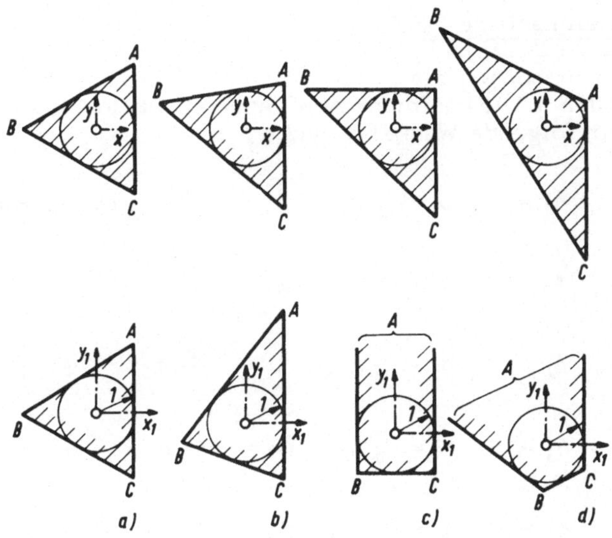

Bild 13.3 a—d

Das Ergebnis des Bildes 13. 3 d könnte sonderbar erscheinen. Um es zu erklären, nehmen wir einen Ausschnitt der Ebene mit $\frac{\pi}{2} \leqq 2\alpha \leqq \pi$ nach Bild 13. 4 a mit der Ecke A und bilden für diesen ψ_{xx} . Für ψ erhalten wir eine Reihe, von der wir nur das Glied mit der kleinsten Potenz hinschreiben:

$$\psi = r^{\pi/2\alpha} \cdot \cos\frac{\pi}{2\alpha}\,\mu + \ldots = \mathfrak{Re}\left\{z^{\pi/2\alpha}\right\} + \ldots \; .$$

Hieraus:

$$\psi_{xx} = \frac{\pi}{2\alpha} \cdot \left(\frac{\pi}{2\alpha} - 1\right) \cdot \mathfrak{Re}\left\{z^{\left(\frac{\pi}{2\alpha} - 2\right)}\right\} + \ldots \; .$$

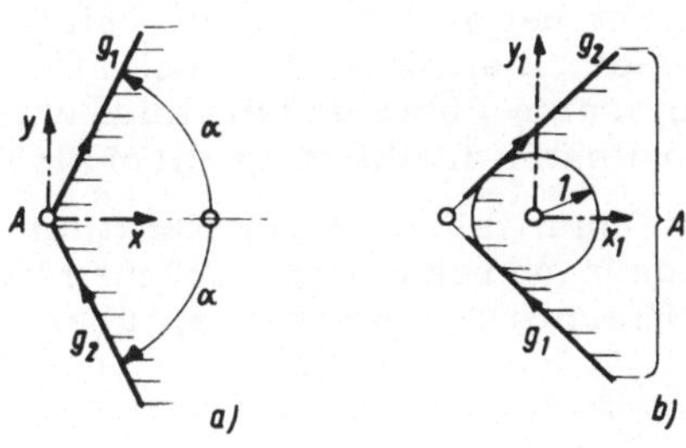

Bild 13.4 a—b

Die Potenz von r wird negativ; für $r \to 0$ geht daher $\psi_{xx} \to \infty$. Bild 13. 4 b zeigt die Funktion $z_1 = -\psi_{xx} + i\,\psi_{xy}$ für die Umgebung von A. Das Ergebnis entspricht dem Bild 13. 3 d.

Nun untersuchen wir als zweites Beispiel ein regelmäßiges Fünfeck nach Bild 13. 5 a. Die konforme Abbildung ist in Bild 13. 5 b dargestellt. Wir erhalten folgende Winkel α und α_1 :

Gerade g_1, $A_2 A_1$, $\alpha = -\frac{1}{10}\pi$, $\alpha_1 = \frac{7}{10}\pi$ $\left(\text{gleichwertig}\ \frac{7}{10}\pi\right)$,

Gerade g_2, $A_3 A_2$, $\alpha = \frac{3}{10}\pi$, $\alpha_1 = -\frac{1}{10}\pi$ $\left(\quad "\quad +\frac{19}{10}\pi\right)$,

Gerade g_3, $A_4 A_3$, $\alpha = \frac{7}{10}\pi$, $\alpha_1 = -\frac{9}{10}\pi$ $\left(\quad "\quad +\frac{11}{10}\pi\right)$,

Gerade g_4, $A_5 A_4$, $\alpha = \frac{11}{10}\pi$, $\alpha_1 = -\frac{17}{10}\pi$ $\left(\quad "\quad +\frac{3}{10}\pi\right)$,

Gerade g_5, $A_1 A_5$, $\alpha = \frac{15}{10}\pi$, $\alpha_1 = -\frac{25}{10}\pi$ $\left(\quad "\quad +\frac{15}{10}\pi\right)$.

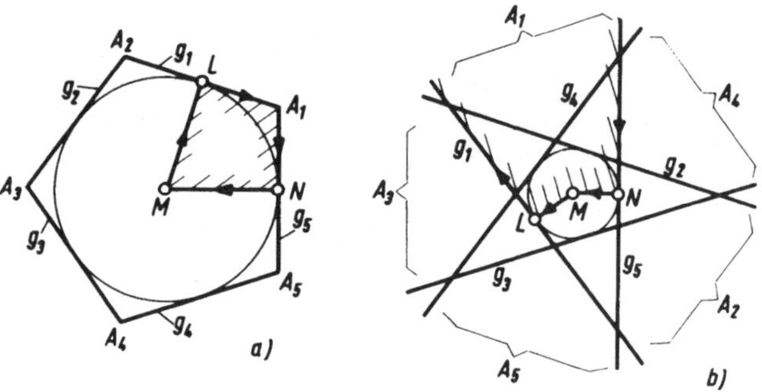

Bild 13.5 a — b

Der Winkel LMN ist beim Querschnitt gleich $\frac{2\pi}{5}$, bei der Abbildung hingegen $\frac{6\pi}{5}$. Geht man beim Fünfeck einmal um M herum, so geht man in der konformen Abbildung dreimal um den Punkt M; z ist also in den z_1-Koordinaten dreiblättrig mit M als Verzweigungspunkt.

Wir können nicht unmittelbar z als Funktion von z_1 oder umgekehrt angeben, sondern werden beide Flächen konform auf den Einheitskreis abbilden. Hiermit erhalten wir z_1 über z_0 als Funktion von z und umgekehrt.

13. 3 <u>Konforme Abbildung der Halbebene und des Einheitskreises auf ein Vieleck</u>

Zum Verständnis bilden wir erst die obere Halbebene nach Bild 13. 6 a durch Inversion auf die Einheitskreisfläche, Bild 13. 6 b, ab.

Die Abbildungsfunktion lautet:

$$z_0' = \frac{1}{z_h'}$$

oder

$$z_0 - i = \frac{1}{z_h + i/2} \quad . \tag{13,1}$$

Nun tragen wir in Bild 13.6 a die Winkel α ab, um die sich die Rand-
elemente des Einheitskreises bei der Abbildung drehen. Der Drehwinkel für Punkt B ist gleich Null, für Punkt C gleich $\frac{\pi}{2}$, für Punkt U_r
gleich π ; ebenso für Punkt A gleich $-\frac{\pi}{2}$, für Punkt U_l gleich $-\pi$.

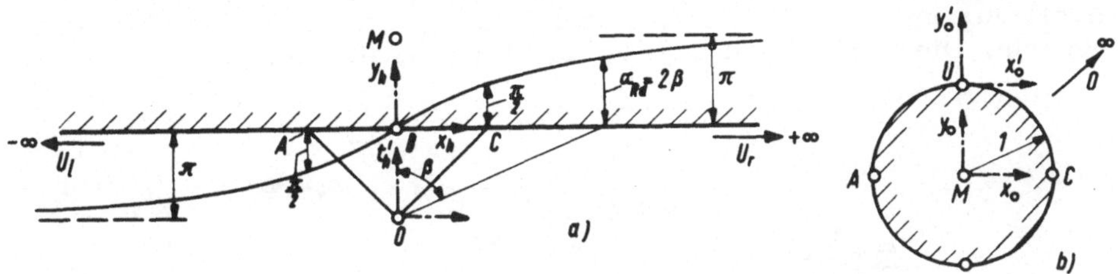

Bild 13.6 a—b

Die Bildpunkte U_r und U_l geben beim Einheitskreis denselben Punkt
U. Die Drehung wird bei der Abbildung, siehe Gleichung (II, 24) des
Anhanges II:

$$\alpha = \Im\left\{\ln\frac{dz_0}{dz_h}\right\} = \Im\left\{\ln\left[-\frac{1}{(z_h + i/2)^2}\right]\right\} =$$

$$= \Im\left\{\ln(-1) - 2\cdot\ln(z_h + i/2)\right\} = \pi - 2\cdot\Im\left\{\ln(z_h + i/2)\right\} \quad .$$

Für die Punkte der x_h -Achse wird:

$$\Im\left\{\ln\left(z_h + \frac{i}{2}\right)\right\} = \text{arctg}\,\frac{1}{2x_h} \quad .$$

Damit erhalten wir

$$\alpha_{Rd} = \pi - 2\,\text{arctg}\,\frac{1}{2x_h} = 2\left(\frac{\pi}{2} - \text{arctg}\,\frac{1}{2x_h}\right) = 2\beta \quad .$$

Der Winkel $\alpha_{Rd} = \pi - 2\,\text{arctg}\,\frac{1}{2x_h}$ ist in Bild 13.6 a über x_h eingetragen; es ist der doppelte Winkel zwischen der y_h' -Achse und der Linie
vom Inversionspunkt 0 zu dem betreffenden Randpunkt. Die für A, B,
C und U gefundenen Werte stimmen mit den Werten der Gleichung für
α_{Rd} überein.

Nun bilden wir die obere Halbebene mit $y_h > 0$ auf das Innere eines Vieleckes ab. Die Halbebene ist in Bild 13.7 a, das Vieleck in Bild 13.7 b dargestellt. Ein Randpunkt U des Vieleckes wird zum unendlich fernen Punkt. Dann folgen die Eckpunkte $A_1, A_2, \ldots, A_{n-1}, A_n, A_{n+1}, \ldots, A_N$. Der Winkel zwischen der Seite $A_{n-1} A_n$ und der x - Achse der Ebene des Vieleckes ist gleich α_n, zwischen der Seite $A_n A_{n+1}$ und der x -Achse gleich α_{n+1}. Der Winkel ändert sich sprunghaft im Punkt A_n um den Betrag

$$\Delta \alpha_n = \alpha_{n+1} - \alpha_n \ .$$

Um diese Winkel werden die entsprechenden Geradenstücke der z_h -Ebene bei der Abbildung gedreht. Die Punkte $U, A_1, A_2, \ldots, A_n, \ldots A_N$ haben auf dem Rande der Halbebene die Koordinaten $-\infty, \xi_1, \xi_2, \ldots, \xi_n, \ldots, \xi_N$. Das Stück der Randgeraden $U A_1$ wird bei der Abbildung um den Winkel α_0, das Stück $A_N U$ um den Winkel $\alpha_0 + 2\pi$ gedreht. Die Winkel sind in Bild 13.7 b eingezeichnet.

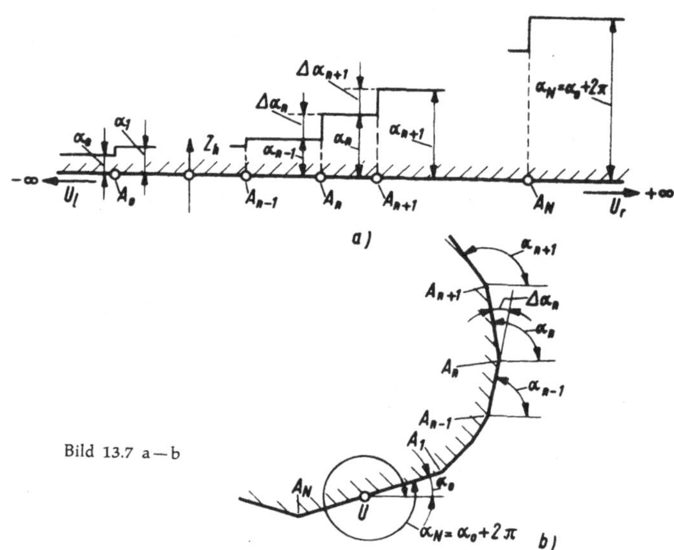

Bild 13.7 a—b

Nun tragen wir die Winkel $\alpha_0, \alpha_1 \ldots, \alpha_n, \ldots, \alpha_N$ über der x_h -Achse auf und erhalten einen stufenförmigen Verlauf.

Gesucht wird die Abbildungsfunktion

$$z = f_h (z_h) \ .$$

Bilden wir $\ln \frac{dz}{dz_h}$, so erhalten wir wieder eine analytische Funktion von z_h. Ihr Imaginärteil $\operatorname{Im}\left\{\ln \frac{dz}{dz_h}\right\}$ ist eine Potentialfunktion. Nun ist $\alpha = \operatorname{Im}\left\{\ln \frac{dz}{dz_h}\right\}$ der Winkel, um den sich jedes Linienelement dz_h bei der Abbildung dreht. Wir kennen also die Randwerte dieser Potentialfunktion und werden hieraus die Potentialfunktion und hieraus $\frac{dz}{dz_h}$ bestimmen.

130

Ist $\alpha = \alpha_0$ von $z_h = -\infty$ bis $z_h = \mathfrak{Z}_1$, auf dem weiteren Rande jedoch gleich Null, so wird:

$$\alpha = \mathfrak{Im}\left\{\frac{\alpha_0}{\pi}\,ln\left(z_h - \mathfrak{Z}_1\right)\right\} = \mathfrak{Im}\left\{ln\left(z_h - \mathfrak{Z}_1\right)^{\alpha_0/\pi}\right\}.$$

Ist $\alpha = \alpha_n$ von $z_h = \mathfrak{Z}_n$ bis $z_h = \mathfrak{Z}_{n+1}$, auf dem weiteren Rande wieder gleich Null, so wird:

$$\alpha = \mathfrak{Im}\left\{\frac{\alpha_n}{\pi}\cdot ln\,\frac{z_h - \mathfrak{Z}_{n+1}}{z_h - \mathfrak{Z}_n}\right\} \equiv \mathfrak{Im}\left\{ln\left(z_h - \mathfrak{Z}_{n+1}\right)^{\alpha_n/\pi} - ln\left(z_h - \mathfrak{Z}_n\right)^{\alpha_n/\pi}\right\}.$$

Für $\alpha = \alpha_N = \alpha_0 + 2\pi$ von $z_h = \mathfrak{Z}_N$ bis $z_h = +\infty$ erhalten wir:

$$\alpha = \alpha_0 + 2\pi - \mathfrak{Im}\left\{ln\left(z_h - \mathfrak{Z}_N\right)^{(\alpha_0 + 2\pi)/\pi}\right\}.$$

Für den stufenförmigen Verlauf der Randwerte wird:

$$\alpha = \mathfrak{Im}\left\{ln\left(z_h - \mathfrak{Z}_1\right)^{\alpha_0/\pi}\right\} +$$

$$+\ \mathfrak{Im}\left\{ln\left(z_h - \mathfrak{Z}_2\right)^{\alpha_1/\pi} - ln\left(z_h - \mathfrak{Z}_1\right)^{\alpha_1/\pi}\right\} +$$

$$+\ -\ -\ -\ -\ -\ -\ -\ -\ -\ -\ -\ -\ -\ -\ +$$

$$+\ \mathfrak{Im}\left\{ln\left(z_h - \mathfrak{Z}_n\right)^{\alpha_{n-1}/\pi} - ln\left(z_h - \mathfrak{Z}_{n-1}\right)^{\alpha_{n-1}/\pi}\right\} +$$

$$+\ \mathfrak{Im}\left\{ln\left(z_h - \mathfrak{Z}_{n+1}\right)^{\alpha_n/\pi} - ln\left(z_h - \mathfrak{Z}_n\right)^{\alpha_n/\pi}\right\} +$$

$$+\ -\ -\ -\ -\ -\ -\ -\ -\ -\ -\ -\ -\ -\ +$$

$$+\left(\alpha_0 + 2\pi\right) - \mathfrak{Im}\left\{ln\left(z_h - \mathfrak{Z}_N\right)^{(\alpha_0 + 2\pi)/\pi}\right\}.$$

Die beiden Glieder mit $ln\left(z_h - \mathfrak{Z}_n\right)$ geben:

$$\mathfrak{Im}\left\{ln\left(z_h - \mathfrak{Z}_n\right)^{\alpha_{n-1}/\pi} - ln\left(z_h - \mathfrak{Z}_n\right)^{\alpha_n/\pi}\right\} =$$

$$= \mathfrak{Im}\left\{ln\left(z_h - \mathfrak{Z}_n\right)^{-(\alpha_n - \alpha_{n-1})/\pi}\right\} =$$

$$= \mathfrak{Im}\left\{ln\left(z_h - \mathfrak{Z}_n\right)^{-\Delta\alpha_n/\pi}\right\}.$$

Damit wird:

$$\alpha = \Im\left\{ i\left(\alpha_0 + 2\pi\right) + \sum_{n=1}^{N} \ln\left(z_h - \xi_n\right)^{-\Delta\alpha_n/\pi} \right\} =$$

$$= \Im\left\{ \ln\left[e^{i(\alpha_0 + 2\pi)} \cdot \prod_{n=1}^{N} \left(z_h - \xi_n\right)^{-\Delta\alpha_n/\pi} \right] \right\} .$$

Da $\alpha = \Im\left\{ \ln \dfrac{dz}{dz_h} \right\}$ ist, so folgt:

$$\ln \frac{dz}{dz_h} = \ln c + \ln\left[e^{i(\alpha_0 + 2\pi)} \cdot \prod_{n=1}^{N}\left(z_h - \xi_n\right)^{-\Delta\alpha_n/\pi} \right] .$$

Die reelle Konstante $\ln c$ ist hinzuzufügen, da ihr Imaginärteil gleich Null ist.

Weiter wird

$$\frac{dz}{dz_h} = \frac{c\, e^{i(\alpha_0 + 2\pi)}}{\prod_{n=1}^{N}\left(z_h - \xi_n\right)^{\Delta\alpha_n/\pi}} = \frac{C}{\left(z_h - \xi_1\right)^{\Delta\alpha_1/\pi}\ldots\ldots\left(z_h - \xi_N\right)^{\Delta\alpha_n/\pi}} .$$

Für große Werte z_h wird $\dfrac{dz}{dz_h} \longrightarrow \dfrac{C}{z_h^{\Sigma\Delta\alpha_n/\pi}} = \dfrac{C}{z_h^2}$.

Die komplexe Konstante $C = c\, e^{i(\alpha_0 + 2\pi)}$ folgt aus den Abmessungen des Vieleckes und dem Drehwinkel α_0 der Seite, auf der wir den Punkt U gewählt haben.

Mit dieser Abbildungsfunktion erhalten wir ein Vieleck mit den gewünschten Eckwinkeln. Die Werte ξ_n und die Konstante C sind durch die Seitenlängen bestimmt, können jedoch für Sonderfälle formelmäßig angegeben werden.

Nun bilden wir die Halbebene auf eine Einheitskreisfläche ab durch die Abbildungsfunktion nach Gleichung (13, 1); aus dieser folgt:

$$z_h = \frac{1}{z_0 - i} - \frac{i}{2} .$$

Hieraus:

$$\frac{dz_h}{dz_0} = - \frac{1}{\left(z_0 - i\right)^2} .$$

So ergibt sich:

$$\frac{dz}{dz_0} = \frac{dz}{dz_h} \cdot \frac{dz_h}{dz_0} = - \frac{1}{\left(z_0 - i\right)^2} \cdot \frac{C}{\prod_{n=1}^{N}\left(\dfrac{1}{z_0 - i} - \dfrac{i}{2} - \xi_n\right)^{\Delta\alpha_n/\pi}}$$

132

und, da $\sum_{n=1}^{N} \Delta \alpha_{n/\pi} = 2$ ist:

$$\frac{dz}{dz_0} = - \frac{C}{\prod\limits_{n=1}^{N} \left[1 - \left(\frac{i}{2} + \zeta_n\right)\left(z_0 - i\right)\right]^{\Delta \alpha_n/\pi}} \;.$$

Der Nenner ist bis auf einen Faktor:

$$\prod_{n=1}^{N} \left(\zeta_{0,n} - z_0\right)^{\Delta \alpha_n/\pi} \;,$$

worin ζ_{0n} die Koordinaten der Eckpunkte im Einheitskreis sind. Wir erhalten damit die "Schwarz-Christoffel' sche Abbildungsformel":

$$\frac{dz}{dz_0} = - \frac{C_0}{\prod\limits_{n=1}^{N} \left(\zeta_{0,n} - z_0\right)^{\Delta \alpha_n/\pi}} \;.$$

Wir haben die konstanten komplexen Faktoren zu einer Konstanten C_0 zusammengefaßt.

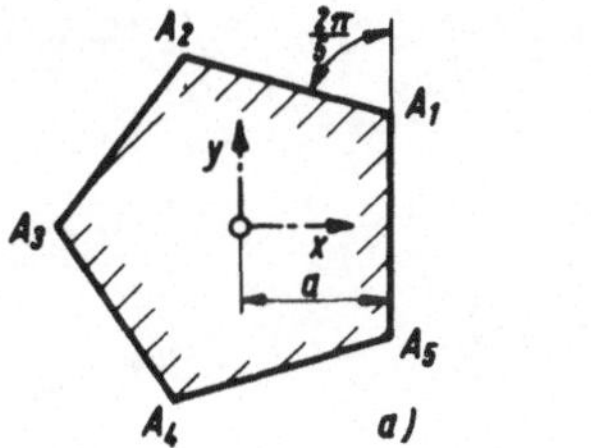

Bild 13.8 a—b

Als Beispiel nehmen wir ein regelmäßiges Fünfeck nach Bild 13. 8 a und den Einheitskreis nach Bild 13. 8 b. Die Bildpunkte der Ecken A_1, A_2 ... haben die Koordinaten $\zeta_{0,1} = e^{i\pi/5}$, $\zeta_{0,2} = e^{3i\pi/5}$ usw. Wir finden sie auch als Wurzeln der Gleichung:

$$z_0^5 = -1 \;.$$

Die Gleichung, durch ihre Wurzeln dargestellt, lautet:

$$-\left(\zeta_{0,1} - z_0\right) \cdot \left(\zeta_{0,2} - z_0\right) \cdots \left(\zeta_{0,5} - z_0\right) = 0 \;,$$

hieraus

$$-\prod_{n=1}^{5} \left(\zeta_{0,n} - z_0\right) \equiv 1 + z_0^5 = 0 \;.$$

Damit wird mit $\Delta \alpha_n = 2\pi/5$:

$$\frac{dz}{dz_0} = \frac{C_0}{\left(1 + z_0\right)^{2/5}} \quad \text{und} \quad z = C_0 \cdot \int \frac{dz_0}{\left(1 + z_0\right)^{2/5}} \;.$$

133

Bei einer sternförmigen Fläche nach Bild 13. 9, bei der das Mittelstück zweimal überdeckt ist, wird $\Delta\alpha_n = 4\pi/5$. In Bild 13. 9 ist die Fläche $A_1 LMNA_1$ durch Schraffur hervorgehoben; man sieht daraus, daß durch Aneinanderfügen von fünf derartigen Flächenstücken die Umgebung von M zweimal überdeckt ist. Bildet man diese Fläche auf die Halbebene ab, so wird $\sum\Delta\alpha_n = 4\pi$. Der Punkt M hat die Koordinaten $z_{h,M} = \frac{1}{2}i$; für die Umgebung dieses Punktes muß wegen der doppelten Überdeckung $z = c\left(z_h - \frac{1}{2}i\right)^2$

und daher

$$\frac{dz}{dz_h} = 2c\left(z_h - \frac{1}{2}i\right)$$

sein.

Diesen Faktor fügen wir zu $\frac{dz}{dz_h}$ hinzu. Dann wird zu $\Im\left\{\ln\frac{dz}{dz_h}\right\}$ das Glied $\Im\left\{\ln\left(z_h - \frac{1}{2}i\right)\right\}$ hinzugefügt. Damit auf der x -Achse das zugefügte Glied keinen Einfluß hat, müssen wir ein weiteres Glied hinzufügen, das in Verbindung mit dem gefundenen Werte Null gibt. Die beiden Glieder lauten zusammen

$$\Im\left\{\ln\left(z_h - \frac{1}{2}i\right) + \ln\left(z_h + \frac{1}{2}i\right)\right\} = \Im\left\{\ln\left(z_h^2 + \frac{1}{4}\right)\right\} \ .$$

Wir erhalten:

$$\frac{dz}{dz_h} = \frac{C_0\left(z_h - \frac{1}{2}i\right)\left(z_h + \frac{1}{2}i\right)}{\prod\limits_{n=1}^{5}\left(z_h - \zeta_n\right)^{\Delta\alpha_n/\pi}}$$

mit

$$\Delta\alpha_{n/\pi} = 4/5 \ .$$

Jetzt wird auch für $z_h \to \infty$ wie früher:

$$\frac{dz}{dz_h} = \frac{C_0}{z_h^2} \ .$$

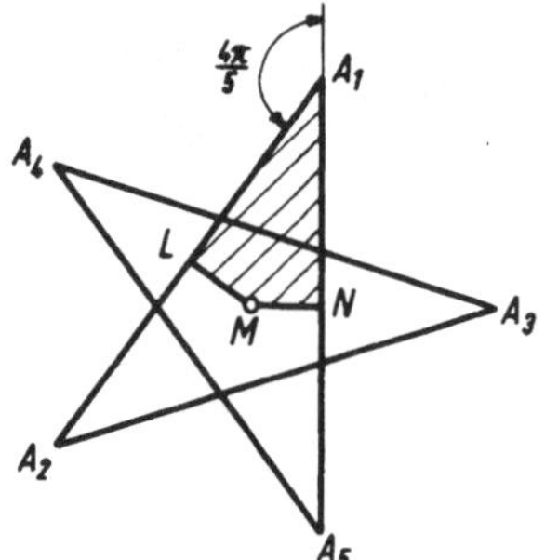

Bild 13.9

Nun bilden wir den Einheitskreis wieder auf die Halbebene ab:

$$z_h = \frac{1}{z_0 - i} - \frac{i}{2} \ ,$$

$$\frac{dz_h}{dz_0} = -\frac{1}{(z_0 - i)^2} \ ,$$

$$z_h + \frac{1}{2}i = \frac{1}{z_0 - i} \ ,$$

$$z_h - \frac{1}{2}i = \frac{1}{z_0 - i} - i = \frac{-i z_0}{z_0 - i} \ .$$

Hiermit wird mit einer neuen Konstanten C'_0 :

$$\frac{dz}{dz_0} = \frac{C'_0\, z_0}{\prod\limits_{n=1}^{5}\left(\zeta_{0,n} - z_0\right)^{\Delta\alpha_n/\pi}} \quad \text{mit} \quad \sum \Delta\alpha_n = 4\pi .$$

Ist die sternförmige Fläche im Mittelstück dreimal überdeckt, wie bei der Fläche nach Bild 13. 5 b, so wird ebenso:

$$\frac{dz}{dz_0} = \frac{C''_0 \cdot z_0^2}{\prod\limits_{n}\left(\zeta_{0,n} - z_0\right)^{\Delta\alpha_n/\pi}} \quad \text{mit} \quad \sum_n \Delta\alpha_n = 6\pi .$$

13. 4 Lösung für das regelmäßige Fünfeck

Die hierzu notwendigen konformen Abbildungen haben wir gefunden. Für die Fläche des Fünfeckes mit den Koordinaten z wird:

$$\frac{dz}{dz_0} = \frac{C_0}{\left(1 + z_0^5\right)^{2/5}} \quad ,$$

oder als Potenzreihe:

$$\frac{dz}{dz_0} = C_0 \cdot \left[1 - \frac{2}{5} z_0^5 + \frac{2\cdot 7}{5\cdot 10}\, z_0^{10} - + \ldots\ldots\right] .$$

Hieraus:

$$z = C_0 \cdot \left[z_0 - \frac{1}{6}\cdot\frac{2}{5}\, z_0^6 + \frac{1}{11}\cdot\frac{2\cdot 7}{5\cdot 10}\cdot z_0^{11} - + \ldots\ldots\right] .$$

Für $z_0 = 1$ wird $z = a$; hieraus:

$$a = C_0 \cdot \left[1 - \frac{1}{6}\cdot\frac{2}{5} + \frac{1}{11}\cdot\frac{2\cdot 7}{5\cdot 10} - + \ldots\ldots\right] ,$$

und

$$C_0 = 1{,}050 \cdot a .$$

Für $z_1 = -\psi_{xx} + i\cdot\psi_{xy}$ wird:

$$\frac{dz_1}{dz_0} = \frac{C''_0 \cdot z_0^2}{\left(1 + z_0^5\right)^{6/5}} \quad ;$$

wieder als Reihe:

$$\frac{dz_1}{dz_0} = C''_0 \cdot \left[z_0^2 - \frac{6}{5}\cdot z_0^7 + \frac{6\cdot 11}{5\cdot 10}\cdot z_0^{12} - + \ldots\ldots\right] ,$$

und

$$z_1 = C''_0 \cdot \left[\frac{1}{3} z_0^3 - \frac{1}{8}\cdot\frac{6}{5}\cdot z_0^8 + \frac{1}{13}\cdot\frac{6\cdot 11}{5\cdot 10}\cdot z_0^{12} - + \ldots\ldots\right] .$$

Für $z_0 = 1$ wird $z_1 = 1$ und

$$1 = C_0'' \left[\frac{1}{3} - \frac{1}{8} \cdot \frac{6}{5} + \frac{1}{13} \cdot \frac{6 \cdot 11}{5 \cdot 10} - + \ldots \right] = 0,2412 \, C_0'' .$$

Hieraus:

$$C_0'' = 4,14 \quad .$$

Wir erhalten:

$$\frac{z}{a} = 1,050 \left[z_0 - \frac{1}{6} \cdot \frac{2}{5} z_0^6 + \frac{1}{11} \cdot \frac{2 \cdot 7}{5 \cdot 10} \cdot z_0^{11} - + \ldots \right]$$

und

$$z_1 = -\psi_{xx} + i \cdot \psi_{xy} = 4,14 \left[\frac{1}{3} z_0^3 - \frac{1}{8} \cdot \frac{6}{5} \cdot z_0^8 + \frac{1}{13} \cdot \frac{6 \cdot 11}{5 \cdot 10} \cdot z_0^{13} - + \ldots \right].$$

Nun drücken wir z_1 durch z/a aus und setzen, da wir später ψ finden wollen,

$$\psi - i \varphi = a^2 \cdot \left[a_0 + a_5 \left(z/a \right)^5 + a_{10} \cdot \left(z/a \right)^{10} + \ldots \right] .$$

Mit diesem Ansatz ist ψ symmetrisch zur x-Achse und weist die fünf vorhandenen Symmetrieachsen auf.

Dann wird durch zweimalige Differentation nach x bzw. z :

$$z_1 = -\psi_{xx} + i \psi_{xy} = -4 \cdot 5 \cdot a_5 \left(z/a \right)^3 - 9 \cdot 10 \cdot a_{10} \left(z/a \right)^8 - \ldots \quad .$$

Setzen wir den Reihenausdruck für z/a ein, so erhalten wir

$$z_1 = -4 \cdot 5 \cdot a_5 \cdot 1,05^3 \left[z_0 - \frac{1}{6} \cdot \frac{2}{5} \cdot z_0^6 + - \ldots \right]^3 -$$

$$- 9 \cdot 10 \cdot a_{10} \cdot 1,05^8 \left[z_0 - \frac{1}{6} \cdot \frac{2}{5} \cdot z_0^6 + - \ldots \right]^8 - \ldots \quad .$$

Durch Vergleich mit der Reihe für z_1 bekommen wir:

$$4,14 \cdot \frac{1}{3} = -4 \cdot 5 \cdot a_5 \cdot 1,05^3 ,$$

$$-4,14 \cdot \frac{1}{8} \cdot \frac{6}{5} = -9 \cdot 10 \cdot a_{10} \cdot 1,05^8 + 4 \cdot 5 \cdot a_5 \cdot 1,05^3 \cdot 3 \cdot \frac{1}{6} \cdot \frac{2}{5}$$

usw. Hieraus:

$$a_5 = -0,059 ,$$

$$a_{10} = +0,0026 .$$

Nun können wir ψ angeben:

$$\psi = \mathfrak{Re}\left\{ a^2\left[a_0 - 0{,}059\left(z/a\right)^5 + 0{,}0026\left(z/a\right)^{10} - \cdots\right]\right\}.$$

Den Wert a_0 bestimmen wir aus der Bedingung, daß für

$$\mu = 0, \quad r = a, \quad \psi - \tfrac{1}{2}r^2 = 0$$

wird.

Hieraus:

$$a_0 = 0{,}5 + 0{,}059 - 0{,}0026 = 0{,}556.$$

Und wir erhalten die Lösung:

$$\psi = a^2\left[0{,}556 - 0{,}059\left(\tfrac{r}{a}\right)^5\cos 5\mu + 0{,}026\left(\tfrac{r}{a}\right)^{10}\cos 10\mu - \cdots\right].$$

14 Spiegelungsmethode,
einfachstes Beispiel: Kreisquerschnitt mit exzentrischem Kreisloch

14.1 Spiegelungsmethode

In der Physik wird die Spiegelungsmethode häufig angewendet bei
Problemen mit zweidimensionalen Gebieten, die durch Kreise oder
Kreisbögen einschließlich Geraden begrenzt sind. Läßt sich diese Methode nicht auch für Torsionsprobleme verwenden bei Querschnitten,
die durch Kreise und Kreisbögen berandet sind? Dabei entsteht sofort
die Frage: W a s soll man dabei spiegeln?

In diesem Abschnitt wird zunächst der einfachste Fall behandelt:
der Kreisquerschnitt mit exzentrischem Kreisloch. Erst wird eine zu
spiegelnde Singularität geschaffen; hierdurch finden wir die analytische
Fortsetzung der Potentialfunktion ψ und eine neue Lösung für diesen
Querschnitt. Weiter wird die Übereinstimmung mit der früheren Lösung des Abschnittes 8 gezeigt.

14.2 Spiegelungen von Polfunktionen an Kreisen oder Kreisbögen

Wir nehmen, Bild 14.1, den Kreis

$$x^2 + y^2 = r_a^2$$

und für dasselbe Koordinatensystem eine Polfunktion erster Ordnung
mit dem Pol $x = c > r_a$, $y = 0$. Die Polfunktion lautet mit reellen Konstanten a und b :

$$\psi = \operatorname{Im}\left\{ \frac{a+ib}{z-c} \right\} = \operatorname{Re}\left\{ \frac{-ia+b}{z-c} \right\} . \tag{14,1}$$

Auf dem Kreise nimmt diese Polfunktion

die Werte

$$\left[\psi_a\right]_{r=r_a} = \operatorname{Re}\left\{ \frac{-ia+b}{r_a\,e^{i\mu}-c} \right\}$$

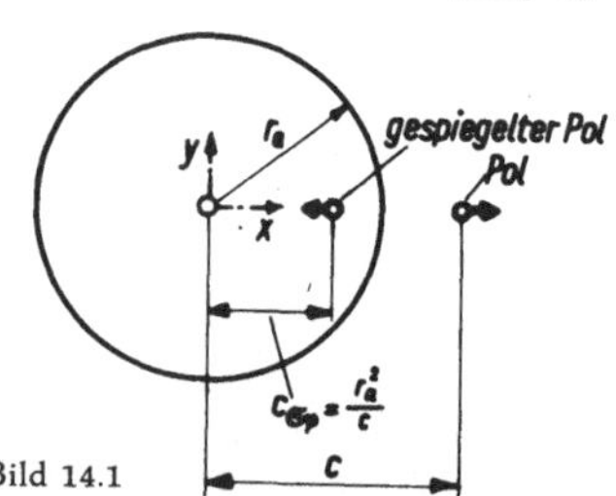

Bild 14.1

an. Dieselben Werte nimmt aber auch der Realteil einer Funktion an,
die wir erhalten, wenn wir in dem Ausdruck für $\left[\psi_a\right]_{r=r_a}$ die Vorzeichen bei allen i ändern:

$$\left[\psi_a\right]_{r=r_a} = \operatorname{Re}\left\{ \frac{ia+b}{r_a\cdot e^{-i\mu}-c} \right\} .$$

Diese sind die Randwerte der gespiegelten Potentialfunktion

$$\psi_{Sp} = \Re\left\{\frac{ia+b}{r^2_{a/z}-c}\right\} = \Re\left\{\frac{(ia+b)z}{r^2_a - cz}\right\} =$$

$$= -\Re\left\{\frac{ia+b}{c}\left[1+\frac{r^2_a}{c}\cdot\frac{1}{z-r^2_{a/c}}\right]\right\} .$$

Außer dem konstanten Glied erhalten wir ein Glied, das im Punkte $z = \frac{r^2_a}{c}$ singulär wird. Dieses ist der gespiegelte Pol. Wir bezeichnen seinen Abstand vom Kreismittelpunkt mit c_{Sp} :

$$c_{Sp} = \frac{r^2_a}{c} .$$

Dann wird

$$\psi_{Sp} = -\Re\left\{(ia+b)\cdot\frac{c_{Sp}}{c}\cdot\left[\frac{1}{c_{Sp}} + \frac{1}{z-c_{Sp}}\right]\right\} . \qquad (14,2)$$

Alle diese Beziehungen gelten auch, wenn der zu spiegelnde Pol innerhalb des Kreises liegt; der gespiegelte Pol kommt dann in das Außengebiet des Kreises. Nach dieser vorbereitenden Überlegung wenden wir uns dem Kreisquerschnitt mit exzentrischem Kreisloch zu.

14.3 Kreisquerschnitt mit exzentrischem Kreisloch

Die Gleichung des Außenrandes des Querschnittes ist wie in Abschnitt 8:

$$x^2 + y^2 = r^2_a .$$

Der Mittelpunkt M hat die Koordinaten $x_M = y_M = 0$; der Mittelpunkt M' des Kreisloches hat die Koordinaten $x_{M'} = c$, $y_{M'} = 0$; der Halbmesser des Loches ist $r_i < r_a - c$.

Um die Randbedingung des Außenrandes zu befriedigen, wählen wir für ψ als erstes Glied den konstanten Wert $\frac{1}{2} r^2_a$. Hierzu werden wir nach Bedarf weitere Potentialfunktionen hinzufügen. Wir setzen darum

$$\psi = \frac{1}{2} r^2_a + \psi_1 + \dots .$$

Die Funktion ψ_1 wählen wir so, daß die Randbedingung $F_i = const.$ des Lochrandes befriedigt wird. Um ψ_1 zu bestimmen, führen wir die Koordinaten $x' = x-c$, $y' = y$ mit dem Koordinatennullpunkt M' ein und erhalten:

$$\psi - \frac{1}{2} r^2 = \frac{1}{2} r^2_a + \psi_1 + \dots - \frac{1}{2}\left(x^2 + y^2\right)$$

$$= \frac{1}{2} r^2_a + \psi_1 + \dots - \frac{1}{2}\left(x'+c\right)^2 - \frac{1}{2} y'^2$$

$$= \frac{1}{2} r^2_a + \psi_1 + \dots - \frac{1}{2} r'^2 - cx' - c^2 .$$

Der Ausdruck muß für den Lochrand mit $r' = r_i$ eine Konstante geben; da außer ψ_1 nur das Glied $-cx'$ für den Rand nicht konstant wird, so folgt:

$$\left[\psi_1 - cx'\right]_{Lochrd} \equiv \left[\psi_1 - \Re\left\{cz'\right\}\right]_{Lochrd} = const.$$

Diese Bedingung wird erfüllt, wenn wir für ψ_1 entweder die Potentialfunktion $\Re\{cz'\}$ oder die Potentialfunktion $\Re\{c\frac{r_i^2}{z'}\}$ wählen. Der
erste Ausdruck führt uns nicht weiter; wir setzen darum:

$$\psi_1 = \Re\left\{c\,\frac{r_i^2}{z'}\right\}\,,$$

oder in z -Koordinaten:

$$\psi_1 = c r_i^2 \cdot \Re\left\{\frac{1}{z-c}\right\}\,.$$

Durch diese Funktion wird die Randbedingung des Innenrandes befriedigt, die Randbedingung des Außenrandes jedoch gestört.

Die Funktion ψ_1 ist eine Polfunktion mit dem Pol $x=c$, $y=0$. Da
es die erste auftretende Polfunktion ψ_1 ist, bezeichnen wir den Abstand c mit c_1 und erhalten:

$$\psi_1 = c_1\, r_i^2\, \Re\left\{\frac{1}{z-c_1}\right\}\,.$$

Nun kommt der Gedanke für die Lösung: Am Außenrande hat die gespiegelte Polfunktion ψ_{1Sp} dieselben Werte wie ψ_1 . Wir setzen folglich

$$\psi = \tfrac{1}{2} r_a^2 + \psi_1 + \psi_2$$

mit

$$\psi_2 = -\,\psi_{1Sp}\,.$$

Hiermit ist die Randbedingung des Außenrandes befriedigt, aber für
den Innenrand wieder gestört. Die Polfunktion ψ_2 besteht aus einem
konstanten Glied und der Polfunktion ψ_{2P} . Wir spiegeln ψ_{2P} am Innenrande und erhalten die gespiegelte Potentialfunktion. Diese besteht
wieder aus einem konstanten Gliede und einer Polfunktion. Wir nehmen
nur die Polfunktion, wechseln das Vorzeichen und bezeichnen die so
erhaltene Funktion mit ψ_3 . Die Polfunktion ψ_{2P} ist, ausgedrückt in
z - bzw. z' -Koordinaten:

$$\psi_{2P} = c r_i^2\, \frac{c_2}{c_1}\, \Re\left\{\frac{1}{z-c_2}\right\} = c r_i^2\, \frac{c_2}{c_1}\, \Re\left\{\frac{1}{z'-c_2'}\right\}$$

mit

$$c_2' = c_2 - c_1 = c_2 - c\,.$$

Am Innenrand gespiegelt erhalten wir nach Wechsel des Vorzeichens
die Polfunktion

$$\psi_3 = c\, r_i^2\, \frac{c_2}{c_1}\, \frac{c_3'}{c_2'}\, \Re\left\{\frac{1}{z-c_3}\right\}\,.$$

Diese Spiegelung am Außen- und Innenrande wird fortgesetzt. Hierbei ist zu beachten, daß die Potentialfunktionen ψ_2, ψ_4 usw. durch

Spiegelung der Polfunktionen ψ_1, ψ_3 usw. und Vorzeichenwechsel gebildet werden; die Polfunktionen ψ_3, ψ_5 usw. hingegen finden wir durch Spiegelung der Polfunktionen ψ_{2p}, ψ_{4p} usw. und Vorzeichenwechsel, wobei wir die konstanten Anteile fortlassen. Auf die Weise bleibt die Randbedingung für den Außenrand, $F_a = 0$, erhalten, während die Randbedingung für den Innenrand keinen bestimmten Wert für F_i vorschreibt.

Wir erhalten

$$\psi = \tfrac{1}{2}\, r_a^2 + \psi_1 + \psi_2 + \psi_3 + \psi_4 + \ldots \ . \tag{14, 3}$$

Für den Außenrand hebt sich jeweils der Einfluß der Funktionen ψ_1 und ψ_2, ψ_3 und ψ_4 usw. auf, so daß $\psi_{Außenrd.} = \tfrac{1}{2} r_a^2$ wird; für den Innenrand wird $(\psi_2 + \psi_3)$ konstant, $(\psi_4 + \psi_5)$ konstant usw., so daß $\psi_{Lochrd} = const. + [\psi_1]_{Lochrd} = const. + c x'$ wird. Damit sind alle Randbedingungen erfüllt.

Bild 14.2 zeigt die ersten vier der gefundenen Pole, die durch kleine stark ausgezogene Kreise gekennzeichnet sind; die anschließenden kurzen Pfeile gehen in Richtung der positiven Werte der Polfunktionen.

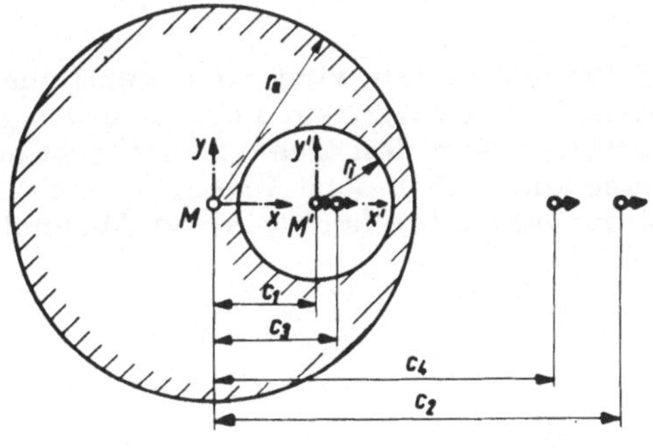

Bild 14.2

Für die Polabstände c_1, c_2, $c_3 \ldots$ bzw. c_1', c_2', $c_3' \ldots$ geben wir ein Berechnungsschema; die darin eingeführten Pfeile zeigen den Gang der Berechnung. Wir erhalten:

für die Funktion ψ_1 : $c_1 = c_1' + c \longleftarrow c_1' = 0,$

für die Funktion ψ_2 : $c_2 = r_{a/c_1}^2 \longrightarrow c_2' = c_2 - c,$

für die Funktion ψ_3 : $c_3 = c_3' + c \longleftarrow c_3' = \dfrac{r_i^2}{c_2'},$

für die Funktion ψ_4 : $c_4 = r_{a/c_2}^2 \longrightarrow c_4' = c_4 - c$ usw.

Mit diesen Bezeichnungen wird

$$\psi = \tfrac{1}{2}r_a^2 + c\,r_i^2 \left[\mathfrak{Re}\left\{\frac{1}{z-c_1}\right\} + \frac{c_2}{c_1}\cdot\mathfrak{Re}\left\{\frac{1}{c_2} - \frac{1}{z-c_2}\right\} + \right.$$

$$\left. + \frac{c_2}{c_1}\frac{c_3'}{c_2'}\cdot\mathfrak{Re}\left\{\frac{1}{z-c_3}\right\} + \frac{c_2}{c_1}\cdot\frac{c_3'}{c_2'}\cdot\frac{c_4}{c_3}\cdot\mathfrak{Re}\left\{\frac{1}{c_4} - \frac{1}{z-c_4}\right\} + \ldots\right].$$

$$(14,4)$$

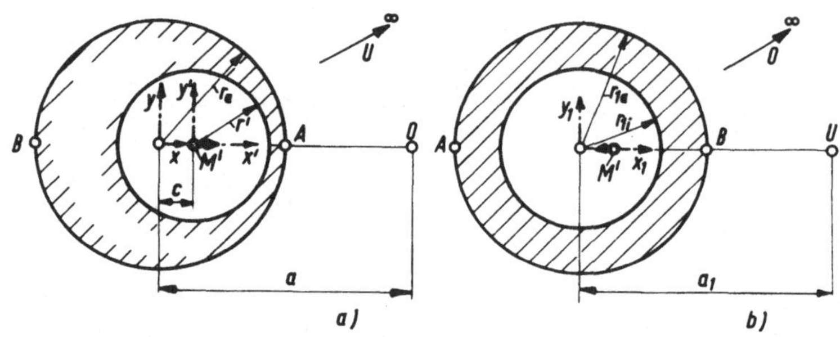

Bild 14.3 a—b

Die Lage der Singularitäten wird noch deutlicher, wenn wir den Kreisquerschnitt mit exzentrischem Loch konform auf einen Streifen abbilden. Hierzu bilden wir den Querschnitt erst auf die Kreisringfläche mit zentrischem Außen- und Innenrande ab, Bild 14.3 a und 14.3 b. Die Abbildungsfunktion lautet, siehe Abschnitt 8:

$$z_1 = a_1 - \frac{1}{a-z} \qquad\qquad (8,8)$$

mit

$$a_1 = \frac{a}{a^2 - r_a^2} \qquad\qquad (8,6a)$$

und

$$a = \frac{r_a^2 - r_i^2 + c^2}{2c} + \sqrt{\left(\frac{r_a^2 - r_i^2 + c}{2c}\right)^2 - r_a^2}\;. \qquad\qquad (8,5)$$

Nun wählen wir als weitere Abbildungsfunktion

$$z_s = \mu_1 - i\,\ln\frac{r_i}{r_{1a}} = -i\,\ln\frac{z_1}{r_{1a}}\;. \qquad\qquad (14,5)$$

In der z_s-Ebene gibt die Ringfläche $0 \leqq \mu_1 \leqq 2\pi$ ein Rechteck mit den Seiten $x_s = 0$ und $x_s = 2\pi$, $y_s = 0$ und $y_s = \ln\frac{r_{1a}}{r_{1i}}$ .Da μ_1 nach beiden Seiten weiter geht, schließen sich an das Rechteck weitere gleiche Rechtecke an, so daß ein Streifen mit einer periodischen Wiederholung des Rechteckes entsteht, das der Ringfläche entspricht.

142

Bei der konformen Abbildung der z_1-Ebene geht die positive x_1-Achse mit $\mu_1 = 0 \pm 2n\pi$ in die y_S-Achse mit $x_S = 0$ und in die dazu parallelen Geraden $x_S = 2n\pi$ über; der Außenkreis mit $z_1 = r_{1a}\, e^{i\mu_1}$ geht in die Gerade $y_S = 0$, der Innenkreis mit $z_1 = r_{1i}\, e^{i\mu_1}$ in die Gerade $y_1 = \ln\, r_{1a}/r_{1i}$ über.

Der Mittelpunkt M' des Innenkreises der z-Ebene hat in der z_1-Ebene die Koordinaten

$$z_{1M'} = a_1 - \frac{1}{a-c} \quad ;$$

er liegt innerhalb des Innenkreises, so daß

$$z_{1M'} < r_{1i} < r_{1a} < a$$

ist. Dieser Punkt geht in der z_S-Ebene über in den Punkt

$$x_{SM'} = 2n\pi \quad , \quad n = 0,\, \pm 1,\, \pm 2,\, \dots ,$$

$$y_{SM'} = -\ln \frac{x_{1M'}}{r_{1a}} = -\ln \frac{a_1 - \frac{1}{a-c}}{r_{1a}} = \ln \frac{r_{1a}}{a_1 - \frac{1}{a-c}} .$$

Nach Gleichung (8, 6 b) wird:

$$a_1 - \frac{1}{a-c} = \frac{a-c}{(a-c)^2 - r_1^2} - \frac{1}{a-c} = \frac{r_1^2}{(a-c)\left[(a-c)^2 - r_1^2\right]}$$

$$= \frac{r_{1i}^2 \left[(a-c)^2 - r_1^2\right]}{a-c} = \frac{r_{1i}^2}{a_1} \quad ,$$

daher ist

$$y_{SM'} = \ln \frac{a_1\, r_{1a}}{r_{1i}^2} > 0 . \tag{14, 6}$$

Der Punkt M' wiederholt sich in der z_S-Ebene periodisch, da $x_{SM'}$ mehrdeutig ist, siehe Bild 14. 4.

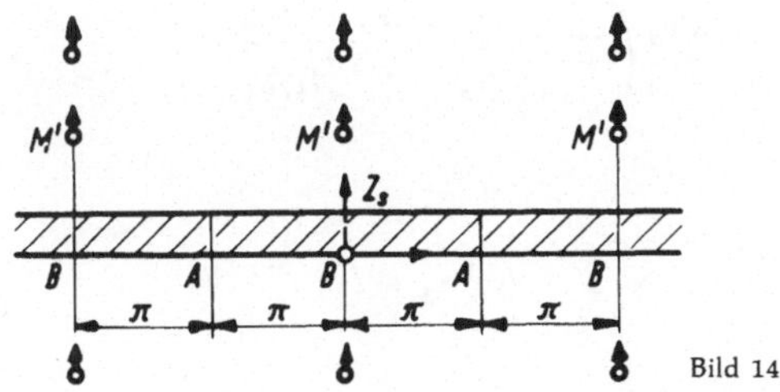

Bild 14.4

Den Punkt

$$x_{SM'} = 0 \, , \quad y_{SM'} = \ln \frac{a_1\, r_{1a}}{r_{1i}^2}$$

bezeichnen wir als Hauptabbildungspunkt.

Nun untersuchen wir die Polfunktion erster Ordnung ψ_1 in der z_s -Ebene. In der z -Ebene lautete sie

$$\psi_1 = c\,r_i^2\,\mathfrak{Re}\left\{\frac{1}{z-c}\right\}.$$

In der z_s -Ebene erwarten wir Polfunktionen erster Ordnung im Hauptabbildungspunkt M' und in allen seinen periodischen Wiederholungen. Um diese Polfunktionen zu bestimmen, untersuchen wir das Verhalten von ψ_1 in der Umgebung des Punktes M' der z_s -Ebene. In der z_1 -Ebene wird:

$$\psi_1 = c\,r_i^2\,\mathfrak{Re}\left\{\frac{1}{a-\frac{1}{a_1-z_1}-c}\right\} =$$

$$= c\,r_i^2\,\mathfrak{Re}\left\{\frac{1}{a-c} - \frac{1}{(a-c)^2}\cdot\frac{1}{z_1-\left(a_1-\frac{1}{a-c}\right)}\right\} =$$

$$= c\,r_i^2\,\mathfrak{Re}\left\{\frac{1}{a-c} - \frac{1}{(a-c)^2}\cdot\frac{1}{z_1-r_{1i}^2/a_1}\right\}.$$

Die Polfunktion lautet:

$$-\frac{c\,r_i^2}{(a-c)^2}\cdot\mathfrak{Re}\left\{\frac{1}{z_1-r_{1i}^2/a_1}\right\}.$$

Nun folgt aus Gleichung (14, 5):

$$z_s = -i\,ln\,\frac{z_1}{r_{1a}} = -i\,ln\,\frac{\left(z_1-\frac{r_{1i}^2}{a_1}\right)+\frac{r_{1i}^2}{a_1}}{r_{1a}}.$$

Für kleine Werte $z_1-\dfrac{r_{1i}^2}{a_1}$, also für die Umgebung des Punktes M', wird:

$$z_s \approx -i\left[ln\left(\frac{r_{1i}^2}{a_1 r_{1a}}\right) + \frac{z_1-r_{1i}^2/a_1}{r_{1i}^2/a_1}\right]$$

oder

$$z_1 - r_{1i}^2/a_1 \approx i\cdot\frac{r_{1i}^2}{a_1}\left[z_s - i\,ln\,\frac{a_1 r_{1a}}{r_{1i}^2}\right].$$

Hiermit wird die Polfunktion in der z_s -Ebene:

$$\frac{c\,r_i^2}{(a-c)^2}\cdot\frac{a_1}{r_{1i}^2}\cdot\mathfrak{Re}\left\{\frac{i}{z_s - i\,ln\,\frac{a_1 r_{1a}}{r_{1i}^2}}\right\}.$$

Den Faktor $\dfrac{c\,r_i^2\,a_1}{(a-c)^2\,r_{1i}^2}$ formen wir mit Hilfe der Gleichungen (8, 4) und (8, 6) um:

$$\frac{c\,r_i^2}{(a-c)^2}\,\frac{a_1}{r_{1i}^2} = 2\,c\,a - r_a^2 + r_i^2 - c^2\,.$$

Die Koordinaten des Poles werden:

$$z_{S_M{}^l} = i\,\ln\left(\frac{a_1\,r_{1a}}{r_{1i}^2}\right)\,;\quad x_{S_M{}^l} = 0\,,\quad y_{S_M{}^l} = \ln\left(\frac{a_1\,r_{1a}}{r_{1i}^2}\right)\,.$$

Für die Umgebung des Poles lautet die Polfunktion mit $z_S^{\,l} = z_S - z_{S_M{}^l}$:

$$\left(2\,c\,a - r_a^2 + r_i^2 - c^2\right)\cdot \mathfrak{Re}\left\{\frac{i}{z_S^{\,l}}\right\} = \left(2\,c\,a - r_a^2 + r_i^2 - c^2\right)\cdot \frac{y_S^{\,l}}{x_S^{\,l\,2} + y_S^{\,l\,2}}\,.$$

$$(14,\,7)$$

Für positive Werte $y_S^{\,l}$ erhalten wir positive Werte der Polfunktion, für negative Werte $y_S^{\,l}$ wird die Polfunktion negativ. In der z_S -Ebene kennzeichnen wir dieses wieder bildlich dadurch, daß wir um den Pol einen kleinen Kreis einzeichnen, von dem ein kurzer starker Pfeil in Richtung des größten positiven Wertes geht. Dieselbe Polfunktion tritt weiter auf in den Punkten

$$x_S = 2\,\pi\,n\,,\quad y_S = y_{S_M{}^l}$$

mit $n = \pm 1\,,\ \pm 2$ usw.

Hiermit wird ψ_1 :

$$\psi_1 = \left(2\,c\,a - r_a^2 + r_i^2 - c^2\right)\cdot \mathfrak{Re}\left\{\sum \frac{i}{z_S - (z_{S_M{}^l} + 2\,\pi\,n)}\right\} + C\,;$$

in der Konstanten C sind alle Umrechnungskonstanten zusammengefaßt.

Durch ψ_1 wurde in der z -Ebene die Randbedingung des Innenrandes des Querschnittes, das ist in der z_S -Ebene die Randbedingung des Streifen-Oberrandes, erfüllt. Hierdurch wird die Randbedingung des Außenrandes des Querschnittes, das ist in der z_S -Ebene die Randbedingung des Streifen-Unterrandes, gestört. Um die Randbedingung wieder zu erfüllen, fügen wir eine Reihe von Polfunktionen erster Ordnung hinzu, die die Wirkung von ψ_1 auf den Unterrand beseitigen. Die Pole haben die Koordinaten

$$x_S = 2\,\pi\,n \qquad \text{mit}\quad n = 0,\ \pm 1,\ \pm 2,\dots,$$

$$y_S = -y_{S_M{}^l}\,.$$

Die Polfunktionen sind, bezogen auf die Koordinaten mit den Polen als Koordinatenanfangspunkten, dieselben wie die Polfunktionen von ψ_1 . In der z_S -Ebene tragen wir darum die gleichen symbolischen Pfeile ein; es ist leicht, aus dem Bilde zu ersehen, daß die Werte beider Reihen von Polfunktionen sich auf dem Unterrande des Streifens, also auf der x_S -Achse, fortheben. Bildlich entstehen die neuen Funktionen durch Spiegelung am Unterrande mit Vorzeichenwechsel. Wir sehen hier den Vorzug der konformen Abbildung auf den Streifen.

Durch die neuen Polfunktionen wird wieder die Randbedingung des
Oberrandes gestört. Wir fügen darum eine weitere Reihe von Polfunktionen hinzu, die wir durch Spiegelung am Oberrande mit Vorzeichenwechsel erhalten. Die Ordinate der neuen Pole wird

$$y_S = y_{S_{M'}} + 2 \ln \left(\frac{r_{1a}}{r_{1i}} \right) \; .$$

Durch fortgesetzte Wiederholung der Spiegelung mit Vorzeichenwechsel am Ober- und Unterrande wird die gesamte z_S -Ebene mit einem
Polgitter überdeckt. Durch Zusammenfassung aller Polfunktionen und
Wahl eines konstanten Gliedes, durch das die Randbedingung am Unterrande erfüllt wird, erhalten wir die Lösung:

$$\psi = \tfrac{1}{2} r_a^2 + \left(2\,ca - r_a^2 + r_i^2 - c^2 \right) .$$

$$\cdot \,\Re\left\{ \sum_{k=0}^{\infty} \sum_{m=-\infty}^{+\infty} \left[\frac{i}{z_S - \left(z_{S_{M'}} + 2\pi m + 2i \cdot k \ln\left(\frac{r_{1a}}{r_{1i}}\right)\right)} + \right.\right.$$

$$\left.\left. + \frac{i}{z_S + \left(z_{S_{M'}} + 2\pi m + 2i \cdot k \ln\left(\frac{r_{1a}}{r_{1i}}\right)\right)} \right] \right\} \; .$$

$$(14, 8)$$

mit $\quad z_{S_{M'}} = \ln\left(\dfrac{r_{1a}\,a_1}{r_{1i}^2} \right) \; .$$

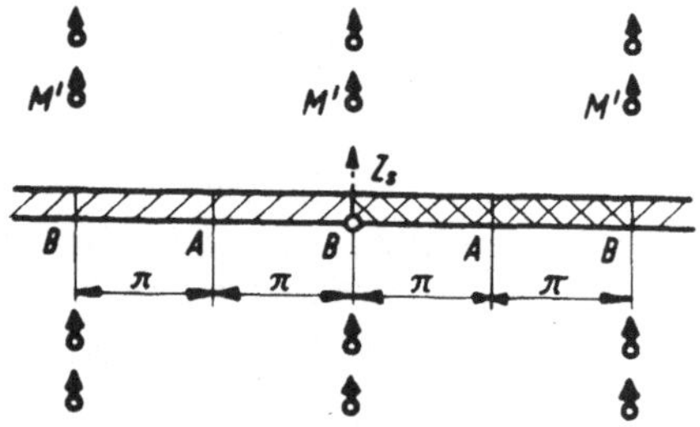

Bild 14.5

Die Bilder 14.4 und 14.5 zeigen zwei Beispiele der Verteilung der Pole. Die Polfunktionen der Pole mit gleichem k kann man zusammenfassen. Man kommt dann auf die Lösung, die wir durch Spiegelung in
der z -Ebene erhalten haben. Wenn $y_{S_M'} = \ln\left(\frac{r_{1a}\,a_1}{r_{1i}^2} \right)$ ein ganzzah-
liges Vielfaches der Streifenbreite $\ln \frac{r_{1a}}{r_{1i}}$ ist, Bild 14.5, kann man
auch die Polfunktionen mit konstantem m zusammenfassen, was be-
sonders dann von Vorteil ist, wenn 2π größer als $\ln\left(\frac{r_{1a}}{r_{1i}}\right)$ ist, so daß
in der z_S -Ebene die Polabstände in x_S -Richtung größer als in y_S -Rich-
tung sind. Wir werden diese Umformung für den Fall der sich berührenden Kreise im nächsten Abschnitt durchführen.

146

14.4 Zusammenhang zwischen der Lösung nach Gleichung (8,12) und nach Gleichung (14,8)

Als Lösung für ψ erhielten wir zwei ganz verschiedene Reihen, siehe Gleichung (8,12) und Gleichung (14,8). Wir werfen die Frage auf: Kann man die eine Lösung in die andere überführen?

Rechnen wir Gleichung (8,12) auf die z_S-Koordinaten um, so erhalten wir eine Fourier-Entwicklung. Die Beziehung zwischen z_1 und z_S lautet:

$$z_S = -i \ln \left(\frac{z_1}{r_{1a}} \right)$$

oder

$$\frac{z_1}{r_{1a}} = e^{i z_S} .$$

Hieraus:

$$\mathfrak{Re} \left\{ \left(\frac{z_1}{r_{1a}} \right)^n \right\} = \mathfrak{Re} \left\{ e^{i n z_S} \right\} = e^{-n y_S} \cdot \cos n x_S ,$$

$$\mathfrak{Re} \left\{ \left(\frac{z_1}{r_{1a}} \right)^{-n} \right\} = \mathfrak{Re} \left\{ e^{-i n z_S} \right\} = e^{n y_S} \cdot \cos n x_S .$$

Setzen wir diese Ausdrücke in Gleichung (8,12) ein, so erhalten wir eine Reihe von Gliedern mit $\cos n x_S$:

$$\psi = \tfrac{1}{2} r_a^2 + \sum_{n=1}^{+\infty} \frac{2a - r_a^2 + r_i^2 - c^2}{\left(\frac{r_{1a}}{r_{1i}} \right)^n - \left(\frac{r_{1a}}{r_{1i}} \right)^{-n}} \cdot \left(\frac{r_{1i}}{r_{1a}} \right)^n \cdot \left[e^{-n y_S} - e^{n y_S} \right] \cos n x_S . \qquad (14,9)$$

Dieses ist eine periodische Funktion von x_S .

Wir zerlegen jetzt eine Reihe von Polfunktionen mit den Polen auf einer Geraden $y_S = y_{S\,Pol.}$ in eine entsprechende Fourier-Reihe. Die Reihe lautet mit $z_{S\,Pol} = i y_{S\,Pol}$:

$$\mathfrak{Re} \left\{ \sum_{m=-\infty}^{+\infty} \frac{i}{z_S - \left(z_{S\,Pol} + 2\pi m \right)} \right\} .$$

Wir können sie in geschlossener Form ausdrücken:

$$\mathfrak{Re} \left\{ \frac{i}{2 \, \mathrm{tg} \, \tfrac{1}{2} \left(z_S - z_{S\,Pol} \right)} \right\} .$$

Das Verhalten für $z_S - z_{S\,Pol} \rightarrow 0$ ist dasselbe wir für die Reihensumme für $m = 0$, und der Abstand der Pole ist bei beiden Ausdrücken gleich 2π . Nun verwandeln wir den Ausdruck nach Gleichung (II, 17) in einer Fourier-Reihe. Für positive Werte $y_S - y_{S\,Pol}$ wird

$$\mathfrak{Re} \left\{ \frac{i}{2 \, \mathrm{tg} \, \tfrac{1}{2} \left(z_S - z_{S\,Pol} \right)} \right\} = \tfrac{1}{2} \left[1 + 2 \cdot \sum_{n=1}^{\infty} e^{-n(y_S - y_{S\,Pol})} \cos n x_S \right] ,$$

für negative Werte $y_S - y_{S\,Pol}$ wird

$$\mathfrak{Re}\left\{\frac{i}{2\,tg\frac{1}{2}(z_S - z_{S\,Pol})}\right\} = -\frac{1}{2}\left[1 + 2\sum_{n=1}^{\infty} e^{+n(y_S - y_{S\,Pol})}\cos nx_S\right].$$

Für einen Streifen mit Polen $z_{S\,Pol}$ über dem Streifen und Polen $-z_{S\,Pol}$ unter dem Streifen wird für das Gebiet des Streifens:

$$\mathfrak{Re}\left\{\sum_{m=-\infty}^{+\infty}\left[\frac{i}{z_S - (z_{S\,Pol} + 2\pi m)} + \frac{i}{z_S + (z_{S\,Pol} + 2\pi m)}\right]\right\}$$

$$= \mathfrak{Re}\left\{\sum_{n=1}^{\infty}\left[-e^{-in(y_S - y_{S\,Pol})} + e^{in(y_S - y_{S\,Pol})}\right]\cos n\,z_S\right\}.$$

Vergleichen wir jetzt die Lösung von ψ als Fourier-Reihe nach Gleichung (14, 9) mit der Fourier-Reihe nach Gleichung (14, 10): In Gleichung (14, 9) könnten wir für den Faktor $\left(\frac{r_{1i}}{a_1}\right)^n$ den Ausdruck $e^{n\,ln(r_{1i}/a_1)}$ setzen, um eine Übereinstimmung mit Gleichung (14, 10) herbeizuführen. Nur tritt der Exponent n auch noch im Nennerausdruck

$$\left(\frac{r_{1a}}{r_{1i}}\right)^n - \left(\frac{r_{1a}}{r_{1i}}\right)^{-n}$$

auf. Wir zerlegen darum

$$\frac{\left(r_{1i}/a_1\right)^n}{\left(\frac{r_{1a}}{r_{1i}}\right)^n - \left(\frac{r_{1a}}{r_{1i}}\right)^{-n}}$$

in eine konvergierende Reihe und erhalten hierfür:

$$\frac{r_{1i}}{a_1}\cdot\left(\frac{r_{1i}}{r_{1a}}\right)^n + \left(\frac{r_{1i}}{a_1}\cdot\left(\frac{r_{1i}}{r_{1a}}\right)^3\right)^n + \ldots + \left(\frac{r_{1i}}{a_1}\cdot\left(\frac{r_{1i}}{r_{1a}}\right)^{2k+1}\right)^n + \ldots =$$

$$= e^{-n\,ln(a_1 r_{1a}/r_{1i}^2)} + \ldots + e^{-n\left[ln\left(\frac{a_1 r_{1a}}{r_1^2}\right) + 2k\,ln\frac{r_{1a}}{r_{1i}}\right]} + \ldots .$$

Diesen Ausdruck setzen wir in Gleichung (14, 9) ein und finden auf Grund der Gleichung (14, 10) die Übereinstimmung beider Lösungsformen.

15 Spiegelungsmethode bei Zweibogenquerschnitten

Im letzten Abschnitt behandelten wir nach der Spiegelungsmethode den Kreisquerschnitt mit exzentrischem Loch. Jetzt untersuchen wir nach derselben Methode den Querschnitt, der durch zwei Kreisbögen berandet ist.

In Bild 15.1 a-d sind verschiedene Fälle dargestellt. Beim Querschnitt nach Bild 15.1 a ist ein Bogen konvex, der andere konkav; beim Querschnitt nach Bild 15.1 b ist ein Bogen zu einer Geraden ausgeartet; beim Querschnitt nach Bild 15.1 c sind beide Bögen konvex. Einen besonderen Fall stellt der Querschnitt nach Bild 15.1 d dar, bei dem die Kreisbögen Vollkreise sind; der Querschnitt stellt den Übergang vom Vollkreis mit exzentrischem Loch zum Zweibogenquerschnitt dar.

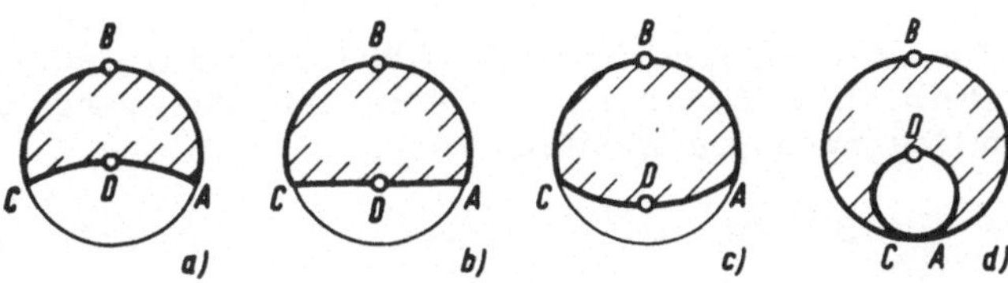

Bild 15.1 a—d

Man kann alle diese Querschnitte auf das Innere des Einheitskreises abbilden. Sowohl Abbildungsfunktionen als auch der weitere Lösungsgang bieten nichts Neues, so daß wir die Untersuchung nach dieser Methode nicht durchführen.

Wir untersuchen die Querschnitte nach der Spiegelungsmethode. Hierzu bilden wir den jeweils gewählten Querschnitt auf einen Streifen ab. Wir beginnen hierbei mit dem Querschnitt nach Bild 15.1 d, da er in gewisser Hinsicht am einfachsten ist. Den Wert der angewandten Methode werden wir bei der Behandlung der einzelnen Fälle kennenlernen.

15.1 Querschnitt mit dem Rande aus zwei sich berührenden Kreisen

In Bild 15.2 a führen wir die Koordinaten z und z' wie früher ein und außerdem die Koordinaten z'' mit dem Koordinatennullpunkt im Berührungspunkt $A = C$ der Kreise. Nun bilden wir den Querschnitt konform auf einen Streifen ab durch die Abbildungsfunktion:

$$z_S = -\left(\frac{1}{z''} + \frac{i}{2r_\alpha}\right),$$

$$x_S = -\frac{x''}{r''^2}, \quad y_S = \frac{y''}{r''^2} - \frac{1}{2r_\alpha}.$$

Die Punkte A, B, C = A und D des Querschnittes haben in der z''- und z_S-Ebene folgende Koordinaten:

$$z_A'' = + |\varepsilon|_{\varepsilon \to 0} \;,\; z_B'' = 2i\,r_a \;,\; z_C'' = - |\varepsilon|_{\varepsilon \to 0} \;,\; z_D'' = 2i\,r_i \;,$$

$$z_{SA} = -\infty \;,\; z_{SB} = 0 \;,\; z_{SC} = +\infty \;,\; z_{SD} = \frac{r_a - r_i}{2 r_a \, r_i} \quad .$$

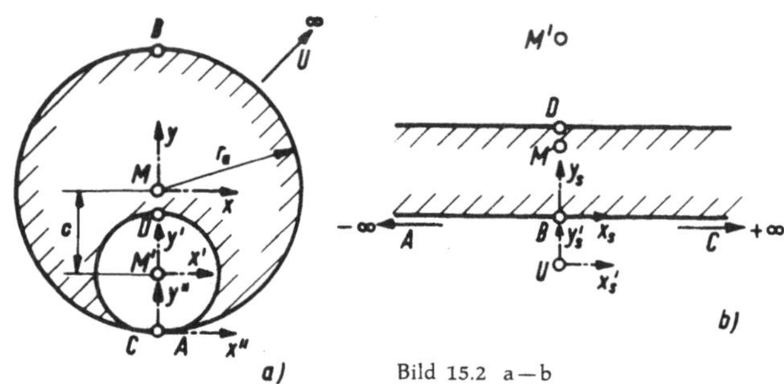

Bild 15.2 a–b

In Bild 15. 2 a ist der Querschnitt, in Bild 15. 2 b die konforme Abbildung dargestellt. Der Außenkreis geht in den Unterrand, der Innenkreis in den Oberrand des Streifens über.

Nun wird $\quad F = G\vartheta\left[\psi - \tfrac{1}{2} r^2\right]$

in z'-Koordinaten:

$$\begin{aligned}
F &= G\vartheta\left[\psi - \tfrac{1}{2}\left(x'^2 + (y' - c)^2\right)\right] \\
&= G\vartheta\left[\psi - \tfrac{1}{2} r'^2 - \tfrac{1}{2} c^2 + c y'\right] \;.
\end{aligned}$$

Die Randbedingung $F_{Rd} = 0$ gibt am Rande $r = r_a :\; \psi_{Rd} = \tfrac{1}{2} r_a^2$, und am Rande $\quad r' = r_i :\; \psi_{Rd} = \tfrac{1}{2} r_i^2 + \tfrac{1}{2} c^2 - c y'$.

Nach der Spiegelungsmethode, wie wir sie im vorigen Abschnitt entwickelt haben, müssen wir den Mittelpunkt des Innenkreises als Pol nehmen und für ψ_1 eine Polfunktion wählen und weitere Polfunktionen, die wir durch Spiegelungen an den Kreisen und Vorzeichenwechsel erhalten. Wir wollen diesen Vorgang wieder in der Ebene des Streifens durchführen.

Am Unterrande $y_s = 0$ des Streifens wird:

$$\psi_{Rd} = \tfrac{1}{2} r_a^2 \;,$$

am Oberrande

$$y_s = \frac{r_a - r_i}{2 r_a \, r_i} \;:$$

$$\psi_{Rd} = \tfrac{1}{2} r_i^2 + \tfrac{1}{2} c^2 - c\, y' \;.$$

150

Aus der Abbildungsfunktion folgt:

$$x'' + iy'' = z'' = - \frac{1}{z_S + \frac{i}{2r_a}} \quad ,$$

$$x' + iy' = z' = - \frac{1}{z_S + \frac{i}{2r_a}} - i\, r_i \quad ,$$

$$-cy' = + cr_i + \Im\left\{\frac{c}{z_S + \frac{i}{2r_a}}\right\} \quad .$$

Also haben wir am Oberrande die Bedingung, ausgedrückt in den z_S - Koordinaten:

$$\psi_{Rd} = \tfrac{1}{2}r_i^2 + \tfrac{1}{2}c^2 + c\,r_i + \Im\left\{\frac{c}{z_S + \frac{i}{2r_a}}\right\}_{Oberrd}$$

$$= \tfrac{1}{2}r_a^2 + \Im\left\{\frac{c}{z_S + \frac{i}{2r_a}}\right\}_{Oberrd} \quad .$$

Außer dem konstanten Wert $\tfrac{1}{2}r_a^2$ erhalten wir für den Oberrand die Werte einer Polfunktion ersten Grades mit dem Pol $z_S = -\frac{i}{2r_a}$. Dieser Pol liegt unterhalb des Streifens; er ist die Abbildung des Punktes $z = \infty$ der z -Ebene.

Wir setzen wieder an:

$$\psi = \tfrac{1}{2}r_a^2 + \psi_1 + \psi_2 + \cdots \quad .$$

Als ψ_1 wählen wir eine Polfunktion, die am Oberrand dieselben Werte annimmt wie $\Im\left\{\frac{c}{z_S + \frac{i}{2r_a}}\right\}$; der Pol hat denselben Abstand vom Oberrand und hiermit die Koordinaten:

$$z_S = \frac{i}{2r_a} + 2i\,\frac{r_a - r_i}{2r_a r_i} = i\,\frac{2r_a - r_i}{2r_a r_i} \quad .$$

Das ist natürlich die Abbildung des Punktes M' . Die Polfunktion lautet:

$$\psi_1 = -\Im\left\{\frac{c}{z_S - i\cdot\frac{2r_a - r_i}{2r_a r_i}}\right\} \quad .$$

Hierdurch wird die Randbedingung des Streifenunterrandes gestört. Wir fügen folglich eine Polfunktion hinzu, die wir dadurch erhalten, daß wir ψ_1 am Unterrande spiegeln und das Vorzeichen wechseln. Dann erfolgt eine weitere Spiegelung mit Vorzeichenwechsel am Oberrand und so fort. Das Ergebnis ist in Bild 15.3 veranschaulicht; die Polfunktionen sind wieder symbolisch durch Pfeile dargestellt.

Die Funktion ψ wird somit:

$$\psi = \tfrac{1}{2} r_a^2 - c\ \mathfrak{Im}\left\{\sum_{n=1}^{\infty}\left[\frac{1}{z_s - i\left[n\frac{r_a - r_i}{r_a\, r_i} + \frac{1}{2r_a}\right]} + \right.\right.$$

$$\left.\left. + \frac{1}{z_s + i\left[n\frac{r_a - r_i}{r_a\, r_i} + \frac{1}{2r_a}\right]}\right]\right\}.$$

Der Abstand der Pole sowohl oberhalb als auch unterhalb des Streifens ist gleich der doppelten Streifenbreite, also gleich $\frac{r_a - r_i}{r_a\, r_i}$; der

Abstand des ersten Poles über dem Streifen vom ersten Pol unter dem Streifen ist $\frac{2r_a - r_i}{r_a\, r_i}$.

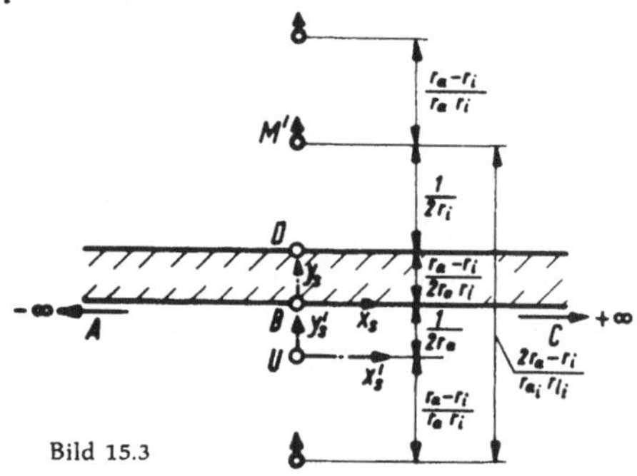

Bild 15.3

Ist der letzte Abstand ein ganzes Vielfaches des ersten, also

$$\frac{2r_a - r_i}{r_a\, r_i} = m \cdot \frac{r_a - r_i}{r_a\, r_i} \quad , \quad m = 3,\, 4,\, \ldots$$

oder

$$r_a = \frac{m-1}{m-2}\, r_i \quad ,$$

so lassen sich die Polfunktionen zusammenfassen. Wir fügen $(m-1)$ Polfunktionen hinzu, so daß wir eine Reihe von Polen mit gleichen Abständen erhalten, und ziehen dieselben Polfunktionen wieder ab. Die Reihe von Polfunktionen gibt mit den Koordinaten $z_s' = z_s + \frac{1}{2r_a}$:

$$-c \cdot \mathfrak{Im}\left\{\frac{1}{z_s'} + \sum_{n=1}^{\infty}\left[\frac{1}{z_s' - in\frac{r_a - r_i}{r_a\, r_i}} + \frac{1}{z_s' + in\frac{r_a - r_i}{r_a\, r_i}}\right]\right\}$$

$$= -\pi c\, \frac{r_a \cdot r_i}{r_a - r_i} \cdot \mathfrak{Im}\left\{\frac{1}{\operatorname{tg} \pi \frac{r_a\, r_i}{r_a - r_i}\, z_s'}\right\}.$$

Damit wird ψ :

$$\psi = \tfrac{1}{2}r_a^2 - \pi c\,\frac{r_a\,r_i}{r_a-r_i}\,\operatorname{Im}\left\{\frac{1}{\operatorname{tg}\pi\,\frac{r_a\,r_i}{r_a-r_i}\,z_s'}\right\} + $$

$$\cdot + \sum_{k=0}^{k=m-2}\operatorname{Im}\left\{\frac{c}{z_s' - k\,\frac{r_a-r_i}{r_a\,r_i}}\right\}\;.$$

Wir erhalten hiermit die Funktion ψ in geschlossener Form für die angegebenen Verhältnisse $r_a/r_i = (m-1)/(m-2)$.

Ohne Untersuchung der Singularitäten und ohne konforme Abbildung auf den Streifen wäre man schwerlich auf diese Lösung gekommen.

15.2 Allgemeiner Fall des Zweibogenquerschnittes

Übernehmen wir ohne Abänderung die Untersuchungsmethode des vorherigen Unterabschnittes für sich berührende Kreise, so erleben wir unangenehme Überraschungen. Liegen z. B. beim Querschnitt nach Bild 15.4 die Mittelpunkte der Kreisbögen innerhalb des Querschnittes, so kommen einige der singulären Punkte mit Sicherheit in dieses Gebiet; so geht es also nicht !

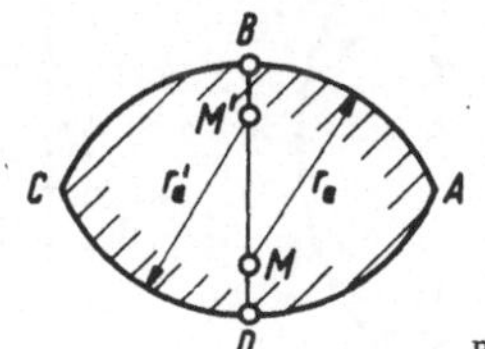

Bild 15.4

Was ist da zu machen? Wir bilden den Querschnitt wieder konform auf einen Streifen ab, wobei der Punkt A in den Punkt $-\infty$, der Punkt C in den Punkt $+\infty$ kommt. Bevor wir die Abbildungsfunktion angeben, bestimmen wir die Randwerte der Funktion ψ . Wir nehmen den Querschnitt nach Bild 15.5; alle Abmessungen sind gegeben; zum Teil hängen sie voneinander ab. Für das Koordinatensystem x', y' sei die Spannungsfunktion:

$$F = G\vartheta\left[\psi - \tfrac{1}{2}r'^2\right]\,,$$

für das Koordinatensystem x'', y'' wird dann:

$$F = G\vartheta\left[\psi - \tfrac{1}{2}r''^2 - \tfrac{1}{2}c^2 + cy'\right]\,.$$

Die Randbedingungen für ψ lauten für den oberen Kreisbogen:

$$\psi_{Rd} = \tfrac{1}{2}r_a^2\,,$$

für den unteren Kreisbogen:

$$\psi_{Rd} = \tfrac{1}{2} r_u^2 + \tfrac{1}{2} c^2 - c\, y_{Rd}'' =$$
$$= \tfrac{1}{2} r_0^2 - c\,(d + y_{Rd}'') = \tfrac{1}{2} r_0^2 - c\, y_{Rd} \; .$$

Machen wir für ψ den Teilansatz $\psi_{Gr} = \tfrac{1}{2} r_0^2$, so müssen wir diesem konstanten Wert eine weitere Potentialfunktion hinzufügen, die am
oberen Bogen den Wert Null, am unteren Bogen den Wert $- c\,y_{Rd}$ annimmt. Die letzte Bedingung für den unteren Bogen wird erfüllt durch
die Potentialfunktion:

$$\psi_0 = -c\,y = -c\,\Im\{z\} = c\,d - c\,\Im\{z''\} \, ,$$

oder durch die am unteren Bogen gespiegelte Potentialfunktion:

$$\psi_1 = c\,d - c \cdot r_u^2 \cdot \frac{y''}{r''^2} = c\,d + c\,\Im\left\{\frac{r_u^2}{z''}\right\} \; .$$

Wir benutzen im weiteren die einfachere Potentialfunktion ψ_0 .

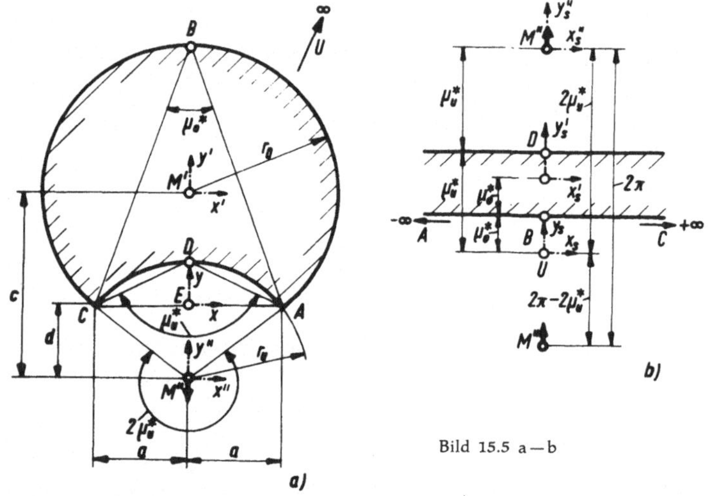

Bild 15.5 a — b

Nun bilden wir den Querschnitt ab auf einen Streifen mit Hilfe der
Abbildungsfunktion:

$$z_S = \ln \frac{z-a}{z+a} \; .$$

Drücken wir z/a durch z_S aus, so erhalten wir:

$$z/a = -\operatorname{Ctg} \tfrac{1}{2} z_S$$

oder

$$\frac{x+iy}{a} = -\operatorname{Ctg} \tfrac{1}{2} \left(x_S + i y_S\right) \; .$$

154

Wir trennen den Realteil vom Imaginärteil:

$$\frac{x}{a} = -\frac{\mathfrak{Sin}\, x_s}{\mathfrak{Cos}\, x_s - \cos y_s} \quad , \qquad \frac{y}{a} = \frac{\sin y_s}{\mathfrak{Cos}\, x_s - \cos y_s} \; .$$

Die konforme Abbildung ist in Bild 15.5 b dargestellt. Der obere Kreisbogen ABC gibt die untere Randgerade $y_s = \mu_0^*$, der untere Kreisbogen CDA die obere Randgerade $y_s = \mu_u^*$. Der Streifen dazwischen ist die Abbildung des Querschnittes. Außerdem treten die Geraden und der Streifen periodisch im vertikalen Abstand 2π wieder auf. Von Belang für uns ist aber nur der Streifen mit

$$\mu_0^* \leqq y_s \leqq \mu_u^* \; .$$

Das Bild des Mittelpunktes M'' hat die Koordinaten $x_s = 0,\; y_s = 2\mu_0^* + 2n\pi$, das des Mittelpunktes M' die Koordinaten $x_s = 0,\, y_s = 2\mu_u^* + 2n\pi$ mit $n = 0, \pm 1, \pm 2$ usw.

Was wird nun aus der Funktion ψ_0 ? In x_s, y_s -Koordinaten lautet sie:

$$\psi_0 = -cy = -ca\, \frac{\sin y_s}{\mathfrak{Cos}\, x_s - \cos y_s} \; .$$

Die singulären Stellen befinden sich an den Punkten, für die der Nenner gleich Null wird. Dieses tritt nur ein für die Punkte $x_s = 0$, $y_s = 2n\pi$, $n = 0, \pm 1, \pm 2, \dots$. Um den Charakter des Unendlichwerdens zu bestimmen, genügt es, das Verhalten in der Umgebung des Punktes $z_s = 0$ zu untersuchen. Wir hatten:

$$\psi_0 = -c \cdot y = -c\, \mathfrak{Im}\left\{z\right\}$$

mit

$$\frac{z}{a} = -\mathfrak{Ctg}\left(\tfrac{1}{2} z_s\right) \; .$$

Für $z_s \to 0$ wird:

$$\psi_0 \to c \cdot a \cdot \mathfrak{Im}\left\{\frac{1}{\tfrac{1}{2} z_s}\right\} = 2\,c \cdot a \cdot \frac{y_s}{r_s^2} \; .$$

Wir erhalten eine Polfunktion erster Ordnung.

Für die Potentialfunktion ψ_0 können wir auch die Summe der Polfunktionen nehmen:

$$\psi_0 = 2c \cdot a \cdot \mathfrak{Im}\left\{\sum_{n=0,\pm 1\dots} \frac{1}{z_s - 2n i\pi}\right\}$$

mit den Polen in den Punkten

$$z_s = 2n i \pi \qquad \left(n = 0, \pm 1, \dots\right)$$

In der Nähe des Punktes $z_s = 0$ wird ψ_0 für positive y_s -Werte negativ und umgekehrt; dasselbe Verhalten tritt auch in der Umgebung der anderen Pole ein. Um dieses zu kennzeichnen, tragen wir in Bild 15.6 a in den Polen nach unten gerichtete Pfeile ein. Die Funktion ψ_0 befriedigt die Randbedingung der oberen Randgeraden, die dem unteren Kreisbogen entspricht.

Dieselben Werte auf dieser Randgeraden erhalten wir, wenn wir die Funktion ψ_0 an dieser Geraden spiegeln. Wir erhalten dann Pole an den Stellen $x_s = 0$, $y_s = 2\mu_u + 2n\pi$ $(n = 0, \pm 1, \ldots)$. Bild 15.6 b zeigt die Darstellung dieser Funktion, die natürlich nichts anderes als die Funktion ψ_1 ist.

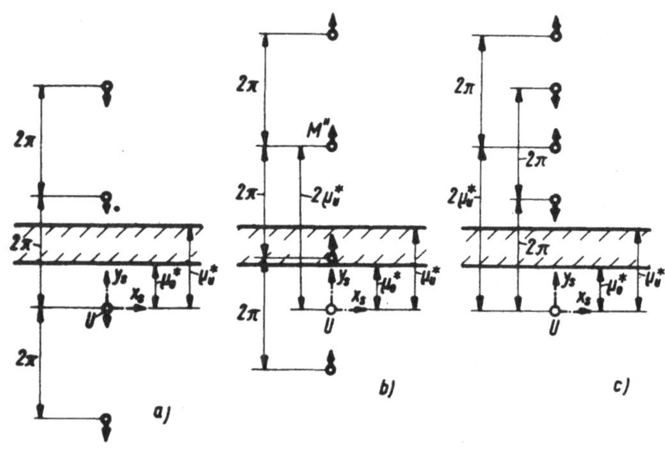

Bild 15.6 a — c

Nun kommt das Entscheidende: Die Funktion ψ_0 (oder ebenso ψ_1) befriedigt die Randbedingung der oberen Geraden. Um dann die Randbedingung der unteren Geraden zu befriedigen, ist die Funktion mit Vorzeichenwechsel an der unteren Geraden zu spiegeln und so fort. Die Lösung ist nun durch die Summe der so erhaltenen Funktionen und des konstanten Gliedes $\frac{1}{2} r_a^2$ gegeben. Bei diesen Spiegelungen kommen aber immer neue Pole in die Nähe des Streifens $\mu_0^* \leq y_s \leq \mu_u^*$, und i. a. auch in den Streifen hinein. Wir müssen bestrebt sein, einen Weg zu finden, daß dieses nicht eintritt, sondern daß die Pole in immer weiterem Abstand von den Streifen auftreten.

Die Funktion ψ_0 (oder die Funktion ψ_1), die die Randbedingung der oberen Randgeraden befriedigt, ist durch eine Funktion zu ersetzen, deren Pole nur oberhalb dieser Geraden liegen. Wir nehmen hierzu die Funktion:

$$\psi_0 = 2\,c\cdot a\cdot \Im\left\{\sum_{n=-\infty}^{+\infty} \frac{1}{z_s - 2\,n\,i\,\pi}\right\}$$

und zerlegen sie in einen Anteil $\psi_0^{(1)}$ mit Polen oberhalb μ_u^* und einen Anteil $\psi_0^{(2)}$ mit Polen unterhalb μ_u^* :

$$\psi_0^{(1)} = 2\,c\cdot a\cdot \mathfrak{Im}\left\{\sum_{n=1}^{\infty}\frac{1}{z_s - 2ni\pi}\right\}\;,$$

$$\psi_0^{(2)} = 2\,c\cdot a\cdot \mathfrak{Im}\left\{\sum_{n=0}^{\infty}\frac{1}{z_s + 2ni\pi}\right\}\;.$$

Den zweiten Anteil spiegeln wir an der oberen Geraden und erhalten den Anteil von ψ_1 , dessen Pole oberhalb der Geraden liegen:

$$\psi_1^{(2)} = -2\,c\,\alpha\cdot \mathfrak{Im}\left\{\sum_{n=0}^{\infty}\frac{1}{z_s - (2i\mu_u^* + 2in\pi)}\right\}\;.$$

Nun bilden wir die Summe von $\psi_0^{(1)}$ und $\psi_1^{(2)}$:

$$\psi_0^{(1)} + \psi_1^{(2)} = 2\,c\cdot a\cdot \mathfrak{Im}\left\{-\frac{1}{z_s - 2i\mu_u^*} + \sum_{n=1}^{\infty}\left(\frac{1}{z_s - 2ni\pi} - \frac{1}{z_s - (2i\mu_u^* + 2ni\pi)}\right)\right\}.$$

Die Potentialfunktion besteht aus Polfunktionen, deren Pole oberhalb der Geraden $y_s = \mu_u^*$ liegen; sie nimmt auf dieser Geraden dieselben Werte an wie ψ_0 bzw. ψ_1 . Im Bild 15.6 c ist die Funktion dargestellt.

Die Funktion $\psi_0^{(1)} + \psi_1^{(2)}$ befriedigt die Randbedingung der oberen Geraden; diese Funktion gibt aber an der unteren Randgeraden Werte, die durch Hinzufügen einer weiteren Funktion wieder zu beseitigen sind. Hierzu spiegeln wir $\psi_0^{(1)} + \psi_1^{(2)}$ an der unteren Geraden und wechseln zugleich das Vorzeichen. Jetzt ist wieder die Randbedingung der unteren Geraden befriedigt und die der oberen Geraden nicht. Durch weiteres abwechselndes Spiegeln mit Vorzeichenwechsel an der oberen und unteren Geraden und Summierung der erhaltenen Funktionen ergibt sich die Lösung; zu beachten ist hierbei, daß die Werte, die die gespiegelten Funktionen auf den Geraden annehmen, mit jeder Spiegelung immer mehr abnehmen und gegen Null gehen.

Damit erhalten wir den gedanklichen Aufbau der Potentialfunktion ψ. Wir sehen, daß wir allgemein eine Anhäufung von Polen in Gebieten erhalten, die vom Streifen $\mu_o^* \leqq y_s \leqq \mu_u^*$ immer weiter entfernt liegen. In der z -Ebene entsprechen diesen Gebieten andere Blätter des mehrblättrigen Gebietes mit den Verzweigungspunkten A und C.

Für ψ könnten wir den endgültigen Ausdruck durch Summen angeben; uns genügt aber die Erkenntnis über die Lage der Pole in der z_s -Ebene bzw. in den entsprechenden verschiedenen Blättern der z -Ebene.

15.3 Geschlossene Lösungen

Es lassen sich geschlossene Lösungen angeben, wenn bei den Spiegelungen mit Vorzeichenwechsel Pole mit entgegengesetzten Pfeilrichtungen zusammenfallen, so daß sie sich fortheben, oder auch Pole mit gleichgerichteten Pfeilen, so daß wir sie zusammenfassen können.

Einige Fälle führen wir vor; aber nicht die Entstehung durch die verschiedenen Spiegelungen, sondern sofort die Ergebnisse.

Wir beginnen mit der Funktion ψ_1 nach Bild 15.7. Die Pole liegen in den Punkten mit $y_s = 2\mu_u^* \pm 2n\pi$ mit $n = 0, 1, 2\ldots$. Die Randbedingung der oberen Randgeraden ist durch $\psi = \frac{1}{2}r_0^2 + \psi_1$ erfüllt. Gibt es nun Fälle, wo gleichzeitig auch die Randbedingung der unteren Randgeraden erfüllt bleibt? Dann müssen die Pole symmetrisch zu dieser angeordnet sein oder, was dasselbe ist, es muß die untere Gerade in der Mitte von $y_s = 2\mu_u^*$ und $y_s = 2\mu_u^* - 2\pi$ liegen. Hieraus folgt die Bedingung:

$$\mu_0^* = 2\mu_u^* - \pi \ .$$

Wir erhalten in der z_s-Ebene nur eine Reihe von Polen, in der z-Ebene nur einen Pol; dieses ist der Mittelpunkt. Seine Lage ist bestimmt durch $2\mu_u^* = \mu_0^* + \pi$, d.h. der Mittelpunkt M'' liegt auf dem unteren Teil des Kreises mit $r' = r_0$. Hiermit haben wir wieder die Lösung des Abschnittes 3, Bild 3.6, erhalten.

Dies Ergebnis regt uns an, weitere ähnliche Lösungen zu suchen. Wir nehmen wieder die Funktion ψ_1 , spiegeln sie an der unteren Randgeraden und bezeichnen die gespiegelte Funktion mit $-\psi_2$. Dann erfüllt die Potentialfunktion

$$\psi = \frac{1}{2}r_0^2 + \psi_1$$

die Randbedingung der oberen Randgeraden, und die Potentialfunktion

$$\psi = \frac{1}{2}r_0^2 + \psi_1 + \psi_2$$

die Randbedingung der unteren Randgeraden. Könnte nun nicht der Fall eintreten, daß die Funktion ψ_2 an der oberen Randgeraden den Wert Null annimmt? Die ersten Pole von ψ_2 unterhalb und oberhalb des Streifens liegen in den Punkten

$$y_s = -2\left(\mu_u^* - \mu_0^*\right)$$

und $$y_s = -2\left(\mu_u^* - \mu_0^*\right) + 2\pi \ .$$

Diese müssen symmetrisch zur Geraden $y_s = \mu_u^*$ liegen; folglich wird:

$$\mu_u^* = \pi - 2\left(\mu_u^* - \mu_0^*\right) \ ,$$

$$2\mu_0^* = \pi - 3\mu_u^* \ .$$

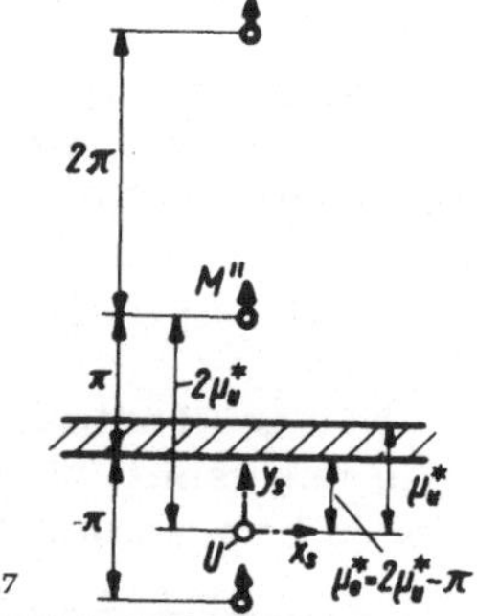

Bild 15.7

In der z-Ebene erhalten wir nur einen Pol in M'' und die Spiegelung dieses Poles am Kreis um M'. Dieser letzte muß dann auf dem Kreis um M'' liegen, aber auf dem Teil, der nicht zum Querschnittsrand gehört. Bild 15.8 zeigt einen solchen Fall.

In gleicher Weise lassen sich Lösungen für noch andere Beispiele finden.

Ein weiterer lehrreicher Fall ist folgender: Wir nehmen wieder die Funktion ψ_1 mit den Polen in den Punkten

$$z_S = 2\,\mu_u^* \pm 2\,n\pi \qquad \left(n = 0, 1, 2, \ldots \right)\ .$$

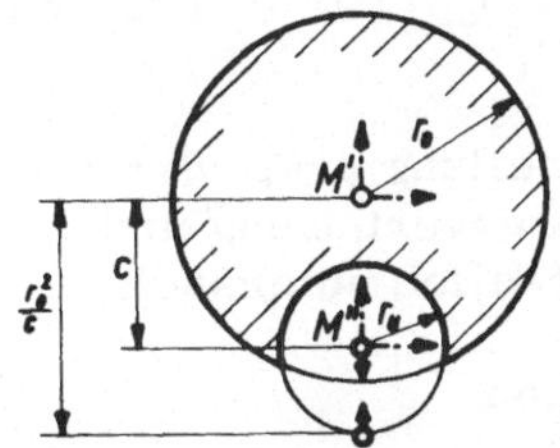

Bild 15.8

Was tritt nun ein, wenn die untere Randgerade $y_S = \mu_0^*$ durch den Pol $y_S = 2\mu_u^* - 2\pi$ geht, wie in Bild 15.9 a dargestellt ist? Die Randbedingung der oberen Geraden ist durch

$$\psi = \tfrac{1}{2}\,r_0^2 + \psi_1$$

erfüllt. Auch die Randbedingung der unteren Randgeraden wäre erfüllt, wenn wir den einen Pol fortbringen könnten, da die weiteren Pole symmetrisch zu dieser Randgeraden liegen. Wie bringen wir nun diesen einen Pol fort, ohne die Randbedingung zu stören?

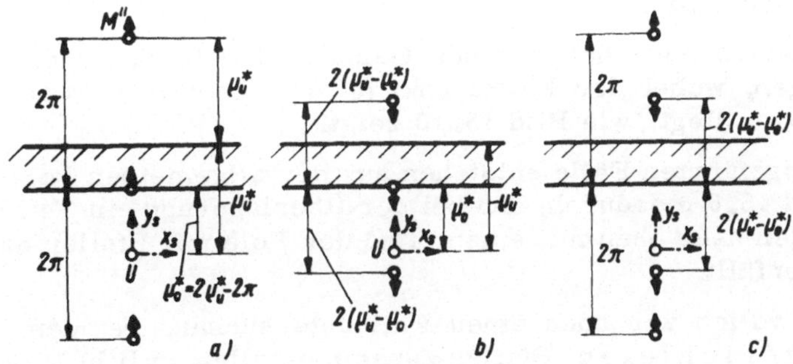

Bild 15.9 a—c

Dazu überlagern wir eine weitere Reihe von Polfunktionen mit Polen, die symmetrisch zur oberen Randgeraden liegen; außerdem muß ein Pol dieser Reihe auf der unteren Randgeraden, und die weiteren Pole der Reihe symmetrisch zur unteren Geraden liegen. Die Polfunktionen haben hierbei das entgegengesetzte Vorzeichen wie die Polfunktion, die zu beseitigen ist. Bild 15.9 b zeigt die Anordnung der Pole und die Pfeilrichtungen, die die Polfunktionen kennzeichnen. Der Abstand der Pole ist $2\left(\mu_u^* - \mu_0^*\right)$; die Funktion lautet:

$$\psi_2 = -2\,a \cdot d \cdot \mathfrak{Re}\left\{\sum_{n=-\infty}^{+\infty} \frac{1}{-i\left(x_s + i\,y_s\right) - \mu_0^* + 2n\left(\mu_u^* - \mu_0^*\right)}\right\} \; ;$$

sie läßt sich geschlossen ausdrücken durch:

$$\psi_2 = -\frac{\pi\,a \cdot d}{\mu_u^* - \mu_0^*}\;\mathfrak{Re}\left\{ctg\;\frac{\pi\left[-i(x_s + i\,y_s) - \mu_0^*\right]}{2\left(\mu_u^* - \mu_0^*\right)}\right\}\;.$$

Die Richtigkeit dieser Darstellung prüfe der Leser, indem er die Periodenlänge der Singularitätenverteilung und das singuläre Verhalten der Funktion ψ_2 an diesen Stellen untersucht.

Bilden wir nun die Funktion

$$\psi = \frac{1}{2}r_0^2 + \psi_1 + \psi_2\,,$$

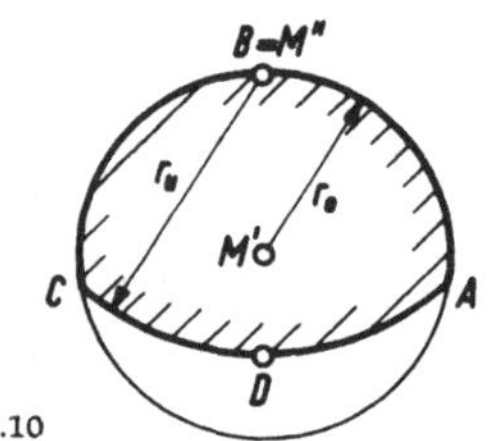

Bild 15.10

so erhalten wir eine Anordnung der Pole nach Bild 15.9 c. Da ψ_1 und ψ_2 geschlossen dargestellt werden können, erhalten wir für ψ eine geschlossene Lösung; allerdings ist ψ_2 in z-Koordinaten eine transzendente Funktion.

Der Querschnitt hat folgende Gestalt: Der Rand besteht aus zwei Kreisbögen, wobei der Mittelpunkt M'' des einen Bogens auf dem anderen Bogen liegt, wie Bild 15.10 zeigt.

Die angeführten Fälle entstehen aus der allgemeinen Polanordnung nach Bild 15.6 c dadurch, daß bei der Überlagerung ein Teil der Pole mit Pfeilen nach oben mit einem Teil der Pole mit Pfeilen nach unten zusammenfällt.

Jetzt wollen wir noch einen Fall untersuchen, bei dem Pole mit g l e i c h g e r i c h t e t e n Pfeilen zusammenfallen. In Bild 15.6 c haben die zwei ersten Pole über dem Streifen die Koordinaten $z_s = 2\,i\,\pi$ mit Pfeilrichtung nach unten und $z_s = 2\,i\,\mu_u^*$ mit Pfeilrichtung nach oben. Für die nächsten zwei Pole ist y_s um 2π größer. Spiegeln wir die Funktion mit Vorzeichenwechsel an der unteren und an der oberen Randgeraden zweimal, so verschieben sich alle Pole um $4\left(\mu_u^* - \mu_0^*\right)$ nach oben. Ist nun $4\left(\mu_u^* - \mu_0^*\right) = 2\pi$ siehe Bild 15.11 a, so verdoppeln sich bei der Überlagerung die Polfunktionen mit den Polkoordinaten $y_s \gtreqqless 4\pi$.

Führen wir die Spiegelungen durch und überlagern die sich dabei
ergebenden Polfunktionen, so können wir - bei diesem Beispiel - die
Polfunktionen zu vier Gruppen zusammenfassen. Die Gruppen sind in
Bild 15.11 b durch gleiche eingekreiste Nummern 1, 2, 3, und 4 gekennzeichnet. Jede einzelne Gruppe enthält ihre Polfunktionen in re-
gelmäßiger Anordnung, so daß wir sie zu einer geschlossenen analytischen Funktion zusammenfassen können, siehe Anhang II.

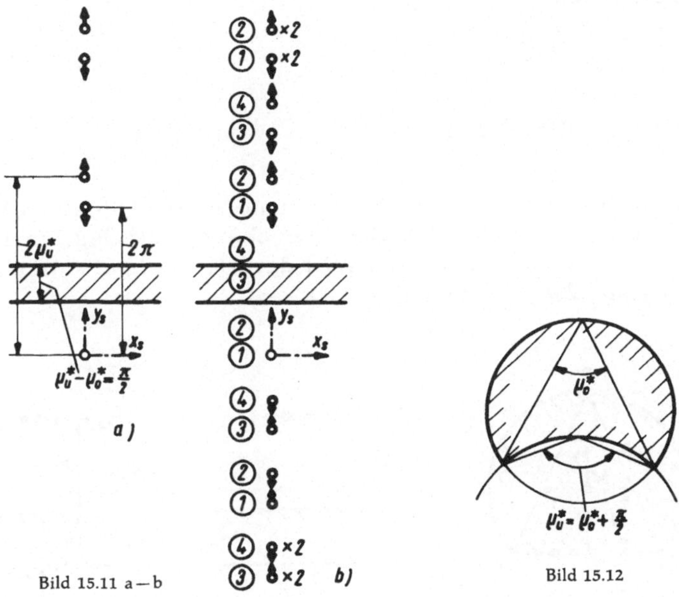

Bild 15.11 a—b

Bild 15.12

Ein Querschnitt mit $\mu_u^* - \mu_0^* = \pi/2$, auf den dies Verfahren anwendbar ist, ist in Bild 15.2 dargestellt. Allgemein läßt sich das Verfahren durchführen, wenn

$$\mu_u^* - \mu_0^* = \pi/n$$

ist, mit $n = 2, 3, \ldots$.

15.4 Sonderfall: Rand aus Kreisbogen und Geraden

Wir machen für den Querschnitt nach Bild 15.13 a den Ansatz:

$$F = G\vartheta\left(\psi - \tfrac{1}{2}r'^2\right) =$$

$$= G\vartheta\left(\psi - \tfrac{1}{2}x^2 - \tfrac{1}{2}\left(y - d\right)^2\right) .$$

Die Randbedingungen für ψ werden für den Kreisbogen ABC: $\psi_{Rd} = \tfrac{1}{2}r_0^2$, für das Geradenstück CDA mit $y = 0$:

$$\psi_{Rd} = \tfrac{1}{2}\left(x^2 + d^2\right) .$$

Für den letzten Ausdruck schreiben wir:

$$\psi_{Rd} = \tfrac{1}{2}d^2 + \tfrac{1}{2}\left(x^2 - y^2\right) .$$

Nun bilden wir wieder den Querschnitt auf einen Streifen ab durch die Abbildungsfunktion

$$z_S = \ln \frac{z-a}{z+a}$$

bzw.

$$z/a = -\operatorname{Ctg}\left(\tfrac{1}{2}z_S\right) .$$

Dem Kreisbogen ABC entspricht der untere Rand des Streifens mit $y_S = \mu_0^*$, dem Geradenstück CDA der obere Rand des Streifens mit $y_S = \pi$, Bild 15.13 b. Außerdem tritt der Streifen periodisch in vertikalem Abstand 2π wieder auf.

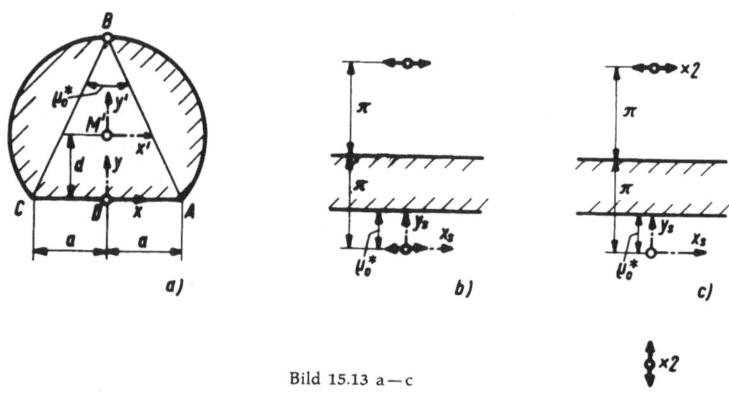

Bild 15.13 a—c

Die Randbedingungen für ψ sind:

für den unteren Rand: $\psi_{Rd} = \tfrac{1}{2}r_0^2$,

für den oberen Rand:

$$\psi_{Rd} = \tfrac{1}{2}d^2 + \tfrac{1}{2}\left(x^2 - y^2\right)_{Rd} = \tfrac{1}{2}d^2 + \tfrac{1}{2}\operatorname{Re}\left\{z^2\right\}_{Rd}$$

$$= \tfrac{1}{2}d^2 + \tfrac{1}{2}\operatorname{Re}\left\{a^2 \operatorname{Ctg}^2\left(\tfrac{1}{2}z_S\right)\right\}_{Rd}$$

$$= \tfrac{1}{2}d^2 + \tfrac{1}{2}a^2 \operatorname{Re}\left\{\frac{1}{\operatorname{Tg}^2\left(\tfrac{1}{2}z_S\right)}\right\}_{Rd} .$$

Wir erhalten Pole zweiter Ordnung im Punkte $z_s = 0$ und in den periodisch liegenden Punkten $z_s = 2 n i \pi, n = \pm 1, \pm 2, \ldots$. Die Polfunktion für $z_s = 0$ wird mit $\operatorname{tg}\left(\tfrac{1}{2} z_s\right) \rightarrow \tfrac{1}{2} z_s$:

$$\tfrac{1}{2} a^2 \, \Re\left\{ \frac{1}{\left(\tfrac{1}{2} z_s\right)^2} \right\} = 2 a^2 \, \Re\left\{ z_s^{-2} \right\} = 2 a^2 \cdot \frac{x_s^2 - y_s^2}{r_s^4} \; .$$

Für $y_s = 0$ gibt diese Polfunktion für positive und negative Werte x_s maximale positive Werte; wir veranschaulichen diese Funktion durch einen kleinen Kreis im Punkte $x_s = y_s = 0$ mit zwei Pfeilen in Richtung der positiven Werte, also in Richtung von $+ x_s$ und $- x_s$. Diese Polfunktionen sind in den Punkten $x_s = 0, y_s = 2 n i \pi, n = 0, \pm 1, \pm 2, \ldots$ in der z_s-Ebene einzuzeichnen..

Das allgemeine Verfahren der Spiegelung mit Vorzeichenwechsel läßt sich noch nicht durchführen, da die Pole sowohl oberhalb als auch unterhalb der oberen Geraden liegen. Wir ersetzen letztere wieder durch Pole oberhalb des Streifens, so daß die dort schon vorhandenen Pole zu verdoppeln sind, siehe Bild 15. 13 c. Der erste Anteil von ψ_1 , der die obere Randbedingung erfüllt, lautet:

$$\psi_1 = 4 a^2 \sum_{n=1}^{\infty} \Re\left\{ \left(z_s + 2 n i \pi\right)^{-2} \right\} \; .$$

Diese Funktion wird nun an der unteren Randgeraden mit Vorzeichenwechsel gespiegelt und die Spiegelung wiederum an der oberen Randgeraden und so fort.

Ist der Winkel $\mu_0^* = {}^p\!/\!q \cdot \pi$ mit ganzen teilerfremden Werten p und q , so werden sich bei der wiederholten Spiegelung die Polfunktionen vermehrfachen. Dann läßt sich die Funktion ψ wie früher in geschlossener Form darstellen.

15. 5 Übergang vom Querschnitt mit zwei Kreisrändern zum Zweibogenquerschnitt

Zum Schluß führen wir noch einen Vergleich durch für die konformen Abbildungen der Querschnitte, die wir erhalten, wenn wir vom Kreisquerschnitt mit exzentrischem Kreisloch ausgehen, das Loch erst soweit verschieben, daß sich die Randkreise berühren, und weiter verschieben, so daß ein Querschnitt mit dem Rand aus zwei Kreisbögen entsteht. Wir erhalten die drei Fälle $c < r_a - r_i$, $c = r_a - r_i$ und $c > r_a - r_i$, Bild 15. 14 a, b, c. Die konforme Abbildung der drei Fälle ist für gleiche Streifenbreite darunter aufgezeichnet. Der Mittelpunkt M' tritt im Falle a periodisch auf einer Geraden auf, die parallel zum Streifen ist. Wächst c , so vergrößert sich die Periodenlänge und wird für

$c = r_a - r_i$ unendlich, so daß nach Bild 15. 14 b nur ein Punkt M' in der konformen Abbildung auftritt. Wird $c > r_a - r_i$, so tritt M' wieder periodisch auf, aber auf der Geraden senkrecht zum Streifen; mit wachsendem c wird der Periodenabstand hierbei immer kleiner.

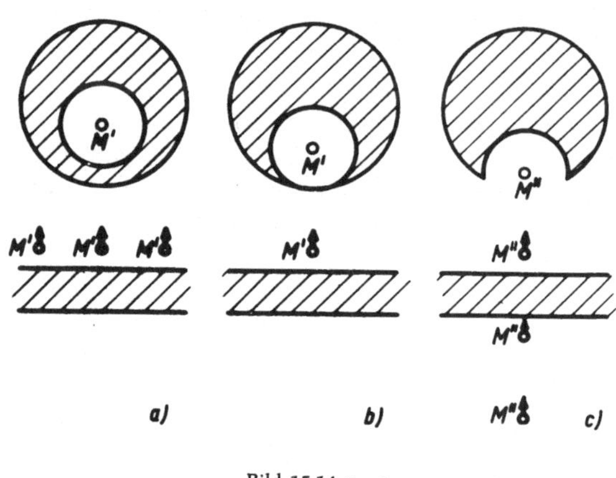

Bild 15.14 a — c

Wir sehen, daß der Fall des Querschnittes mit sich berührenden Kreisen sowohl Grenzfall des Kreisquerschnittes mit Kreisloch als auch Grenzfall des Zweibogenquerschnittes ist.

16 Weitere Anwendungen der Spiegelungsmethode

In den vorherigen zwei Abschnitten zeigten wir die Anwendung der Spiegelungsmethode für Querschnitte mit Rändern, die durch zwei Kreise oder zwei Kreisbögen (einschließlich Kreisbogen und Geradenstück) gebildet wurden.

Es liegt nahe, die Methode für Querschnitte zu erweitern, deren Ränder aus mehreren Kreisen und Kreisbögen einschließlich Geradenstücken bestehen.

Wir werden in vielen Fällen Kenntnis über die Lage der Pole und der Verzweigungspunkte der Funktion ψ innerhalb der Querschnitte und in den anschließenden Gebieten der Ebene erhalten. In gewissen Fällen wird eine analytische Fortsetzung nicht möglich sein; dann werden wir wenigstens angeben können; in welchen Gebieten keine Singularitäten auftreten. Wir zeigen dann an Beispielen, ob Reihenentwicklungen möglich sind, und in Fällen, wo dieses nicht statthaft ist, stellen wir Lösungsansätze auf, die außer den Potenzreihen noch weitere Glieder enthalten.

Es sei aber bemerkt, daß die Methode weiter entwickelt werden kann und daß wir nur einige lehrreiche Beispiele geben.

16.1 Allgemeine Regeln

Um die Funktion ψ zu bestimmen, wählen wir ein Koordinatensystem (x, y) und schreiben für dieses:

$$F = G\vartheta \cdot \left(\psi - \tfrac{1}{2} r^2\right) .$$

Aus den Bedingungen $F_{Außenrand} = 0$, $F_{Innenrand} = const.$ mit den Zusatzbedingungen für mehrfach zusammenhängende Querschnittsflächen, daß die Verschiebungsfunktion φ eindeutig ist, erhalten wir für ψ bestimmte Randbedingungen.

Wie ändert sich nun ψ, wenn wir zu einem neuen Koordinatensystem mit den Koordinaten $x' = x - a$, $y' = y - b$ übergehen? Wir setzen:

$$\psi - \tfrac{1}{2} r^2 = \psi' - \tfrac{1}{2} r'^2 \tag{16,1}$$

und bestimmen die neue Potentialfunktion ψ' :

$$\psi - \tfrac{1}{2} r^2 = \psi - \tfrac{1}{2}\left(x^2 + y^2\right) = \psi - \tfrac{1}{2}\left[\left(x'+a\right)^2 + \left(y'+b\right)^2\right]$$

$$= \psi - x'\cdot a - y'\cdot b - \tfrac{1}{2}a^2 - \tfrac{1}{2}b^2 - \tfrac{1}{2}\left(x'^2 + y'^2\right)$$

$$= \psi - \left[x'a + y'b + \tfrac{1}{2}\left(a^2 + b^2\right)\right] - \tfrac{1}{2}r'^2. \tag{16,2}$$

Aus den Gleichungen (16, 1) und (16, 2) folgt:

$$\psi' = \psi - \left[x'\cdot a + y'\cdot b + \tfrac{1}{2}\left(a^2 + b^2\right)\right].$$

Wir sehen, daß die Funktionen ψ und ψ' sich nur durch konstante und lineare Potentialfunktionen unterscheiden. Hieraus folgt, daß weitere Änderungen der singulären Punkte nicht eintreten. Stellen wir also fest, daß gewisse Gebiete der z -Ebene singularitätenfrei sind, so gilt dasselbe auch für ein verschobenes Koordinatensystem. Wir verschieben den Koordinatenanfang in den Mittelpunkt M' eines Randkreises oder eines Kreisbogens, der ein Teil eines Randes ist; für die Funktion ψ' ist natürlich die Querschnittsfläche singularitätenfrei. Wir erhalten für diesen Teil des Randes die Randbedingung:

$$\left[\psi' - \tfrac{1}{2} r_i^2\right]_{Rd} = 0,$$

wobei r_i der Halbmesser des Kreises oder Bogens ist. Die Potentialfunktion $\left(\psi' - \tfrac{1}{2} r_i^2\right)$ ist am Rand gleich Null, folglich erhalten wir im Gebiet, das durch Spiegelungen des Querschnittes am Kreis $r' = r_i$ entsteht, die analytische Fortsetzung der Funktion $\left(\psi' - \tfrac{1}{2} r_i^2\right)$ dadurch, daß wir diese Funktion spiegeln und das Vorzeichen ändern. Wichtig ist, daß damit auch im gespiegelten Gebiet, soweit es im Endlichen liegt, keine Singularitäten auftreten. Enthält der Querschnitt zwei Randteile, die Kreisbögen sind, so wird auch das Gebiet singularitätenfrei, das wir dadurch erhalten, daß wir erst an einem Kreisbogen die Spiegelung vornehmen und dann den Querschnitt und das gespiegelte Gebiet am anderen Kreisbogen spiegeln. Diesen Vorgang kann man beliebig fortsetzen. Nur wenn bei den Spiegelungen der unendlich ferne Punkt in ein Spiegelungsgebiet fällt, tritt dort ein Pol auf.

Anders ist ein gerades Randstück zu untersuchen. Wir wählen dann den Koordinatennullpunkt auf dem Geradenstück, so daß die x -Achse normal zu diesem ist. Dann wird:

$$\left[\psi' - \tfrac{1}{2} r'^2\right]_{Rd} = \left[\psi' - \tfrac{1}{2} y'^2\right]_{Rd} = \left[\psi' + \tfrac{1}{2}\left(x'^2 - y'^2\right)\right]_{Rd} = 0.$$

Wir spiegeln jetzt die Potentialfunktion $\left[\psi' + \tfrac{1}{2}\left(x'^2 - y'^2\right)\right]$ und sehen, daß diese im gespiegelten Gebiet keine singulären Stellen hat. Hieraus folgt, daß auch ψ' im gespiegelten Gebiet singularitätenfrei ist.

Im weiteren zeigen wir Anwendungen dieser Ergebnisse anhand verschiedener Beispiele.

16.2 Kreisquerschnitt mit Kreisbogen-Ausschnitten

Der Querschnitt ist in Bild 16.1 dargestellt. Aus dem Vollkreisquerschnitt sind zwei symmetrisch liegende Stücke ausgeschnitten, wobei der Rand dieser Ausschnitte aus Kreisbögen besteht. Als entscheidend wird sich die Größe des Winkels α zwischen einem Bogen und dem ursprünglichen Randkreis erweisen.

Wir spiegeln erst den Querschnitt am ursprünglichen Kreisrand. Das gespiegelte Gebiet, das im Bild angegeben ist, enthält auch den unendlich fernen Punkt. Die Punkte A, B, C und D sind Verzweigungspunkte. Die angegebene Außenspiegelung benötigen wir fürs erste nicht.

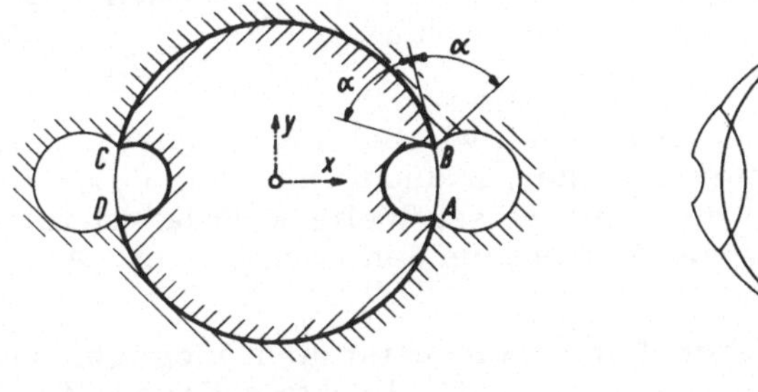

Bild 16.1   Bild 16.2

Jetzt spiegeln wir den Querschnitt am rechten und am linken Kreisbogen, diese Spiegelung jeweils an den gegenüberliegenden Bögen, und so fort. Bild 16.2 zeigt das Ergebnis für den Fall, daß $\alpha > \tfrac{\pi}{2}$ ist, Bild 16.3 für $\alpha < \tfrac{\pi}{2}$. Wir sehen, daß im ersten Fall im Gebiet $r \leqq r_a$ keine Singularitäten auftreten, so daß wir für ψ eine Potenzreihe ansetzen können. Im zweiten Fall ist dieses nicht möglich, da die gespiegelten Pole und Verzweigungspunkte wenigstens zum Teil in das Gebiet $r \leqq r_a$ fallen. Bild 16.4 zeigt den Grenzfall $\alpha = \tfrac{\pi}{2}$. Hier nähern sich die gespiegelten Pole immer mehr den zwei Punkten $x = \pm r_a$. Auch in diesem Fall ist eine Potenzreihenentwicklung für ψ möglich.

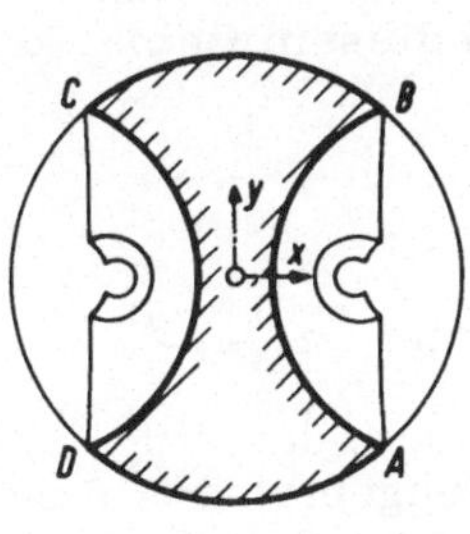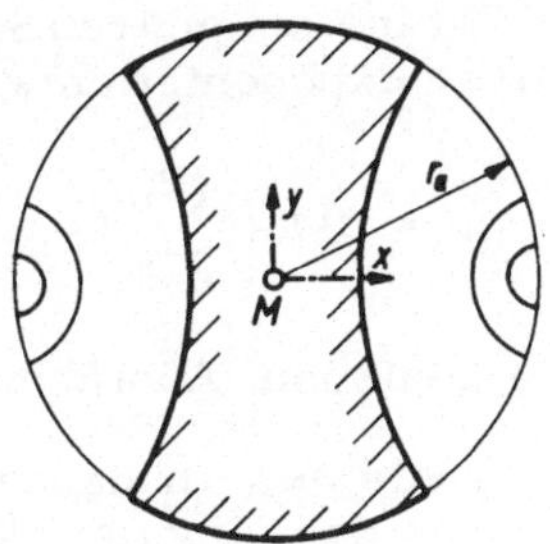

Bild 16.3   Bild 16.4

Was machen wir aber im Fall des Querschnittes nach Bild 16.3? Wir werden später noch darauf zurückkommen.

Der Querschnitt ist in Bild 16. 5 dargestellt. Im Kreisquerschnitt befinden sich zwei symmetrisch liegende gleichgroße Kreislöcher, wobei die Mittelpunkte der Randkreise auf der x-Achse liegen. Im Bild ist zugleich die Spiegelung des Querschnittes an den beiden Lochkreisen eingezeichnet.

Wir setzen - wie früher - :

$$F = G \vartheta \left[\psi - \tfrac{1}{2} r^2 \right]$$

mit

$$\psi = \tfrac{1}{2} r_a^2 + \dots \quad .$$

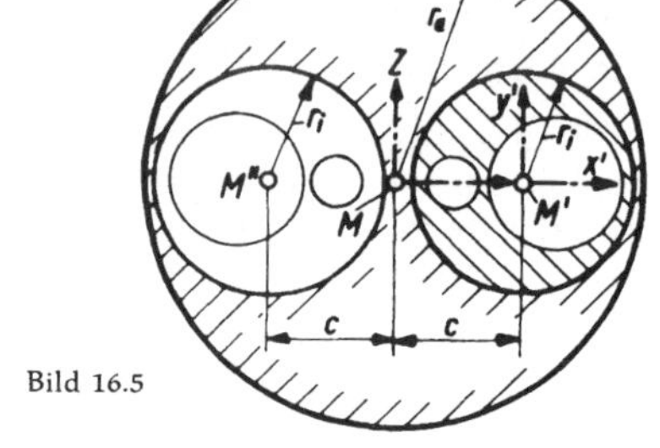

Bild 16.5

Die weiteren zwei Glieder von ψ sind - wie beim Kreisquerschnitt mit e i n e m Loch - Polfunktionen erster Ordnung mit den Polen in den Mittelpunkten M' und M'' der Lochkreise. Weitere Pole erhalten wir durch Spiegelung am Außenkreis und an den Lochkreisen. Alle Pole liegen auf der x-Achse.

Ein Lösungsansatz durch Potenzreihen ist nicht möglich, da sich innerhalb der Kreisfläche $r \leqq r_a$ singuläre Punkte befinden. Wir können aber die Polfunktionen mit Polen, innerhalb des rechten Lochkreises, zusammenfassen und für das Gebiet außerhalb des Lochkreises durch eine Potenzreihe in den Koordinaten (x', y') ersetzen; diese Reihe lautet in Polarkoordinaten:

$$\sum_{n=0}^{\infty} a_n' \left(r' \right)^{-n} \cos n \mu' \, .$$

Zur Erläuterung geben wir einen Hinweis über Potenzreihenentwicklungen:

Hat die Funktion ψ innerhalb eines Kreises vom Halbmesser a, also für $r \leqq a$, keine singulären Stellen, so läßt sich ψ in eine Potenzreihe mit positiven Exponenten entwickeln, die in diesem Gebiet konvergiert:

$$\psi = \Im \left\{ \sum_{n=0}^{\infty} c_n z^n \right\} \quad .$$

Durch die konforme Abbildung der Inversion: $z_1 = \dfrac{a^2}{z}$

geht der Kreis $r = a$ in denselben Kreis über; das singularitätenfreie Innengebiet in das singularitätenfreie Außengebiet, das Außengebiet in das Innengebiet. Damit erhalten wir für ψ die Reihenentwicklung:

$$\psi = \Im \left\{ \sum_{n=0}^{\infty} c_n a^2 \left(\frac{1}{z_1} \right)^n \right\} = \Im \left\{ \sum_{n=0}^{\infty} c_n' z_1^{-n} \right\} ,$$

die nun sicher im Außengebiet des Kreises konvergiert. Daraus folgt: Hat eine Funktion ψ nur im Gebiet $r_1 < a$ singuläre Stellen, so läßt sie sich im Nullpunkt in eine Potenzreihe mit negativen Exponenten entwickeln; diese Potenzreihe konvergiert sicher im Außengebiet des Kreises.

Für das Außengebiet des linken Kreisloches erhalten wir für die Polfunktionen mit den innerhalb des Loches befindlichen Polen die Reihe:

$$\sum_{n=0}^{\infty} a_n' \left(r'' \right)^{-n} \cos n \left(\pi - \mu'' \right) .$$

Die Polfunktionen mit den Polen außerhalb des Außenkreises ersetzen wir durch die Reihenentwicklung:

$$\sum_{n=0}^{\infty} a_m \cdot r^{2m} \cos 2 m \, \mu .$$

Damit erhalten wir:

$$\psi = \tfrac{1}{2} r_a^2 + \sum_{m=0}^{\infty} a_m r^{2m} \cos 2 m \, \mu + \sum_{n=0}^{\infty} a_n' \left[\left(r' \right)^{-n} \cos n \, \mu' + \left(r'' \right)^{-n} \cos n \left(\pi - \mu'' \right) \right].$$

Die Pole des Außengebietes sind entstanden durch Spiegelung der Pole in den Lochkreisen am Außenrand. Daher können wir die erste Summe durch eine andere Summe ersetzen. Hierzu formen wir erst die zweite Summe für die Polfunktionen mit Polen innerhalb der Lochkreise um:

$$\sum a_n' \left[\left(r' \right)^{-n} \cos n \, \mu' + \left(r'' \right)^{-n} \cos n \left(\pi - \mu'' \right) \right] =$$

$$= \sum a_n' \, \mathfrak{Re} \left\{ \left(z' \right)^{-n} + \left(-z'' \right)^{-n} \right\} =$$

$$= \sum a_n' \, \mathfrak{Re} \left\{ \left(z - c \right)^{-n} + \left(-1 \right)^n \left(z + c \right)^{-n} \right\} .$$

Als gespiegelte Funktion ergibt sich:

$$\sum a_n' \, \mathfrak{Re} \left\{ \left(\frac{r_a^2}{z} - c \right)^{-n} + \left(-1 \right)^n \left(\frac{r_a^2}{z} + c \right)^{-n} \right\} .$$

Damit wird:

$$\psi = \tfrac{1}{2} r_a^2 + \sum_{n=1}^{\infty} a_n' \, \mathfrak{Re} \left\{ \left(z - c \right)^{-n} + \left(-1 \right)^n \left(z + c \right)^{-n} - \right.$$
$$\left. - \left(\frac{r_a^2}{z} - c \right)^{-n} - \left(-1 \right)^n \left(\frac{r_a^2}{z} + c \right)^{-n} \right\} .$$

Der Vorzug dieses Ansatzes besteht darin, daß wir weniger Freiwerte erhalten und die Bedingung des Außenrandes bereits im Ansatz erfüllt ist.

Zur Bestimmung der Freiwerte nehmen wir einen Näherungsansatz mit $(N+1)$ Freiwerten, wählen auf einem der Lochkreise N Punkte und stellen die Bedingung auf, daß für alle diese Punkte $(\psi - \frac{1}{2}r^2)$ denselben Wert annimmt. Ein anderer Weg zur Bestimmung besteht darin, daß wir $(\psi - \frac{1}{2}r^2)$ für $z' = r_i\, e^{i\mu'}$, also für einen Innenkreis, in eine Fourier-Reihe zerlegen und alle Glieder bis auf das konstante gleich Null setzen.

Diese Methode läßt sich für die Querschnitte nach Bild 16.3 nicht anwenden; ergänzen wir die Kreisbögen zu Kreisen, so befinden sich innerhalb derselben Verzweigungspunkte, so daß die Reihenentwicklung im allgemeinen nicht möglich sein wird.

16.4 Kreisquerschnitt mit vier kleinen Kreislöchern

Der Außenrand ist ein Kreis mit dem Mittelpunkt M, $x_M = c$, $y_M = 0$. Die vier Löcher liegen symmetrisch zur x - und zur y -Achse, so daß ihre Mittelpunkte ein Quadrat bilden, Bild 16.6. Die Lochränder bezeichnen wir als ersten, zweiten, dritten und vierten Innenkreis, ihre

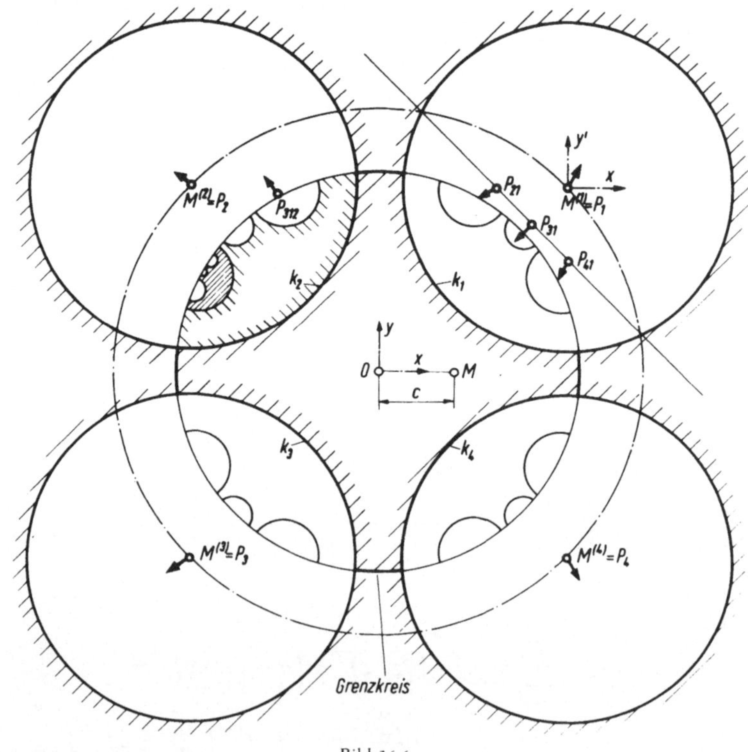

Bild 16.6

Mittelpunkte mit $M^{(1)}$, $M^{(2)}$, $M^{(3)}$ und $M^{(4)}$; die Koordinaten sind für $M^{(1)}$:
$x_{M^{(1)}} = a$, $y_{M^{(1)}} = a$, für $M^{(2)}$: $x_{M^{(2)}} = -a$, $y_{M^{(2)}} = a$ usw. Die Halbmesser der Innenkreise sind r_i, der des Außenkreises ist r_a, wobei wir annehmen, daß r_a wesentlich größer als r_i und a ist.

Wir führen wieder die Spiegelung des unendlich fernen Punktes und des Außengebietes an den Innenkreisen durch, und weiter die Spiegelungen jeweils an den anderen Innenkreisen. Die Spiegelung des unendlich fernen Punktes am ersten, zweiten bis vierten Innenkreise gibt die Pole $P_1 = M^{(1)}$, $P_2 = M^{(2)}$, $P_3 = M^{(3)}$ und $P_4 = M^{(4)}$; die Spiegelung des Außengebietes gibt kleine Kreisgebiete um diese Pole. Wir verfolgen weiter die Spiegelungen der Pole. Spiegeln wir P_1 am zweiten Kreis, so erhalten wir den Pol P_{12}, wird dieser wieder am ersten Kreis gespiegelt, so erhalten wir den Pol P_{121} usw. Auf diese Weise entstehen die vier Pole mit einem Index, weiter $4 \cdot 3$ Pole mit zwei Indizes, $4 \cdot 3 \cdot 3$ Pole mit drei Indizes. Um jeden Pol liegt dann ein kleines Kreisgebiet, entstanden durch Spiegelungen des Außengebietes.

Wir untersuchen nun, wohin die Polfolgen streben. Hierzu ziehen wir einen Kreis, der die vier Randkreise senkrecht schneidet, und bezeichnen ihn als Grenzkreis. Spiegeln wir einen Punkt des Grenzkreises an einem der vier Lochkreise, so erhalten wir wieder einen Punkt des Grenzkreises. Die Pole außerhalb des Grenzkreises geben bei den Spiegelungen wieder Pole, die außerhalb des Grenzkreises liegen. Weiter erkennen wir, daß sich die Pole mit wachsender Indexzahl immer mehr dem Grenzkreis nähern, wobei die Abstände vom Grenzkreis gegen Null gehen. Aus diesem Grunde ist die Bezeichnung "Grenzkreis" gewählt. Wir sehen, daß der Grenzkreis mit unendlich vielen Polen bedeckt ist, deren Indexzahl gegen Unendlich geht.

Wie liegen diese "Grenzpole" auf dem Grenzkreis? Die Bögen des Grenzkreises zwischen zwei Lochkreisen bleiben von den Polen natürlich frei, da die Pole nur innerhalb der Lochkreise auftreten. Diese Bögen des Grenzkreises bezeichnen wir als Stege, da sie das Innengebiet des Grenzkreises mit dem Außengebiet verbinden, ohne daß wir auf Pole stoßen. Die vier Lochkreise werden durch den Grenzkreis in jeweils zwei Kreisbögen geteilt; die Bögen der Kreise innerhalb des Grenzkreises bezeichnen wir mit k_1, k_2, k_3 und k_4, siehe Bild 16.6. Nun betrachten wir die kreuzförmige Figur, die durch die vier Stege und die Bögen k_1, k_2, k_3 und k_4 berandet ist. Um sie hervorzuheben, ist ihre Innenfläche am Rande schraffiert (Ausnahmsweise kennzeichnet die Schraffur hier nicht die Randgebiete des Querschnittes!).

Wir spiegeln dieses Kreuz an den vier Lochkreisen. Die Spiegelungen sind im Bilde eingezeichnet und im zweiten Lochkreise am Rand schraffiert. Da auf den Stegen keine Grenzpole liegen, so trifft dieses auch für die Spiegelungen der Stege zu. Diese Spiegelungen der Stege sind durch die eingezeichneten Spiegelungen der Kreuzfigur gut zu erkennen. Wir können aber auch die Spiegelungen weiter fortsetzen. Innerhalb des zweiten Lochkreises ist eine solche zweite Spiegelung eingezeichnet und schraffiert. Alle Spiegelungen der Stege bleiben frei von Grenzpolen. Wir erhalten folglich wohl unendlich viele Grenzpole, aber zwischen ihnen von Grenzpolen freie Bögen des Grenzkreises. Die Spiegelungen der Kreuzfigur und ihre weiteren Spiegelungen füllen hierbei das ganze Innengebiet des Grenzkreises. Die Polfunktionen stellen wir wieder durch Pfeile dar, deren Richtung von der Lage von M , also von c abhängt. Außerdem kommen noch die Spiegelungen am Außenkreise hinzu, die wir nicht weiter verfolgen.

16.5 Querschnitt mit mehreren sich berührenden Kreisen

Bei dem soeben untersuchten Beispiel vergrößern wir die Halbmesser r_i soweit, daß sich die Lochkreise berühren. Wir erhalten dann im Querschnitt nur noch e i n L o c h, das durch vier sich berührende Kreisbögen berandet ist. Andererseits beranden die Kreisbögen $k_1, k_2,$ k_3 und k_4 jetzt einen Querschnitt, der mit dem äußeren Querschnitt

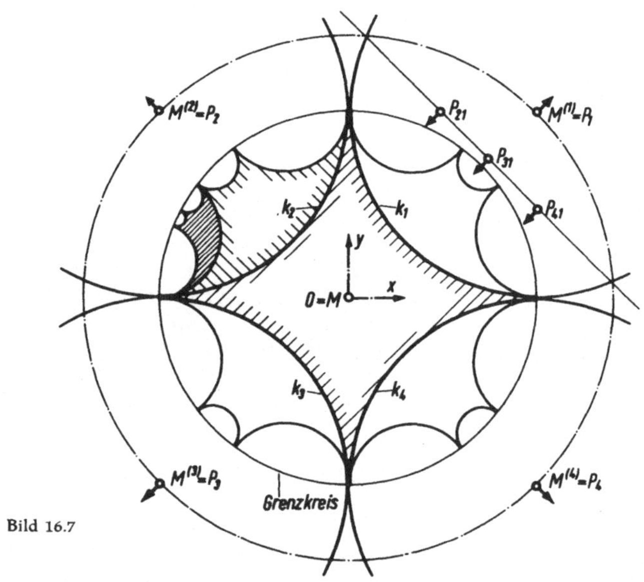

Bild 16.7

nicht mehr verbunden ist. Dieser Querschnitt ist ein Bogenviereck mit sich berührenden Kreisbögen. Die Pole können ebenso wie vorher eingezeichnet werden und ebenfalls die Pfeile, die die Polfunktionen kennzeichnen. Nun hängt die Richtung der Pfeile von der Lage des Punktes M ab; für das Bogenviereck muß die Lösung aber unabhängig von c sein. Um diesen Widerspruch aufklären zu können, ist vorher der Fall der sich n i c h t berührenden Kreise so eingehend behandelt worden. Die Stege schrumpfen zu Punkten zusammen. In Bild 16.7 ist dieser Grenzfall dargestellt. Wir erkennen im Bilde im wesentlichen alle Einzelheiten des Bildes 16.6 wieder. Das Bogenviereck ist am Rande schraffiert, die Spiegelung am zweiten Kreis ebenfalls und darin auch noch eine weitere Spiegelung. Wir erhalten jetzt eine ununterbrochene Reihe von Grenzpolen. Der Grenzkreis ist der Konvergenzkreis der Reihenentwicklung von ψ für das Bogenviereck, über den wir die Funktion analytisch nicht fortsetzen können. Darum ist die Lösung für ψ auch nicht durch Polfunktionen darstellbar.

Die Polfunktionen behalten nur Sinn für den großen Kreisquerschnitt
mit dem Loch, dessen Rand aus den vier sich berührenden Kreisbögen
besteht. Da innerhalb des Grenzkreises, der das Bogenviereck um-
schreibt, keine Singularitäten liegen, so können wir für das Bogenviereck einen Potenzreihenansatz machen, der bei unendlich vielen
Gliedern die richtige Lösung gibt.

16.6 Querschnitt mit Bögen von sich schneidenden Kreisen

Wir vergrößern die Halbmesser der vier Kreise weiter und behalten
als Innengebiet ein Bogenviereck, dessen Winkel größer als Null sind,
Bild 16.8, während sie beim vorherigen Beispiel gleich Null waren.

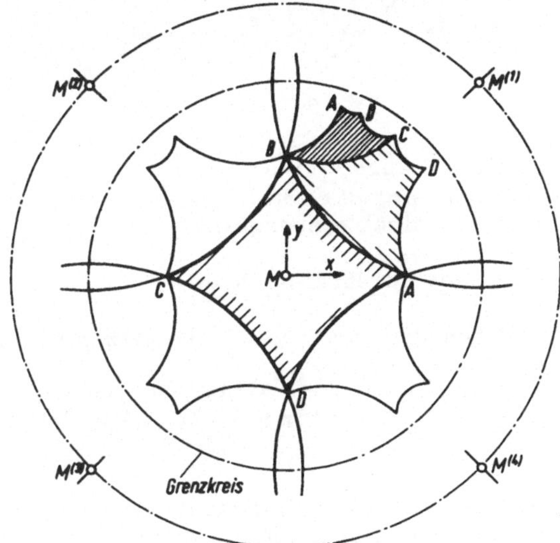

Bild 16.8

Wir hatten in einem früheren Abschnitt Querschnitte behandelt, deren
Rand aus zwei sich nicht berührenden Kreisbögen bestand; wir erhielten ein unendlich vielblättriges Gebiet für die Funktion ψ; d.h. nach
Vergrößerung von μ^* um 2π erhielten wir andere ψ-Werte, obgleich
die betreffenden Punkte in der z-Ebene zusammenfielen. So erhalten
wir auch jetzt bei dem Querschnitt, der aus vier sich nicht berührenden Kreisbögen besteht, eine Funktion ψ, die nur in einem mehrblättrigen Gebiet erklärt werden kann. Geht man um eine Ecke herum,
so daß wir zu demselben Punkt zurückkehren, so befinden wir uns in
einem anderen Blatt. Wir erhalten im ersten Blatt, in dem der Quer-
schnitt liegt, Pole in den Punkten $M^{(1)}$, $M^{(2)}$, $M^{(3)}$ und $M^{(4)}$. Auch in den anderen Blättern werden Pole auftreten. Alle gespiegelten Pole in den
einzelnen Blättern liegen jedoch außerhalb des Grenzkreises, so daß
sich auch innerhalb des Querschnittes kein Pol befindet. Nun hat die
Funktion ψ noch Verzweigungspunkte in den Punkten A, B, C und D.
Wir müssen prüfen, ob die Spiegelungen dieser Punkte außerhalb des
Kreises liegen, den wir um die vier Eckpunkte ziehen. Die Spiegelungen der Punkte an den vier Kreisbögen sind in Bild 16.8 eingezeichnet, und wir sehen, daß der Kreis um die vier Ecken des Bogenvier-
eckes der Konvergenzkreis für einen Potenzreihenansatz von ψ ist.

16.7 Sektor der Ebene mit Bogenabschluß

Bild 16.9 zeigt den Querschnitt. Einen allgemeinen Ansatz für den Sektor der Ebene haben wir in Abschnitt 5 aufgestellt. Ist er auch für den vorliegenden Fall brauchbar? Hierzu spiegeln wir den Punkt O am Kreisbogen; der Abstand des gespiegelten Punktes vom Punkt P

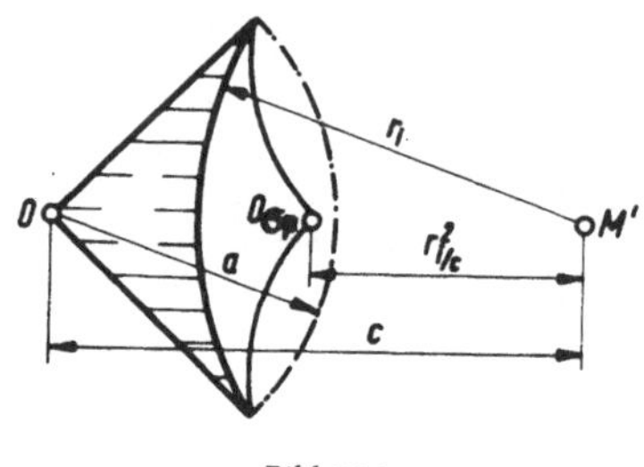

Bild 16.9

ist $c - r_i^2/c$. Ist diese Länge kleiner als a , so liegt innerhalb des Konvergenzkreises eine singuläre Stelle, so daß der angeführte Ansatz im Querschnittsbereich nicht konvergiert.

16.8 Dreieckquerschnitt mit Kreisloch

Bild 16.10 zeigt den Querschnitt. Für ψ setzen wir an:

$$\psi = c_0 + \sum_{n=1}^{\infty} c_{3n}\, r^{3n} \cos 3n\,\mu - \sum_{n=1}^{\infty} c_{3n}\, \frac{r_i^{6n}}{r^{3n}}\, \cos 3n\,\mu\ .$$

Konvergiert dieser Ansatz im Querschnittsbereich? Innerhalb des Kreisloches treten Singularitäten auf, die durch die zweite Summe gegeben sind. Beide Summen sind so aufgebaut, daß ψ für $r = r_i$ einen konstanten Wert c_0 ergibt. Und dennoch ist der Ansatz nicht zu gebrauchen. Im Mittelpunkt des Lochkreises erhalten wir einen Pol höherer Ordnung. Dieser spiegelt sich an den geraden Seiten, so daß die gespiegelten Singularitäten in den Mitten der anschließenden gleichseitigen Dreiecke, also in den Punkten P_1, P_2 und P_3 , auftreten. Diese sind weiter u. a. an dem Lochkreis des Querschnittes zu spiegeln. Wir erhalten somit sowohl im Lochkreis als auch in den gespiegelten Kreisen Singularitäten mit singulären Punkten, die nicht mit den Kreismittelpunkten zusammenfallen. Der Kreis durch die drei Ecken des Dreieckes umschließt folglich nicht nur singuläre Punkte innerhalb des Lochkreises, sondern auch die an den geraden Seiten gespiegelten singulären Punkte. Folglich wird der Ansatz nicht konvergieren, und auch Näherungsansätze dieser Art werden nicht brauchbar sein.

Kann man sich auch hier mit verwickelteren Ansätzen behelfen? Für alle Singularitäten mit den singulären Stellen innerhalb des Lochkreises schreiben wir für $r \geq r_i$:

$$\sum_{m=1}^{\infty} c_{3m}' \cdot \frac{r_i^{6m}}{r^{3m}}\, \cos 3m\,\mu\ .$$

174

Da in den Punkten $M^{(1)}, M^{(2)}$ und $M^{(3)}$ die gespiegelten Singularitäten mit Vorzeichenwechsel auftreten, schreiben wir für diese:

$$-\sum_{m=1}^{3} c'_{3m} \cdot \frac{r_i^{6m}}{(r')^{3m}} \cos 3m\,\mu'$$

bzw. denselben Ausdruck mit r'',μ'' und r''',μ'''.

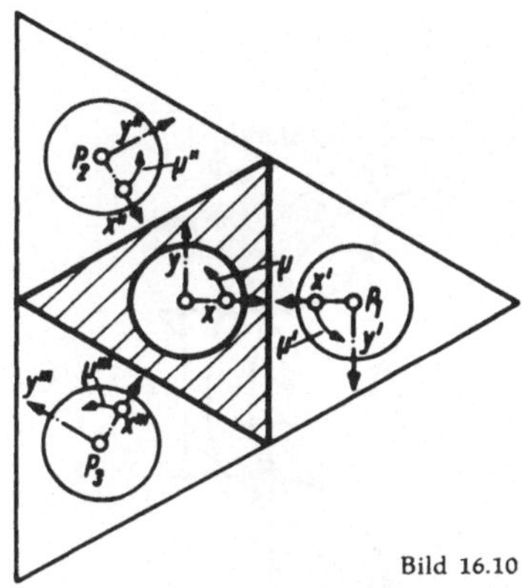

Bild 16.10

Damit haben wir alle Singularitäten innerhalb des umschriebenen Kreises erfaßt, und wir erhalten für ψ den Ansatz:

$$\psi = c_0 + \sum_{n=1}^{\infty} c_{3n}\,r^3 \cos 3n\,\mu + \sum_{m=1}^{\infty} c'_{3m} \left[\frac{r_i^{6m}}{r^{3m}} \cos 3m\,\mu - \right.$$

$$- \frac{r_i^{6m}}{(r')^{3m}} \cdot \cos 3m\,\mu' - \frac{r_i^{6m}}{(r'')^{3m}} \cos 3m\,\mu'' -$$

$$\left. - \frac{r_i^{6m}}{(r''')^{3m}} \cos 3m\,\mu''' \right].$$

Dieser Ansatz ist auch für Näherungslösungen mit endlich vielen Werten n und m zu verwenden.

16.9 Symmetrisches Streifenkreuz mit ausgerundeten Innenecken

Wir zerlegen das symmetrische Streifenkreuz nach Bild 16.11 a in das Mittelstück $A\,B\,C\,D\,E\,F\,G\,H\,A$ und die Streifen mit geraden Rändern, und werfen die Frage auf, ob für ψ ein Potenzreihenansatz zulässig ist, der für das Gebiet des Mittelstückes konvergiert. Um die Frage zu klären, ziehen wir durch die Punkte A, B, C usw. den k r i t i - s c h e n K r e i s; innerhalb dieses Kreises darf sich keine singuläre Stelle der Funktion ψ befinden.

Zuerst wollen wir den Punkt A untersuchen. Hierzu spiegeln wir den Querschnitt einmal am Oberrand des rechten Streifens, der durch

175

A geht, und dann am Bogen AB . Im Bilde 16.11 b und c sind die Spiegelungen dargestellt, soweit sie für uns von Bedeutung sind. Wir sehen, daß das Gebiet oberhalb-rechts vom Bogen AB doppelt überdeckt wird. Es ist anzunehmen, daß ein solcher Punkt allgemein ein Verzweigungspunkt der Funktion ψ ist. Dasselbe gilt auch für Randpunkte, in denen zwei Kreisbögen (einschließlich geraden Stücken) unter einem Winkel zusammenstoßen; es gibt aber Ausnahmefälle hierfür, z.B. die Ecke eines gleichseitigen Dreieckes.

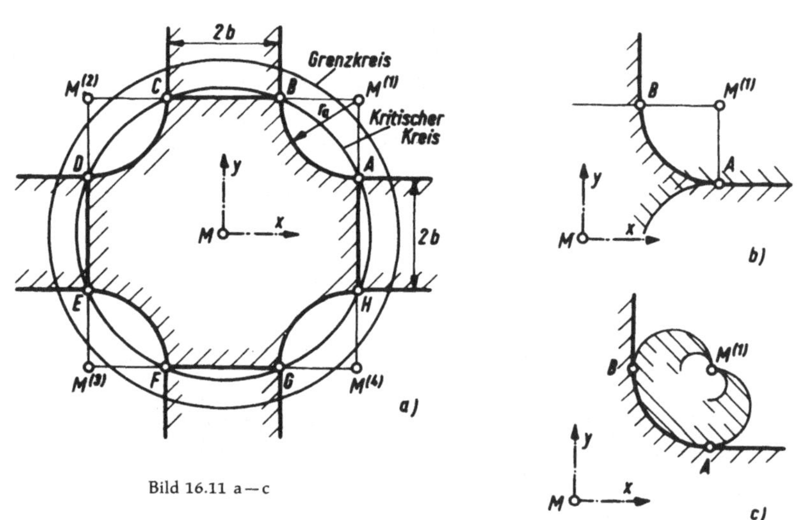

Bild 16.11 a—c

Nun zurück zu unserem Querschnitt:
Außer dem kritischen Kreis zeichnen wir noch den Grenzkreis für die vier Kreisbögen AB, CD, EF und GH ein. Der kritische Kreis kommt innerhalb des Grenzkreises zu liegen, da dieser die Verlängerung der Kreisbögen senkrecht schneidet. Wir wissen nun, daß die Spiegelpunkte der unendlich fernen Punkte bei der Spiegelung an den Kreisbögen außerhalb des Grenzkreises liegen. Dasselbe gilt auch für alle weiteren Spiegelungen an diesen Kreisbögen. Hiermit liegen alle diese Spiegelpunkte auch außerhalb des kritischen Kreises.

Wir müssen folglich nur feststellen, wo die Spiegelungen der Verzweigungspunkte A, B, C usw. liegen. Spiegeln wir diese Punkte am Kreisbogen AB ! Die Spiegelpunkte der Punkte A und B fallen mit diesen zusammen. Der Punkt C gibt bei der Spiegelung einen Punkt, der sich zwischen dem Punkt B und dem Mittelpunkt $M^{(1)}$ des Bogens AB befindet. Der Kreisbogen $BCDEFGA$ liegt damit außerhalb des kritischen Kreises, siehe Bild 16.11 a.

Hieraus folgt, daß die Potenzreihenentwicklung für ψ im Gebiet des Mittelstückes konvergiert.

Auch diesen Querschnitt zerlegen wir in ein Mittelstück und die beiden Streifen, Bild 16.12. Kann man nun für ψ einen im Mittelstück konvergierten Ansatz angeben?

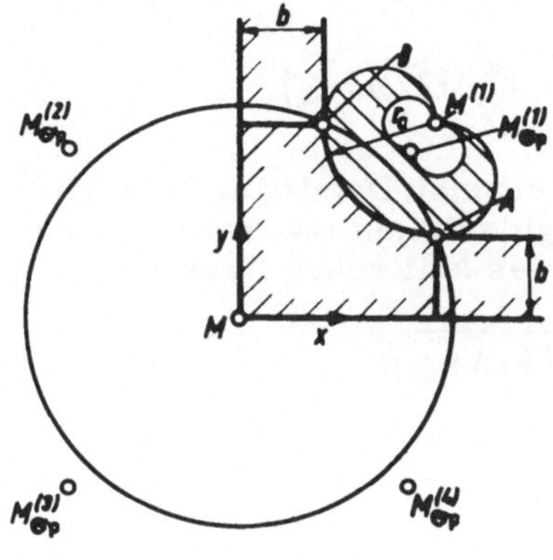

Bild 16.12

Das Mittelstück ist ein Teil des Sektors der Ebene, für den wir eine allgemeine Lösung im Abschnitt 5 entwickelt hatten. Diese lautet für das vorliegende Koordinatensystem

$$\psi = \psi_{Gr} + \psi_{Erg}$$

mit

$$\psi_{Gr} = \operatorname{Im} \frac{2}{\pi} z^2 \left(\ln z/a - i\frac{\pi}{4} \right)$$

und

$$\psi_{Erg} = \sum_0^\infty a_{2(2n+1)} \, r^{2(2n+1)} \cos 2 (2n+1)\left(\mu - \frac{\pi}{4} \right).$$

Nun untersuchen wir das singularitätenfreie Gebiet der Funktion ψ_{Erg}. Da ψ_{Erg} auf den geraden Rändern des Sektors der Ebene gleich Null ist, kann man ψ_{Erg} über die Ränder fortsetzen; hierbei treten in jedem Quadranten die gleichen Funktionswerte mit wechselnden Vorzeichen auf. Dieses geht hier, da der Sektor den Eckwinkel $\pi/2$ hat. Bei anderen Winkeln ist der Sektor erst auf die Halbebene konform abzubilden.

Der kritische Kreis geht mit M als Mittelpunkt durch die Punkte A und B. Diese Punkte sind Verzweigungspunkte; ihre Spiegelungen liegen außerhalb des kritischen Kreises. Wo liegt aber der Spiegelpunkt des Eckpunktes M ?

Im Bild 16.12 ist die Spiegelung des ganzen Querschnittes eingezeichnet. Die Punkte M und $M^{(1)}$, der Mittelpunkt des Kreisbogens AB, haben den Abstand

$$\sqrt{2}\left(b + r_a \right) \;;$$

der Abstand des Spiegelpunktes $M_{Sp}^{(1)}$ vom Punkt $M^{(1)}$ wird

$$r_a^2 / \sqrt{2} \left(b + r_a \right) \; ;$$

folglich hat $M_{Sp}^{(1)}$ den Abstand

$$\sqrt{2} \left(b + r_a \right) - r_a^2 / \sqrt{2} \left(b + r_a \right)$$

vom Koordinatenmittelpunkt. Damit das Gebiet innerhalb des kritischen Kreises frei von Singularitäten ist, muß dieser Abstand größer sein, als der Halbmesser des kritischen Kreises

$$r_{kr} = \sqrt{b^2 + \left(b + r_a \right)^2} \; .$$

Dies tritt ein für

$$\frac{r_a}{b} \leqq 1,27 \; .$$

Was machen wir aber, wenn $\dfrac{r_a}{b}$ größer ist?

Dann spiegeln wir die Funktion ψ_{Gr} am Bogen $A\,B$ und führen als Bestandteil von ψ_{Erg} die erhaltene Singularität $\psi_{Gr,Sp}$ mit umgekehrten Vorzeichen ein; damit wir aber auch weiter auf den Rändern des Sektors für die Restfunktion von ψ_{Erg} die Randwerte Null erhalten, wird $\psi_{Gr,Sp}^{(1)}$ an diesen Rändern gespiegelt und mit wechselnden Vorzeichen eingeführt. Für die Singularitäten erhalten wir die singulären Punkte $M_{Sp}^{(2)}$, $M_{Sp}^{(3)}$ und $M_{Sp}^{(4)}$. Jetzt wird

$$\psi_{Erg} = -\psi_{Gr,Sp}^{(1)} + \psi_{Gr,Sp}^{(2)} - \psi_{Gr,Sp}^{(3)} + \psi_{Gr,Sp}^{(4)} + \sum_{0}^{\infty} a_{2(2n+1)}\, r^{2(2n+1)} \cos 2(2n+1)\left(\mu - \frac{\pi}{4} \right).$$

Wir müssen nun die singulären Punkte $M_{Sp}^{(2)}$ und $M_{Sp}^{(3)}$ am Kreisbogen $A\,B$ spiegeln, und können daraus den neuen Grenzwert für $\dfrac{r_a}{b}$ berechnen.

16.11 <u>Abschlußwort</u>

Wir sehen aus den Beispielen, wie wir nur mit Hilfe der Spiegelungsmethode die Brauchbarkeit von Ansätzen prüfen und geeignete erweiterte Ansätze aufstellen können. Natürlich beschränkt sich die Verwendbarkeit nur auf Querschnitte, deren Ränder aus Kreisen, Kreisbögen und Geradenstücken bestehen.

17 Kreisquerschnitt mit Einschnitten

In der technischen Praxis werden zylindrische Stäbe verwendet, die mit Längsnuten versehen sind, so daß wir Kreisquerschnitte mit Einschnitten erhalten.

Wir hatten in den früheren Abschnitten 9 und 16 schon einige einfache Beispiele mit einem oder zwei Kreisbogeneinschnitten behandelt. Wir werden im vorliegenden Abschnitt diese Querschnitte allgemeiner untersuchen. Der Rand der Einschnitte bestehe aus Kreisbögen und Geradenstücken. Durch fortgesetzte Spiegelung der Querschnittsfläche und der gespiegelten Flächen stellen wir die singularitätenfreien Gebiete fest. Die Behandlung besonders wichtiger Fälle wird anhand von Beispielen gezeigt.

Zuerst nehmen wir Kreisquerschnitte mit einem Einschnitt und zeigen, wie durch die Methode der Querschnittszerlegung allgemeine Lösungsansätze gefunden werden. Weiter nehmen wir an, daß der Querschnitt mehrere periodisch auftretende Einschnitte hat. Zum Schluß untersuchen wir Kreisquerschnitte mit beliebigen und beliebig liegenden Kreisbogen-Einschnitten. Hierfür verwenden wir die Methode der Funktionsüberlagerung.

17.1 Verfahren für den Kreisquerschnitt mit einem Einschnitt

Die Bilder 17.1 und 17.2 zeigen zwei Beispiele. Vom Rande des vollen Kreisquerschnittes bleibt infolge des Einschnittes der Bogen ABC nach. Der Rand des Einschnittes ist durch die Linie CEA bzw. $CEFA$ gegeben. Wir spiegeln den Querschnitt am Außenkreis und erhalten als Rand der gespiegelten Flächen die Linienzüge $ABCE'$ bzw. $ABCE'F'$.

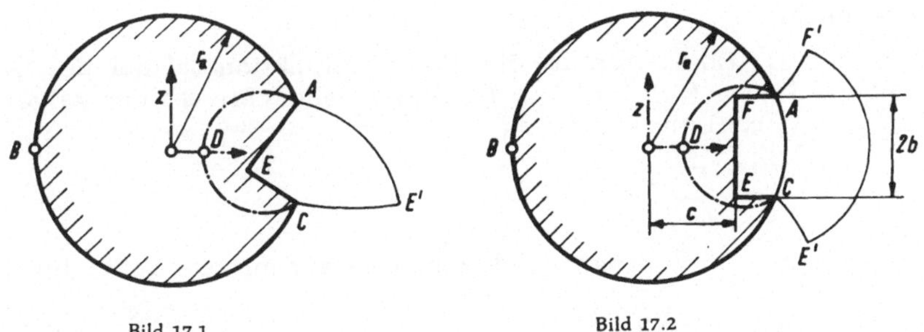

Bild 17.1   Bild 17.2

Nun zerlegen wir jeden der Querschnitte durch den Hilfsbogen CDA in zwei Teile. Hierbei kann der Punkt D auf der x -Achse noch beliebig gewählt werden.

Für ψ setzen wir an:

$$\psi = \tfrac{1}{2} r_a^2 + \psi' \,,$$

so daß $\left[\psi'\right]_{Rd\,ABC} = 0$ ist.

Jetzt bilden wir den Querschnittsteil $ABCDA$, der durch zwei Kreisbögen berandet ist, konform auf eine Halbkreisfläche ab, so daß der Bogen ABC zum Durchmesser wird. Der Bogen ABC geht von $\mu = \alpha$ bis $\mu = 2\pi - \alpha$, der Punkt D hat die Koordinaten:

$$x_D = r_\alpha \left(\cos\alpha - \cos\beta\right) \,, \quad y_D = 0 \,.$$

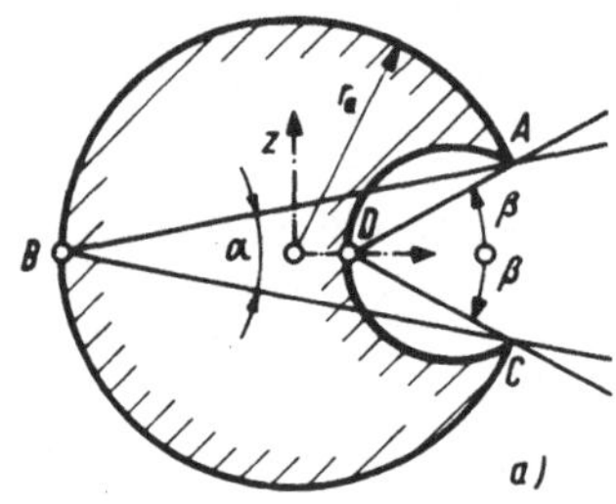
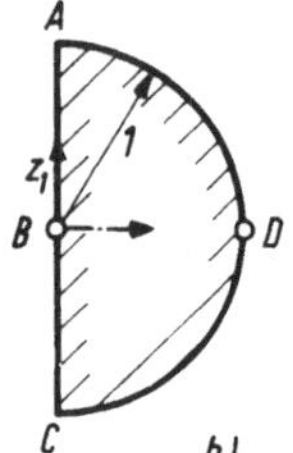

Bild 17.3 a—b

Damit lautet die Abbildungsfunktion, siehe Bild 17.3 a und Bild 17.3 b:

$$\frac{\pi}{2(2\beta - \alpha)} \cdot \left[\ln \frac{z - r_\alpha\, e^{-i\alpha}}{z - r_\alpha\, e^{+i\alpha}} - i\left(\pi - 2\beta\right) \right] =$$

$$= \ln \frac{z_1 - 1}{z_1 + 1} - i\frac{\pi}{2} \,. \tag{17,1}$$

Durch jede der beiden Seiten dieser Beziehung wird die betreffende Fläche auf einem unendlichen Streifen von $y_s = 0$ bis $y_s = \pi/2$ abgebildet. Auf Grund von (17,1) kann z durch z_1 und umgekehrt z_1 durch z ausgedrückt werden. Sind die Koordinaten eines Punktes in der einen Ebene gegeben, so lassen sich hiermit die Koordinaten in der anderen Ebene berechnen.

In der z_1-Ebene nimmt die Potentialfunktion ψ' auf der Geraden $x_1 = 0$ die Werte Null an. Wir benutzen daher für ψ' den allgemeinen Ansatz mit reellen Werten a_n:

$$\psi' = \sum_{n=1}^{\infty} a_n \, \Im\left\{ z_1^n \right\}$$

und erhalten für ψ einen Ausdruck, den wir mit $\psi_{(1)}$ bezeichnen:

$$\psi_{(1)} = \Im\left\{ f_{(1)} \right\}$$

mit

$$f_{(1)} = \tfrac{1}{2} i\, r_\alpha^2 + i \sum_{n=1}^{\infty} a_n \, z_1^n \,. \tag{17,2}$$

180

Der Kreisquerschnitt mit einem Einschnitt besteht nun aus dem Querschnittsteil, der durch $ABCDA$ berandet ist, und einem weiteren Querschnittsteil. Für den zweiten Querschnittsteil machen wir einen Ansatz für ψ , der je nach der Gestalt des weiteren Randes verschieden lauten wird. Wir wollen ihn mit $\psi_{(2)} = \mathfrak{Im}\{f_{(2)}\}$ bezeichnen. Auch $\psi_{(2)}$ wird eine unendliche Anzahl von Freiwerten enthalten.

Die Gültigkeitsbereiche beider Lösungen $f_{(1)}$ und $f_{(2)}$ müssen sich innerhalb des Querschnittes überall berühren oder zum Teil überdekken. Wir nehmen als Nahtlinie beider Querschnittsteile den Bogen CDA oder eine andere geeignete Linie des gemeinsamen Gültigkeitsbereiches. Auf dieser Linie müssen sowohl die Werte von $\psi_{(1)}$ und $\psi_{(2)}$ als auch von $\varphi_{(1)}$ und $\varphi_{(2)}$ übereinstimmen. Es wird kaum möglich sein, alle Freiwerte zu bestimmen. Wir wählen darum auf der Nahtlinie eine beschränkte Anzahl von Punkten und ebensoviel Freiwerte für $f_{(1)}$ und $f_{(2)}$, und setzen nur in diesen Punkten die ψ-Werte und φ-Werte einander gleich. Damit erhalten wir ein System von linearen Gleichungen, aus denen wir die Freiwerte bestimmen. Es sei aber bemerkt, daß für die Punkte A und C die ψ-Werte schon auf Grund der Ansätze übereinstimmen.

17.2 Lösung für den Einschnitt nach Bild 17.1

In Bild 17.4 a ist der Querschnitt noch einmal dargestellt. Die Abmessungen a, b, c, d sind dem Querschnittsbild zu entnehmen. Die Randwerte von $\psi_{(2)}$ sind:

$$\psi_{(2)Rd} = \frac{1}{2} r_{Rd}^2 = \frac{1}{2}\left[\left(x'+a\right)^2 + \left(y'-b\right)^2\right]_{Rd} =$$

$$= \left[\frac{1}{2}\left(x'^2 + y'^2\right) + x'a - y'b + \frac{1}{2}\left(a^2 + b^2\right)\right]_{Rd} .$$

Für $\psi_{(2)}$ setzen wir im Bereich $-\frac{3\pi}{2} \leqq \mu' \leqq 0$ an:

$$\psi_{(2)} = \mathfrak{Im}\left\{\frac{2}{3\pi} z'^2 \ln z' + \frac{i}{2} z'^2 + \left(i\,a - b\right)z' + \frac{i}{2}\left(a^2 + b^2\right)\right\}.$$

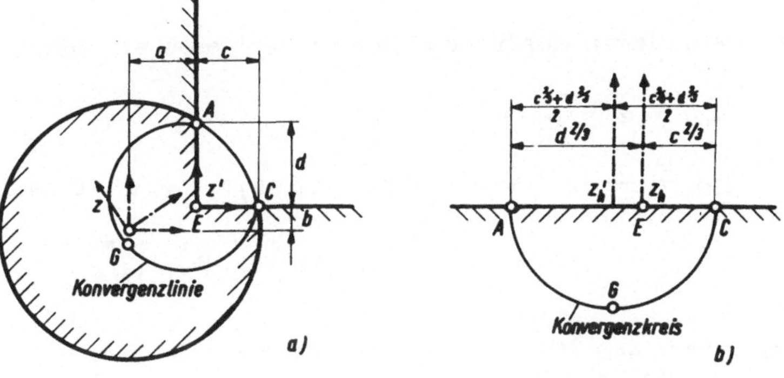

Bild 17.4 a—b

Hiermit sind die Randbedingungen für $x'=0$, $\mu'=0$ und $y'=0$, $\mu'=-\frac{3\pi}{2}$ erfüllt. Jetzt ist noch eine Reihe von Gliedern mit freien Koeffizienten hinzuzufügen, die am Rand den Wert Null geben. Eine solche Reihe lautet:

$$\mathfrak{Im}\left\{\sum_{m=0}^{\infty} a'_m\, z'^{\,2/3\,m}\right\}\,, \qquad a'_m \;\; \text{reell}.$$

Diese Reihe ist zwar für $c=d$ brauchbar, nicht aber für $c \neq d$, da der Konvergenzkreis nicht gleichzeitig durch die singulären Punkte C und A gehen kann.

Was ist da zu machen? Wir bilden das Gebiet $-\frac{3\pi}{2} \leqq \mu' \leqq 0$, $0 \leqq r' \leqq \infty$ auf die Halbebene $y_h < 0$ ab:

$$z_h = z'^{\,2/3}\,, \quad \mu_h = \tfrac{2}{3}\mu'\,.$$

Die Punkte C und A haben in der z_h -Ebene die Koordinaten:

$$z_{hC} = c^{2/3}\,, \quad z_{hA} = -d^{2/3}\,,$$

siehe Bild 17.4 b.

Dann wählen wir als Koordinatennullpunkt die Mitte zwischen A und B :

$$z'_h = z_h + \frac{d^{2/3} - c^{2/3}}{2}\,.$$

Jetzt können wir für ein Gebiet von A bis C einen konvergierenden Reihenansatz mit reellen Koeffizienten a'_m bilden, der für $y'_h = 0$ den Wert Null gibt:

$$\mathfrak{Im}\left\{\sum_{m=0}^{\infty} a'_m\, z'^{\,m}_h\right\} = \mathfrak{Im}\left\{\sum_{m=0}^{\infty} a'_m\left(z_h + \frac{d^2-c^2}{2}\right)^m\right\} =$$

$$= \mathfrak{Im}\left\{\sum_{m=0}^{\infty} a'_m\left(z'^{\,2/3} + \frac{d^2-c^2}{2}\right)^m\right\}\,.$$

Für $c=d$ geht dieser Ausdruck in den vorherigen über. Hiermit wird:

$$\psi_{(z)} = \mathfrak{Im}\, f_{(z)}\,,$$

$$f_{(z)} = \frac{2}{3\pi}\, z'^{\,2}\cdot \ln z' + \tfrac{i}{2} z'^{\,2} + \left(ia-b\right)z' + \tfrac{1}{2}\left(a^2+b^2\right) +$$

$$+ \sum_{m=0}^{\infty} a'_m\left(z'^{\,2/3} + \frac{d^2-c^2}{2}\right)^m\,. \qquad (17,3)$$

In die z_h -Ebene des Bildes 17.4 b zeichnen wir den Konvergenzkreis AGC über der Strecke AC ein. Diese Konvergenzlinie übertragen wir in das Bild 17.4 a.

Jetzt sehen wir auch, wie der Bogen CDA zu wählen ist. Er muß zwischen dem Rande CEA und der Konvergenzlinie AGC liegen.

Wählen wir nun N Punkte auf dem Bogen CDA, den wir als Nahtlinie nehmen, so können sowohl ihre z_h-Koordinaten als auch ihre z_1-Koordinaten berechnet werden. Dann werden nach Gleichung (17, 2) und (17, 3) die Real- und Imaginärteile mit je N Freiwerten bestimmt und einander gleichgesetzt, so daß wir ein System von $2N$ linearen Gleichungen erhalten.

Von besonderem Interesse ist das Verhalten der Funktion im Punkt E. Aus Gleichung (17, 3) erhalten wir hierfür nach Zerlegung der Binomialglieder ein Glied mit $z'^{2/3}$; infolge dieses Gliedes entstehen in diesem Punkt unendlich hohe Spannungen. Wie die scharfe Innenecke weiter durch eine kleine Ausrundung zu ersetzen ist, werden wir im Abschnitt 19 zeigen.

17. 3 Lösung für den Einschnitt nach Bild 17. 2 (Keilnut)

In Bild 17. 5 a ist der zweite Anteil des Querschnittes nach Bild 17. 2 nochmals aufgezeichnet. Die Abmessungen r_a, b und c ergeben sich aus dem gegebenen Querschnitt. Wir verlängern die zwei Geradenstücke FA und EC bis ins Unendliche und bezeichnen die unendlich fernen Punkte mit G und H.

Als besondere Aufgabe stellen wir uns die Untersuchung der Verhältnisse in der Umgebung der Punkte E und F. Wir wissen, daß dort die Spannungen unendlich groß werden. Werden die scharfen Innenecken durch kleine Ausrundungen nach Abschnitt 19 ersetzt, so müssen wir für diese Punkte die dort angegebene Untersuchung durchführen.

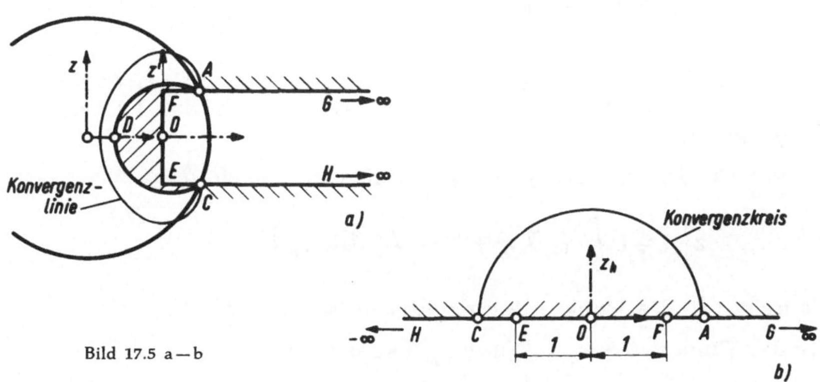

Bild 17.5 a—b

Die Vollebene mit dem Rechteckschlitz $HCEOFAG$ nach Bild 17. 5 a bilden wir konform erst auf die obere Halbebene $y_h = 0$ der z_h-Ebene nach Bild 17. 5 b ab.

Die Abbildungsfunktion bestimmen wir nach der S c h w a r z - C h r i s t o f f e l ' schen Formel, siehe Abschnitt 13, so daß wir uns mit kurzen Angaben begnügen.

Aus der Drehung der Rand-Elemente finden wir:

$$\text{für } HCE: \quad \Im\left\{\ln\frac{dz'}{dz_h}\right\}_{Rd} = -\pi,$$

$$\text{für } ECF: \qquad \text{''} \qquad = -\pi/2,$$

$$\text{für } FAG: \qquad \text{''} \qquad = 0.$$

Hieraus:

$$\Im\left\{\ln\frac{dz'}{dz_h}\right\} = \Im\left\{\tfrac{1}{2}\ln\left(z_h+1\right)+\tfrac{1}{2}\ln\left(z_h-1\right)+\ln C\right\}$$

$$= \Im\left\{\ln C\sqrt{z^2-1}\right\}.$$

C ist eine noch beliebige reelle Konstante.

Weiter wird

$$\frac{dz'}{dz_h} = C\cdot\sqrt{z_h^2-1} \quad,$$

$$z' = \tfrac{1}{2}C\left[z_h\sqrt{z_h^2-1}+i\cdot\text{arc }\sin z_h\right]. \tag{17,4}$$

Wir wollen das Ergebnis prüfen:

Für $x_h=y_h=0$ wird $x'=y'=0$.
Für kleine Werte z_h wird

$$z' = \tfrac{1}{2}C\left[iz_h+iz_h\right]\equiv iCz_h;$$

der Punkt $z_h=0, z'=0$ ist ein k o n f o r m e r Punkt der Abbildung; bei der Abbildung der z_h -Ebene auf die z' -Ebene wird das F l ä c h e n e l e m e n t um $\pi/2$ gedreht.

Für die Punkte der positiven y_h -Achse mit $x_h=0,\ 0\leqq y\leqq\infty$ wird

$$z' = \tfrac{1}{2}C\left[-y_h\sqrt{y_h^2+1}-\text{Ar Sin }y_h\right];$$

wir erhalten die Punkte der negativen x' -Achse.

Für die Punkte $0<x_h\leqq 1$ der x_h -Achse mit $y_h=0$, wird

$$z' = \tfrac{1}{2}C\left[ix_h\sqrt{1-x_h^2}+i\text{ arc }\sin x_h\right];$$

die Werte werden imaginär; die Abbildungspunkte liegen auf der y' - Achse; für $x_h=1$ wird $z'=\tfrac{1}{2}iC\frac{\pi}{2}$.

Ist die Breite des Rechteckschlitzes gleich $2b$, so ist $C=\frac{4}{\pi}b$ .zu wählen.

Jetzt sind die Randwerte von $\psi_{(2)}$ in z'-Koordinaten zu bestimmen und in z_h-Koordinaten umzurechnen. Das ist eine umfangreiche Arbeit; auch läßt sich hieraus kaum die Funktion $\psi_{(2)}$ ermitteln. Wir wenden uns darum wieder der früheren Methode zu, daß wir nicht $\psi_{(2)}$, sondern $\dfrac{\partial^2 \psi_{(2)}}{\partial x^2}$ bestimmen. Die Randwerte sind:

$$\text{für } GAF \;:\; \left[\frac{\partial^2 \psi_{(2)}}{\partial x^2}\right]_{Rd} = +1\,,$$

$$\text{für } FE \;:\; \qquad '' \qquad = -1\,,$$

$$\text{für } ECH \;:\; \qquad '' \qquad = +1\,.$$

Diese Werte gelten sowohl in der z- bzw. z'-Ebene als auch in der z_h-Ebene. Hieraus folgt für die z_h-Ebene als Lösung mit den angegebenen Randwerten die Potentialfunktion:

$$\mathfrak{Im}\left\{i - \frac{2}{\pi}\ln\left(z_h - 1\right) + \frac{2}{\pi}\ln\left(z_h + 1\right)\right\} \equiv \mathfrak{Im}\left\{i + \frac{2}{\pi}\ln\frac{z_h + 1}{z_h - 1}\right\}\,.$$

Hierzu kommen in den Punkten A und C noch die Polfunktionen:

$$\mathfrak{Im}\left\{c_{-1}\left[\left(z_h - 1\right)^{-1} - \left(z_h + 1\right)^{-1}\right] + c_{-2}\left[\left(z_h - 1\right)^{-2} + \left(z_h + 1\right)^{-2}\right]\right\}\,.$$

Die Vorzeichen sind so gewählt, daß der Gesamtausdruck symmetrisch zur y_h-Achse wird.

Dem Ansatz sind weiter noch Potentialfunktionen hinzuzufügen, die symmetrisch zur y_h-Achse sind und auf der x_h-Achse Null geben; sie lauten:

$$\mathfrak{Im}\left\{\sum_{m=0}^{\infty} a'_{2m+1}\; z_h^{2m+1}\right\}$$

mit reellen Koeffizienten a'_{2m+1}.

Hiermit wird:

$$\frac{\partial^2 \psi_{(2)}}{\partial x'^2} = \mathfrak{Im}\left\{i + \frac{2}{\pi}\ln\frac{z_h + 1}{z_h - 1} + c_{-1}\left[\left(z_h - 1\right)^{-1} - \left(z_h + 1\right)^{-1}\right] + \right.$$

$$\left. + c_{-2}\left[\left(z_h - 1\right)^{-2} + \left(z_h + 1\right)^{-2}\right] + \sum_{m=0}^{\infty} a'_{2m+1}\; z_h^{2m+1}\right\}\,. \quad (17,5)$$

Von Belang ist der Koeffizient c_{-2}, da von ihm das Verhalten der Funktion ψ in den Punkten A und C abhängt.

Der Konvergenzkreis des Bildes 15.5 b wird in Bild 17.5 a übertragen; hier kommt die entsprechende Konvergenzlinie z. T. außerhalb der Querschnittsfläche zu liegen, bleibt aber nach dem Spiegelungsprinzip im singularitätenfreien Bereich. Zwischen der Konvergenzlinie und dem Bogen CDA ist die Nahtlinie beider Teile zu wählen. Nun wären wieder auf dieser Linie die Funktionswerte für $\psi_{(1)}$ nach Gleichung (17, 1) und für $\psi_{(2)}$ nach Gleichung (17, 5) und ebenfalls die Funktionswerte $\varphi_{(1)}$ und $\varphi_{(2)}$ einander gleichzusetzen. $\psi_{(2)}$ ist uns nicht unmittelbar bekannt, sondern nur die zweite Ableitung nach x bzw. x'. Um die Schwierigkeit der zweimaligen Integration zu umgehen, setzen wir nicht $\psi_{(1)}$ und $\psi_{(2)}$ und ebenso $\varphi_{(1)}$ und $\varphi_{(2)}$ einander gleich, sondern $\dfrac{\partial^2 \psi_{(1)}}{\partial x^2}$ und $\dfrac{\partial^2 \psi_{(2)}}{\partial x^2}$, und gleichfalls $\dfrac{\partial^2 \varphi_{(1)}}{\partial x^2}$ und $\dfrac{\partial^2 \varphi_{(2)}}{\partial x^2}$.

Die zweiten Ableitungen von $\psi_{(1)}$ und $\varphi_{(1)}$ sind aus der gegebenen Funktion $f_{(1)}$ zu bestimmen. Dieses ist zwar eine mühsame, aber durchführbare Arbeit.

Für alle Ansätze nehmen wir wie beim vorigen Beispiel $2N$ Freiwerte und gleichen die zweiten Ableitungen von ψ und φ für N Punkte einander an. Aus dem System der $2N$ linearen Gleichungen wird dann c_{-2} bestimmt.

17.4 Kreisquerschnitt mit periodischen Einschnitten

In den Bildern 17.6 und 17.7 a sind zwei Beispiele für Querschnitte mit periodischen Einschnitten dargestellt. Erst bilden wir den Querschnitt konform auf ein Gebiet mit einem Einschnitt ab. Für den Querschnitt nach Bild 17.7 a lautet die Abbildung:

$$z_1 = z^3.$$

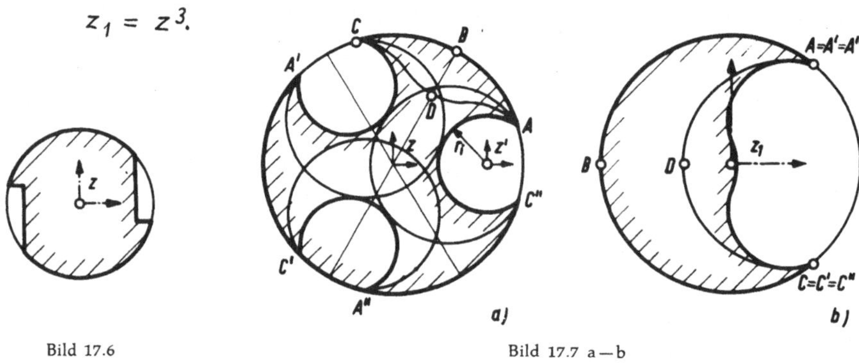

Bild 17.6   Bild 17.7 a—b

In der z_1-Ebene erhalten wir eine Kreisfläche mit einem Einschnitt, dessen Gestalt natürlich eine andere als im ursprünglichen Querschnitt ist, Bild 17.7 b. Wir trennen in der z_1-Ebene das Gebiet wieder durch einen Kreisbogen CDA in zwei Teilgebiete. Das erste Teilgebiet $ABCDA$ bilden wir wie früher konform auf einen Halbkreis mit dem Durchmesser ABC ab. Die Koordinaten der Abbildung bezeichnen wir mit z_2. Dann ist der Ansatz für das erste Teilgebiet:

$$\psi_{(1)} = \Im\left\{ f_{(1)} \right\} \qquad mit$$

$$f_{(1)} = \tfrac{1}{2} i\, r_\alpha^2 + i \sum_{n=0}^{\infty} a_{2n+1}\, z_2^{2n+1}.$$

Jetzt übertragen wir die Nahtlinie in die z_1 -Ebene, wo sie in unserem Fall dreimal auftritt.

Als zweite Querschnittsteile nehmen wir drei Flächen, die jeweils durch zwei Kreisbögen berandet sind; der eine konkave Bogen ist der Randbogen des Einschnittes, der zweite Bogen wird so gewählt, daß die Nahtlinien innerhalb der zweiten Querschnittsteile liegen.

Wir stellen nun einen Ansatz $\psi_{(2)}$ für den zweiten Querschnittsteil auf und wählen hierfür den rechten Einschnitt des Bildes 17.7 a. Für ψ_{Rd} des Einschnittes erhalten wir:

$$\psi_{Rd} = \left(\tfrac{1}{2}r^2\right)_{Rd} = \tfrac{1}{2}\left(x^2 + y^2\right)_{Rd} = \tfrac{1}{2}\left[\left(x'+c\right)^2 + y'^2\right]_{Rd}$$

$$= \left[\tfrac{1}{2}r'^2 + \tfrac{1}{2}c^2 + cx'\right]_{Rd}$$

$$= \tfrac{1}{2}r_i^2 + \tfrac{1}{2}c^2 + cr_i^2 \cdot \operatorname{Im}\left\{i\left(z'\right)^{-1}\right\}_{Rd}.$$

Wir setzen:

$$\psi_{(2)} = \tfrac{1}{2}r_i^2 + \tfrac{1}{2}c^2 + cr_i^2\,\operatorname{Im}\left\{i\left(z'\right)^{-1}\right\} + \psi'_{(2)}.$$

Die Potentialfunktion $\psi'_{(2)}$ ist auf dem Rand des Einschnittes gleich Null. Nun bilden wir den zweiten Querschnittsteil konform auf eine Halbkreisfläche ab, bei der der Durchmesser dem Rand des Einschnittes entspricht. Für diese Halbkreisfläche wird wie früher bei den entsprechenden Beispielen die allgemeine Lösung für $\psi'_{(2)}$ aufgestellt.

Der weitere Weg der Untersuchung ist derselbe wie vorher.

17.5 Kreisquerschnitt mit verschiedenen Kreisbogen-Einschnitten

In Bild 17.8 ist ein Kreisquerschnitt mit drei verschiedenen Kreisbogen-Einschnitten dargestellt. Die Winkel in den Ecken zwischen den Kreisbögen sind α_1, α_2 und α_3. Hierbei ist im Bild $\alpha_1 > \pi/2$, $\alpha_2 = \pi/2$ und $\alpha_3 < \pi/2$.

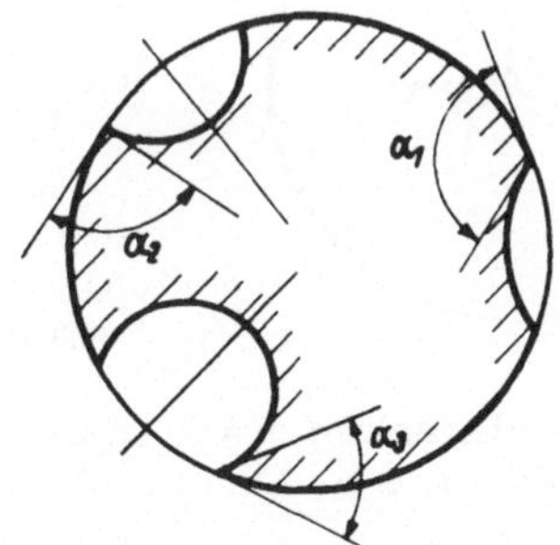

Bild 17.8

Als erstes werfen wir die Frage auf, wann für den Querschnitt eine Potenzreihenentwicklung zulässig ist. Diese Frage ist leicht zu beantworten: Innerhalb des Vollkreises darf keine singuläre Stelle auftreten. Um dieses festzustellen, führen wir die fortgesetzte Spiegelung der Querschnittsfläche an den Kreisbögen der Einschnitte durch. Sind die Winkel α_i, $i = 1,2,\dots$ größer oder gleich $\frac{\pi}{2}$, so füllen der Querschnitt und die singularitätenfreien Spiegelungen ein Gebiet aus, das den Vollkreis umschließt. Anders verhält sich der Fall, daß einige der Winkel α_i kleiner als $\frac{\pi}{2}$ sind. Die Behauptungen können leicht durch Durchführung der Spiegelungen geprüft werden; in Abschnitt 16 haben wir hierfür schon einige Beispiele gebracht.

Was machen wir aber, wenn die Winkel α_1, α_2 und α_3 nach Bild 17.9 a kleiner als $\frac{\pi}{2}$ sind? Eine Reihenentwicklung nach steigenden Potenzen von z ist dann für $\varphi + i\psi = f(z)$ nicht möglich!

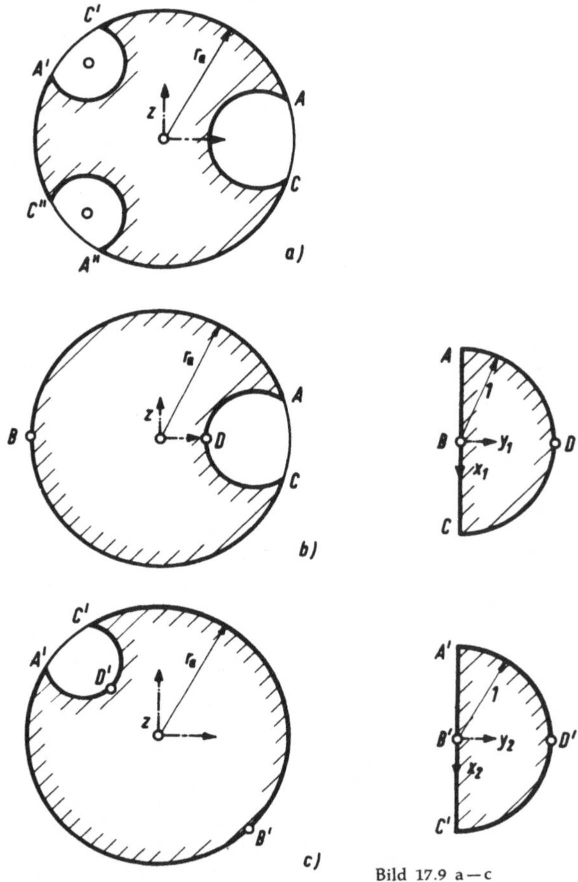

Bild 17.9 a—c

Wir nehmen erst den einfachen Fall, daß nur ein Einschnitt mit $\alpha_1 < \frac{\pi}{2}$ vorhanden ist, Bild 17.9 b. Dann setzen wir:

$$\psi_{(1)} = \frac{1}{2}r_a^2 + \psi'_{(1)}.$$

Weiter wird der Querschnitt, der ja durch zwei Kreisbögen berandet ist, auf eine Halbkreisfläche konform abgebildet, so daß der Außenkreis zum Durchmesser wird. Die Koordinaten mit dem Mittelpunkt des Halbkreises als Koordinatennullpunkt bezeichnen wir mit x_1 und y_1 ; dann setzen wir:

$$\psi'_{(1)} = \mathfrak{Im} \left\{ \sum_{n=1}^{\infty} a_n^{(1)} z_1^{\,n} \right\} ; \qquad a_n^{(1)} \ reell .$$

Ebenso verfahren wir, wenn nur der zweite Einschnitt vorhanden ist, siehe Bild 17.9 c; wir erhalten:

$$\psi'_{(2)} = \mathfrak{Im} \left\{ \sum_{n=1}^{\infty} a_n^{(2)} z_2^{\,n} \right\} ; \qquad a_n^{(2)} \ reell .$$

Dasselbe wiederholen wir für den dritten Einschnitt. Nun machen wir für den Querschnitt mit drei Einschnitten den Ansatz:

$$\psi = \tfrac{1}{2} r_a^2 + \psi'$$

$$\psi' = \mathfrak{Im} \left\{ f' \right\}$$

$$f' = \sum_{n=1}^{\infty} \left[a_n^{(1)} z_1^{\,n} + a_n^{(2)} z_2^{\,n} + a_n^{(3)} z_3^{\,n} \right] ,$$

$$a_n^{(1)}, \ a_n^{(2)} \ a_n^{(3)} \ reell . \qquad\qquad (17,6)$$

Für f' benutzen wir nur einen Näherungsansatz mit je N Gliedern und $3\,N$ Freiwerten, wählen auf den Kreisbögen der Einschnitte je N Punkte und stellen die Bedingung auf, daß in diesen Punkten ψ' gleich Null wird.

Bei den früheren Beispielen führten wir eine Querschnittszerlegung durch und paßten die Werte $\psi_{(1)}$ und $\psi_{(2)}$ in den Nahtlinien einander an. Bei dem letzten Beispiel hingegen nehmen wir eine Ü b e r l a g e - r u n g   v o n   L ö s u n g s a n s ä t z e n   vor, wobei jeder einzelne Lösungs- ansatz die Singularitäten des betreffenden Einschnittes berücksichtigt.

18 Kleine Löcher und Kerben

Für einen Querschnitt sei die Lösungsfunktion ψ bekannt, so daß

$$F = G\vartheta\left[\psi - \tfrac{1}{2}r^2\right]$$

die Randbedingungen erfüllt.

Nun nehmen wir an, daß bei diesem Querschnitt zusätzlich ein kleines Loch vorhanden ist; diesem Loch, das eine beliebige Gestalt haben kann, entspricht im Stabe eine Längsbohrung. Das Loch sei klein, d. h. : umschreiben wir dem Loch einen möglichst kleinen Kreis, so ist der Halbmesser des Kreises klein im Vergleich zu den Abständen des Kreismittelpunktes von den Randpunkten des Querschnittes.

Die Spannungsfunktion F hat im allgemeinen in der Umgebung des Loches eine geneigte Tangentialebene. Wir legen das Koordinatensystem so, daß diese Fläche in x-Richtung geneigt ist, so daß $\partial F/\partial x$ negativ und $\partial F/\partial y$ gleich Null wird. Dann tritt dort eine positive Spannung

$$\tau_y = \frac{\partial F}{\partial x}$$

auf. Hat ein Punkt innerhalb des Loches die komplexe Koordinate ζ , so wird in der Umgebung dieses Punktes für den Querschnitt o h n e Loch

$$F = G\vartheta\left[\left(\psi - \tfrac{1}{2}r^2\right)_{z=\zeta} + \left[\frac{\partial}{\partial x}\left(\psi - \tfrac{1}{2}r^2\right)\right]_{z=\zeta}\cdot x\right] =$$
$$= G\vartheta\left[a_0 - a_1\cdot x\right]$$

mit

$$a_0 = \left(\psi - \tfrac{1}{2}r^2\right)_{z=\zeta}$$

und

$$a_1 = -\left[\frac{\partial}{\partial x}\left(\psi - \tfrac{1}{2}r^2\right)\right]_{z=\zeta}.$$

Die Spannung wird für die betreffende Stelle für den Querschnitt ohne Loch:

$$\tau_y = G\vartheta a_1.$$

Nun werfen wir die Frage auf: Wie ändert sich die Spannung infolge des Loches in Abhängigkeit von a_1 und von der Gestalt des Loches?

Die Spannungsfunktion F des Querschnittes mit Loch unterscheidet sich anschaulich dadurch von der Spannungsfunktion F des Querschnittes ohne Loch, daß die Randpunkte des Loches im Spannungshügel auf einer horizontalen Ebene liegen, da $F_{Lochrand}$ einen konstanten Wert annehmen muß, während ohne Loch diese Punkte auf der Tangentialebene lagen. Zum Teil werden die Randpunkte zusätzlich gehoben, zum Teil gesenkt, so daß das Torsionsflächenmoment J_t sich kaum ändern wird. Die Neigung der Spannungsfunktion, die ohne Loch gleich $G\vartheta a_1$ ist, wird sich hingegen stark ändern können.

Für die Spannungsfunktion des Querschnittes mit Loch schreiben wir

$$F = G\vartheta \left[\psi' + \psi - \tfrac{1}{2} r^2 \right] \ .$$

Zur Potentialfunktion ψ des Querschnittes ohne Loch wird somit eine weitere Potentialfunktion ψ' hinzugefügt. Die Bedingungen für ψ' legen wir allgemein fest, wobei wir für $\psi - \tfrac{1}{2} r^2$ den Näherungsausdruck $a_0 - a_1 x$ nehmen, der für die Umgebung des Loches gilt.

Die erste Bedingung ist, daß am Lochrand F einen konstanten Wert annimmt; hieraus folgt:

$$\left[\psi' + \psi - \tfrac{1}{2} r^2 \right]_{Lochrd} = konst.$$

oder

$$\left[\psi' + a_0 - a_1 x \right]_{Lochrd} = konst.$$

Hieraus

$$\psi'_{Lochrd} = c + a_1 \cdot x_{Lochrd} . \tag{18,1}$$

Für große Entfernung vom Lochrand muß der Einfluß von ψ' verschwinden; wir setzen folglich

$$\psi'_{z \to \infty} = 0 . \tag{18,2}$$

Außerdem gilt noch die Bedingung, die wir für alle Löcher festgelegt hatten, daß nämlich die konjugierte Potentialfunktion $-\varphi'$ eindeutig ist.

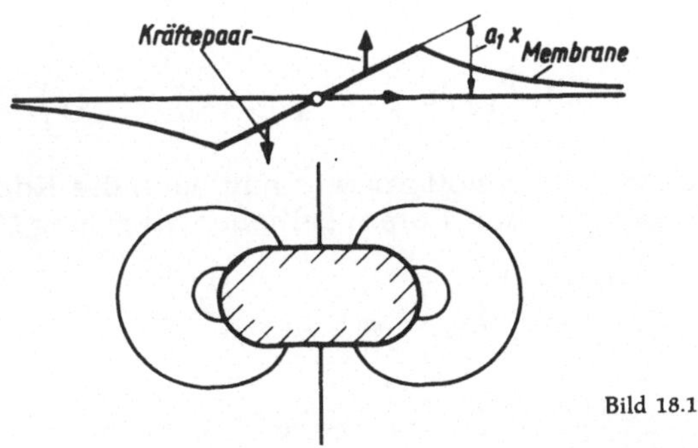

Bild 18.1

Die Lösung kann man sich durch ein Membrangleichnis veranschaulichen. Mit einer großen horizontalen Membran wird ein starres Flächenstück verbunden, das den Umriß des Loches hat; dieses wird nur durch ein Kräftepaar in eine schräge Lage gebracht, siehe Bild 18. 1. Die Höhen der Membranfläche entsprechen dann den Werten der Funktion ψ'.

Ist die Abbildungsfunktion bekannt, die das Außengebiet des Einheitskreises auf das Außengebiet des Lochrandes konform singularitätenfrei abbildet, so läßt sich allgemein die Lösung für ψ' angeben.

Die Abbildungsfunktion laute:

$$z = g_0(z_0) \, . \tag{18,3}$$

Hierbei entspricht dem unendlich fernen Punkt $z \to \infty$ der unendlich ferne Punkt $z_0 \to \infty$. Als Reihe dargestellt wird

$$z = c_1 z_0 + c_0 + c_{-1} z_0^{-1} + c_{-2} z_0^{-2} + \dots \, . \tag{18,4}$$

Hierbei drehen wir die z_0 -Ebene so, daß c_1 ein reeller Wert wird. Die Bedingungen lauten dann:

$$\left[\psi'\right]_{z_0 \to \infty} = 0 \tag{18,5a}$$

und

$$\psi'_{Lochrd} = c + a_1 \cdot \mathfrak{Re}\left\{z_{Lochrd}\right\}$$

$$= c + a_1 \cdot \mathfrak{Re}\left\{\left[c_1 z_0 + c_0 + c_{-1} z_0^{-1} + \dots\right]_{Lochrd}\right\} . \tag{18,5b}$$

Setzen wir $\psi' = c + a_1 \cdot \mathfrak{Re}\left\{g_0(z_0)\right\}$ und den Freiwert $c = -a_1 c_0$, so ist die Randbedingung (18, 5 b) erfüllt, nicht aber die Bedingung (18, 5 a) im Unendlichen, denn wir erhalten: $\left[\psi'\right]_{z_0 \to \infty} = a_1 \mathfrak{Re}\left\{c_1 z_0\right\}$.

Das Glied $a_1 \mathfrak{Re}\left\{c_1 z_0\right\}$ ersetzen wir nun durch ein anderes, das auf dem Einheitskreis dieselben Werte gibt, für $z_0 \to \infty$ jedoch verschwindet. Dieses Ersatzglied lautet, da c_1 reell ist:

$$a_1 \mathfrak{Re}\left\{c_1 z_0^{-1}\right\} \, .$$

Damit wird

$$\psi' = a_1 \cdot \mathfrak{Re}\left\{g_0(z_0) - c_1\left(z_0 - z_0^{-1}\right) - c_0\right\} \, .$$

Da $g_0(z_0)$ bekannt ist, benötigen wir nur noch die Koeffizienten c_0 und c_1 . Diese folgen aus der Potenzreihenentwicklung (18, 4) von $g_0(z_0)$:

$$c_1 = \left[\frac{d\,g_0(z_0)}{d\,z_0}\right]_{z_0 \to \infty} \tag{18,6}$$

und

$$c_0 = \left[g_0(z_0) - c_1 z_0\right]_{z_0 \to \infty} \, . \tag{18,7}$$

Wir erhalten in der Umgebung des Loches für den Ausdruck

$$\frac{F}{G\vartheta} = \psi' + \psi - \tfrac{1}{2} r^2 \, :$$

$$\psi' + a_0 - a_1 x = a_1 \mathfrak{Re}\left\{\frac{a_0}{a_1} - c_0 - c_1\left(z_0 - z_0^{-1}\right)\right\} \, . \tag{18,8}$$

Die Tangentialspannung am Lochrand wird:

$$\tau_t = -\frac{\partial F}{\partial n} = -G\vartheta \cdot \frac{\partial}{\partial n}\left[\psi' - a_1 x\right]_{Lochrd}$$

$$= G\vartheta\, a_1\, c_1 \cdot \frac{\partial}{\partial n}\, \Re\left\{\left(z_0 - z_0^{-1}\right)_{r_0=1}\right\} \; .$$

Das konstante Glied fällt bei der Differentiation fort. Die Differentiation nach n ersetzen wir durch die Differentiation nach r_0 unter Berücksichtigung des Zerrungsfaktors

$$\left|\frac{dz_0}{dz}\right|_{Lochrd} = 1 : \left|\frac{dz}{dz_0}\right|_{Lochrd} = 1 : \left|\frac{dg_0(z_0)}{dz_0}\right|_{Lochrd} \; .$$

Das Ergebnis ist:

$$\left[\tau_t\right]_{Lochrd} = G\vartheta a_1 c_1 \cdot \frac{1}{\left|\dfrac{dg_0(z_0)}{dz_0}\right|_{r_0=1}} \cdot \frac{\partial}{\partial r_0}\, \Re\left\{\left(z_0 - z_0^{-1}\right)_{r_0=1}\right\}$$

$$= G\vartheta a_1 c_1 \cdot \frac{1}{\left|\dfrac{dg_0(z_0)}{dz_0}\right|_{r_0=1}} \cdot 2\cos\mu_0 \; . \qquad (18,9)$$

Hiermit erhalten wir für jeden Punkt des Einheitskreises die Tangentialspannung τ_t , die wir mit der Spannung $\tau_t = -G\vartheta a_1$ des ungelochten Querschnittes vergleichen können.

18.2 Beispiele von kleinen Löchern

a) Kreisloch

Das einfachste Beispiel erhalten wir für das Kreisloch von Halbmessern r_i . Den Koordinatennullpunkt legen wir in den Mittelpunkt des Lochkreises, so daß

$$r_{Lochrd} = r_i$$

wird. Die Abbildungsfunktion lautet:

$$z = g_0\left(z_0\right) = r_i\, z_0 \; .$$

Hieraus:

$$\left[\frac{dg_0(z_0)}{dz_0}\right]_{z_0 \to \infty} = r_i \; .$$

Die Potentialfunktion ψ' wird

$$\psi' = a_1 \Re\left\{r_i z_0 - r_i\left(z_0 - z_0^{-1}\right)\right\} = a_1 \cdot \Re\left\{\frac{r_i}{z_0}\right\} ,$$

und

$$\psi' + a_0 - a_1 x = a_0 - a_1 r_i \cdot \Re\left\{z_0 - \frac{1}{z_0}\right\} \; .$$

Der Zerrungsfaktor wird

$$\left|\frac{dz}{dz_0}\right| = r_i \ .$$

Für die Tangentialspannung am Lochrand erhalten wir:

$$\tau_t = 2\,G\vartheta\,a_1\cos\mu_0\,, \quad und \quad \left[\tau_t\right]_{max} = 2\,G\vartheta\,a_1 = 2\left|\tau_y\right| \ .$$

b) Elliptisches Loch

Die Halbachsen der Ellipse seien a und b , wobei die große Halb-achse mit der x-Achse den Winkel α bildet, siehe Bild 18.2 a. Die konforme Abbildung des Außengebietes des Einheitskreises auf das Au-ßengebiet der Ellipse ist im Anhang II besprochen. Für die in Bild 18.2 b angegebene Zuordnung der Randpunkte lautet die Abbildungs-funktion:

$$z = \frac{1}{2}\left[(a+b)\,z_0 + (a-b)\cdot\frac{e^{2i\alpha}}{z_0}\right] \ .$$

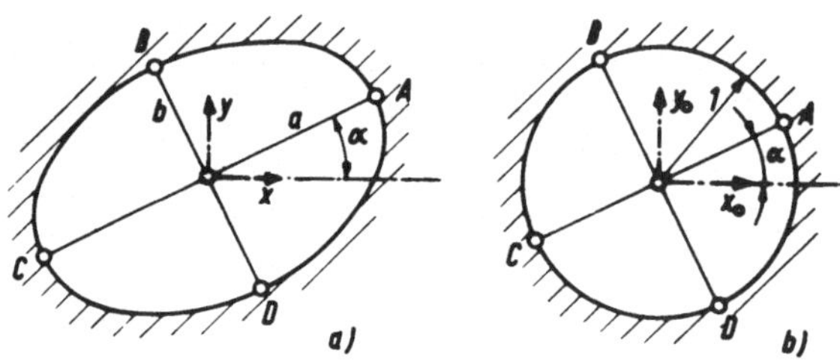

Bild 18.2 a—b

Zur Prüfung :

$$für \quad z_0 = \cos\alpha + i\sin\alpha = e^{i\alpha}$$

$$wird\ z \ = a\,e^{i\alpha} = a\left(\cos\alpha + i\sin\alpha\right);$$

$$für \quad z \ = i\left(\cos\alpha + i\sin\alpha\right) = i\,e^{i\alpha}$$

$$wird\ z \ = i\,b\,e^{i\alpha} = ib\left(\cos\alpha + i\sin\alpha\right) \ .$$

Für $z_0 \to \infty$ wird nach (18,6)

$$c_1 = \left[\frac{dz}{dz_0}\right]_{z_0 \to \infty} = \frac{1}{2}(a+b)$$

also reell, und nach Gl. (18,7)

$$c_0 = 0 \ .$$

194

Für die Umgebung des Loches wird nach Gl. (18, 8):

$$\psi' + a_0 - a_1 x = a_0 - \tfrac{1}{2} a_1 (a+b) \,\Re e\left\{ z_0 - z_0^{-1} \right\}.$$

Als Zerrungsfaktor für die Randpunkte bekommen wir:

$$\left| \frac{dz}{dz_0} \right|_{r_0=1} = \tfrac{1}{2}\left| (a+b) - (a-b)\, e^{2i(\alpha - \mu_0)} \right| =$$

$$= \sqrt{\tfrac{1}{2}\left[(a^2+b^2) - (a^2-b^2)\cos 2(\alpha - \mu_0) \right]}\;.$$

Schließlich ergibt sich nach Gl. (18, 9) die Tangentialspannung am Lochrand:

$$[\tau_t]_{Lochrd} = G\,\vartheta\, a_1 \cdot \frac{(a+b)\cos \mu_0}{\sqrt{\tfrac{1}{2}\left[(a^2+b^2) - (a^2-b^2)\cos 2(\alpha - \mu_0) \right]}}\;.$$

Dieser Ausdruck nimmt einen Extremwert an für

$$\operatorname{tg} \mu_0 = \frac{(a^2-b^2)\sin 2\alpha}{(a^2+b^2) + (a^2-b^2)\cos 2\alpha}\;;$$

danach kann die maximale Randspannung leicht gefunden werden.

Für den Fall, daß eine der Hauptachsen der Ellipse mit der x-Achse zusammenfällt, erhalten wir einfache Ergebnisse. Fällt die große Ellipsenachse mit der x-Achse zusammen, so wird $\alpha = 0$, und wir erhalten für den Scheitel mit $\mu_0 = 0$:

$$\left| \frac{dz}{dz_0} \right| = \sqrt{\tfrac{1}{2}\left[(a^2+b^2) - (a^2-b^2) \right]} = b.$$

Dann wird

$$[\tau_t]_{max} = G\,\vartheta\, a_1 \cdot \frac{a+b}{b} = \left| \tau_y \right| \cdot \frac{a+b}{b}\;.$$

Fällt die kleine Ellipsenachse mit der x-Achse zusammen, so wird $\alpha = \tfrac{\pi}{2}$, und wir erhalten für den Scheitel wieder mit $\mu_0 = 0$:

$$\left| \frac{dz}{dz_0} \right| = \sqrt{\tfrac{1}{2}\left[(a^2+b^2) + (a^2-b^2) \right]} = a,$$

und

$$[\tau_t]_{max} = G\,\vartheta\, a_1 \cdot \frac{a+b}{a} = \left| \tau_y \right| \cdot \frac{a+b}{a}$$

c) Zweibogenloch mit den Ecken in y-Richtung

Die Gestalt des Loches ist in den Bildern 18.3 a, 18.3 b und 18.3 c dargestellt, während Bild 18.3 d den zugehörigen Einheitskreis zeigt.

Die konforme Abbildung ist in den ersten zwei Fällen gegeben durch:

$$\ln \frac{z_0 + i}{z_0 - i} = \frac{1}{n} \cdot \ln \frac{z + ia}{z - ia} \quad .$$

Die Bedeutung von n ersieht man aus den Bildern 18.3 a und 18.3 b; aus diesen entnimmt man ferner die Beziehung

$$a = r_i \cdot \sin \frac{n\pi}{2} \quad .$$

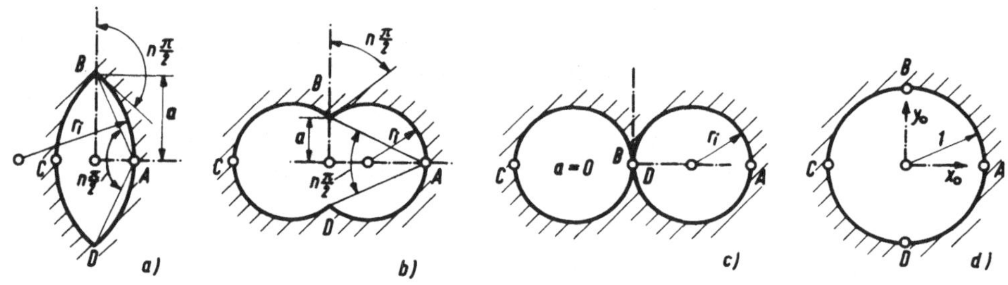

Bild 18.3 a—d

Für $n \to 0$, Bild 18.3 c, wird die rechte Seite der Abbildungsfunktion:

$$\left[\frac{1}{n} \cdot \ln \frac{z + ir_i \sin \frac{n\pi}{2}}{z - ir_i \sin \frac{n\pi}{2}} \right]_{n \to 0} =$$

$$= \left[\frac{1}{n} \cdot \ln \left(1 + \frac{ir_i}{z} \sin \frac{n\pi}{2} \right) - \frac{1}{n} \ln \left(1 - \frac{ir_i}{z} \sin \frac{n\pi}{2} \right) \right]_{n \to 0} =$$

$$= \left[\frac{2}{n} \cdot \frac{ir_i}{z} \sin \frac{n\pi}{2} \right]_{n \to 0} = \pi i \cdot \frac{r_i}{z} \quad ,$$

und damit

$$\ln \frac{z_0 + i}{z_0 - i} = \pi i \cdot \frac{r_i}{z} \quad .$$

Aufgelöst lautet die Abbildungsfunktion für $n \neq 0$:

$$z = ia \frac{(z_0 + i)^n + (z_0 - i)^n}{(z_0 + i)^n - (z_0 - i)^n} \quad ,$$

und daher nach Gl. (18,6) und (18,7):

$$c_1 = \left[\frac{dz}{dz_0} \right]_{z_0 \to \infty} = \frac{a}{n} \quad \text{und} \quad c_0 = 0 \quad .$$

Wir erhalten nach Gl. (18, 8):

$$\psi' + a_0 - a_1 x = a_0 + a_1 \frac{a}{n} \, \Re\left\{z_0 - z_0^{-1}\right\} .$$

Weiter wird nach Gl. (18, 9):

$$\tau_t = a_1 \, G\vartheta \, \frac{a}{n} \, \frac{2\cos\mu_0}{\left|\dfrac{dz}{dz_0}\right|_{r_0=1}} .$$

Wir bestimmen $\left|\dfrac{dz}{dz_0}\right|$ nur für den Punkt $z_0 = 1$ und erhalten hierfür:

$$\left|\frac{dz}{dz_0}\right|_{z_0=1} = \left| \, ian \cdot \frac{2\left[(1-i)^{n-1}(1+i)^n - (1+i)^{n-1}(1-i)^n\right]}{\left[(1+i)^n - (1-i)^n\right]^2} \, \right| =$$

$$= \left| \, ian \, \frac{2(1-i)^{n-1}(1+i)^{n-1} \cdot 2i}{\left[(\sqrt{2i})^n - (\sqrt{-2i})^n\right]^2} \, \right| = \left| \, an \cdot \frac{-2}{\left[(\sqrt{i})^n - (\sqrt{-i})^n\right]^2} \, \right| .$$

Der Nenner wird mit $\sqrt{i} = e^{i\pi/4}$:

$$\left(e^{in\,\pi/4} - e^{-in\,\pi/4}\right)^2 = -4\sin^2\frac{n\pi}{4} ,$$

und somit:

$$\left|\frac{dz}{dz_0}\right|_{z_0=1} = \frac{an}{2\sin^2\frac{n\pi}{4}} .$$

Die Spannung τ_t für die Scheitel auf der x-Achse wird:

$$\tau_t = G\vartheta a_1 \cdot \frac{2a}{n} : \frac{an}{2\sin^2\frac{n\pi}{4}} = G\vartheta a_1 \cdot \frac{4\sin^2\frac{n\pi}{4}}{n^2} .$$

Für $n = 1$ erhalten wir das Ergebnis für das Kreisloch

$$\tau_t = 2 \, G\vartheta a_1 .$$

Für zwei sich berührende Kreise wird mit $n \to 0$:

$$\tau_t = G\vartheta a_1 \cdot \frac{\pi^2}{4} = 2{,}467 \cdot G\vartheta a_1 .$$

Umschreiben wir diesem Loch eine Ellipse mit demselben Krümmungshalbmesser im Scheitel, so werden die Halbachsen

$$a = 2r_i \quad \text{und} \quad b = \sqrt{2}\, r_i .$$

Für das elliptische Loch mit diesen Halbachsen wird die Tangentialspannung im Endpunkt der großen Halbachse:

$$\tau_t = G \vartheta a_1 \cdot \frac{a+b}{b} = G \vartheta a_1 \cdot \left(\sqrt{2}+1\right) = 2,414 \; G \vartheta a_1 \; .$$

Wir erhalten einen nur um 2 % kleineren Wert und sehen, daß es in erster Linie bei gleichen Hauptabmessungen auf die Krümmung des Randes ankommt.

d) Z w e i b o g e n l o c h   m i t   I n n e n e c k e n   a u f   d e r x - A c h s e :

Wir nehmen dieses Beispiel nach Bild 18.4 a, um zu zeigen, wie
Löcher mit Innenecken zu untersuchen sind. Aus früheren Abschnitten
wissen wir, daß die Spannungen dort unendlich werden; auch der Span-
nungsverlauf in der Umgebung der Innenecke ist uns allgemein bekannt
bis auf einen Zahlenfaktor, den wir für ein Beispiel bestimmen werden.

Außer den Koordinaten z und z_0 für das Loch nach Bild 18. 4 a und
für den Einheitskreis nach Bild 18. 4 b führen wir die Koordinaten z'
und z'_0 ein, mit dem Koordinatennullpunkt A, wo sich die eine Innenecke befindet.

Die Abbildungsfunktion lautet:

$$z = a \cdot \frac{\left(z_0+1\right)^n + \left(z_0-1\right)^n}{\left(z_0+1\right)^n - \left(z_0-1\right)^n}$$

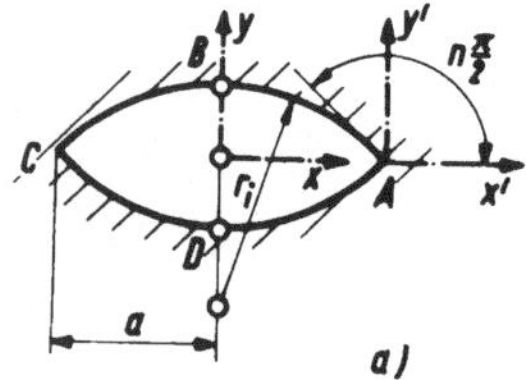

mit $n>1$ und $\quad a = r_i \sin \frac{n\pi}{2}$.

Wir finden wie unter c):

$$\left|\frac{dz}{dz_0}\right|_{z_0 \to \infty} = \frac{a}{n} \; .$$

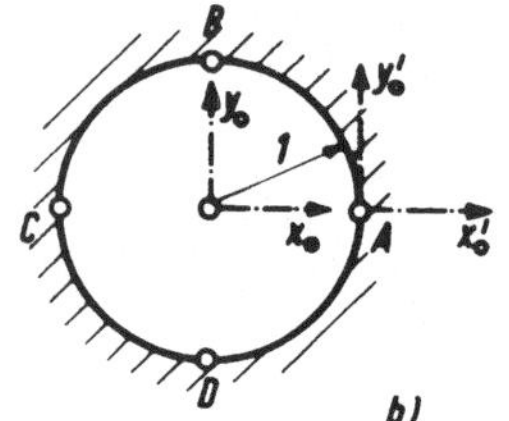

Bild 18.4 a — b

Weiter folgt aus der Abbildungsfunktion für die Umgebung der Innenecke:

$$z' = z - a = a \cdot \frac{2\left(z_0-1\right)^n}{\left(z_0+1\right)^n - \left(z_0-1\right)^n} =$$

$$= 2a \cdot \frac{\left(z'_0\right)^n}{\left(z'_0+2\right)^n - \left(z'_0\right)^n} = \frac{a}{2^{n-1}} \left(z'_0\right)^n + \ldots \; ,$$

und hieraus

$$\left|\frac{dz}{dz_0}\right|_{\mu_0=0, r_0 \to 1} = \left|\frac{dz'}{dz'_0}\right|_{z'_0 = x'_0} = \frac{an}{2^{n-1}} \left(x'_0\right)^{n-1} .$$

198

Für die Spannung erhalten wir in der Umgebung der Innenecke auf der x_0' -Achse:

$$\tau_t = G\vartheta a_1 \cdot \frac{a}{n} \cdot \frac{2}{\frac{an}{2^{n-1}}\cdot\left(x_0'\right)^{n-1}} = G\vartheta a_1 \cdot \frac{2^n}{n^2\left(x_0'\right)^{n-1}} \; ,$$

oder mit

$$x_0' = \left(2^{n-1}\cdot\frac{x'}{a}\right)^{\frac{1}{n}} :$$

$$\tau_t = G\vartheta a_1 \cdot \frac{2}{n^2}\left(\frac{x'}{2a}\right)^{-\left(1-\frac{1}{n}\right)} .$$

Hiermit wird die Spannung in der Umgebung der Innenecke:

$$\tau_t = \left|\tau_y\right| \cdot \frac{2}{n^2} \cdot \Re\mathfrak{e}\left\{\left(\frac{z'}{2a}\right)^{-\left(1-\frac{1}{n}\right)}\right\} .$$

Für den Kreis wird $n=1$ und $\tau_t = 2\left|\tau_y\right|$; für $z'\rightarrow o$ geht τ_t für $n<1$ gegen Null und für $n>1$ gegen Unendlich.

Ist der Innenwinkel gleich $\frac{\pi}{2}$, so wird $n=\frac{3}{2}$ und

$$\tau = \left|\tau_y\right| \cdot \frac{8}{9} \cdot \sqrt[3]{2} \cdot \Re\mathfrak{e}\left\{\left(\frac{z'}{a}\right)^{-\frac{1}{3}}\right\} = 1{,}12 \cdot \left|\tau_y\right| \cdot \Re\mathfrak{e}\left\{\left(\frac{z'}{a}\right)^{-\frac{1}{3}}\right\} .$$

e) Quadratisches Loch über Eck

Zum Schluß bringen wir dieses Beispiel, da es das Problem der Innenecke noch weiter klärt. Das Loch und der Einheitskreis sind in den Bildern 18. 5 a und 18. 5 b dargestellt. Die Abbildungsfunktion für Viel-

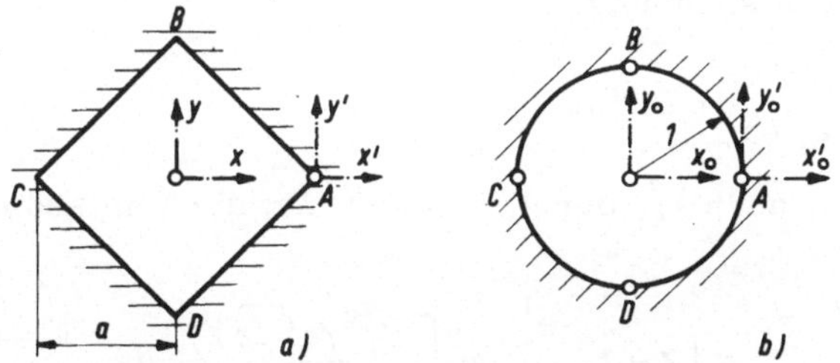

Bild 18.5 a—b

ecke haben wir in Abschnitt 13 abgeleitet; zu beachten ist, daß jetzt $\alpha' = \alpha_{n+1}-\alpha_n = -\frac{\pi}{2}$ und nicht $+\frac{\pi}{2}$ ist. Wir erhalten darum

$$\frac{dz}{dz_0} = c\cdot\frac{\left(z_0^4-1\right)^{\frac{1}{4}}}{z_0^2} = c\left(1-\frac{1}{z_0^4}\right)^{\frac{1}{4}} ,$$

also

$$c_1 = \left(\frac{dz}{dz_0}\right)_{z_0\rightarrow\infty} = c .$$

Hieraus als Reihenentwicklung:

$$\frac{dz}{dz_0} = c\left[1 - \left(\frac{\frac{1}{2}}{1!}\right) z_0^{-4} + \left(\frac{\frac{1}{2}\cdot -\frac{1}{2}}{2!}\right) z_0^{-8} - \left(\frac{\frac{1}{2}\cdot -\frac{1}{2}\cdot -\frac{3}{2}}{3!}\right) z_0^{-12} + - \dots\right] =$$

$$= c\left[1 - \frac{1}{2}z_0^{-4} - \frac{1\cdot 1}{2\cdot 4} z_0^{-8} - \frac{1\cdot 1\cdot 3}{2\cdot 4\cdot 6} z_0^{-12} - \dots\right],$$

und

$$z = c\left[z_0 + \frac{1}{3}\cdot\frac{1}{2}\cdot z_0^{-3} + \frac{1}{7}\cdot\frac{1}{2\cdot 4}\cdot z_0^{-7} + \frac{1}{11}\cdot\frac{1}{2\cdot 4\cdot 6}\cdot z_0^{-11} + \dots\right]$$

Für $z_0 = 1$ wird $z = a$,

für $z_0 = e^{i\pi/4}$ wird $z = \frac{a}{\sqrt{2}} e^{i\pi/4}$.

Hieraus: $c = 0,836\, a$.

Die Abbildungsfunktion wird:

$$z = 0,836\,a \int_1^{z_0} \frac{(z_0^4 - 1)^{1/2}}{z_0^2}\, dz_0 + a .$$

Für Punkt A mit $z_0 = 1$ wird mit $z_0 = z_0' + 1$:

$$\left|\frac{dz}{dz_0}\right|_{z_0\to 1} = c\left|\frac{(z_0^4 - 1)^{1/2}}{z_0^2}\right|_{z_0\to 1} = 2c\left|(z_0')^{1/2}\right| ,$$

und die Tangentialspannung:

$$\left[\tau_t\right]_{\mu_0\to 0} = G\vartheta a_1\cdot\frac{1}{(x_0')^{1/2}} .$$

Nun drücken wir noch x_0' durch $x' = x - a$ für die Umgebung des Punktes A aus. Aus

$$\left[z'\right]_{z'\to 0} = \left[z - a\right]_{z\to a} = \left[c\int_1^{z_0} \frac{(z_0^4 - 1)^{1/2}}{z_0^2}\, dz_0\right]_{z_0\to 0} =$$

$$= c\cdot\left[\int_0^{z_0'} \frac{\left[(z_0'+1)^4 - 1\right]^{1/2}}{\left[z_0' + 1\right]^2}\, dz_0'\right]_{z_0'\to 0} = 2c\left[\int_0^{z_0'} (z_0')^{1/2}\, dz_0'\right]_{z_0'\to 0} =$$

$$= \frac{4}{3}\,c\,(z_0')^{3/2}_{z_0'\to 0} = \frac{4}{3}\cdot\frac{a}{1,20}\,(z_0')^{3/2}_{z_0'\to 0}$$

folgt

$$(z_0')^{1/2}_{z_0'\to 0} = \left(\frac{3\cdot 1,20}{4}\right)^{1/3}\cdot\left(\frac{z'}{a}\right)^{1/3}_{z'\to 0} .$$

Damit wird

$$\tau_{t,\mu \to 0} = G\vartheta a_1 \cdot \left(\frac{4}{3 \cdot 1,20}\right)^{1/3} \cdot \left(\mathfrak{Re}\left\{\frac{z'}{a}\right\}\right)^{-1/3} =$$

$$= 1,04 \left|\tau_y\right| \cdot \left(\mathfrak{Re}\left\{\frac{z'}{a}\right\}\right)^{-1/3}.$$

Zum Vergleich: Für das Zweibogenloch mit dem Innenwinkel $\pi/2$ erhielten wir

$$\tau_t = 1,12 \cdot \left|\tau_y\right| \cdot \left(\mathfrak{Re}\left\{\frac{z'}{a}\right\}\right)^{-1/3}.$$

18.3 Anwendung der Ergebnisse auf Randkerben

Bei unseren Beispielen mit Löchern, die symmetrisch zur x - und zur y -Achse waren, erhielten wir den konstanten Wert F_L des Lochrandes auch für die y -Achse. Rechts von der y -Achse waren außerhalb der Lochfläche die Werte F kleiner als F_L , links größer. Das Ergebnis folgt ja auch aus der Anschauung, siehe Bild 18.1.

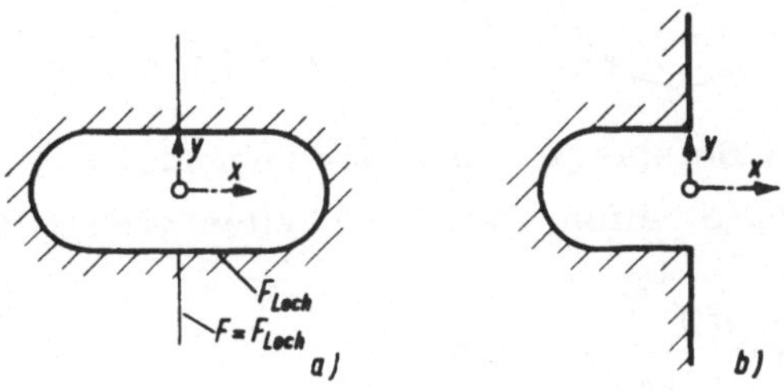

Bild 18.6 a — b

Wir können darum die Ergebnisse für diese Fälle auch für Ränder mit Randkerben übernehmen. So zeigen Bild 18.6 a und Bild 18.6 b das Loch im Querschnitt und die Kerbe am Rande, für die dieselbe Lösung gilt. In den meisten Fällen wird man den Rand der Kerbe durch eine halbe Ellipse ersetzen, wobei es nur darauf ankommt, daß die Halbellipse die richtige Kerbtiefe und am Scheitel dieselbe Krümmung hat.

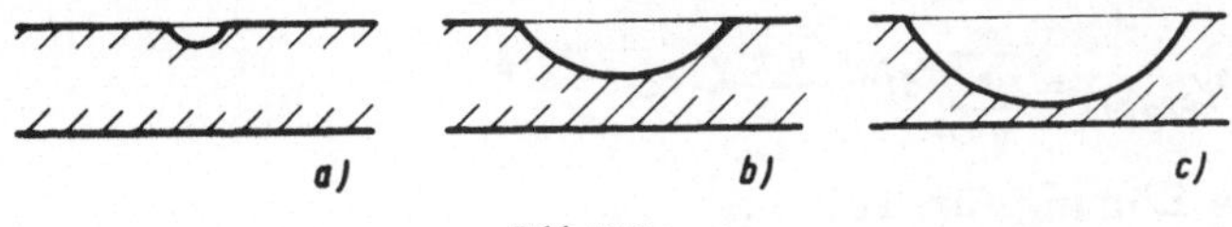

Bild 18.7 a — c

18.4 Kerben in Streifen

Bei Streifenquerschnitten und dünnwandigen Hohlquerschnitten werden Kerben vorkommen können, die nicht klein sind im Vergleich zur Streifenbreite bzw. Wandstärke. In Bild 18.7 a, b und c sind drei Fälle dargestellt: im Fall nach Bild a kann die Kerbe als klein betrachtet werden; bei Bild c ist die nachbleibende Wandstärke auf eine verhältnismäßig große Länge nur wenig veränderlich, so daß $\psi - \frac{1}{2}r^2$ über der Breite einen parabolischen Verlauf annehmen wird.

Was machen wir aber im Fall nach Bild 18. 7 b? Wir versuchen es mit einer Querschnittszerlegung, Bild 18. 8: an das Gebiet der Kerbe schließen wir beiderseits Streifen an, deren allgemeine Lösungen uns bekannt sind, falls die Randwerte von $\psi - \frac{1}{2} r^2$ gleich oder verschieden große Konstanten sind. Das Mittelstück ist durch eine Gerade und einen Bogen begrenzt; diesen ersetzen wir durch einen Hyperbelbogen mit demselben Scheitel und der gleichen Scheitelkrümmung, jedoch so, daß die Gerade und die Hyperbel zu derselben konfokalen Hyperbelschar gehören. Den Streifen, der durch die Gerade und die Hyperbel begrenzt wird, bilden wir konform auf einen Streifen mit parallelen geraden Rändern ab und machen hierfür ebenfalls einen allgemeinen Ansatz, der die Randbedingungen für $\psi - \frac{1}{2} r^2$ erfüllt.

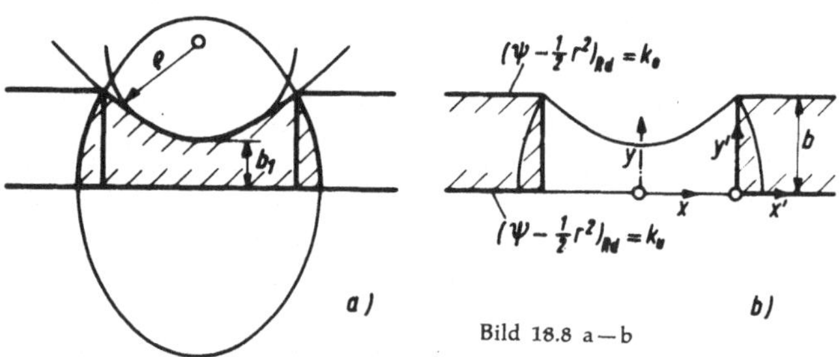

Bild 18.8 a—b

Wir wollen das Beispiel eingehender behandeln.

Für den linken Streifen, Teil 1, erhalten wir mit den Randwerten k_u und k_o :

$$\left[\psi_{(1)} - \frac{1}{2} r'^2 \right]_{Unterrd} = k_u \,,$$

$$\left[\psi_{(1)} - \frac{1}{2} r'^2 \right]_{Oberrd} = k_0 \,.$$

Grundfunktion:

$$\psi_{Gr(1)} = \frac{1}{2} \left(x'^2 + y'^2 \right) + k_u + \left(k_0 - k_u \right) \frac{y'}{b} \,.$$

Ergänzungsfunktion:

$$\psi_{Erg(1)} = \sum_{n=0}^{\infty} \sin \frac{n \pi y'}{b} \, e^{-n \pi x'/b} \,.$$

Allgemeine Lösung für Teil 1:

$$\psi_{(1)} = \psi_{Gr(1)} + \psi_{Erg(1)} \,.$$

Nun stellen wir die Lösung für das Mittelstück auf. Die Ränder haben bei gegebenen ϱ und b_1 die Gleichungen:

Unterrand: $y = 0$,

Oberrand: $y^2 - \dfrac{b_1}{\varrho} x^2 = b_1^2$.

Die Hyperbelbrennpunkte haben die Koordinaten:

$$z = \pm p = \pm b_1 \sqrt{1 + \varrho/b_1} \; .$$

Für $\psi_{Gr(2)}$ machen wir den Teilansatz:

$$\psi'_{(2)} = c\left(x^2 - y^2\right)$$

und wählen für c einen solchen Wert, daß für den Oberrand

$$\left(\psi'_{(2)} - \tfrac{1}{2} r^2\right)_{Oberrd} = const.$$

wird. Aus dieser Bedingung folgt:

$$c = \frac{1}{2} \; \frac{\varrho + b_1}{\varrho - b_1}$$

und

$$\left[\psi'_{(2)} - \tfrac{1}{2} r^2\right]_{Oberrd} = \left[\frac{1}{2} \; \frac{\varrho + b_1}{\varrho - b_1} \left(x^2 - y^2\right) - \tfrac{1}{2}\left(x^2 + y^2\right)\right]_{Oberrd} =$$

$$= \frac{1}{\varrho - b_1} \left[b_1 x^2 - \varrho y^2\right]_{Oberrd} = \frac{\varrho \, b_1^2}{\varrho - b_1} \; .$$

Für den Unterrand wird mit $y = 0$:

$$\left[\psi'_{(2)} - \tfrac{1}{2} r^2\right]_{Unterrd} = \frac{1}{2} \; \frac{\varrho + b_1}{\varrho - b_1} \, x^2 - \tfrac{1}{2} x^2 = \frac{b_1}{\varrho - b_1} \, x^2 .$$

Um $\psi_{Gr(2)}$ zu erhalten, müssen wir eine Potentialfunktion hinzufügen, die am Oberrand den Wert $k_0 - \dfrac{\varrho \, b_1^2}{\varrho - b_1}$ und am Unterrand den Ausdruck $k_u - \dfrac{b_1}{\varrho - b_1} \, x^2$ gibt.

Wir bilden den durch Gerade und Hyperbel berandeten Streifen zunächst konform auf einen Streifen ab, der durch parallele Geraden berandet ist. Mit Hilfe der Abbildungsfunktion

$$z/p = \tfrac{1}{2}\left(z_1 + \frac{1}{z_1}\right)$$

wird der Streifen auf einen Sektor der Ebene abgebildet. Die x-Achse geht in die x_1-Achse über, die y-Achse in den Einheitskreis; die Randhyperbel in den Strahl mit $\mu_1 = arc\,tg \sqrt{b_1/\varrho}$. Jetzt bilden wir weiter durch

$$z_1 = e^{z_2}$$

den Sektor auf den Parallelstreifen ab. Hierbei geht die x-Achse in die x_2-Achse und die Randhyperbel in die Gerade $y_{2,0} = \mu_1 = \text{arctg}\,\sqrt{b_1/\varrho}$ über. Die Randwerte von ψ_2'' werden:

für $\quad y_2 = y_{2,u} = 0$:

$$\left[\psi_{(2)}''\right]_{unterrd} = k_u - \frac{b_1}{\varrho - b_1}\,x^2$$

$$= k_u - \frac{1}{4}\,\frac{b_1\,p^2}{\varrho - b_1}\left(x_1 + \frac{1}{x_1}\right)^2$$

$$= k_u - \frac{1}{2}\,\frac{b_1\,p^2}{\varrho - b_1} - \frac{1}{4}\,\frac{b_1\,p^2}{\varrho - b_1'}\left(x_1^2 + x_1^{-2}\right)$$

$$= k_u - \frac{1}{2}\,\frac{b_1\,p^2}{\varrho - b_1} - \frac{1}{2}\,\frac{b_1\,p^2}{\varrho - b_1}\cdot\cos x_2\;;$$

für

$$y_2 = y_{2,0} = \text{arctg}\,\sqrt{b_1/\varrho}\;:$$

$$\left[\psi_{(2)}''\right]_{oberrd} = k_0 - \frac{\varrho\,b_1^2}{\varrho - b_1}\;.$$

Die gesuchte Funktion $\psi_{(2)}''$ lautet

$$\psi_{(2)}'' = k_u - \frac{1}{2}\,\frac{b_1\,p^2}{\varrho - b_1} + \frac{y_2}{y_{2,0}}\left[k_0 - k_u - \frac{\varrho\,b_1^2}{\varrho - b_1} + \frac{1}{2}\,\frac{b_1\,p^2}{\varrho - b_1}\right] -$$

$$- \frac{1}{2}\,\frac{b_1\,p^2}{\varrho - b_1}\,\frac{\sin(y_{2,0} - y_2)\,\cos x_2}{\sin y_{2,0}}\;.$$

Daraus erhalten wir für das Mittelstück

$$\psi_{Gr(2)} = \psi_{(2)}' + \psi_{(2)}''\;.$$

Hierzu fügen wir die bekannte allgemeine Lösung $\psi_{Erg}\,(2)$ für den Streifen mit den Randwerten Null hinzu. Die Konvergenzgrenzen sind in der z_2-Ebene die zu den Randgeraden senkrechten Breitenlinien, die durch die Endpunkte der Kerbe gehen. In der z-Ebene entsprechen diesen Rändern die Bögen der Ellipse, die dieselben Brennpunkte wie die Randhyperbel hat. Im Bild 18.8 sind die Streifen und das Mittelstück getrennt aufgezeichnet. Wir sehen, daß die Konvergenzgebiete sich überschneiden. Die weitere Behandlung des Problems ist die gleiche wie in den früheren Abschnitten.

19 Innenecken mit kleinen Ausrundungen

19.1 Problemstellung

Bei einer Innenecke, Bild 19.1 a, des Außenrandes und auch - bis auf Ausnahmen - des Innenrandes treten unendlich große Spannungen auf; um diese zu vermeiden, werden Innenecken ausgerundet. Wir nehmen an, daß als Ausrundung ein Kreisbogen vom Halbmesser ϱ gewählt ist, Bild 19.1 b. Hierbei ist ϱ klein im Vergleich zu allen benachbarten Abmessungen des Querschnittes.

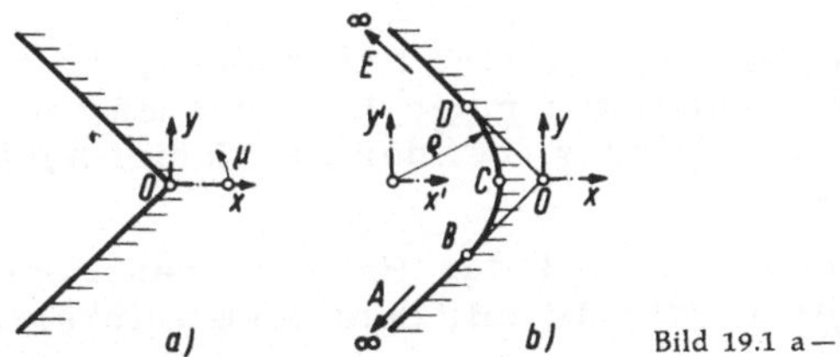

Bild 19.1 a—b

Wir untersuchen als Beispiel eine Innenecke, deren Umgebung durch

$$-\frac{3\pi}{4} \leqq \mu \leqq + \frac{3\pi}{4}$$

gegeben ist.

Die Funktion $\psi - \frac{1}{2} r^2$ für die Umgebung der scharfen Innenecke enthält das Teilglied $\Re\left\{c \cdot z^{2/3}\right\}$, dessen Ableitungen für $z \to 0$ unendlich werden. Alle anderen Glieder von ψ (siehe Abschnitt 5) und $\frac{1}{2} r^2$ werden für $z \to 0$ gleich Null und haben auch Ableitungen, die gleich Null werden.

Bei der scharfen Innenecke überwiegt also für $r \to 0$ der Einfluß des Gliedes $\Re\left\{c \cdot z^{2/3}\right\}$. Versehen wir die Innenecke mit einer kleinen Ausrundung, so ändert sich in erster Linie dieses Glied, während die anderen Glieder fast unverändert bleiben, da sie für $r \to 0$ nur kleine Werte geben. Von größter Wichtigkeit ist aber, daß durch die kleine Ausrundung die unendlich großen Spannungen der scharfen Innenecke durch zwar große, aber endliche Spannungen ersetzt werden.

Den Lösungsanteil $\Re\left\{c \cdot z^{2/3}\right\}$ bezeichnen wir im weiteren mit $\eta_{\varrho \to 0}$:

$$\eta_{\varrho \to 0} = \Re\left\{c \cdot z^{2/3}\right\} . \tag{19,1}$$

Wir nehmen also an, daß uns für die scharfe Innenecke die Teilfunktion $\eta_{\varrho \to 0}$ der Lösung ψ bekannt ist, und wir stellen uns die Aufgabe, zu untersuchen, durch welche Funktion η sie zu ersetzen ist, wenn die Innenecke ausgerundet wird, und wie groß die Spannungen werden.

Die Teilfunktion $\eta_{\varrho \to 0}$ der scharfen Innenecke ist eine Potentialfunktion, die auf dem Rand verschwindet. Für die ausgerundete Innenecke muß η als Teilfunktion von ψ ebenfalls eine Potentialfunktion
sein, die auf dem neuen Rand die Werte Null annimmt, da die weiteren
Teilfunktionen von ψ bedeutungslos sind. Für große Werte r werden
sich $\eta_{\varrho \to 0}$ und η nicht merklich unterscheiden. Wir setzen darum

$$\eta_{r \to \infty} = \Big[\eta_{\varrho \to 0} \Big]_{r \to \infty} = \mathfrak{Re}\Big\{ c \cdot z^{2/3} \Big\}_{r \to \infty} \quad . \tag{19,2}$$

Hiermit liegen die Randbedingungen und das Verhalten für große Werte
r fest. Der Rand des Gebietes, für das wir die Potentialfunktion η
mit $\eta_{Rd} = 0$ bestimmen werden, ist in Bild 19.1 b durch die Linie
$ABCDE$ gegeben. Die Punkte A und E sind die Punkte des Randes für
$r \to \infty$, BCD ist der Kreisbogen der Ausrundung; für die Mitte des Bogens, den Punkt C, werden wir die maximale Spannung bestimmen.

Wir bringen zuerst einige Näherungen, um zu zeigen, wie hiermit
derartige Probleme mit guten Ergebnissen behandelt werden können;
dann die genaue Lösung, bei der das Gebiet $ABCDE$ auf eine Halbebene
abgebildet wird.

(Es sei bemerkt, daß das Problem der Potentialströmung um ein
abgerundetes Hindernis mit dem Außenwinkel $\alpha = \pi/2$ dieselbe Lösung
hat.)

19.2 Höhenlinie von $\eta_{\varrho \to 0} = \mathfrak{Re}\Big\{ c \cdot z^{2/3} \Big\}$ als Randlinie

Nehmen wir die Lösung der Innenecke ohne Ausrundung, so gibt die
Höhenlinie $\eta_{\varrho \to 0} = konst = c \cdot b^{2/3}$ eine Linie, die als Näherung der gewünschten Randlinie aufgefaßt werden kann. Bild 19.2 zeigt diese Linie.

Die Potentialfunktion lautet dann in den Koordinaten z'':

$$\eta = \mathfrak{Re}\Big\{ c \cdot z''^{2/3} \Big\} - c \cdot b^{2/3} \tag{19,3}$$

mit der Randlinie

$$\mathfrak{Re}\Big\{ z''^{2/3} - b^{2/3} \Big\}_{Rd} = 0$$

oder

$$r''_{Rd} = \frac{b}{\left(\cos \frac{2}{3} \mu'' \right)^{3/2}} \quad . \tag{19,4}$$

Die Krümmung k wird im Scheitelpunkt C mit $\mu'' = 0$ wegen $\dfrac{\partial r''_{Rd}}{\partial \mu''} = 0$

$$k_C = \left(\frac{\partial^2 \eta / \partial r''^2}{\partial \eta / \partial r''} \right)_{\substack{\mu'' = 0 \\ r'' = b}} = \left(\frac{-\frac{2}{9} r''^{-4/3}}{\frac{2}{3} r''^{-1/3}} \right)_{r'' = b} = -\frac{1}{3b} \quad . \tag{19,5}$$

Wir setzen k_C gleich der Krümmung der Ausrundung $k_C = -\frac{1}{\varrho}$, und erhalten

$$b = \frac{1}{3}\varrho .$$

In Bild 19.2 sind die erhaltene Randkurve und die Randkurve der ausgerundeten Innenecke so aufgezeichnet, daß die Scheitel zusammenfallen. Da wir aus anderen Beispielen wissen, daß es bei der Berechnung der maximalen Spannungen in erster Linie darauf ankommt, daß die Krümmung im betreffenden Punkt (bei gleicher Gesamtgestalt der weiteren Querschnittsteile) dieselbe ist, so ist zu erwarten, daß wir hierfür einen brauchbaren Näherungswert finden werden. Wir erhalten für den Scheitelpunkt unserer Näherungslösung:

$$\tau_C = G\vartheta \left(\frac{\partial \psi}{\partial r''}\right)_{\substack{\mu''=0 \\ r''=b}} = G\vartheta \left(\frac{\partial \eta}{\partial r''}\right)_{\substack{\mu''=0 \\ r''=b}} = G\vartheta c \frac{\partial}{\partial r''}\left[\mathfrak{Re}\left\{z''^{2/3}\right\} - b^{2/3}\right]_{\substack{\mu''=0 \\ r''=b}} =$$

$$= G\vartheta c \cdot \frac{2}{3} b^{-1/3} = G\vartheta c \cdot \frac{2}{3} \cdot \sqrt[3]{3} \cdot \varrho^{-1/3} ;$$

$$\tau_C = 0{,}9615 \cdot G\vartheta c \cdot \varrho^{-1/3} . \tag{19,6}$$

Von Wichtigkeit ist die Abhängigkeit von ϱ und der Zahlenwert $0{,}9615$.

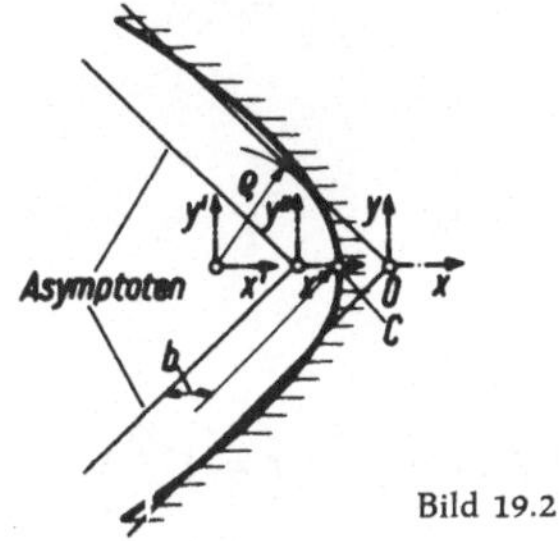

Bild 19.2

Es ist zu vermuten, daß die Spannung im Scheitel der abgerundeten Ecke etwas größer wird, da der Krümmungshalbmesser der Näherung vom Scheitel nach beiden Seiten allmählich abnimmt.

19.3 Eingeschnittene Ausrundung

Bei scharfen Innenecken kann man die unendlich großen Spannungen nachträglich beseitigen, indem man nach Bild 19.3 a eine kreisbogenförmige Rille ausschneidet. Aber auch als grobe Näherung der ausgerundeten Innenecke kann eine entsprechende Randkurve betrachtet werden. Für dieses Problem läßt sich ebenfalls eine genaue Lösung angeben.

Wir bilden das Gebiet der Innenecke ohne Ausschnitt auf die Halbebene z_1 ab, Bild 19.3 b. Die Abbildungsfunktion lautet:

$$z_1 = \left(\frac{z'}{\varrho}\right)^{2/3} .$$

Die Ausrundung geht in einen Halbkreis vom Halbmesser eins über.

Um für $\eta = 0$ den Rand mit $ABCDE$ zu erhalten, nehmen wir die Potentialfunktion, die wir schon mehrfach verwendet haben:

$$\eta = \mathfrak{Re}\left\{z_1 - z_1^{-1}\right\} \; .$$

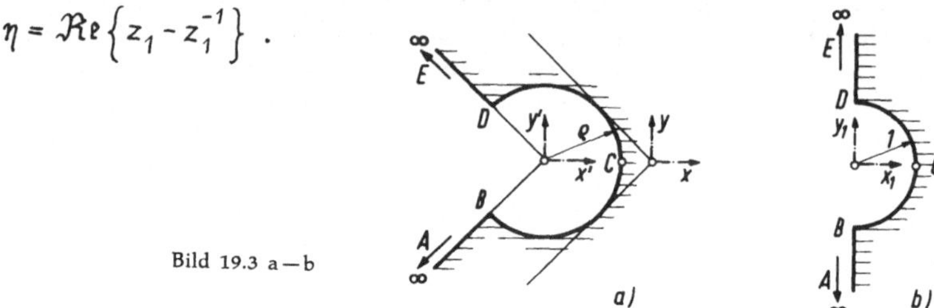

Bild 19.3 a—b

Diese gibt den Rand

$$\mathfrak{Re}\left\{z_1 - z_1^{-1}\right\}_{Rd} = \left(r_1 - \frac{1}{r_1}\right)\cos\mu_1 = 0 \; .$$

Hieraus:

$$\cos\mu_1 = 0 \quad und \quad r_1 = 1 \; .$$

In z'-Koordinaten erhalten wir:

$$\mathfrak{Re}\left\{\left(\frac{z'}{\varrho}\right)^{2/3} - \left(\frac{z'}{\varrho}\right)^{-2/3}\right\}_{Rd} = 0 \tag{19,8}$$

mit

$$\mu'_{Rd} = -\frac{3\pi}{4} \; , \quad \mu'_{Rd} = +\frac{3\pi}{4} \quad und \quad r'_{Rd} = \varrho \; .$$

Hiermit wird

$$\eta = c \cdot \varrho^{2/3} \cdot \mathfrak{Re}\left\{\left(\frac{z'}{\varrho}\right)^{2/3} - \left(\frac{z'}{\varrho}\right)^{-2/3}\right\} \; . \tag{19,9}$$

Im Scheitelpunkt C erhalten wir die Spannung:

$$\tau_C = G\vartheta\left(\frac{\partial\eta}{\partial r'}\right)_{\substack{\mu'=0\\r'=\varrho}} = G\vartheta c\left[\frac{2}{3} + \frac{2}{3}\right]\varrho^{-1/3} = 1{,}333\ G\vartheta c \cdot \varrho^{-1/3} \; . \tag{19,10}$$

Die Abhängigkeit von ϱ ist dieselbe wie bei der vorherigen Näherung. Der Zahlenfaktor ist sicher größer als der genaue Wert für die ausgerundete Ecke, da wir einen Einschnitt in den Querschnitt mit gleichem ϱ genommen haben.

19.4 Mehrgliedriger verbesserter Näherungsansatz

Der Näherungsansatz nach Gleichung (19,9) besteht aus dem Glied der scharfen Ecke und dem Zusatzglied $-c\varrho^{2/3}\mathfrak{Re}\left(\frac{z'}{\varrho}\right)^{-2/3}$. Kann man durch Hinzufügen weiterer Glieder mit $(z')^{-2n/3}, n = 2, 3 \ldots\ldots$, also mit

$(z')^{-4/3}$, $(z')^{-6/3}$ usw. die Lösung nicht verbessern? Hierbei liegt der Koordinatennullpunkt $z'=0$ im Krümmungsmittelpunkt des Scheitels, der Koordinatennullpunkt $z=0$ hingegen gilt für die nicht ausgerundete Ecke, siehe Bild 19.1 b. In den Koordinaten z' machen wir den Ansatz:

$$\eta = c\,\varrho^{2/3}\,\mathfrak{Re}\left\{\left(\tfrac{z'}{\varrho}\right)^{2/3} + a_1\left(\tfrac{z'}{\varrho}\right)^{-2/3} + a_2\left(\tfrac{z'}{\varrho}\right)^{-4/3} + a_3\left(\tfrac{z'}{\varrho}\right)^{-6/3}\right\}\;. \qquad (19,11)$$

Bilden wir die z'-Ebene auf die z_1-Ebene durch

$$\left(\tfrac{z'}{\varrho}\right)^{2/3} = z_1$$

ab, so erhalten wir

$$\eta = c\cdot\varrho^{2/3}\,\mathfrak{Re}\left\{z_1 + a_1 z_1^{-1} + a_2 z_1^{-2} + a_3 z_1^{-3}\right\}\;.$$

Jetzt bilden wir die wirkliche Randkurve in eine Randkurve der z_1-Ebene ab, siehe Bild 19.4 a. Wir erhalten einen Kreisbogen vom Halbmesser eins für $-\pi/6 \leqq \mu_1 \leqq \pi/6$, und für $\pi/6 \leqq \mu_1 \leqq \pi/2$ und $-\pi/2 \leqq \mu_1 \leqq -\pi/6$ Linien, die sich asymptotisch den Geraden $\mu_1 = \pi/2$ und $\mu_1 = -\pi/2$ nähern. Würden wir den Kreisbogen bis $\mu_1 = -\pi$ und $\mu_1 = \pi$ verlängern, so erhielten wir die vorherige Näherung.

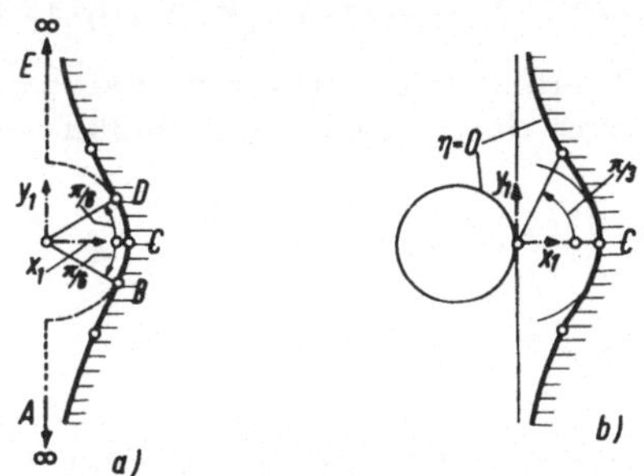

Bild 19.4 a—b

In unserem Ansatz kommen drei Freiwerte a_1, a_2 und a_3 vor, so daß wir drei Bedingungen erfüllen können. Die Randlinie $\eta = 0$ muß sich möglichst "gut" der wirklichen nähern. Hierbei bleibt es unserem Gefühl überlassen, was wir unter "gut" verstehen. Wir stellen folgende drei Bedingungen auf:

1. Die Linie $\eta_{Rd} = 0$ geht durch den Punkt $x_1 = 1$.
2. Der Krümmungshalbmesser im Scheitel C ist gleich eins im z_1-Koordinatensystem und damit gleich ϱ in der z'-Ebene.

Diese zwei Bedingungen waren auch bei der vorherigen Näherung erfüllt. Als dritte Bedingung nehmen wir:

3. Für $\mu_1 = \pm\,\pi/3$ soll $r_1 = \sqrt[3]{2} = 1,2607$ sein; das ist der wahre Wert, während bei der vorherigen Näherung für diesen Winkel $r_1 = 1$ war.

Die Bedingung, daß für $\mu_1 \rightarrow \pm \frac{\pi}{2}$ $r_1 \rightarrow \infty$ geht, ist durch den Ansatz schon gewährleistet.

Die Bedingungen geben:

Bedingung 1:
$$1 + a_1 + a_2 + a_3 = 0$$

Bedingung 2:
$$\left(\frac{\partial \eta / \partial x_1}{\partial^2 \eta / \partial x_1^2} \right)_{\substack{x_1 = 1 \\ y_1 = 0}} = \frac{1 - a_1 - 2a_2 - 3a_3}{1 \cdot 2 \cdot a_1 + 2 \cdot 3 \cdot a_2 + 3 \cdot 4 \cdot a_3} = -1$$

oder
$$1 + a_1 + 4a_2 + 9a_3 = 0 \quad ;$$

Bedingung 3:
$$\sqrt[3]{2} \cdot \cos \tfrac{\pi}{3} + \frac{a_1}{\sqrt[3]{2}} \cos \tfrac{\pi}{3} + \frac{a_2}{\sqrt[3]{2^2}} \cos 2\pi/3 + \frac{a_3}{2} \cos \pi = 0$$

oder nach Teilung durch $\sqrt[3]{2} \cos \pi/3$:
$$1 + 0,6288\, a_1 - 0,5000\, a_2 - 0,7932\, a_3 = 0 .$$

Aus den drei Gleichungen folgt:
$$a_1 = -1,3329 , \quad a_2 = 0,5326 , \quad a_3 = -0,1997 .$$

Der Verlauf der Randkurve unterscheidet sich erst für größere Werte von r_1 merklich von der wirklichen Randkurve. Die Spannung wird im Punkt C :
$$\tau_C = G \vartheta c \left[\frac{2}{3} - \frac{2}{3} a_1 - \frac{4}{3} a_2 - \frac{6}{3} a_3 \right] \varrho^{-1/3} ,$$
$$\tau_C = 1,244\, G \vartheta c \cdot \varrho^{-1/3} . \tag{19,12}$$

Dieses wird schon ein g u t e r Näherungswert sein.

In Bild 19.4 b ist für die z_1-Ebene die erhaltene Kurve $\eta = 0$ aufgezeichnet einschließlich des Teiles, der nicht zur Randkurve gehört.

19.5 Strenge Lösung durch konforme Abbildung

Es gibt für das vorliegende Problem eine strenge Lösung von E. Trefftz [9]. Wir werden die Gedankengänge nach Möglichkeit begründen, damit die Entwicklungen nicht als mathematische Kunststücke erscheinen.

Die Potentialfunktion η können wir als Imaginärteil einer Funktion von $z = x + iy$ auffassen mit der Lage des Koordinatensystems nach Bild 19.5 a. Den Realteil bezeichnen wir mit ξ und setzen
$$\zeta = \xi + i\eta .$$

Dann ist

$$\xi + i\eta = f_1(x + iy)$$

bzw.

$$\zeta = f_1(z)$$

oder umgekehrt

$$x + iy = f(\xi + i\eta) \ .$$

Für den Rand $ABCDE$ wird $\eta = 0$, dem entspricht die ξ -Achse der ζ -Ebene, Bild 19.5 b. Die obere Halbebene $\eta > 0$ ist also konform auf die von $ABCDE$ berandete Fläche abzubilden. Die Bedingung für $z \to \infty$ lautet:

$$\eta \to \left[c \ \mathfrak{Im} \ z^{2/3}\right]_{z \to \infty} = \left[c \ r^{2/3} \cdot \sin \frac{2\mu}{3}\right]_{r \to \infty}$$

mit

$$0 \leqq \mu \leqq \frac{3\pi}{4} \ .$$

Für $z \to \infty$, also für die Punkte A und E erhalten wir den Punkt $\zeta \to \infty$. Die gegenseitige Lage der Punkte A und E ist in den Bildern 19.5 a und 19.5 b dargestellt. Den Punkten B und D entsprechen die Punkte $\zeta = \pm a$, wobei a von ϱ und von der Abbildung für $\zeta \to \infty$ abhängt.

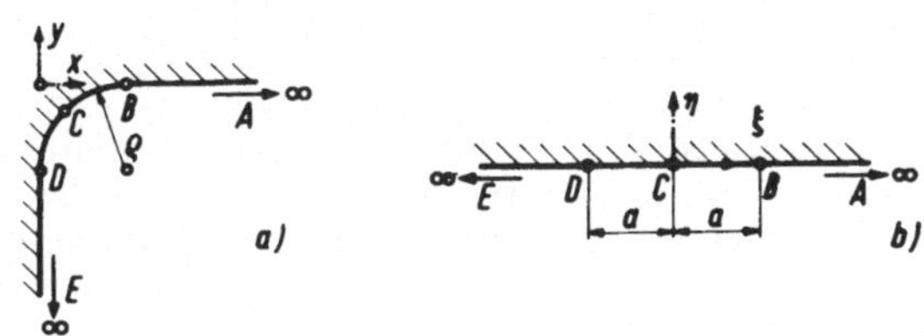

Bild 19.5 a—b

Die Randbedingung der Abbildung ist durch die Gestalt des Randes gegeben. Dieser hat für die Randteile AB und DE die Krümmung Null, für den Randteil BCD die Krümmung $k = -\frac{1}{\varrho}$. Dieses müssen wir zum Ausdruck bringen. Jedem Randteilchen $d\xi$ der ξ -Achse entspricht ein Randteilchen dt mit dem Steigungswinkel α in der z -Ebene. Die Krümmung wird:

$$k = \left(\frac{d\alpha}{dz}\right)_{Rd} = \left(\frac{d\alpha/d\xi}{dt/d\xi}\right)_{Rd} \ .$$

Durch die Abbildungsfunktion $z = f(\zeta)$ werden x und y des Randes Funktionen von ξ :

$$(x + iy)_{Rd} = f(\xi + i \cdot 0) = f(\xi) \ .$$

Wir drücken nun $d\alpha/d\xi$ und $dt/d\xi$ durch die Ableitungen von x und y nach ξ aus; hierzu schreiben wir für den Rand:

$$\frac{dz}{d\xi} = \frac{dx}{d\xi} + i \cdot \frac{dy}{d\xi} \quad,$$

$$\frac{dt}{d\xi} = \left|\frac{dz}{d\xi}\right| \quad,$$

$$\ln\frac{dz}{d\xi} = \ln\left|\frac{dz}{d\xi}\right| + i\,\alpha \quad.$$

Hieraus:

$$\ln\frac{dt}{d\xi} = \mathfrak{Re}\left\{\ln\frac{dz}{d\xi}\right\} , \qquad\qquad (19,13a)$$

$$\alpha = \mathfrak{Im}\left\{\ln\frac{dz}{d\xi}\right\} . \qquad\qquad (19,13b)$$

Damit wird:

$$k = \frac{d\alpha/d\xi}{dt/d\xi} = \frac{\frac{d}{d\xi}\,\mathfrak{Im}\left\{\ln\frac{dz}{d\xi}\right\}}{\left|\frac{dz}{d\xi}\right|} = \frac{\mathfrak{Im}\left\{\frac{d}{d\xi}\ln z_\xi\right\}}{|z_\xi|}$$

$$= \frac{1}{|z_\xi|}\cdot\mathfrak{Im}\left\{\frac{z_{\xi\xi}}{z_\xi}\right\} . \quad (19,14)$$

Die Gleichung ist zur Herleitung einer Lösung schwer verwendbar, da darin $|z_\xi|$ vorkommt. Wir differenzieren sie nach ξ , da $\frac{dk}{d\xi}$ gleich Null wird, wobei die Sprungstellen von k , also die Punkte B und D , singuläre Punkte werden. Wir erhalten allgemein für veränderliches k :

$$\frac{dk}{d\xi} = \frac{\frac{d}{d\xi}\,\mathfrak{Im}\left\{\frac{z_{\xi\xi}}{z_\xi}\right\} - \left(\frac{d^2t}{d\xi^2} : \frac{dt}{d\xi}\right)\cdot\mathfrak{Im}\left\{\frac{z_{\xi\xi}}{z_\xi}\right\}}{dt/d\xi}$$

oder nach Multiplikation mit $\frac{dt}{d\xi} = \left|\frac{dz}{d\xi}\right|$:

$$\frac{dk}{d\xi}\cdot\left|\frac{dz}{d\xi}\right| = \mathfrak{Im}\left\{\frac{d}{d\xi}\left(\frac{z_{\xi\xi}}{z_\xi}\right)\right\} - \frac{d}{d\xi}\left(\ln\frac{dt}{d\xi}\right)\cdot\mathfrak{Im}\left\{\frac{z_{\xi\xi}}{z_\xi}\right\} .$$

Mit $\ln\frac{dt}{d\xi}$ nach Gleichung (19,13 a) wird

$$\frac{dk}{d\xi}\cdot\left|\frac{dz}{d\xi}\right| = \mathfrak{Im}\left\{\frac{d}{d\xi}\left(\frac{z_{\xi\xi}}{z_\xi}\right)\right\} - \mathfrak{Re}\left\{\frac{z_{\xi\xi}}{z_\xi}\right\}\cdot\mathfrak{Im}\left\{\frac{z_{\xi\xi}}{z_\xi}\right\} \equiv$$

$$\equiv \mathfrak{Im}\left\{\frac{d}{d\xi}\left(\frac{z_{\xi\xi}}{z_\xi}\right) - \frac{1}{2}\left(\frac{z_{\xi\xi}}{z_\xi}\right)^2\right\} . \qquad (19,15)$$

Für den Rand erhalten wir bis auf die singulären Punkte wegen $\frac{dk}{d\xi} = 0$:

$$\operatorname{Im}\left\{ \frac{d}{d\xi}\left(\frac{z_{\xi\xi}}{z_\xi} \right) - \frac{1}{2}\left(\frac{z_{\xi\xi}}{z_\xi} \right)^2 \right\} = 0 \; . \tag{19, 16}$$

Bilden wir für $z = f(\zeta)$ die linke Seite der Gleichung (19, 16), wobei die Ableitungen nach ξ durch die Ableitungen nach ζ zu ersetzen sind, so erhalten wir eine Potentialfunktion, die auf dem Rand gleich Null, in den Punkten $\zeta = \pm a$ und $\zeta \to \infty$ aber singulär wird. Wir bezeichnen sie mit $\operatorname{Im}\left\{ f_r(\zeta) \right\}$, und erhalten dann:

$$\frac{d}{d\zeta}\left(\frac{z_{\zeta\zeta}}{z_\zeta} \right) - \frac{1}{2}\left(\frac{z_{\zeta\zeta}}{z_\zeta} \right)^2 = f_r(\zeta) \; .$$

Für $f_r(\zeta)$ gelten folgende Bedingungen:

a) $\quad \operatorname{Im}\left\{ f_r(\zeta)_{Rd} \right\} = 0 ,$

b) für $\zeta = \pm a$ und $\zeta \to \infty$

ist das Verhalten von $f_r(\zeta)$ vorgeschrieben.

Wir befassen uns zuerst mit dem Verhalten für $\zeta \to \infty$; aus

$$\zeta \to c \cdot z^{2/3}$$

oder

$$z \to \frac{1}{c^{3/2}} \cdot \zeta^{3/2} ,$$

folgt

$$z_\zeta \to \frac{3}{2} \cdot \frac{1}{c^{3/2}} \zeta^{1/2} \; , \quad z_{\zeta\zeta} \to \frac{3}{4} \cdot \frac{1}{c^{3/2}} \zeta^{-1/2} \; ,$$

$$z_{\zeta\zeta}/z_\zeta \to \frac{1}{2} \zeta^{-1} \; .$$

Hieraus:

$$\left[\frac{d}{d\zeta}\left(\frac{z_{\zeta\zeta}}{z_\zeta} \right) - \frac{1}{2}\left(\frac{z_{\zeta\zeta}}{z_\zeta} \right)^2 \right] \to - \frac{5}{8} \zeta^{-2} \; .$$

Damit kennen wir das Verhalten von $f_r(\zeta)$ für $\zeta \to \infty$. Da außerdem $\zeta_B = +a$ und $\zeta_D = -a$ singuläre Punkte sind, setzen wir

$$f_r(\zeta) = - \frac{5}{8} \cdot \frac{1}{\zeta^2 - a^2} \; .$$

Dann wird

$$\frac{d}{d\zeta}\left(\frac{z_{\zeta\zeta}}{z_\zeta} \right) - \frac{1}{2}\left(\frac{z_{\zeta\zeta}}{z_\zeta} \right)^2 = - \frac{5}{8} \cdot \frac{1}{\zeta^2 - a^2} \; . \tag{19, 17}$$

Es ist nun das Verhalten der Funktion $z(\zeta)$ in der Umgebung der Punkte B und D zu prüfen. In Punkt B ändert sich die Krümmung k sprungweise vom Wert $-\frac{1}{\varrho}$ zum Wert Null. Wir nehmen an, daß sich diese Änderung auf eine kleine Strecke 2ε, also von $\xi = a-\varepsilon$ bis $\xi = a+\varepsilon$, verteilt. Dann ist nach Gleichung (19, 15) und (19, 17) für diese Strecke

$$\frac{dk}{d\xi}\cdot\left|z_\xi\right|_{\xi=a} = -\frac{5}{8}\,\mathfrak{Im}\left\{\frac{1}{2a(\zeta-a)_{\eta=0}}\right\}\,,$$

oder nach Integration von $\xi = a-\varepsilon$ bis $\xi = a+\varepsilon$, wobei $\left|z_\xi\right|$ als konstant zu betrachten ist:

$$\left(k_{\xi=a-\varepsilon}-k_{\xi=a+\varepsilon}\right)\cdot\left|z_\xi\right|_{\xi=a} = -\frac{5}{16a}\cdot\mathfrak{Im}\left\{\ln(\zeta-a)\right\}\Bigg|_{\zeta=a-\varepsilon}^{\zeta=a+\varepsilon}$$

$$= -\frac{5\pi}{16a}\,.$$

Der Klammerausdruck der linken Seite stellt für $\varepsilon \to 0$ den Krümmungssprung $-\frac{1}{\varrho}$ dar; infolgedessen ist

$$\frac{1}{\varrho}\left|z_\xi\right|_{\xi=a} = \frac{5\pi}{16a}\,. \tag{19, 18}$$

Diese Bedingung kann durch geeignete Wahl von a erfüllt werden.

Jetzt lösen wir die Differentialgleichung (19, 17), wobei wir zur Vereinfachung

$$z_\zeta = \frac{1}{t^2(\zeta)}$$

einführen. Dann wird

$$\ln z_\zeta = -2\ln t(\zeta)\,,$$

$$\frac{d}{d\zeta}\left(\ln z_\zeta\right) = -2\frac{d}{d\zeta}\left(\ln t(\zeta)\right)\,,$$

$$z_{\zeta\zeta}/z_\zeta = -2\,t_\zeta/t\,,$$

$$\frac{d}{d\zeta}\left(z_{\zeta\zeta}/z_\zeta\right) = -2\,t_{\zeta\zeta}/t + 2\,t_\zeta/t^2\,,$$

und die Differentialgleichung (19, 19) gibt:

$$\left(\zeta^2-a^2\right)t_{\zeta\zeta} - \frac{5}{16}t = 0\,. \tag{19, 19}$$

Diese lineare Differentialgleichung - sie ist vom Typus der "hypergeometrischen Differentialgleichungen" - lösen wir für $|\zeta| > a$ und $|\zeta| < a$ durch Reihenentwicklung.

1) $|\zeta| > a$

Für $|\zeta| \to \infty$ fanden wir

$$z \to \frac{1}{c^{3/2}}\, \zeta^{3/2}$$

Daraus folgt

$$t = \left(\frac{1}{z_\zeta}\right)^{1/2} \to 1 : \left(\frac{3}{2}\,\frac{\zeta^{1/2}}{c^{3/2}}\right)^{1/2} = \left(\frac{2}{3}\right)^{1/2} c^{3/4}\, a^{-1/4} \cdot \left(\frac{\zeta}{a}\right)^{-1/4}.$$

Wir setzen vorübergehend den Faktor

$$\left(\frac{2}{3}\right)^{1/2} c^{3/4}\, a^{-1/4} = C_1^{\bullet}. \tag{19, 20}$$

Damit wird

$$t_{\zeta \to \infty} \to C_1 \left(\frac{\zeta}{a}\right)^{-1/4}.$$

Wir machen für t einen Potenzreihenansatz mit negativen Exponenten, dessen erstes Glied $C_1\left(\frac{\zeta}{a}\right)^{-1/4}$ ist. Infolge des Faktors $\left(\zeta^2 - a^2\right)$ vor $t_{\zeta\zeta}$ in der Differentialgleichung (19, 19) nehmen die Exponenten um je zwei Einheiten ab, was man durch Einsetzen prüfen kann. Wir erhalten

$$t = C_1 \left(\frac{\zeta}{a}\right)^{-1/4} + C_9 \left(\frac{\zeta}{a}\right)^{-9/4} + \ldots + C_{8n+1} \left(\frac{\zeta}{a}\right)^{-(8n+1)/4} + \ldots$$

mit C-Werten nach der Rekursionsformel

$$C_{8n+9} = \frac{(8n+1)(8n+5)}{(8n+9)(8n+13)-5} \cdot C_{8n+1}.$$

Hieraus

$$C_9 = 0{,}0446\, C_1 \quad,\quad C_{17} = 0{,}0418\, C_1 \quad,\quad C_{25} = 0{,}0073\, C_1,$$

$$C_{33} = 0{,}0044\, C_1 \quad,\quad C_{41} = 0{,}0039\, C_1 \quad usw.$$

Für $\zeta = +a$ und $\zeta = -a$ erhält man die Werte

$$t(a) = \sum_0^\infty C_{8n+1} = S C_1 \qquad \mathit{mit}\; S = 1{,}092,$$

$$t(-a) = S C_1\, e^{-i\pi/4}.$$

2) $|\zeta| < a$

Wir machen den Potenzreihenansatz

$$t(\zeta) = \sum_{n=0}^\infty C_n \left(\frac{\zeta}{a}\right)^n,$$

da der Punkt $\zeta = 0$ ein regulärer Punkt ist, und erhalten aus Gleichung (19, 19) die Rekursionsformel

$$c_{n+2} = \frac{n(n-1) - \tfrac{5}{16}}{(n+1)(n+2)}\, c_n$$

mit den Werten

$$c_2 = -0{,}1563\, c_0\ , \qquad c_3 = -0{,}0521\, c_1\ ,$$
$$c_4 = -0{,}0220\, c_0\ , \qquad c_5 = -0{,}0148\, c_1\ ,$$
$$c_6 = -0{,}0086\, c_0\ , \qquad c_7 = -0{,}0069\, c_1\ ,$$
$$c_8 = -0{,}0045\, c_0\ , \qquad c_9 = -0{,}0040\, c_1\ .$$

Für $\zeta = +a$ und $\zeta = -a$ erhält man

$$t(a) = \sum_{n=0}^{\infty} c_{2n} + \sum_{n=0}^{\infty} c_{2n+1} = s_0\, c_0 + s_1\, c_1$$

mit $\quad s_0 = 0{,}793$

und $\quad s_1 = 0{,}908$.

Aus dem Vergleich beider Lösungen für $t(a)$ und $t(-a)$ folgt

$$c_0 = \frac{1}{2}\, \frac{S}{s_0}\, C_1 \left(1 + e^{-i\pi/4} \right) = t(0)\ ,$$

$$c_1 = \frac{1}{2}\, \frac{S}{s_1}\, C_1 \left(1 - e^{-i\pi/4} \right) = a \left(\frac{dt}{d\zeta} \right)_{\zeta = 0}\ .$$

Die Krümmung $\frac{1}{\varrho} = -k$ können wir sowohl aus dem Verhalten bei Punkt B als auch für Punkt C bestimmen.

Für Punkt B gibt uns die Gleichung (19, 18)

$$\frac{1}{\varrho} = \frac{5\pi}{16a}\, \frac{1}{|z_\zeta|_{\zeta=a}} = \frac{5\pi}{16a}\, (SC_1)^2 \tag{19, 21}$$

mit $\quad S = 1{,}092$.

Mit Hilfe der Gleichung (19, 20) und (19, 21) drücken wir a und C_1^2 durch c und ϱ aus:

$$a = \left(\frac{5\pi}{24} \right)^{2/3} S^{1/3}\, c\, \varrho^{2/3}\ ,$$

$$C_1^2 = \left(\frac{64}{15\pi S^2} \right)^{1/3} c\, \varrho^{-1/3} = \frac{c\, \varrho^{-1/3}}{\sqrt[3]{2{,}637}}\ , \tag{19, 22}$$

216

Nun bestimmen wir k auch für Punkt $C(\zeta=0)$ aus der Lösung für t.
Nach Gleichung (19, 14) war

$$k \cdot \left|z_\zeta\right| = \Im\left\{\frac{z_{\zeta\zeta}}{z_\zeta}\right\}$$

mit

$$\left|z_\zeta\right| = \left(z_\zeta \cdot \bar{z}_\zeta\right)^{1/2} = \left(\frac{1}{t^2} \cdot \frac{1}{\bar{t}^2}\right)^{1/2} = \frac{1}{t \cdot \bar{t}} \, ,$$

und

$$\Im\left\{\frac{z_{\zeta\zeta}}{z_\zeta}\right\} = -2\,\Im\left\{\frac{t_\zeta}{t}\right\} \, ;$$

$$k = -2\,\Im\left\{t_\zeta \cdot \bar{t}\right\} ,$$

$$\frac{1}{\varrho} = -k_0 = \frac{2}{a} \cdot \Im\left(c_1 \cdot \bar{c}_0\right) =$$

$$= \frac{2}{a}\, C_1^2\, \frac{1}{2}\frac{S}{S_0} \cdot \frac{1}{2}\frac{S}{S_1} \cdot \Im\left\{\left(1 - e^{-i\pi/4}\right)\left(1 + e^{+i\pi/4}\right)\right\} =$$

$$= \frac{1}{a}\, C_1^2\, \frac{S^2}{S_0\, S_1} \cdot \sin\frac{\pi}{2} \quad .$$

Aus dem Vergleich beider Ausdrücke für $\frac{1}{\varrho}$ folgt

$$S_0\, S_1 = \frac{8\sqrt{2}}{5\pi} \, .$$

Die gefundenen Werte $s_0 = 0{,}793$ und $s_1 = 0{,}908$ genügen dieser Bedingung.

Jetzt bestimmen wir noch die Spannung im Punkt C. Diese ist

$$\tau_C = G\vartheta\left(\frac{\partial\eta}{\partial r}\right)_{\zeta=0} \quad .$$

Nun ist

$$\left(\frac{\partial\eta}{\partial r}\right)_{\zeta=0} = \frac{1}{\left|z_\zeta\right|_{\zeta=0}} = \left|t^2(0)\right| =$$

$$= \left|\left[\frac{S}{2S_0}\, C_1\left(1 + e^{-i\pi/4}\right)\right]^2\right| = \left(\frac{S}{S_0}\right)^2 \frac{2 + \sqrt{2}}{4}\, C_1^2 =$$

$$= \left(\frac{1{,}092}{0{,}793}\right)^2 \frac{2 + \sqrt{2}}{4}\, \frac{c\varrho^{-1/3}}{\sqrt[3]{2{,}637}} = 1{,}172\, c\varrho^{-1/3} \, .$$

Damit wird

$$\tau_C = 1{,}172\, G\vartheta\, c\varrho^{-1/3} \, . \tag{19, 23}$$

20 Minimalsätze des
Torsionsproblemes und Eingrenzung des Flächentorsionsmomentes J_t

20.1 Einleitende Worte

Wir verwenden zuerst den Satz vom Minimum der potentiellen Energie beim Torsionsproblem, wobei wir eine beliebige Verwölbungsfunktion w annehmen. Wir bezeichnen darum den erhaltenen Satz als Minimalsatz für die Verwölbungsfunktion w . Weiter zeigen wir, wie aus der Minimalforderung mit Hilfe der Variationsrechnung die Differentialgleichungen und Randbedingungen für w folgen. Zwar ist die Durchführung dieser Rechnung nicht unbedingt notwendig; sie erweist sich aber als vorteilhaft, da dann später die entsprechenden Untersuchungen bei den weiteren Eingrenzungen verständlicher werden. Mit Hilfe des Minimalsatzes für die Verwölbungsfunktion finden wir durch Wahl geeigneter Näherungsfunktionen für w obere Schranken für J_t ; hierbei wird die Schranke für die wirkliche Funktion $w = w_{\mathfrak{w}}$ gleich dem wahren Wert $J_{t\mathfrak{w}}$ von J_t .

. Weiter benutzen wir den Satz vom Minimum der potentiellen Energie für das Problem des Membrangleichnisses, wobei wir jetzt für F beliebige geeignete Funktionen annehmen. Den so erhaltenen Satz bezeichnen wir als Minimalsatz für die Spannungsfunktion F . Beliebige Ansätze für F geben uns eine untere Schranke für J_t ; für die wirkliche Spannungsfunktion $F = F_{\mathfrak{w}}$ erhalten wir den wahren Wert $J_{t\mathfrak{w}}$.

Wir können auch von den zwei Minimalsätzen der Elastizitätslehre, dem Satz vom Minimum der potentiellen Energie und dem Satz vom Minimum der Ergänzungsenergie (Castigliano) ausgehen. Wir setzen hier aber die Kenntnis dieser Sätze nicht voraus und überlassen es dem Leser, dem diese Sätze geläufig sind, die Übereinstimmung zu prüfen.

Die Bedeutung der beiderseitigen Eingrenzung des Wertes einer physikalischen Größe besteht darin, daß man ohne Kenntnis der wahren Lösung, die oft gar nicht gefunden werden kann, gute Näherungen für diesen Wert erhält und - was wichtig ist - die Genauigkeit der Näherungswerte bestimmen kann.

20.2 Grundgleichungen

Die Verwölbung w ist eine eindeutige, stetige und differenzierbare Funktion von x und y . Aus der vorgegebenen Drillung ϑ und aus der Funktion w finden wir die Tangentialzerrungen und aus diesen die Tangentialspannungen τ_x und τ_y :

$$\tau_x = G\left(-\vartheta y + \frac{\partial w}{\partial x}\right) , \quad \tau_y = G\left(\vartheta x + \frac{\partial w}{\partial y}\right) .$$

Aus der Gleichgewichtsbedingung für das Innengebiet

$$\frac{\partial \tau_x}{\partial x} + \frac{\partial \tau_y}{\partial y} = 0$$

folgt die Differentialgleichung für w :

$$\Delta w = 0. \tag{20,1}$$

Aus der Gleichgewichtsbedingung für den Außenrand und für die Lochränder $\left[\tau_n\right]_{Rand} = 0$ folgt für w die Randbedingung:

$$\left[-\vartheta r_t + \frac{\partial w}{\partial n}\right]_{Rand} = 0 \; . \tag{20,2}$$

Nehmen wir eine beliebige Funktion w , so werden Differentialgleichung (20, 1) und Randbedingung (20, 2) allgemein nicht erfüllt sein.

Die Spannungsfunktion F ist ebenfalls eine stetige Funktion von x
und y , die am Außenrand den Wert Null, an den Lochrändern konstan-
te Werte F_k , $k = 1, 2, 3 \; \ldots$ annimmt. Die Spannungen $\tau_x = \frac{\partial F}{\partial y}$ und
$\tau_y = -\frac{\partial F}{\partial x}$ erfüllen dann die Gleichgewichtsbedingungen und die Randbedingungen. Aus τ_x und τ_y folgen die Tangentialzerrungen und daraus
die Ableitungen von w :

$$\frac{\partial w}{\partial x} = \vartheta y + \frac{1}{G} \cdot \frac{\partial F}{\partial y} \, , \qquad \frac{\partial w}{\partial y} = -\vartheta x + \frac{1}{G} \cdot \frac{\partial F}{\partial x} \; .$$

Damit hieraus w gefunden werden kann, muß F die Differentialgleichung

$$\Delta F = -2 \, G \vartheta \tag{20,3}$$

erfüllen.

Die Eindeutigkeit von w gibt für die Randkurve C_k des k-ten Loches mit der Lochfläche f_k die Bedingung:

$$-\oint_{C_k} \frac{\partial F}{\partial n} \, dt \; = \; 2 \, G \vartheta f_k \; . \tag{20,4}$$

20. 3 Der Minimalsatz für die Verwölbungsfunktion w

Wir betrachten das Stück des tordierten Stabes von $z = 0$ bis $z = l$;
hierbei sei die Drillung ϑ vorgegeben. Die Verwölbung der Querschnitte, die sich hierbei einstellt, bezeichnen wir als "wahre" Verwölbung
w_w . Die Endquerschnitte des Stabes sind um den Winkel $\vartheta \cdot l$ gegenseitig gedreht; in ihnen treten nur Tangentialspannungen auf; die Au-
ßenfläche des Stabes und die Flächen, die den Lochrändern der Querschnitte entsprechen, sind unbelastet.

Die aufgespeicherte Zerrungsenergie wird für das Raumteilchen
$dx \, dy \, dz$ gleich

$$\frac{1}{2}\left(\tau_x \, \gamma_{xz} + \tau_y \, \gamma_{yz}\right) dx \, dy \, dz = \frac{1}{2} G \left(\gamma_{xz}^2 + \gamma_{yz}^2\right) dx \, dy \, dz,$$

wobei γ_{xz} und γ_{yz} aus ϑ und $w_{\mathfrak{w}}$ zu berechnen sind. Die im Stabstück aufgespeicherte Energie ist

$$l \cdot \iint_{(f)} \tfrac{1}{2} G \left(\gamma_{xz}^2 + \gamma_{yz}^2 \right) dx\, dy \; ;$$

sie ist gleich der eingeleiteten Arbeit $\tfrac{1}{2} \vartheta l M_t$.

Jetzt vergleichen wir den Zustand der "wahren" Verwölbung $w_{\mathfrak{w}}$ mit dem Zustand, der sich für eine beliebige Verwölbung w einstellt. Das Stabstück l ist hierbei wieder um den Winkel $\vartheta \cdot l$ tordiert. Die Zerrungen werden

$$\gamma_{xz} = -\vartheta y + \frac{\partial w}{\partial x} \quad und \quad \gamma_{yz} = \vartheta x + \frac{\partial w}{\partial y} \; .$$

Hieraus werden die Tangentialspannungen $\tau_x = G \cdot \gamma_{xz}$ und $\tau_y = G \cdot \gamma_{yz}$ gefunden. Diese erfüllen im allgemeinen weder die Gleichgewichtsbedingung

$$\frac{\partial \tau_x}{\partial x} + \frac{\partial \tau_y}{\partial y} = 0$$

noch die Randbedingungen

$$[\tau_n]_{Rand} = 0 \; .$$

Dieser Zustand wird sich nur einstellen, wenn zusätzliche Kräfte in z-Richtung auf den tordierten Stab wirken, die nur von x und y abhängen. Dieses sind Volumenkräfte und Oberflächenkräfte. Lassen wir auf den tordierten Stab zusätzlich diese Kräfte wirken, wobei der Drehwinkel $\vartheta \cdot l$ nicht geändert wird, so erhöht sich die Zerrungsenergie; diese ist für die beliebige Verwölbung w damit größer als für die "wahre" Verwölbung $w_{\mathfrak{w}}$ und nur für $w = w_{\mathfrak{w}}$ gleich dieser. Wir erhalten für die "wahre" Verwölbung die Minimalgleichung

$$l \cdot \iint_{(f)} \tfrac{1}{2} G \left[\left(-\vartheta y + \frac{\partial w}{\partial x} \right)^2 + \left(\vartheta x + \frac{\partial w}{\partial y} \right)^2 \right] dx\, dy = Min . \qquad (20,5)$$

Damit erhalten wir den Minimalsatz für die Verwölbungsfunktion w des tordierten Stabes: Unter allen Verwölbungsfunktionen w stellt sich bei gegebener Drillung ϑ diejenige ein, für die die linke Seite der Gleichung (20, 5) zum Minimum wird. Aus dieser Gleichung werden mit Hilfe der Variationsrechnung sowohl die Differentialgleichung für w als auch die Randbedingungen gefunden. Wir variieren w um δw und setzen die erste Variation gleich Null:

$$\iint_{(f)} \left[\left(-\vartheta y + \frac{\partial w}{\partial x} \right) \frac{\partial \delta w}{\partial x} + \left(\vartheta x + \frac{\partial w}{\partial y} \right) \frac{\partial \delta w}{\partial y} \right] dx\, dy = 0 \; .$$

Das erste Integral integrieren wir partiell nach x , das zweite nach y und erhalten

$$\int \left\{ \left[\left(-\vartheta y + \frac{\partial w}{\partial x} \right) \delta w \right]_{links}^{rechts} \frac{dy}{dt} + \left[\left(\vartheta x + \frac{\partial w}{\partial y} \right) \delta w \right]_{unten}^{oben} \frac{dx}{dt} \right\} dt - \iint \Delta w \cdot \delta w \, df = 0 .$$

Sowohl das Randintegral als auch das Flächenintegral müssen für sich bei beliebiger Wahl von δw verschwinden. Damit dies für das Flächenintegral zutrifft, muß im Inneren des Querschnittes für $w_{\mathfrak{w}}$ die Differentialgleichung (20, 1)

$$\Delta w_{\mathfrak{w}} = 0$$

erfüllt sein.

Der Integrand des Linienintegrals ist für jeden Randpunkt unabhängig von der Richtung der zueinander senkrechten Koordinatenachsen. Für einen beliebigen Randpunkt legen wir die x-Achse so, daß sie die Richtung der Normalen zur Randlinie hat. Dann wird

$$-\vartheta y + \frac{\partial w_{\mathfrak{w}}}{\partial x} = \gamma_{xz} = 0$$

oder wegen der gewählten Richtung der x-Achse

$$\left[-\vartheta r_t + \frac{\partial w_{\mathfrak{w}}}{\partial n}\right]_{Rand} = \left[\gamma_{nz}\right]_{Rand} = 0 \ .$$

Dieses ist die Randbedingung Gleichung (20, 2).

Somit erhielten wir aus der Minimalgleichung (20, 5) die Differentialgleichung und die Randbedingungen der "wahren" Verwölbungsfunktion $w_{\mathfrak{w}}$.

Bilden wir die zweite Variation, so erhalten wir

$$l \cdot G \cdot \iint\limits_{(f)} \left[\left(\frac{\partial \delta w}{\partial x}\right)^2 + \left(\frac{\partial \delta w}{\partial y}\right)^2\right] dx \, dy \ .$$

Diese ist größer als Null, so daß tatsächlich ein Minimum vorliegt.

Wir kehren wieder zur Gleichung (20, 5) zurück. Der Wert des Minimalausdruckes, das ist die linke Seite der Gleichung, wird für die "wahre" Verwölbung gleich $\frac{1}{2}\vartheta \cdot l \cdot M_t$. Vergleichen wir diesen Wert mit dem Wert für eine beliebige Verwölbung, so ergibt sich die Beziehung

$$l \cdot \iint\limits_{(f)} \frac{1}{2} G \left[\left(-\vartheta y + \frac{\partial w}{\partial x}\right)^2 + \left(\vartheta x + \frac{\partial w}{\partial y}\right)^2\right] dx \, dy \geqq \frac{1}{2}\vartheta l M_t \ .$$

Nun ist $M_t = G\vartheta J_t$. Setzen wir diesen Wert rechts ein, so erhalten wir nach Teilung durch $\frac{1}{2}\vartheta^2 l \, G$:

$$J_t \leqq \iint\limits_{(f)} \left[\left(-y + \frac{\partial}{\partial x}\left(\frac{w}{\vartheta}\right)\right)^2 + \left(x + \frac{\partial}{\partial y}\left(\frac{w}{\vartheta}\right)\right)^2\right] dx \, dy \ . \qquad (20,6)$$

Das Gleichheitszeichen gilt hierbei nur für den Fall $w = w_{\mathfrak{w}}$.

Hiermit gibt uns die Ungleichung (20, 6) für jeden Ansatz $\frac{w}{\vartheta}$ eine obere Schranke für J_t .

20.4 Der Minimalsatz für die Spannungsfunktion F

Zur Herleitung des Minimalsatzes benutzen wir das P r a n d t l ' sche Membrangleichnis. In eine horizontale starre Ebene ist ein Loch geschnitten, dessen Form gleich der Querschnittsform ist. Über das Loch ist eine Membran gespannt, in der je Längeneinheit die Kraft H wirkt. Die Membran wird von unten durch den konstanten Druck p belastet, so daß sie sich schwach hochwölbt, wobei der Rand sich nicht verschiebt. Wir setzen $cp/H = 2G\vartheta$, worin c eine beliebige Konstante ist. Dann werden die mit c multiplizierten Höhen der Membran gleich der Spannungsfunktion F . Hat der Querschnitt Löcher, so sind innerhalb der Membran starre Scheiben von der Form der Löcher anzubringen, die so geführt sind, daß sie horizontal bleiben und sich mit nach oben verschieben (vergl. Abschnitt 2); diese Scheiben sind ebenfalls durch den Druck p zu belasten.

Die sich hierbei einstellende Membranfläche bezeichnen wir als "wahre" Fläche $F_{\mathfrak{w}}/c$. Außer dieser Fläche können wir uns andere Flächen F/c denken, bei denen die Membranspannung H nicht im Gleichgewicht mit dem Druck p ist. Dann gilt der Satz: Von allen geometrisch möglichen Flächen stellt sich diejenige ein, bei der die potentielle Energie zum Minimum wird. Hierzu eine anschauliche Erklärung:

Die Entstehung der beliebigen Fläche denken wir uns wie folgt: Erst lassen wir auf die Membran den Druck p wirken, so daß die Fläche $F_{\mathfrak{w}}/c$ entsteht. Die aufgespeicherte Energie ist die Zerrungsenergie der Membran. Jetzt lassen wir zusätzliche vertikale Kräfte auf die Membran wirken, so daß die Fläche $F_{\mathfrak{w}}$ in F übergeht. Die Arbeit dieser zusätzlichen Kräfte ist positiv. Die Arbeit des Druckes p wird hierbei $\iint\limits_{(f+\Sigma f_k)} p\left(F - F_{\mathfrak{w}}\right) df$; das Integral ist für die Fläche der Membran und der Scheiben zu nehmen. Die Zerrungsenergie der Membran wird jetzt gleich der Summe aus der Zerrungsenergie für $F_{\mathfrak{w}}$ und der zusätzlichen Arbeit der hinzugefügten Kräfte und des Druckes p . Die Beziehung lautet:

$$\text{Zerrungsenergie für } F/c = \text{Zerrungsenergie für } F_{\mathfrak{w}}/c +$$

$$+ \text{Arbeit der hinzugefügten Kräfte} +$$

$$+ \iint\limits_{(f+\Sigma f_k)} p\,\frac{F - F_{\mathfrak{w}}}{c}\, df .$$

Lassen wir die Arbeit der hinzugefügten Kräfte fort, so folgt nach Umordnung der Glieder:

$$\frac{1}{2}\left[(\text{Zerrungsenergie für } F_{\mathfrak{w}}) - \iint\limits_{(f+\Sigma f_k)} p F_{\mathfrak{w}}\, df\right]$$

$$\leqq \frac{1}{c}\left[(\text{Zerrungsenergie für } F) - \iint\limits_{(f+\Sigma f_k)} p \cdot F\, df\right].$$

222

Der Ausdruck der rechten Seite ist die potentielle Energie der beliebigen Membranfläche F/c, der Ausdruck der linken Seite die der "wahren" Membranfläche $F_\mathfrak{w}/c$.

Die Zerrungsenergie der Membran für das Flächenelement finden wir wie folgt: Infolge der Zerrung dehnt sich dx und nimmt die Länge

$$dx \cdot \sqrt{1+\frac{1}{c^2}\left(\frac{\partial F}{\partial x}\right)^2} \approx dx + \frac{1}{2c^2}\left(\frac{\partial F}{\partial x}\right)^2 dx \qquad \text{an. Die Längenänderung wird}$$

$\frac{1}{2c^2}\left(\frac{\partial F}{\partial x}\right)^2 dx$; die Fläche vergrößert sich hierbei um $\frac{1}{2c^2}\left(\frac{\partial F}{\partial x}\right)^2 dx\,dy$.

Ebenso vergrößert sich die Fläche infolge der Zunahme von dy um

$\frac{1}{c^2}\left(\frac{\partial F}{\partial y}\right)^2 dx\,dy$. Da die Membranspannung H konstant bleibt, wird die Zerrungsenergie der Membran:

$$\iint\limits_{(f+\Sigma f_k)} \frac{1}{2}\,\frac{H}{c^2}\left[\left(\frac{\partial F}{\partial x}\right)^2 + \left(\frac{\partial F}{\partial y}\right)^2\right] df\;.$$

Setzen wir diesen Ausdruck für die Zerrungsenergie für F und für $F_\mathfrak{w}$ in die Ungleichung ein, so erhalten wir

$$\iint\limits_{(f)} \frac{1}{2}H\left[\left(\frac{\partial F_\mathfrak{w}}{\partial x}\right)^2 + \left(\frac{\partial F_\mathfrak{w}}{\partial y}\right)^2\right] df - \iint\limits_{(f+\Sigma f_k)} p\,F_\mathfrak{w}\,df \le \iint\limits_{(f+\Sigma f_k)} \frac{1}{2}H\left[\left(\frac{\partial F}{\partial x}\right)^2 + \left(\frac{\partial F}{\partial y}\right)^2\right] df - \iint\limits_{(f+\Sigma f_k)} p\,F\,df.$$

Multiplizieren wir die Ungleichung mit l/HG und setzen wir $cp/H = 2G\vartheta$, so erhalten wir für die Spannungsfunktion des tordierten Stabes:

$$l\cdot\iint\limits_{(f)} \frac{1}{2G}\left[\left(\frac{\partial F_\mathfrak{w}}{\partial x}\right)^2 + \left(\frac{\partial F_\mathfrak{w}}{\partial y}\right)^2\right] df - l\iint\limits_{(f+\Sigma f_k)} 2\,\vartheta F_\mathfrak{w}\,df \le l\cdot\iint\limits_{(f)} \frac{1}{2G}\left[\left(\frac{\partial F}{\partial x}\right)^2 + \left(\frac{\partial F}{\partial y}\right)^2\right] df - l\iint\limits_{(f+\Sigma f_k)} 2\,\vartheta F\,df.$$

Hieraus folgt die Minimalgleichung für die wahre Spannungsfunktion:

$$l\cdot\iint\limits_{(f)} \frac{1}{2G}\left[\left(\frac{\partial F}{\partial x}\right)^2 + \left(\frac{\partial F}{\partial y}\right)^2\right] dx\,dy - l\cdot\iint\limits_{(f+\Sigma f_k)} 2\,\vartheta F\,dx\,dy = \text{Min}. \qquad (20,7)$$

Damit erhalten wir den **Minimalsatz für die Spannungsfunktion F** des tordierten Stabes: Unter allen Funktionen F, die am Außenrand den Wert Null, an den Lochrändern konstante Werte annehmen, stellt sich bei gegebenem $G\vartheta$ diejenige ein, bei der die linke Seite der Gleichung (20, 7) zum Minimum wird.

Aus der Minimalgleichung (20, 7) lassen sich mit Hilfe der Variationsrechnung die Differentialgleichung für $F_\mathfrak{w}$ und für Querschnitte mit Löchern die Eindeutigkeitsbedingungen der Verwölbung finden. Wir bilden die erste Variation, indem wir F um δF variieren, und setzen diese gleich Null:

$$\frac{l}{G}\iint\limits_{(f)} \frac{\partial F}{\partial x}\cdot\frac{\partial \delta F}{\partial x} dx\,dy + \frac{l}{G}\iint\limits_{(f)} \frac{\partial F}{\partial y}\cdot\frac{\partial \delta F}{\partial y} dx\,dy - \frac{l}{G}\iint\limits_{(f)} 2G\,\vartheta\cdot\delta F\,dx\,dy - \frac{l}{G}\iint\limits_{(\Sigma f_k)} 2G\,\vartheta\cdot\delta F\,dx\,dy = 0.$$

Die zwei ersten Integrale integrieren wir partiell nach x bzw. nach y, um δF zu erhalten:

$$\frac{1}{G}\int\left\{\left[\frac{\partial F}{\partial x}\delta F\right]_{links}^{rechts}\cdot\frac{dy}{dt}+\left[\frac{\partial F}{\partial y}\cdot\delta F\right]_{unten}^{oben}\cdot\frac{dx}{dt}\right\}dt\;-$$

$$-\frac{1}{G}\iint_{(f)}\left[\Delta F+2\,G\,\vartheta\right]\delta F\,dx\,dy-\frac{1}{G}\iint_{(\sum f_k)}2\,G\,\vartheta\,\delta F\,dx\,dy=0\;.$$

Für das Innengebiet des Querschnittes ergibt sich die Differentialgleichung (20, 3):

$$\Delta F+2\,G\,\vartheta=0\;.$$

Der Integrand des Linienintegrales ist unabhängig von der Richtung des Koordinatensystems; für das Randelement mit vertikaler Tangente wird $dy=dt$ und $\frac{\partial F}{\partial x}=\frac{\partial F}{\partial n}$. Der Integrand gibt für den Außenrand mit $\delta F=0$ den Wert Null, für das k-te Loch den Ausdruck $-\oint_{(C_k)}\frac{\partial F}{\partial n}dt\cdot\delta F_k$; das letzte Integral gibt für das k-te Loch den Ausdruck $-\frac{1}{G}\cdot2\,G\,\vartheta\cdot f_k\cdot\delta F_k$.

Aus beiden Ausdrücken erhalten wir für den Rand des k-ten Loches:

$$-\oint_{(C_k)}\frac{\partial F}{\partial n}dt-2\,G\,\vartheta\,f_k=0\;.$$

Dieses ist die Eindeutigkeitsbedingung Gleichung (20, 4) für das k-te Loch.

Hiermit sind die Differentialgleichung für F und für Querschnitte mit Löchern die Eindeutigkeitsbedingung für w, ausgedrückt durch F, gefunden.

Bilden wir die zweite Variation des Minimalausdruckes der Gleichung (20, 7), so erhalten wir

$$\frac{1}{G}\iint_{(f)}\left[\left(\frac{\partial\delta F}{\partial x}\right)^2+\left(\frac{\partial\delta F}{\partial y}\right)^2dx\,dy\;.$$

Diese ist positiv, so daß ein Minimum vorliegt.

Wir wenden uns wieder der Minimalgleichung (20, 7) zu und untersuchen den Wert des Minimalausdruckes für die "wahre" Spannungsfunktion $F=F_w$.

Das erste Integral wird

$$\iint\frac{1}{2G}\left[\left(\frac{\partial F_w}{\partial x}\right)^2+\left(\frac{\partial F_w}{\partial y}\right)^2\right]dx\,dy=\iint\frac{1}{2G}\left[\tau_x^2+\tau_y^2\right]dx\,dy=$$

$$=\iint\frac{1}{2}\left[\tau_x\,\gamma_{xz}+\tau_y\,\gamma_{yz}\right]dx\,dy\;.$$

Dieses ist aber die aufgespeicherte elastische Energie, die gleich der Arbeit des Momentes M_t , also gleich $\frac{1}{2}\vartheta l M_t$ ist. Das zweite Glied gibt für die "wahre" Spannungsfunktion

$$-\vartheta l \iint\limits_{(f+\Sigma f_k)} 2\,F_w\,dx\,dy = -\vartheta l\,M_t\ .$$

Damit wird der Minimalausdruck für die wahre Lösung gleich $-\frac{1}{2}\vartheta l M_t$. Gleichung (20, 7) können wir folglich auch als Ungleichung schreiben:

$$l\cdot\iint\limits_{(f)}\frac{1}{2G}\left[\left(\frac{\partial F}{\partial x}\right)^2+\left(\frac{\partial F}{\partial y}\right)^2\right]dx\,dy - l\cdot\iint\limits_{(f+\Sigma f_k)} 2\,\vartheta F\,dx\,dy \geqq -\frac{1}{2}\vartheta l M_t\ .$$

Das zweite Glied der linken Seite ersetzen wir durch den Ausdruck $+l\iint\limits_{(f)}\left(x\frac{\partial F}{\partial x}+y\frac{\partial F}{\partial y}\right)dx\,dy$; die Gleichheit folgt durch partielle Integration. Teilen wir die Ungleichung durch $\frac{1}{2}Gl\vartheta^2$, so erhalten wir

$$-\frac{1}{G^2\vartheta^2}\iint\limits_{(f)}\left[\left(\frac{\partial F}{\partial x}\right)^2+\left(\frac{\partial F}{\partial y}\right)^2\right]dx\,dy - \frac{2}{G\vartheta}\iint\left[x\frac{\partial F}{\partial x}+y\frac{\partial F}{\partial y}\right]dx\,dy \leqq J_t\ . \tag{20, 8}$$

Das Gleichheitszeichen gilt hierbei für $F=F_w$.

Hiermit gibt uns die Ungleichung (20, 8) für jeden Ansatz von F eine untere Schranke für J_t .

20. 5 Zusammenfassung

Für J_t haben wir eine obere und eine untere Schranke gefunden. Fassen wir beide Ungleichungen (20, 6) und (20, 8) zusammen, so erhalten wir das Ungleichungspaar :

$$-\frac{1}{G^2\vartheta^2}\cdot\iint\limits_{(f)}\left[\left(\frac{\partial F}{\partial x}\right)^2+\left(\frac{\partial F}{\partial y}\right)^2\right]dx\,dy-\frac{2}{G\vartheta}\iint\limits_{(f)}\left[x\frac{\partial F}{\partial x}+y\frac{\partial F}{\partial y}\right]dx\,dy$$

$$\leqq J_t \leqq \iint\limits_{(f)}\left[\left(-y+\frac{\partial}{\partial x}\left(\frac{w}{\vartheta}\right)\right)^2+\left(x+\frac{\partial}{\partial y}\left(\frac{w}{\vartheta}\right)\right)^2\right]dx\,dy\ . \tag{20, 9}$$

Bei der Auswertung des Ungleichungspaares (20, 9) ist zu beachten, daß für $F/G\vartheta$ und ebenfalls für w/ϑ Funktionen zu wählen sind, die Quadrate von Längen darstellen. Setzt man Ausdrücke mit freien Beiwerten ein, so ergibt sich diese Bedingung auch aus der Optimalbestimmung der Beiwerte. An einigen Beispielen wollen wir die Anwendung des Ergebnisses zeigen, und dann eine allgemeine Umformung des Ungleichungspaares (20, 9) vornehmen. *)

---

*) Die folgenden Ausführungen schließen sich an eine Arbeit des älteren Verfassers an:

C. WEBER: "Bestimmung des Steifigkeitswertes von Körpern durch zwei Näherungsverfahren"; ZAMM 1931, Bd. 11, 3 (p. 244-245)

  I. Beispiel: Rechteckquerschnitt

Die Abmessungen der Seiten des Rechteckes sind 2a und 2b mit $a > b$. Für die untere Schranke machen wir den Ansatz:

$$F = c\left(b^2 - y^2\right)\left(1 - \frac{\cos\alpha x}{\cos\alpha a}\right).$$

Der Ansatz ist das Produkt eines Gliedes, das an den Rändern $y = \pm b$ gleich Null wird, mit einem Glied, das an den Rändern $x = \pm a$ gleich Null wird. Das erste Glied gibt in y-Richtung Parabelbögen wie bei einem unendlich langen Streifen. Das zweite Glied ist der wahren Lösung angepaßt. Aber auch nach dem Prandtl'schen Membrangleichnis folgt, daß für einen solchen Ansatz gute Ergebnisse zu erwarten sind. Für die Größen c und α sind möglichst optimale Werte zu wählen, Wie diese gefunden werden, wird die Untersuchung zeigen. Wir finden erst:

$$\iint\limits_{(f)}\left[\left(\frac{\partial F}{\partial x}\right)^2 + \left(\frac{\partial F}{\partial y}\right)^2\right]dx\,dy = c^2\cdot\iint\limits_{(f)}\left[\left(b^2-y^2\right)\alpha^2\frac{\sin^2\alpha x}{\cos^2\alpha a} + 4y^2\left(1-\frac{\cos\alpha x}{\cos\alpha a}\right)^2\right]dx\,dy$$

$$= c^2\cdot\left[\frac{16}{15}\cdot b^5\cdot\frac{\alpha\sin 2\alpha a - 2\alpha^2 a}{2\cos^2\alpha a} + \frac{8}{3}b^3\left(2a - \frac{4}{\alpha}\cdot\frac{\sin\alpha a}{\cos\alpha a} + \frac{a + \frac{1}{2\alpha}\sin 2\alpha a}{\cos^2\alpha a}\right)\right] =$$

$$= c^2\left[\frac{16}{15}b^5\left(\alpha\,\mathrm{Tg}\,\alpha a - \frac{\alpha^2 a}{\cos^2\alpha a}\right) + \frac{8}{3}b^3\left(2a - \frac{3}{\alpha}\,\mathrm{Tg}\,\alpha a + \frac{a}{\cos^2\alpha a}\right)\right] = c^2 K_2.$$

Weiter finden wir:

$$2\iint\limits_{(f)}\left[x\frac{\partial F}{\partial x} + y\frac{\partial F}{\partial y}\right]dx\,dy = -4\iint\limits_{(f)}F\,dx\,dy =$$

$$= -4c\iint\limits_{(f)}\left(b^2-y^2\right)\left(1 - \frac{\cos\alpha x}{\cos\alpha a}\right)dx\,dy =$$

$$= -c\cdot\frac{32}{3}b^3\left(a - \frac{1}{\alpha}\,\mathrm{Tg}\,\alpha a\right) = c\,K_1.$$

Die Faktoren von c bzw. c^2, die wir bei den Integrationen erhielten, bezeichnen wir mit K_1 und K_2. Dann wird die Energie:

$$-\frac{1}{G^2\vartheta'^2}\,c^2 K_2 + \frac{1}{G\vartheta'}\,c\,K_1.$$

Wir wollen annehmen, daß α gewählt ist, und fürs erste nur für c den Optimalwert suchen. Da der gesamte Ausdruck die untere Schranke für J_t darstellt, werden wir diese möglichst groß wählen. Wir müssen folglich den Freiwert c so bestimmen, daß der gesamte Ausdruck möglichst groß wird. Nun ist dieser aber eine Funktion von c. Folglich muß der Differentialquotient nach c gleich Null werden:

$$\frac{\partial}{\partial c}\left[-\frac{1}{G^2\vartheta'^2}\,c^2 K_2 + \frac{1}{G\vartheta'}\,c\,K_1\right] = -2\cdot\frac{1}{G^2\vartheta'^2}\,c\,K_2 + \frac{1}{G\vartheta'}\,K_1 = 0.$$

Hieraus:

$$c_{opt.} = \frac{1}{2} G\vartheta \frac{K_1}{K_2} \cdot$$

Mit diesem Wert wird die untere Schranke

$$-\frac{1}{G^2\vartheta^2} c_{opt}^2 \cdot K_2 + \frac{1}{G\vartheta} c_{opt} \cdot K_1 = \frac{1}{2G\vartheta} c_{opt} K_1 = \frac{1}{4} \frac{K_1^2}{K_2} \cdot$$

Hier wollen wir allgemein feststellen: Bei den Ansätzen für beliebige Querschnitte können wir stets einen Freiwert c als Faktor der Spannungsfunktion F voransetzen und nach dem durchgeführten Verfahren den Optimalwert c_{opt} von c bestimmen. Dann wird stets das erste Glied des Gesamtausdruckes gleich der Hälfte des negativen zweiten Gliedes, so daß nur die Hälfte des zweiten Gliedes als Gesamtergebnis nachbleibt.

Für unser Beispiel erhalten wir mit den Ausdrücken für K_1 und K_2:

$$\frac{1}{4} \cdot \frac{\left[\frac{32}{3} b^3 \left(a - \frac{1}{\alpha} \operatorname{Tg} \alpha a \right) \right]^2}{\frac{16}{15} b^5 \left(\alpha \operatorname{Tg} \alpha a - \frac{\alpha^2 a}{\operatorname{Cos}^2 \alpha a} \right) + \frac{8}{3} b^3 \left(2a - \frac{3}{\alpha} \operatorname{Tg} \alpha a + \frac{a}{\operatorname{Cos}^2 \alpha a} \right)} \cdot$$

Für α müßten wir ebenfalls den Optimalwert finden. Wir können aber auch einen beliebigen Wert hierfür nehmen: ob wir damit jedoch ein günstiges Ergebnis erhalten, hängt dann vom Glück ab, wenn wir nicht auf Grund besonderer Überlegungen diesen Wert bestimmt haben. Im vorliegenden Fall wollen wir den Ausdruck möglichst vereinfachen. Hierzu wählen wir α so, daß im Nenner die Glieder mit $1/\operatorname{Cos}^2 \alpha a$ fortfallen:

$$-\frac{16}{15} b^2 \frac{\alpha^2 a}{\operatorname{Cos}^2 \alpha a} + \frac{8}{3} b^3 \frac{a}{\operatorname{Cos}^2 \alpha a} = 0 \cdot$$

Hieraus:

$$\alpha = \sqrt{2,5} \cdot \frac{1}{b} = 1,581 \cdot \frac{1}{b} \cdot$$

Die untere Schranke wird hiermit:

$$\frac{16}{3} a b^3 \left(1 - \frac{1}{1,581} \cdot \frac{b}{a} \cdot \operatorname{Tg} 1,581 \frac{a}{b} \right) \cdot$$

Zur Bestimmung der oberen Schranke machen wir einen Ansatz für w, der der abgebrochenen Reihe der wahren Lösung entspricht:

$$w = \vartheta \left(-xy + c_1 \sin \frac{\pi y}{2b} \operatorname{Sin} \frac{\pi x}{2b} \right) \cdot$$

Die wahre Lösung w_w ist eine Potentialfunktion. Der gewählte Ansatz ist ebenfalls eine Potentialfunktion, was jedoch nicht unbedingt erforderlich ist. Bei späteren Beispielen werden wir für w Funktionen wählen, die keine Potentialfunktionen sind.

Mit dem Näherungsansatz für w wird die obere Schranke:

$$\iint\limits_{(f)} \left[\left(-2y + c_1 \cdot \frac{\pi}{2b} \sin \frac{\pi y}{2b} \cos \frac{\pi x}{2b} \right)^2 + \left(c_1 \frac{\pi}{2b} \cos \frac{\pi y}{2b} \sin \frac{\pi x}{2b} \right)^2 \right] dx\, dy =$$

$$= \frac{16}{3} a b^3 - 16\, c_1 \left(\frac{2b}{\pi} \right)^2 \sin \frac{\pi a}{2b} + \frac{\pi}{2} c_1^2 \sin \frac{\pi a}{b} \ .$$

Es entsteht ein Ausdruck mit c_1 und c_1^2. Um den kleinsten Wert der oberen Schranke zu bestimmen, setzen wir wieder:

$$\frac{\partial}{\partial c_1} \left[\frac{16}{3} a b^3 - 16\, c_1 \left(\frac{2b}{\pi} \right)^2 \sin \frac{\pi a}{2b} + \frac{\pi}{2} c_1^2 \sin \frac{\pi a}{b} \right] = 0 \ ,$$

und erhalten

$$c_{1opt} = \frac{64}{\pi^3} b^2 \sin \frac{\pi a}{2b} \bigg/ \sin \frac{\pi a}{b} = \frac{32}{\pi^3} \frac{b^2}{\cos \frac{\pi a}{2b}} \ .$$

Damit wird die obere Schranke:

$$\frac{16}{3} a b^3 - 8\, c_{opt} \left(\frac{2b}{\pi} \right)^2 \sin \frac{\pi a}{2b} = \frac{16}{3} a b^3 - \frac{1024}{\pi^5} b^4 \, \mathrm{Tg} \frac{\pi a}{2b} =$$

$$= \frac{16}{3} a b^3 \left[1 - \frac{1}{1{,}593} \cdot \frac{b}{a} \cdot \mathrm{Tg}\, 1{,}571 \frac{a}{b} \right] .$$

Wir bekommen einen ähnlichen Ausdruck wie für die untere Schranke, mit nur geringfügig anderen Zahlenwerten. Das Ergebnis lautet:

$$\frac{16}{3} a b^3 \left[1 - \frac{1}{1{,}581} \cdot \frac{b}{a} \cdot \mathrm{Tg}\, 1{,}581 \frac{a}{b} \right] < J_t < \frac{16}{3} a b^3 \left[1 - \frac{1}{1{,}593} \frac{b}{a} \, \mathrm{Tg}\, 1{,}571 \frac{a}{b} \right].$$

20.7   II. Beispiel: Rahmenquerschnitt

Als weiteres Beispiel nehmen wir ein Quadrat mit der Kantenlänge 2a mit einem quadratischen Loch, dessen Kantenlänge 2b ist, Bild 20. 1. Wir werden zur Bestimmung beider Schranken eine Reihe von Ansätzen wählen, um die Fülle der Möglichkeiten zu zeigen.

Den Querschnitt unterteilen wir in die Gebiete I, II, III, IV und so weiter, da wir für F und für w in diesen Gebieten verschiedene Ansätze wählen werden.

a) Der einfachste Ansatz lautet $w = 0$; zwar werden wir hierfür keine besonders gute Abschätzung nach oben hin erhalten, dafür ist aber die Berechnung sehr einfach:

$$J_t < \iint\limits_{(f)} \left[\left(\frac{1}{\vartheta} \frac{\partial w}{\partial x} - y \right)^2 + \left(\frac{1}{\vartheta} \frac{\partial w}{\partial y} + x \right)^2 \right] dx\, dy$$

$$= \iint\limits_{(f)} \left(x^2 + y^2 \right) dx\, dy = \frac{8}{3} \left(a^4 - b^4 \right) \ .$$

Wir sehen, daß für $w = 0$ allgemein

$$J_t \leqq \iint\limits_{(f)} (x^2 + y^2)\, dx\, dy = J_p$$

wird. Nur falls $w_w = 0$ ist, also für Kreis- und Kreisringquerschnitte, gilt das Gleichheitszeichen. Für das Hohlquadrat gilt es auch für den Grenzfall $b = a$.

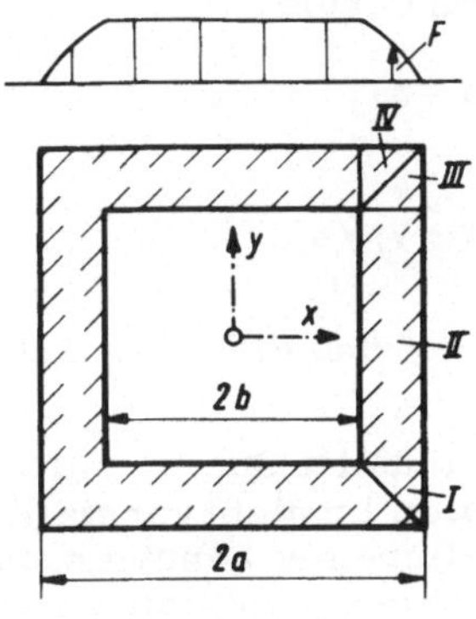

Bild 20.1

b) Nun versuchen wir es mit einem genaueren Ansatz und setzen

$$w = \tfrac{1}{4} a_4\, r^4\, \sin 4\mu = a_4 \left(x^3 y - y^3 x \right)\ .$$

Dieser Ansatz entspricht dem ersten Glied der Reihenentwicklung für das Vollquadrat. Es ist also anzunehmen, daß dieser Ansatz für kleine Löcher gute Werte geben wird.

Für die obere Schranke erhalten wir, indem wir über ein Achtel des Querschnittes integrieren:

$$8 \int\limits_{x=b}^{x=a} \int\limits_{y=0}^{y=x} \left[\left(-y + a_4\left(3x^2 y - y^3\right)\right)^2 + \left(x + a_4\left(x^3 - 3y^2 x\right)\right)^2 \right] dy\, dx$$

$$= 8 \int\limits_{x=b}^{x=a} \left(\tfrac{4}{3} x^3 - \tfrac{8}{5} a_4 x^5 + \tfrac{96}{35} a_4^2\, x^7 \right) dx$$

$$= 8 \cdot \left[\tfrac{1}{3}\left(a^4 - b^4\right) - \tfrac{4}{15} a_4 \left(a^6 - b^6\right) + \tfrac{12}{35} a_4^2 \left(a^8 - b^8\right) \right]\ .$$

Die Konstante a_4 wählen wir so, daß die obere Schranke möglichst klein wird. Hierfür folgt durch Differentiation nach a_4 :

$$-\tfrac{4}{15}\left(a^6 - b^6\right) + \tfrac{24}{35} a_4 \left(a^8 - b^8\right) = 0\ ,$$

$$a_4 = \tfrac{7}{18}\, \frac{a^6 - b^6}{a^8 - b^8}\ .$$

Mit diesem Wert wird die obere Schranke:

$$\frac{8}{3}\left(a^4-b^4\right)\left[1-\frac{7}{45}\cdot\frac{\left(a^6-b^6\right)^2}{\left(a^4-b^4\right)\left(a^8-b^8\right)}\right].$$

c) Nunmehr benutzen wir einen Ansatz, der vermutlich für $b\to a$ gute Werte geben wird. Für die Linien $y=0$ und $x=y$ wird aus Antimetriegründen $w=0$. Wir setzen darum:

Im Gebiet II: $w/\vartheta = (x-b)\,y$,

im Gebiet III: $w/\vartheta = (x-y)\,y$.

Man überzeugt sich leicht, daß die w -Fläche stetig ist. Hierzu eine allgemeine Bemerkung:

Die w a h r e w -Fläche muß im Querschnittsbereich stetig sein; eine andere Verwölbungsfunktion ist nicht vorstellbar. Für N ä h e r u n g s -ansätze könnte man Funktionen w benutzen, die etwa längs eines Kurvenstückes unstetig sind. Solche Funktionen können wir uns dadurch entstanden denken, daß wir von einer stetigen Funktion w ausgehen, die sich aber in einem schmalen Streifen längs des betrachteten Kurvenstückes stark ändert. Die Streifenbreite lassen wir dann gegen Null gehen. Wie eine einfache Überschlagsrechnung zeigt, geht dann die obere Schranke von J_t gegen $+\infty$. Wir dürfen folglich auch für Näherungsansätze nur Funktionen w verwenden, die im Querschnittsbereich stetig sind.

Gibt die Verwölbungsfunktion hingegen nur Knicke, also Unstetigkeiten der Ableitungen wie bei dem letzten Ansatz, so wird hierdurch die Berechnung der oberen Schranke nicht gestört.

Nun wieder zu unserem Ansatz! Die obere Schranke wird, wenn wir wieder über die einzelnen Flächengebiete integrieren:

$$8\int_{x=b}^{x=a}\int_{y=0}^{y=b}\left[\left(-y+y\right)^2+\left(x+(x-b)\right)^2\right]dy\,dx +$$

$$+\,8\int_{x=b}^{x=a}\int_{y=b}^{y=x}\left[\left(-y+y\right)^2+\left(x+(x-2y)\right)^2\right]dy\,dx = \frac{8}{3}\,a\left(a^3-b^3\right).$$

Natürlich kann man noch bessere Ansätze finden, insbesondere wenn man sich ein Bild davon macht, wie sich die dünnwandigen Querschnitte verwölben. Unsere Aufgabe hier war, an einfachen Beispielen zu zeigen, welche Möglichkeiten bestehen.

Nun wenden wir uns der unteren Schranke zu. Die Spannungsfunktion F muß so gewählt werden, daß sie am Außenrand verschwindet und am Innenrand einen konstanten Wert annimmt. Wir bringen hierzu wieder verschiedene Ansätze.

d) Im Gebiet I bis III: $\qquad F = c \cdot G \vartheta \left(1 - \dfrac{x^2}{a^2} \right)$

Hiermit wird die untere Schranke:

$$-8 \int\limits_{x=b}^{x=a} \int\limits_{y=0}^{y=x} \left[c^2 \cdot \frac{4x^2}{a^4} \right] dy\, dx + 16 \int\limits_{x=b}^{x=a} \int\limits_{y=0}^{y=x} c \cdot \frac{2x^2}{a^2} \, dy\, dx =$$

$$= 32 \int\limits_{x=b}^{x=a} \int\limits_{y=0}^{y=x} \left(-\frac{c^2}{a^4} + \frac{c}{a^2} \right) x^2 \, dy\, dx = 8 \left(-\frac{c^2}{a^4} + \frac{c}{a^2} \right) \left(a^4 - b^4 \right).$$

Den optimalen c -Wert erhalten wir aus der Gleichung

$$\frac{\partial}{\partial c} \left(-\frac{c^2}{a^4} + \frac{c}{a^2} \right) = 0 \, .$$

Hieraus:

$$c_{opt} = \frac{a^2}{2} \, ,$$

und die zugehörige untere Schranke wird

$$2 \left(a^4 - b^4 \right) \leqq J_t \, .$$

e) Wir wollen für das Gebiet I bis III einen geeigneten Ansatz machen, der - wie vorher - nur von x abhängt. Wir setzen:

$$F = G \vartheta \left[a_1 \frac{x}{a} + a_2 \left(\frac{x}{a} \right)^2 - a_1 - a_2 \right] \, .$$

Am Außenrand ist $F = 0$, am Innenrand konstant. Wir erhalten als untere Schranke:

$$-8 \int\limits_{x=b}^{x=a} \int\limits_{y=0}^{y=x} \left[\frac{a_1}{a} + 2 \frac{a_2 x}{a^2} \right]^2 dy\, dx + 16 \int\limits_{x=b}^{x=a} \int\limits_{y=0}^{y=x} x \left[\frac{a_1}{a} + \frac{2 a_2 x}{a^2} \right] dy\, dx =$$

$$= 8 \int\limits_{x=b}^{x=a} \left[-\frac{a_1^2}{a^2} x - \frac{4 a_1 a_2}{a^3} x^2 - \frac{4 a_2^2}{a^4} x^3 + \frac{2 a_1}{a} x^2 + \frac{4 a_2}{a^2} x^3 \right] dx =$$

$$= \frac{16}{3} \cdot \frac{a_1}{a} \cdot (a^3 - b^3) + 8 \frac{a_2}{a^2} (a^4 - b^4) - \frac{4 a_1^2}{a^2} (a^2 - b^2) - \frac{32}{3} \frac{a_1 a_2}{a^3} (a^3 - b^3) -$$

$$- 8 \frac{a_2^2}{a^4} (a^4 - b^4) \, .$$

Der Ausdruck enthält noch zwei freie Konstanten a_1 und a_2 . Diese wählen wir so, daß er möglichst groß wird. Hierzu müssen die Ableitungen des Ausdruckes nach a_1 und a_2 gleich Null werden. Wir erhalten hiermit zwei Bestimmungsgleichungen:

$$\frac{16}{3} (a^3 - b^3) - 8 \frac{a_1}{a} (a^2 - b^2) - \frac{32}{3} \frac{a_2}{a^2} (a^3 - b^3) = 0 \, ,$$

$$8 (a^4 - b^4) - \frac{32}{9} \frac{a_1}{a} (a^3 - b^3) - 16 \frac{a_2}{a^2} (a^4 - b^4) = 0 \, .$$

Ganz allgemein wird man häufig Lösungsansätze wählen, die mit noch
freien Konstanten multipliziert sind. Der hier angegebene Weg zur Bestimmung der Optimalwerte dieser Konstanten wird R i t z ' sches Verfahren genannt.

Berechnen wir aus den zwei erhaltenen Gleichungen α_{1opt} , so
bekommen wir hierfür den Wert Null. Hiermit geht der Ansatz nach e)
in den Ansatz nach d) über, so daß wir keine neue untere Schranke erhalten.

f) Die Ansätze nach d) und e) haben den Nachteil, daß die Funktion F
auf den Linien $x=y$ Knicke hat. Wir wollen darum für das Gebiet II den
bisherigen Ansatz beibehalten, für das Gebiet III und IV hingegen einen
Ansatz wählen, der auf der Linie $x=y$ keinen Knick aufweist. Wir setzen dazu

$$F = c\left(1 - {}^{x^2}\!/_{a^2}\right)\left(1 - {}^{b^2}\!/_{a^2}\right) \qquad \text{im Gebiet II,}$$

$$F = c\left(1 - {}^{x^2}\!/_{a^2}\right)\left(1 - {}^{y^2}\!/_{a^2}\right) \qquad \text{im Gebiet III.}$$

Die Funktionen F gehen stetig ineinander über. Jetzt tritt jedoch auf
der Linie $y=b$ ein Knick auf. Die Berechnung ist wie vorher durchzuführen, und wir erhalten als untere Schranke den Wert

$$\frac{20}{9}\;\frac{(a^3-b^3)^3}{(a-b)^2\left(a^3+2a^2b+3ab^2+1,5\,b^3\right)} \; .$$

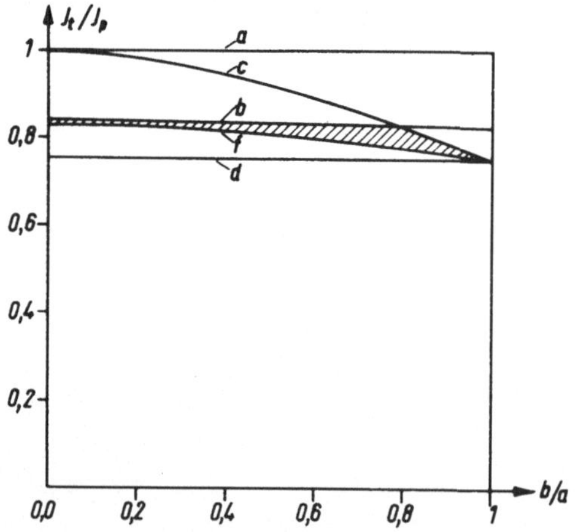

Bild 20.2

Die verschiedenen Ergebnisse wollen wir darstellen. Über b/a tragen
wir das Verhältnis der gefundenen Schranken zum Werte J_p , dem po-
laren Trägheitsmoment, auf und erhalten Bild 20. 2. Die wahren Werte
liegen im schraffierten Gebiet.

Durch verwickelte Ansätze wird man dieses Gebiet noch mehr ein-
engen können. Trotz der einfachen Ansätze ist aber auch das vorliegende Ergebnis recht befriedigend.

232

Bei den Beispielen haben wir die freien Beiwerte nach dem Ritz'-schen Verfahren bestimmt. Wir wollen nun zeigen, wie sich rein formal das Ergebnis ändert, falls nur je ein freier Beiwert vor den Gesamtausdrücken von F und w steht.

Wir setzen $\quad F(x,y) = c \cdot H(x,y) \quad$ und $\quad w(x,y) = c' \cdot H'(x,y)$.

Die Funktionen $H(x,y)$ und $H'(x,y,)$ sind hierbei von einer beliebigen Dimension. Sie können auch dimensionslos sein; dann haben die Beiwerte c und c' die Dimensionen von F und w . Die Funktion $H(x,y)$ muß am Außenrand gleich Null sein und an den Lochrändern konstante Werte geben.

Für die untere Schranke U erhalten wir mit

$$c^2 K_1 = \iint\limits_{(f)} \left[\left(\tfrac{\partial F}{\partial x}\right)^2 + \left(\tfrac{\partial F}{\partial y}\right)^2 \right] dx\, dy = c^2 \iint\limits_{(f)} \left[\left(\tfrac{\partial H}{\partial x}\right)^2 + \left(\tfrac{\partial H}{\partial y}\right)^2 \right] dx\, dy$$

und

$$c \cdot K_2 = -2 \iint\limits_{(f)} \left[x \cdot \tfrac{\partial F}{\partial x} + y \cdot \tfrac{\partial F}{\partial y} \right] dx\, dy = -2c \iint\limits_{(f)} \left[x \cdot \tfrac{\partial H}{\partial x} + y \tfrac{\partial H}{\partial y} \right] dx\, dy =$$

$$= 4c \cdot \iint\limits_{(f+\Sigma f_k)} H\, dx\, dy :$$

$$U = - \frac{1}{G^2 \vartheta^2} \cdot c^2 K_1 + \frac{1}{G \vartheta} \cdot c K_2 \ .$$

Mit $\qquad c_{opt} = \tfrac{1}{2} G \vartheta \, \dfrac{K_2}{K_1}$

wird dann

$$U = \frac{1}{4} \, \frac{K_2^2}{K_1} = \frac{\iint\limits_{(f+\Sigma f_k)} H(x,y)\, dx\, dy}{\iint\limits_{(f)} \left[\left(\tfrac{\partial H}{\partial x}\right)^2 + \left(\tfrac{\partial H}{\partial y}\right)^2 \right] dx\, dy} \ .$$

Den Ausdruck für die obere Schranke O zerlegen wir in Summanden und führen dieselbe Umformung durch. Wir erhalten dann

$$O = \iint\limits_{(f)} (x^2+y^2)\, dx\, dy + \frac{1}{\vartheta^2} \iint\limits_{(f)} \left[\left(\tfrac{\partial w}{\partial x}\right)^2 + \left(\tfrac{\partial w}{\partial y}\right)^2 \right] dx\, dy + \frac{2}{\vartheta} \iint\limits_{(f)} \left[x \tfrac{\partial w}{\partial y} - y \tfrac{\partial w}{\partial x} \right] dx\, dy$$

und mit

$$w = c' H' \qquad\qquad \text{und einem} \quad c'_{opt.} \quad ,$$

das in gleicher Weise wie c_{opt} bestimmt wird:

$$O = J_p - \frac{\left\{ \iint\limits_{(f)} \left[x \tfrac{\partial H'}{\partial y} - y \tfrac{\partial H'}{\partial x} \right] dx\, dy \right\}^2}{\iint\limits_{(f)} \left[\left(\tfrac{\partial H'}{\partial x}\right)^2 + \left(\tfrac{\partial H'}{\partial y}\right)^2 \right] dx\, dy} \ .$$

Hiermit lautet das Ungleichungspaar

$$\frac{\left\{2\iint\limits_{(f+\Sigma f_k)} H(x,y)\,dx\,dy\right\}^2}{\iint\limits_{(f)}\left[\left(\frac{\partial H}{\partial x}\right)^2+\left(\frac{\partial H}{\partial y}\right)^2\right]dx\,dy} \;\leqq\; J_t \;\leqq\; J_p - \frac{\left\{\iint\limits_{(f)}\left[x\frac{\partial H'}{\partial y}-y\frac{\partial H'}{\partial x}\right]dx\,dy\right\}^2}{\iint\limits_{(f)}\left[\left(\frac{\partial H'}{\partial x}\right)^2+\left(\frac{\partial H'}{\partial y}\right)^2\right]dx\,dy}\,.$$

$$(20,10)$$

20. 9 Dünnwandige Hohlquerschnitte

Für diese Querschnitte fanden wir im Abschnitt 2 eine stets bere-
chenbare Lösung für J_t . Bilden die mehrfach zusammenhängenden
Streifen sehr viele Löcher, so ist die Berechnung der Werte F_k für die
Löcher mit viel Arbeit verbunden, so daß wir auch für diese Querschnitte die Eingrenzung von J_t zeigen wollen.

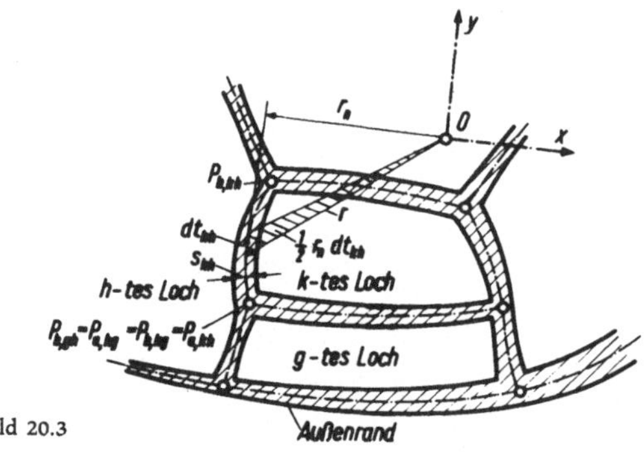

Bild 20.3

Der Querschnitt besteht aus Streifen, die sich verzweigen und mehrfach zusammenhängen, siehe Bild 20. 3. Wir erhalten im Querschnitt
Löcher, von denen wir das k-te Loch betrachten. Eins der angren-
zenden Löcher sei das h-te Loch. Wir ziehen in den Streifenstücken
zwischen den Lochrändern, bzw. den Lochrändern und dem Außenrand
die im Bild strichpunktierten Mittellinien. Die Punkte, in denen mehrere Mittellinien zusammenstoßen, bezeichnen wir mit P_a, P_b usw.
Die Mittellinien der Streifenstücke, die das k-te Loch begrenzen, bilden den Rand der Fläche f_k' , die etwas größer als die Lochfläche f_k
ist. Zwischen dem k-ten Loch und dem h-ten Loch erhalten wir die
Mittellinie t_{kh} , die vom Punkte $P_{a,kh}$ zum Punkte $P_{b,kh}$ geht. Die
Linie ist hierbei so orientiert, daß sie das Loch im mathematisch negativen Sinne umläuft. Entlang dieser Linie ändert sich im allgemeinen
die Streifenbreite s_{kh} .

Vom Koordinatennullpunkt 0 aus ziehen wir die Strahlen $0P_{a,kh}$ und
$0P_{b,kh}$ zu den Endpunkten der Mittellinie t_{kh} . Nun drehen wir den
Strahl so, daß sein Endpunkt von $P_{a,kh}$ auf der Linie t_{kh} bis zum Punkt
$P_{b,kh}$ wandert; dann überstreicht der Strahl die Fläche

$$f_{kh} = \frac{1}{2}\int\limits_{P_{a,kh}}^{P_{b,kh}} r_n\,dt_{kh}\,.$$

$$(20,11)$$

Hierbei ist $r_h\, dt_{kh}$ positiv, wenn sich der Strahl bei der Bewegung des Endpunktes um dt_{kh} im mathematisch negativen Sinne bewegt. Alle Flächen f_{kh} des k-ten Loches bilden die Fläche f_k' :

$$f_k' = \sum_h f_{kh} \;.$$

Für den Außenrand ist $F = F_0 = 0$; für das k-te Loch ist $F = F_k$ usw. Die Tangentialspannung im Streifen zwischen dem k-ten und h-ten Loch wird $\tau_{kh} = F_h - F_k / s_{kh}$; die Spannungsenergie im Stabteilchen $l \cdot s_{kh} \cdot dt_{kh}$ ist $\frac{1}{2G}\, \tau_{kh}^2 \cdot l \cdot s_{kh} \cdot dt_{kh}$. Damit wird die Spannungsenergie im Stabteilchen, dessen Querschnitt das Streifenstück von $P_{a,kh}$ bis $P_{b,kh}$ ist:

$$\frac{l}{2G} \cdot \int_{P_{a,kh}}^{P_{b,kh}} \tau_{kh}^2 \cdot s_{kh}\, dt_{kh} = \frac{l}{2G} \int_{P_{a,kh}}^{P_{kh}} \left(\frac{F_h - F_k}{s_{kh}}\right)^2 \cdot s_{kh} \cdot dt_{kh} =$$

$$= \frac{l}{2G} \left(F_h - F_k\right)^2 \cdot \int_{P_{a,kh}}^{P_{b,kh}} \frac{dt_{kh}}{s_{kh}} = \frac{l}{2G} \left(F_h - F_k\right)^2 \cdot K_{kh} \;. \qquad (20,13)$$

Hierbei ist

$$K_{kh} = \int_{P_{a,kh}}^{P_{b,kh}} \frac{dt_{kh}}{s_{kh}} \;. \qquad (20,14)$$

Für den ganzen Stab von der Länge l wird die Spannungsenergie

$$\frac{l}{2G} \cdot \sum_k \sum_h \left(F_h - F_k\right)^2 \cdot K_{kh} \;. \qquad (20,15)$$

Die Summe ist hierbei für alle Streifenstücke zu bilden.

Das Moment wird

$$M_t = 2 \iint_{(f + \Sigma f_k)} F\, df = 2 \sum_k F_k\, f_k' \;. \qquad (20,16)$$

Die Verschiebungen der Punkte $P_{a,kh}$ und $P_{b,kh}$ bezeichnen wir mit $w_{a,kh}$ und $w_{b,kh}$. Um für diese eine Beziehung aufzustellen, untersuchen wir für einen Punkt der Mittellinie die Größe $\partial w_{kh} / \partial t_{kh}$:

Legen wir die y-Achse so, daß ihre Richtung mit der Richtung von dt_{kh} zusammenfällt, so ist

$$\gamma_{yz} = \frac{\partial w}{\partial y} + \frac{\partial v}{\partial z} = \frac{\partial w}{\partial y} + \vartheta x,$$

und damit

$$\gamma_{tz} = \frac{\partial w_{kh}}{\partial t_{kh}} - \vartheta r_n \;.$$

Mit

$$\gamma_{tz} = \frac{1}{G}\,\tau_{kh} = \frac{F_h - F_k}{G s_{kh}}$$

wird

$$\frac{\partial w_{kh}}{\partial t_{kh}}\,dt_{kh} = \vartheta\,r_n \cdot dt_{kh} + \frac{F_h - F_k}{G \cdot s_{kh}} \cdot dt_{kh}\ .$$

Wir integrieren von $P_{a,kh}$ bis $P_{b,kh}$ und erhalten mit (20, 14):

$$w_{b,kh} - w_{a,kh} = 2\,\vartheta \cdot f_{kh} + \frac{F_h - F_k}{G} \cdot K_{kh}\ . \tag{20, 17}$$

Addieren wir alle entsprechenden Gleichungen für das k -te Loch, so gibt die linke Seite den Wert Null, dieses liefert die Verträglichkeitsbedingung für das k -te Loch:

$$\sum_h \left(F_k - F_h \right) K_{kh} = 2\,G\,\vartheta\,f_k' \ . \tag{20, 18}$$

Wir erhalten ein System von linearen Gleichungen, aus denen die Werte F_k berechnet werden können.

Wir verschaffen uns nun eine untere Schranke für das Flächentorsionsmoment J_t . Hierzu wählen wir für die Löcher beliebige Werte $F_k > 0$. Der Minimalsatz für die Spannungsfunktion gibt dann

$$J_t \geqq \frac{4}{G\vartheta} \sum_k F_k\,f_k' - \frac{1}{G\vartheta^2} \cdot \sum_{k,h} \left(F_k - F_h \right)^2 \cdot K_{kh}\ . \tag{20, 19}$$

Lassen wir alle Werte F_k zum Vergleich zu, so erhalten wir die Bedingung für das Maximum, indem wir den Ausdruck nach den Werten F_k differentiieren und gleich Null setzen. Nach Multiplikation mit $\frac{1}{2} G^2\,\vartheta^2$ ergeben sich die Gleichungen

$$2\,G\,\vartheta\,f_k' + \sum_h \left(F_k - F_h \right) K_{kh} = 0 \ ;$$

das sind die bereits bekannten Verträglichkeitsbedingungen (20, 18).

Nehmen wir aber beliebige Werte $F_k = c \cdot H_k$ mit einem noch freien Beiwert c, so erhalten wir einen Wert für die untere Schranke nach dem R i t z ' schen Verfahren; mit

$$c_{opt} = \frac{2\,G\,\vartheta \cdot \sum_k H_k\,f_k'}{\sum_{k,h} \left(H_k - H_h \right)^2 \cdot K_{kh}} \tag{20, 20}$$

wird die gesuchte Ungleichung:

$$J_t \geqq \frac{\left[2 \sum_k H_k\,f_k' \right]^2}{\sum_{k,h} \left(H_k - H_h \right)^2 K_{kh}}\ .$$

Nun bestimmen wir eine obere Schranke für J_t . Hierzu müssen wir eine Annahme über die Verschiebungen w_{kh} machen. Es genügt aber, wie wir sehen werden, die Verschiebungen der Endpunkte der Streifen anzunehmen und festzusetzen. daß $\tau_{kh} \cdot s_{kh}$ für jedes Streifenstück konstant ist. Daraus folgt aber nicht, daß in den Endpunkten der Streifenstücke Gleichgewicht besteht. Wir setzen also

$$\tau_{kh} \cdot s_{kh} = D_{kh} .$$

Für die wahre Lösung ist $D_{kh} = F_h - F_k$. Von dieser Bedingung müssen wir absehen, um beliebige Werte $w_{a,kh}$ und $w_{b,kh}$ wählen zu können.

Aus der Beziehung (20, 17):

$$w_{b,kh} - w_{a,kh} = 2 \vartheta f_{kh} + \frac{D_{kh}}{G} \cdot K_{kh}$$

folgt

$$D_{kh} = \frac{G}{K_{kh}} \left[\left(w_{b,kh} - w_{a,kh} \right) - 2 \vartheta f_{kh} \right] . \qquad (20, 21)$$

Wir können somit aus vorgegebenen Werten $w_{a,kh}$ und $w_{b,kh}$ die Werte D_{kh} bestimmen.

Die Zerrungsenergie wird im Stabteil von der Länge l und mit dem Streifenstück von $P_{a,kh}$ bis $P_{b,kh}$ als Querschnittsfläche:

$$\frac{l}{2G} \cdot D_{kh}^2 \cdot K_{kh} = \frac{lG}{2 K_{kh}} \cdot \left[\left(w_{b,kh} - w_{a,kh} \right) - 2 \vartheta f_{kh} \right]^2 .$$

Summieren wir über alle Streifenstücke, so erhalten wir die Zerrungsenergie für den ganzen Stab von der Länge l . Hieraus folgt:

$$J_t \leqq \sum_{k,h} \frac{1}{K_{kh}} \left[\left(w_{b,kh} - w_{a,kh} \right) - 2 \vartheta f_{kh} \right]^2 . \qquad (20, 22)$$

Die Werte $w_{a,kh}$ und $w_{b,kh}$ treten in der Summe mehrfach auf, wobei sie je nach dem Streifenstück anders bezeichnet sind. Ein beliebiger Punkt, von dem einige Mittellinien ausgehen, sei P_i , seine Verschiebung w_i . Lassen wir für die Punkte alle möglichen Verschiebungen zu, so erhalten wir für den wahren Wert J_t die Bedingungsgleichungen, indem wir die Differentialquotienten des Minimalausdruckes nach den w_i gleich Null setzen. Die so erhaltenen linearen Gleichungen sind nichts anderes als die Gleichgewichtsbedingungen für die betreffenden Punkte P_i .

Den Ausdruck für die obere Schranke formen wir noch um; durch Zerlegung erhalten wir:

$$J_t \leqq 4 \sum_{kh} \frac{f_{kh}^2}{K_{kh}} - 4 \sum_{kh} \frac{(w_{b,kh} - w_{a,kh}) f_{kh}}{K_{kh}} + \sum_{k,h} \frac{(w_{b,kh} - w_{a,kh})^2}{K_{kh}} .$$

Setzen wir $w_{a,kh} = c' \cdot H'_{a,kh}$ und $w_{b,kh} = c' H'_{b,kh}$ ein, so wird, wieder nach dem R i t z ' schen Verfahren:

$$J_t \leqq 4 \cdot \sum_{kh} \frac{f_{kh}^2}{K_{kh}} - \frac{\left[\sum_{kh} \frac{2 f_{kh}}{K_{kh}} \cdot \left(H'_{b,kh} - H'_{a,kh} \right) \right]^2}{\sum_{kh} \frac{\left(H'_{b,kh} - H'_{a,kh} \right)^2}{K_{kh}}} \; . \tag{20, 23}$$

Auch hier können für die $H'_{i,kh}$ dimensionslose Größen genommen werden.

Für $w_{i,kh} = 0$, $H'_{i,kh} = 0$ erhalten wir die ungünstige obere Schranke

$$4 \sum_{kh} \cdot \frac{f_{kh}^2}{K_{kh}} \; .$$

Dieses ist aber n i c h t der Wert $J_p = \iint\limits_{(f)} r^2 df$, den wir sonst für $w \equiv 0$ erhalten haben. Der Grund liegt darin, daß wir nicht für den ganzen Querschnitt $w \equiv 0$ setzen, sondern nur für die Mittellinien, so daß sich die Querlinien der Streifen optimal einstellen können.

Beim dünnen Kreisringquerschnitt erhalten wir nach beiden Formeln den wahren Wert für J_t , beim dünnen Hohlquadrat, siehe das vorherige Beispiel, wird:

$$J_p = 8 \left(1 + \tfrac{1}{3} \right) s a^3 \, ,$$

während die obere Schranke nach der Ungleichung (20, 23) mit $w \equiv 0$ den richtigen Wert

$$J_t = 4 \cdot \frac{\left(4 a^2 \right)^2}{8 \frac{a}{s}} = 8 s a^3 = \tfrac{3}{4} J_p$$

gibt.

Das Eingrenzen hat natürlich nur Sinn für Querschnitte mit sehr vielen Löchern. Als Beispiel nehmen wir nach Bild 20. 4 einen Querschnitt, dessen 64 Löcher wie die Felder eines Schachbrettes angeordnet sind. Die Feldlänge setzen wir gleich a , die Wandstärke gleich s . Für $w = 0$ wird die obere Schranke

$$960 \, s a^3 \; .$$

Nehmen wir für die Punkte P_i Verschiebungen an, die auf der Fläche $c' \left(x^3 y - y x^3 \right)$ liegen, so wird die obere Schranke für J_t

$$\left(960 - \tfrac{224}{3} \right) s a^3 = 885 \, s a^3 .$$

Nun zur unteren Schranke. Wir nehmen an, daß für die inneren vier quadratischen Löcher $F = F_m$ ist; um diese Löcher herum liegen zwölf weitere Löcher mit $F = F = 0,9 \, F_m$, um diese weitere 20 Löcher mit $F = 0,7 \, F_m$, während für die 28 Randlöcher $F = 0,4 \, F_m$ sei. Dann erhalten wir die untere Schranke

$$800 \, s a^3 \; .$$

238

Beide verhältnismäßig rohen Annahmen geben schon recht brauchbare Werte. Nehmen wir für J_t den Mittelwert

$$J_t \approx 843 \; sa^3 ,$$

so ist der Fehler höchstens 5 %.

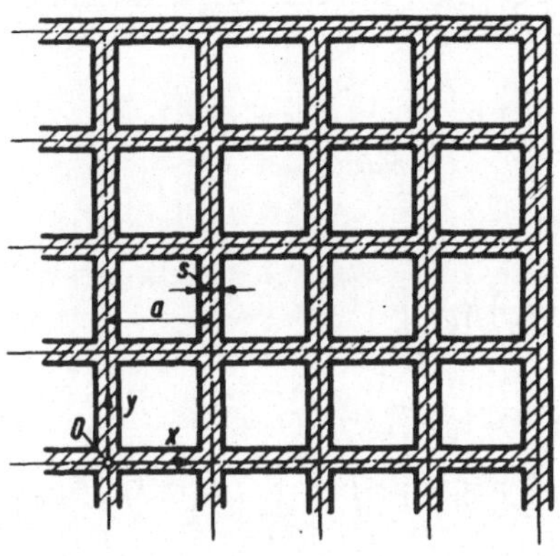

Bild 20.4

Wir wollen in diesem Zusammenhang noch auf ein von J. Barta
[10] angegebenes Eingrenzungsverfahren eingehen, das nicht auf
den Minimalsätzen beruht. Für die wahre Lösung wird

$$J_t = \frac{2}{G\vartheta} \sum_k F_{k\,\mathfrak{w}} \; f_k' .$$

Wir bilden denselben Ausdruck für die Näherungswerte F_k :

$$\frac{2}{G\vartheta} \sum_k F_k \; f_k' .$$

Nun ersetzen wir die f_k' -Werte auf Grund der Verträglichkeitsbedingungen (20,18) und formen den Ausdruck um:

$$\frac{2}{G\vartheta} \sum_k F_k \, f_k' = \frac{1}{G^2\vartheta^2} \sum_k F_k \cdot \sum_h \left(F_{k\,\mathfrak{w}} - F_{h\,\mathfrak{w}} \right) K_{kh} =$$

$$= \frac{1}{G^2\vartheta^2} \left\{ \sum_k \left(F_k F_{k\,\mathfrak{w}} \cdot \sum_h K_{kh} \right) - \sum_{k,\,h} F_k F_{h\,\mathfrak{w}} K_{kh} \right\} .$$

Dieser Ausdruck geht wegen $K_{kh} = K_{hk}$ in sich über, wenn wir alle
F_k mit den $F_{k\,\mathfrak{w}}$ vertauschen. Folglich wird

$$\frac{2}{G\vartheta} \sum_k F_k \, f_k' = \frac{2}{G\vartheta} \sum_k \frac{1}{2G\vartheta} F_{k\,\mathfrak{w}} f_k \cdot \left[\frac{1}{f_k} \sum_h \left(F_k - F_h \right) K_{kh} \right] \right\} .$$

Die Faktoren

$$\left[\frac{1}{f_k}\sum_h\left(F_k-F_h\right)K_{kh}\right]$$

werden nun nicht alle gleich groß, sonst könnten wir daraus die wahre
Lösung bilden. Wir berechnen darum für alle Löcher diese Ausdrücke
und wählen den größten Wert

$$\left[\frac{1}{f_k}\sum_h\left(F_k-F_h\right)K_{kh}\right]_{max}$$

und den kleinsten Wert

$$\left[\frac{1}{f_k}\sum_h\left(F_k-F_h\right)K_{kh}\right]_{min}\;.$$

Dann wird

$$\frac{2}{G\vartheta}\sum_k F_k\,f_k' \lesseqgtr \frac{2}{G\vartheta}\cdot J_t\cdot\left[\frac{1}{f_k}\sum_h\left(F_k-F_h\right)K_{kh}\right]_{max},$$

$$\frac{2}{G\vartheta}\sum_k F_k\,f_k' \gtreqless \frac{2}{G\vartheta}\cdot J_t\cdot\left[\frac{1}{f_k}\sum_h\left(F_k-F_h\right)K_{kh}\right]_{min},$$

und wir erhalten für J_t das Ungleichungspaar

$$\frac{\sum_k F_k\,f_k'}{\left[\frac{1}{f_k}\cdot\sum_h\left(F_k-F_h\right)K_{kh}\right]_{max}} \leqq J_t \leqq \frac{\sum_k F_k\,f_k'}{\left[\frac{1}{f_k}\sum_h\left(F_k-F_h\right)K_{kh}\right]_{min}}\;.$$

Die Eingrenzung ist wesentlich unschärfer als die Eingrenzung mit
Hilfe der Minimalsätze. Für das Beispiel nach Bild 20.4 wird für die
oben angenommenen F_k -Werte die obere Grenze achtmal größer als
die untere Grenze. Man muß folglich für diese Berechnung sehr gute
Näherungswerte für die F_k besitzen. Zur Bestimmung solcher Werte
aus dem Gleichungssystem (20,18) gibt darum Barta ein handliches
Iterationsverfahren an. Hat man diese aber gefunden, so wird die untere Schranke nach der Ungleichung (20,19) fast den richtigen Wert geben.

21 Zusammengesetzte Streifenquerschnitte mit ausgerundeten Innenecken

Bei zusammengesetzten Streifenquerschnitten (Streifenkreuz, Streifen-T-Querschnitt und Streifenwinkel, und auch bei Rahmenquerschnitten) entstehen Innenecken, in denen die Spannungen unendlich werden. Um dieses zu vermeiden, werden die Innenecken ausgerundet.

Innenecken mit kleinen Ausrundungen haben wir bereits im Abschnitt 19 untersucht. Bei Streifenquerschnitten mit stark ausgerundeten Innenecken wird man nur schwer die genauen Lösungen für ψ finden können. Worauf kommt es uns aber beim Torsionsproblem an? Das ist der Wert des Flächentorsionsmomentes J_t und die maximale Schubspannung, die in der ausgerundeten Innenecke auftritt.

Im vorigen Abschnitt zeigten wir, wie der Wert des Flächentorsionsmomentes zwischen zwei Schranken eingegrenzt werden kann. Dadurch finden wir Näherungswerte und können auch das Maß der Genauigkeit bestimmen. Für die Querschnitte mit ausgerundeten Innenecken sind also nur noch geeignete Ansätze anzugeben.

Zwar kann man auch Spannungen eingrenzen; die Eingrenzung erfordert jedoch soviel Rechenarbeit, daß selbst eine grobe Näherung für diese Streifenquerschnitte kaum durchführbar ist. Für zusammengesetzte Streifenquerschnitte mit Ausrundungen der Innenecken werden wir einen anderen Weg einschlagen und die Methode am Beispiel des symmetrischen Streifenkreuzes zeigen.

21.1 Ansätze für die Eingrenzung des Flächentorsionsmomentes

Das in den Abschnitten 11 und 12 behandelte Streifenkreuz wird in der Technik nicht vorkommen, da in den Innenecken unendlich große Spannungen auftreten. Die Innenecken wird man mehr oder weniger

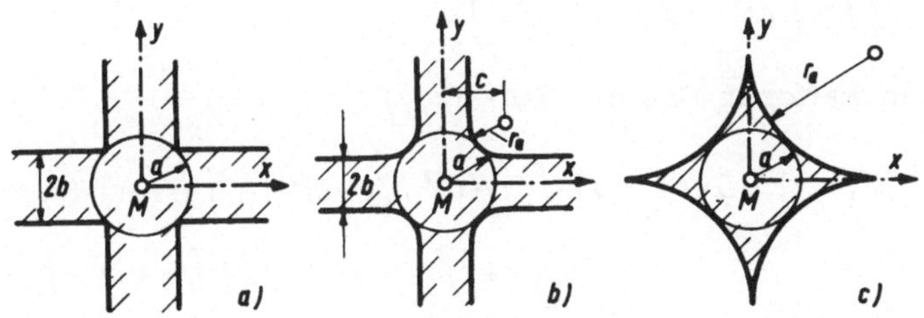

Bild 21.1 a—c

stark ausrunden. Wir nehmen an, daß die Ausrundung nach einem Kreisbogen vom Halbmesser r_a erfolgt. Je nach dem Verhältnis $r_a : b$ erhalten wir verschieden starke Ausrundungen. In den Bildern 21.1a, b, und c sind die Fälle $r_a : b = 0$, $r_a : b = 1$ und $r_a : b \rightarrow \infty$ aufgezeichnet, wobei bei den drei Abbildungen der eingeschriebene Kreis stets denselben Halbmesser a hat.

Wir untersuchen den allgemeinen Fall. Gegeben sind uns also b und r_a. Die Mittelpunkte der Ausrundungen liegen in den Punkten $x = \pm c$, $y = \pm c$ mit $c = b + r_a$. Der Halbmesser des eingeschriebenen Kreises wird

$$a = c \cdot \sqrt{2} - r_a .$$

Die Streifen seien sehr lang. Wir setzen die Länge eines jeden der vier Streifen, angefangen vom Ende der Ausrundung bis zum stumpfen Ende des Streifens, gleich l ; Bild 21.2a zeigt den so erhaltenen Querschnitt. Wir zerlegen den Querschnitt in das Mittelstück und die vier Streifen. In Bild 21.2b ist das Mittelstück nochmals aufgezeichnet. Wir führen also eine Zerlegung des Querschnittes durch.

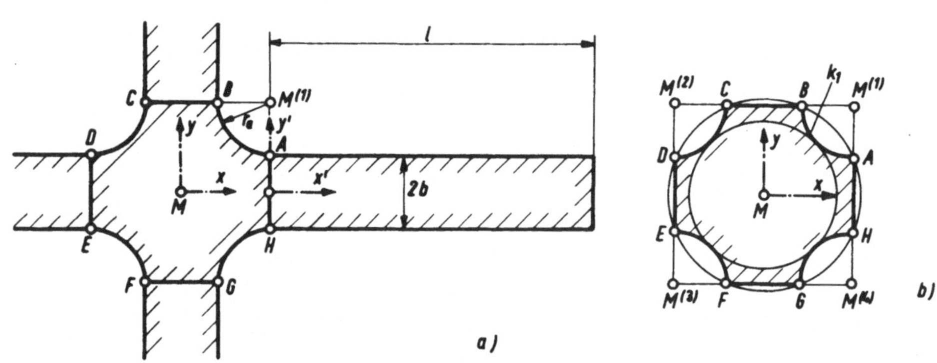

Bild 21.2 a— b

Wir beginnen mit einem Ansatz für F zur Berechnung der unteren Schranke. Zuerst suchen wir einen Ansatz für das Mittelstück. An den Rändern BC, FG, KL und OP muß F gleich Null sein. Darum stellen wir F als Produkt dar mit den Faktoren

$$\left[(x \pm c)^2 + (y \pm c)^2 - r_1^2 \right]$$

und einem weiteren Faktor $G \cdot \vartheta \cdot f(x,y)$:

$$F(x,y) = G \cdot \vartheta \cdot f(x,y) \cdot \left[(x-c)^2 + (y-c)^2 - r_1^2 \right] \cdot \left[(x-c)^2 + (y+c)^2 - r_1^2 \right] \cdot$$

$$\cdot \left[(x+c)^2 + (y+c)^2 - r_1^2 \right] \cdot \left[(x+c)^2 + (y-c)^2 - r_1^2 \right]$$

$$= G \cdot \vartheta \cdot f(x,y) \cdot \left\{ 4(2c^2 - r_1^2)^4 - 4r_1^2(2c^2 - r_1^2)^2(x^2 + y^2) + \right.$$

$$+ (4c^4 - 8r_1^2 c^2 + 6r_1^4)(x^2 + y^2)^2 - 64c^4 \cdot x^2 y^2 -$$

$$\left. - 4r_1^2(x^2 + y^2)^3 + (x^2 + y^2)^4 \right\} .$$

Die geschweifte Klammer stellt das Produkt der vier eckigen Klammern dar. Führen wir $x = r\cos\mu$, $y = r\sin\mu$ ein, so gibt die eckige Klammer eine Reihe mit steigenden Potenzen von r. Wir fassen alle Glieder mit r^n, $n > 0$ zu dem Ausdruck

$$g(r,\mu) = b_2 \cdot r^2 + b_4\, r^4 + b_4' \cdot r^4 \sin^2 2\mu + b_6 \cdot r^6 + b_8 \cdot r^8$$

zusammen. Dann lautet die geschweifte Klammer:

$$\left\{ 4 \cdot \left(2c^2 - r_1^2\right)^4 + g(r,\mu) \right\}.$$

Die Funktion $f(x,y)$ können wir beliebig wählen unter Beachtung der vorhandenen Symmetrien, z. B. :

$$f(x,y) = h(r,\mu) = \left[c_0 + c_2\, r^2 + c_4 \cdot r^4 + c_4' \cdot r^4 \sin^2 2\mu \right]. \qquad (21, 1)$$

Die noch frei wählbaren Beiwerte werden wir nach dem schon früher dargelegten R i t z ' schen Verfahren bestimmen. Wir können aber die Anzahl der Freiwerte von vornherein stark verringern, wenn wir berücksichtigen, daß F durch die Potentialfunktion ψ ausgedrückt werden kann. Wir schreiben:

$$F(x,y) = G\,\vartheta\left[\psi - \tfrac{1}{2}(x^2 + y^2) \right]$$

mit

$$\psi = a_0 + a_4\, \mathfrak{Re}\left\{ (x + iy)^4 \right\} + a_8 \cdot \mathfrak{Re}\left\{ (x + iy)^8 \right\} + \ldots\ldots$$

$$= a_0 + a_4\, r^4 \cos 4\mu + a_8\, r^8 \cos 8\mu + \ldots\ldots$$

Um hieraus $G\,\vartheta f(x,y)$ zu finden, teilen wir die Funktion $F(x,y)$ nach diesem Ansatz durch

$$\left\{ 4\left(2c^2 - r_a^2\right)^4 + g(r,\mu) \right\}$$

oder, was dasselbe ist, multiplizieren sie mit der Reihe

$$\frac{1}{4\left(2c^2 - r_1^2\right)^4} \cdot \left[1 - \frac{g(r,\mu)}{4\left(2c^2 - r_1^2\right)^4} + \frac{g^2(r,\mu)}{16\left(2c^2 - r_1^2\right)^8} - + \ldots\ldots \right].$$

Dann erhalten wir:

$$h(r,\mu) = \frac{a_0 - \tfrac{1}{2} r^2 + a_4\, r^4 \cos 4\mu + \ldots\ldots}{4\left(2c^2 - r_1^2\right)^4} \cdot \left[1 - \frac{g(r,\mu)}{4\left(2c^2 - r_1^2\right)^4} + - \ldots\ldots \right].$$

$$(21, 2)$$

Brechen wir ψ beispielsweise mit $a_4\, r^4 \cos 4\mu$ ab, so finden wir auch $h(r,\mu)$ bis zum Glied mit r^4, wobei wir die Glieder mit höheren Potenzen von r fortlassen. Auf diese Weise erhalten wir für $h(r,\mu)$ einen Ansatz einschließlich der Glieder mit r^4, der nur die zwei Freiwerte

a_0 und a_4 enthält anstelle des Ansatzes mit c_0, c_2, c_4 und c_4'. Bei der Wahl von $h(r,\mu)$ bzw. $f(x,y)$ kommt es in erster Linie darauf an, die Rechenarbeit zu verringern!

Wir wollen für $h(r,\mu)$ den einfachsten Ansatz $h(r,\mu) = c_0$ wählen, da es uns hier nur darauf ankommt, das Grundsätzliche des Verfahrens zu zeigen. Unser Ansatz für die Spannungsfunktion lautet dann:

$$F(x,y) = G\vartheta c_0 \left\{ 4\left(2c^2 - r_1^2\right)^4 - 4r_1^2\left(2c^2 - r_1^2\right)^2\left(x^2 + y^2\right) + \right.$$

$$\left. + \left(4c^4 - 8r_1^2 c^2 + 6r_1^2\right)\left(x^2 + y^2\right)^2 - 64c^4 x^2 y^2 - 4r_1^2\left(x^2 + y^2\right)^3 + \left(x^2 + y^2\right)^4 \right\}.$$

Auf den bogenförmigen Rändern des Mittelstückes wird $F = 0$. Auf dem geraden Rande $x = c$ des Mittelstückes, an den der rechte Streifen anschließt, erhalten wir:

$$F_{x=c} = G\vartheta c_0 \left(c^2 - r_1^2 - 2cy + y^2\right)\left(c^2 - r_1^2 + 2cy + y^2\right) \cdot$$

$$\cdot \left(5c^2 - r_1^2 - 2cy + y^2\right)\left(5c^2 - r_1^2 + 2cy + y^2\right).$$

Mit diesen Werten muß die Funktion F des rechten Streifens anfangen. Im Streifen selbst in genügender Entfernung von der Anschlußstelle und vom rechten Ende des Streifens wird die Spannungsfunktion

$$F \approx F' = G\vartheta\left(b^2 - y^2\right).$$

Wir erhalten an der Anschlußstelle die Differenz $F_{x=c} - F'$; mit wachsendem $x' = (x - c)$ nimmt die Differenz $F - F'$ allmählich ab.

Wir können $F_{x=c} - F'$ in eine Fourier-Reihe

$$G\vartheta \sum_{n=0}^{} a_{2n+1}' \cos\left(2n+1\right)\pi\, y/2b$$

zerlegen und dann ansetzen:

$$F = G\vartheta\left[b^2 - y^2 + \sum_{n=0}^{\infty} a_{2n+1}' \cos\left(2n+1\right)\pi y_{2b} \cdot e^{-\frac{(2n+1)\pi(x-c)}{2b}}\right].$$

Es genügt jedoch praktisch der Näherungsansatz:

$$F = G\vartheta\left(b^2 - y^2\right) + \left(F_{x=c} - F'\right)\cdot e^{-\frac{\pi(x-c)}{2b}}.$$

Für das Ende des Streifens ist noch ein Glied wie beim Halbstreifen hinzuzufügen, siehe Abschnitt 9.

Alle Integrale sind elementar auswertbar; eine untere Schranke kann also, wenn auch nach langwieriger Rechnung, gefunden werden.

244

Nun wollen wir noch einen Ansatz für die Verwölbung w zur Berechnung der oberen Schranke angeben. Für das Mittelstück machen wir entsprechend den Symmetrien den Ansatz:

$$\frac{w}{\vartheta} = a_4 \cdot \mathfrak{Re}\left\{ i(x+iy)^4 \right\} + a_8 \cdot \mathfrak{Re}\left\{ i(x+iy^8 \right\} + \ldots\ldots =$$

$$= -a_4 \cdot r^4 \sin 4\mu - a_8 \cdot r^8 \cdot \sin 8\mu - \ldots\ldots =$$

$$= -4a_4\left(x^3 y - xy^3\right) - 8a_8\left(x^7 y - 7x^5 y^3 + 7x^3 y^5 - xy^7\right) - \ldots\ldots \; .$$

Für den Rand PB wird:

$$\left(\frac{w}{\vartheta}\right)_{x=c} = -4a_4\left(c^3 y - cy^3\right) - 8a_8\left(c^7 y - 7c^5 y^5 + 7c^3 y^5 - cy^7\right) - \ldots\ldots \; .$$

Die Reihe ist mit einem Glied a_{4n} abzubrechen. Im weiteren wollen wir nur das Glied mit a_4 nehmen.

Nun kommt die Wahl von w/ϑ für den Streifen von $x' = x - c = 0$ bis $x' = l$ an die Reihe. Für genügend großes x' erhalten wir dieselbe Lösung wie für den unendlichen Streifen, also

$$\frac{w'}{\vartheta} = -xy \; .$$

An der Verbindungsstelle der $x = c$ liegt w/ϑ durch den Ansatz des Mittelstückes fest, während der Ansatz für w'/ϑ den Ausdruck $-c \cdot y$ gibt. Wir müssen also noch die Differenz

$$\left(\frac{w}{\vartheta}\right)_{x=c} - \left(\frac{w'}{\vartheta}\right)_{x=c}$$

durch weitere Glieder von w/ϑ ausdrücken. Wir erhielten mit unseren bisherigen Ansätzen für die Stelle $x = c$ bzw. $x' = 0$:

$$\left(\frac{w}{\vartheta} - \frac{w'}{\vartheta}\right)_{x=c} = -4a_4\left(c^3 y - cy^3\right) + cy \; .$$

Zerlegen wir diesen Ausdruck in eine Fourier-Reihe $\sum b_n' \sin \frac{n\pi y}{2b}$ mit $n = 1, 3, 5 \ldots$, so lautet das Glied, das wir hinzufügen müssen:

$$\sum_{n=1,3,5,\ldots} b_n' \cdot \sin \frac{n\pi y}{2b} \cdot e^{-\frac{n\pi(x-c)}{2b}} \; .$$

Es genügt aber, als Näherung nur ein exponentiell abklingendes Glied zu nehmen; wegen des Anschlusses an das Mittelstück lautet es:

$$\left(\frac{w}{\vartheta} - \frac{w'}{\vartheta}\right)_{x=c} \cdot e^{-\frac{\pi(x-c)}{2b}}$$

Damit erhalten wir für den Streifen

$$\frac{w}{\vartheta} = \left[-4a_4 \left(c^3 y - c y^3 \right) + c y \right] e^{-\frac{\pi(x-c)}{2b}} - x y \ .$$

Jetzt sind noch die bekannten Glieder hinzuzufügen, um das stumpfe Ende zu erhalten. Auch hierfür genügt ein Glied von der Form

$$\left(c + l \right) y \, e^{\frac{\pi[x-(c+l)]}{2b}} \ .$$

Das Verfahren läßt sich für alle Verhältnisse $r_{a/b}$ durchführen, also auch für Querschnitt nach Bild 21.1a und Bild 21.1c.

21.2 Maximale Torsionsspannung

Wir untersuchen wieder das Streifenkreuz. In den Innenecken ohne Ausrundung erhalten wir unendlich große Spannungen nach der Formel

$$\tau = G \vartheta \cdot \frac{2}{3} c \left(r' \right)^{-\frac{1}{3}} \ , \quad r' \to 0 \ .$$

Für kleine Ausrundungen wird nach Abschnitt 19, Gleichung (19,22):

$$\tau_{max} = 1{,}172 \ G \vartheta c \, \varrho^{-\frac{1}{3}} \ .$$

Was machen wir aber, wenn der Ausrundungshalbmesser nicht klein im Vergleich zu den anderen Querschnittsabmessungen ist?

Die Lösungen für F und w/ϑ , mit denen wir die Schranken für das Flächentorsionsmoment gefunden haben, sind nicht zu gebrauchen, da

$$G \vartheta \cdot J_t = 2 \iint\limits_{(f)} F \, df = 2 G \vartheta \iint\limits_{(f)} \left(\psi - \tfrac{1}{2} r^2 \right) df$$

von der Gestalt der Spannungsfläche des gesamten Querschnittes abhängt; bei der Berechnung der Spannung ist aber das örtliche Verhalten am Rand entscheidend.

Wir überlegen uns deshalb, worauf es uns ankommt. Wir nehmen eine beliebige Näherungslösung für $\psi - \tfrac{1}{2} r^2$ und erhalten hierfür eine abweichende Randlinie. Diese muß durch den Punkt gehen, für den wir die Spannung bestimmen wollen. Dann muß der Näherungsquerschnitt in Form und Größe nach Möglichkeit mit dem vorgegebenen Querschnitt übereinstimmen, und hierbei muß die Krümmung der Umrißlinie im untersuchten Punkt mit der Krümmung des gegebenen Querschnittes übereinstimmen. Die letzte Bedingung ist wichtig, da wir es mit dem örtlichen Verhalten von F zu tun haben. Auch sahen wir aus früheren Beispielen, daß die Spannungen bei sehr abweichenden Querschnitten, aber übereinstimmenden örtlichen Krümmungen und Hauptabmessungen sich nur wenig unterscheiden.

Nehmen wir das Streifenkreuz mit ausgerundeten Ecken, Bild 21.3. Die Spannung im Punkt A wird sich wenig ändern, wenn der Vergleichsquerschnitt ein geschlossener nach der gestrichelten Linie und ein offener nach der strichpunktierten Linie ist, wobei τ natürlich durch

$G\vartheta$ (und nicht durch M_t) auszudrücken ist. Wir nehmen den Ansatz

$$F = G\vartheta\left[a_0 + a_4\,r^4\cos 4\mu + a_8\,r^8\cos 8\mu - \tfrac{1}{2}r^2\right] \qquad\qquad (21,3)$$

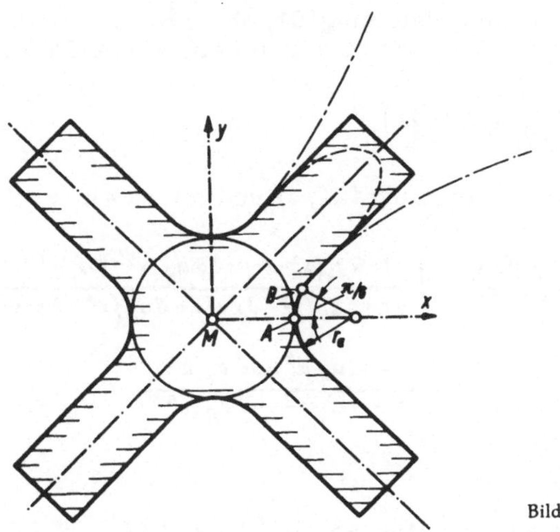

Bild 21.3

und berechnen die Spannung in Punkt A des Streifenkreuzes nach Bild
21.3. Hierzu müssen wir a_0, a_4 und a_8 bestimmen. Wir setzen als
Bedingung, daß die Linie $F = 0$ durch den Punkt A geht und dort den
Krümmungshalbmesser r_a hat. Da wir noch einen weiteren Freiwert
zur Verfügung haben, verlangen wir, daß die Umrißlinie $F = 0$ durch
den Punkt B geht.

Nun wollen wir zeigen, wie die drei Bedingungen erfüllt werden.
Für die Umrißlinie ist y eine Funktion von x oder x eine Funktion
von y . Der Zusammenhang ist gegeben durch die Gleichung:

$$a_0 + a_4\left(x^4 - 6x^2y^2 + y^4\right) + a_8\left(x^8 - 28x^6y^2 + 70\,x^4y^4 - 28\,x^2y^6 - y^8\right) - \tfrac{1}{2}\left(x^2 + y^2\right) = 0.$$

Da die Linie durch den Punkt $x = a$, $y = 0$ geht, folgt:

$$a_0 = \tfrac{1}{2}a^2 - a_4\,a^4 - a_8\,a^8 .$$

Damit wird die Gleichung der Umrißlinie:

$$f(x,y) = \tfrac{1}{2}a^2 - \tfrac{1}{2}\left(x^2 + y^2\right) + a_4\left(x^4 - 6x^2y^2 - a^4\right) +$$

$$+ a_8\left(x^8 - 28\,x^6y^2 + 70\,x^4y^4 - 28\,x^2y^6 + y^8 - a^8\right) = 0. \qquad (21,4)$$

Der Krümmungshalbmesser ϱ im Punkt A ist gegeben durch die Gleichung:

$$\frac{1}{\varrho} = \frac{d^2x/dy^2}{\left[1 + \left(\frac{dx}{dy}\right)^2\right]^{3/2}} \qquad . \qquad\qquad (21,5)$$

Da $\frac{dx}{dy} = 0$ ist, folgt:

$$\frac{1}{\varrho} = \frac{d^2x}{dy^2} \cdot \qquad\qquad (21,6)$$

Nun müssen wir aus Gleichung (21, 4) $\frac{d^2x}{dy^2}$ finden. Die Gleichung hierfür haben wir in Abschnitt 4 entwickelt. Nach Gleichung (4, 8) ist

$$\left(\frac{d^2x}{dy^2}\right)_A = -\left(\frac{f_{yy}}{f_x}\right)_A \cdot$$

Mit $f(x,y)$ nach Gleichung (21, 4) und mit $x = a$, $y = 0$ erhalten wir:

$$\frac{1}{r_1} = \left(\frac{d^2x}{dy^2}\right)_A = -\left[\frac{-1-12a_4(x^2-y^2)-56\,a_8\left(x^6-15x^4y^2+15x^2y^4-y^6\right)}{-x+4a_4\left(x^3-3xy^2\right)+8a_8\left(x^7-15x^5y^2+35x^3y^4-7xy^6\right)}\right]_{\substack{x=a\\y=0}}$$

$$= -\frac{1+12a_4\,a^2+56\,a_8\,a^8}{a-4a_4\,a^3-8a_8\,a^7} \cdot$$

Hieraus folgt:

$$r_1 + a + a_4\left[12\,r_a\,a^2 - 4a^3\right] + a_8\left[56\,r_a\,a^6 - 8a^7\right] = 0 \cdot \qquad (21,7)$$

Die Koordinaten des Punktes B sind

$$x = a + r_\alpha\left(1 - \cos\tfrac{\pi}{6}\right) , \quad y = r_a \sin\tfrac{\pi}{6} \cdot$$

Wir setzen diese Werte in (21, 4) ein und erhalten eine weitere Gleichung zur Bestimmung von $\mathbf{a_4}$ und $\mathbf{a_8}$.

Die weitere Berechnung wird man zweckmäßig für ein gegebenes Verhältnis r_a/a durchführen. Nach Bestimmung der Freiwerte ist die Umrißlinie aufzuzeichnen, um zu prüfen, ob sie genügend genau ausgefallen ist.

Als Beispiel wollen wir die Rechnung für $b = 0$ durchführen, also für das Bogenviereck mit sich berührenden Bogenseiten. Dann ist $a = r_1\left(\sqrt{2}-1\right)$ oder $\frac{r_1}{a} = \sqrt{2}+1 = 2{,}414$.

Punkt B hat die Koordinaten:

$$x_B = a + 2{,}414 \cdot a \cdot \left(1 - 0{,}866\right) = 1{,}323 \cdot a \; ,$$

$$y_B = 2{,}414 \cdot a \cdot 0{,}5 = 1{,}207 \cdot a \; ,$$

$$r_B = 1{,}791 \cdot a \; , \quad \mu_B = \text{arc tg } \frac{1{,}207}{1{,}324} = 42{,}3^\circ \cdot$$

Die Gleichungen zur Bestimmung von $\mathbf{a_4}$ und a_8 lauten:

$$3{,}414 \cdot a + 24{,}97\,a^3 \cdot a_4 + 127{,}18\,a^7 \cdot a_8 = 0 \; ,$$

$$-1{,}105 \cdot a^2 - 10{,}2 \cdot a^4 \cdot a_4 + 98{,}8 \cdot a^8 \cdot a_8 = 0 \cdot$$

Hieraus

$$a_4 = -0{,}125 \cdot \frac{1}{a^2} \quad , \qquad a_8 = -0{,}0019 \cdot \frac{1}{a^6} \; .$$

Damit wird die Gleichung der Umrißlinie in Polarkoordinaten:

$$0{,}5 - 0{,}5 \cdot \left(\frac{r}{a}\right)^2 - 0{,}125 \cdot \left(\frac{r}{a}\right)^4 \cos 4\mu - 0{,}0019 \left(\frac{r}{a}\right)^8 \cos 8\mu = 0$$

$$(21,8)$$

Bild 21.4 zeigt den erhaltenen Querschnitt, der nur unwesentlich vom Bogenviereck abweicht.

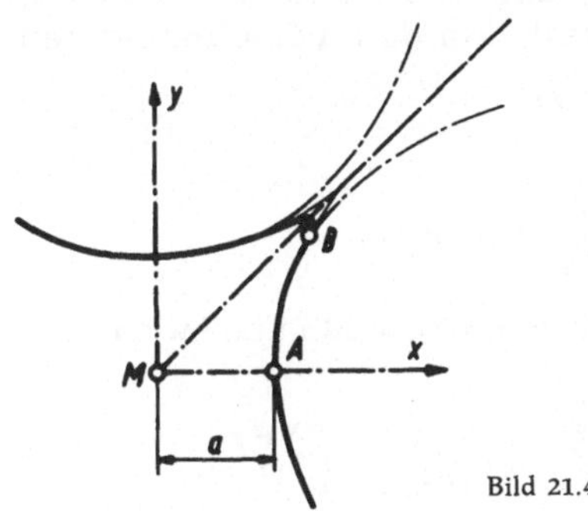

Bild 21.4

Die maximale Spannung im Punkt $x = a$, $y = 0$ wird:

$$\tau_A = -\left(\frac{\partial F}{\partial x}\right)_A = G\vartheta a \left[1 - 4a_4\, a^2 - 8a_8\, a^6\right] = 1{,}516 \; G\vartheta a \; . \quad (21,9)$$

Bei einem Ansatz mit α_4, aber ohne α_8 wird

$$\tau_A = G\vartheta a \left[1 - 4a_4\, a^2\right] \; .$$

Zur Bestimmung von α_4 wählen wir die Bedingung $\varrho_A = r_\alpha$ und erhalten:

$$a_4 = -0{,}136 \cdot \frac{1}{a^2} \; ;$$

$$\tau_A = 1{,}544 \; G\vartheta a \; .$$

Die Umrißlinie ist in Bild 21.4 strichpunktiert eingezeichnet. Der Querschnitt ist nicht geschlossen, sondern erstreckt sich bis ins Unendliche. Trotzdem ist die Spannung nur um 2 % größer als vorher.

22 Eingrenzung eines örtlichen Wertes der Spannungsfunktion

22.1 <u>Problemstellung und Richtlinien für den Lösungsweg</u>

Die Eingrenzung des Torsionsflächenmomentes J_t haben wir im Abschnitt 20 behandelt. Da das Torsionsmoment

$$M_t = G \vartheta J_t \quad ,$$

aber auch

$$M_t = 2 \cdot \iint\limits_{(f + \Sigma f_k)} F \, dx \, dy$$

ist, haben wir damit auch den Mittelwert

$$F_m = \frac{1}{f + \Sigma f_k} \cdot \iint\limits_{(f + \Sigma f_k)} F \, dx \, dy$$

der Spannungsfunktion für den gegebenen Querschnitt eingegrenzt. Die Aufgabe, der wir uns jetzt zuwenden wollen, besteht aber darin, den Wert der Spannungsfunktion an einer bestimmten Stelle des Querschnittes einzugrenzen. Diese Aufgabe müssen wir lösen, um (im nächsten Abschnitt) das eigentliche Problem erledigen zu können: die Eingrenzung der Torsionsspannung, also des Gradienten der Spannungsfunktion, an einer bestimmten Stelle des Querschnittes.

Wir wollen uns zunächst anschaulich klarmachen, wie man zu einer Lösung gelangen kann. Den Punkt, für den wir F eingrenzen wollen, machen wir zum Koordinatennullpunkt. Im Membrangleichnis lassen wir in diesem Punkt an der Membran eine vertikale Einzelkraft P angreifen und bringen anschließend die konstante Belastung p auf. Dann ist die Verschiebung des Angriffspunktes von P infolge der Belastung p

$$\zeta(0,0) = \frac{1}{c} \cdot F_{\varpi}(0,0) \quad ,$$

und die von P an dieser Verschiebung geleistete Arbeit

$$P \cdot \zeta(0,0) = \frac{1}{c} \cdot P \cdot F_{\varpi}(0,0) \quad .$$

Wir sehen, daß hier der gesuchte Wert der Spannungsfunktion an der betrachteten Stelle auftritt. Allerdings taucht gleich eine Schwierigkeit auf: Die Verschiebung $\zeta_P(0,0)$ der Membran infolge der angreifenden Einzelkraft wird nämlich an der Angriffsstelle unendlich und zwar wie $-\ln r/r_0$; ($r_0 > 0$ ist eine Bezugslänge, auf deren Größe es nicht ankommt). Es wird daher auch die Arbeit der Kraft an der von ihr selbst hervorgerufenen Verschiebung unendlich. Vorläufig sehen wir von dieser Schwierigkeit ab und gehen wieder so vor, daß wir zwei

Minimalprobleme aufbauen: eines für die Membran mit Einzelkraft und ein dazu duales für die Verschiebung w des tordierten Stabes.

Der Ansatz für die Spannungsfunktion muß jedenfalls die Singularität $-ln\ ^r/_{r_0}$ enthalten. Nun ist $-l_n\ ^r/_{r_0} = \Im\left\{-i\,ln\ ^z/_{r_0}\right\}$. Die zugehörige Verwölbung w ist dann, bis auf einen Beiwert, gleich $\Re\left\{-i\,ln\ ^z/_{r_0}\right\} = \mu$. Sie ist also mehrdeutig. Damit fangen wir an.

22.2 Stab mit Versatz

Wir betrachten einen Stab, bei dem die Verwölbung des Querschnittes das mehrdeutige Glied $s\cdot\mu$ enthält (s ist eine konstante Länge). Im übrigen sei die Verwölbung eindeutig. Physikalisch bedeutet das: Nach einem Umlauf um den Koordinatennullpunkt vergrößert sich die Verwölbung um $2\pi s$. Wir erreichen das, indem wir den Stab vor der Verwölbung in Längsrichtung so aufschneiden, daß der Schnitt von einer Mantellinie des Stabes bis zur Längsachse $z=0$ geht. Die Schnittflächen werden um $2\pi s$ gegeneinander versetzt und wieder verbunden. Dabei treten zusätzliche (eindeutige) Verwölbungen auf. Ferner können wir den Stab noch verdrillen. Auch die hierbei erzeugten Verwölbungen sind eindeutig. Den so erhaltenen Stab bezeichnen wir als "Stab mit Versatz". Für diesen Stab werden wir zwei Minimalprobleme aufstellen, mit deren Hilfe man $F_w(0,0)$ eingrenzen kann. Zuerst betrachten wir den Stab mit Versatz ohne Drillung ($\vartheta=0$). Die Verschiebungen $u=u_s$ und $v=v_s$ sind also gleich Null. Die Verwölbung des Querschnittes setzt sich zusammen aus der mehrdeutigen Funktion $s\cdot\mu$ und einer eindeutigen Funktion $s\cdot g_w(x,y)$. Wir haben also folgende Verschiebungen:

$$u_s = 0, \quad v_s = 0, \quad w_s = s\cdot\left[\mu + g_w(x,y)\right].$$

$$(22,1)$$

Natürlich müssen wir prüfen, ob sich ein solcher Verformungszustand einstellen kann. Hierzu müssen die aus u_s, v_s und w_s folgenden Spannungen die Gleichgewichtsbedingungen im Inneren bis auf den Koordinatennullpunkt und an den Rändern erfüllen. Wir berechnen die Zerrungen, daraus die Spannungen und erhalten:

$$\left.\begin{array}{l}\tau_x = G\gamma_{xz} = G\left(\dfrac{\partial u}{\partial z} + \dfrac{\partial w}{\partial x}\right) = Gs\,\dfrac{\partial}{\partial x}\left(\mu + g_w\right), \\[2ex] \tau_y = G\gamma_{yz} = G\left(\dfrac{\partial v}{\partial z} + \dfrac{\partial w}{\partial y}\right) = Gs\,\dfrac{\partial}{\partial y}\left(\mu + g_w\right). \end{array}\right\}$$

$$(22,2)$$

Die Gleichgewichtsbedingung für das Innere:

$$\frac{\partial\tau_x}{\partial x} + \frac{\partial\tau_y}{\partial y} = 0$$

$$(22,3)$$

ist erfüllt, wenn τ_x und τ_y die Ableitungen einer Spannungsfunktion $F_s(x,y)$ sind:

$$\tau_x = \frac{\partial F_s}{\partial y}, \quad \tau_y = -\frac{\partial F_s}{\partial x}$$

$$(22,4)$$

Aus den Gleichungen (22, 2) und (22, 4) folgt, daß $Gs\left(\mu+g_w\right)$ und F_s Realteil und Imaginärteil einer Funktion der komplexen Veränderlichen $z=(x+iy)$ sind. Nun ist

$$Gs\,\mu = -\Re\left\{ Gs\cdot i\,\ln{}^z\!/_{r_0}\right\}\;.\qquad\qquad(22,5)$$

Im Ausdruck für F_s muß folglich - wie schon oben gezeigt wurde - die konjugierte Potentialfunktion

$$-\Im\left\{ Gs\cdot i\,\ln{}^z\!/_{r_0}\right\} = -Gs\,\ln{}^r\!/_{r_0}$$

enthalten sein.

Wir setzen g_w gleich dem Realteil einer Funktion von $(x+iy)$ und bezeichnen die konjugierte Potentialfunktion mit h_w , so daß die Beziehungen gelten:

$$\frac{\partial g_w}{\partial x} = \frac{\partial h_w}{\partial y}\;,\qquad \frac{\partial g_w}{\partial y} = -\frac{\partial h_w}{\partial x}\;.$$

Dann wird

$$F_{sw} = -Gs\left[\ln{}^r\!/_{r_0} + h_w\right].\qquad\qquad(22,6)$$

Am Außenrand ist

$$\left[F_{sw}\right]_{Rand} = 0\;,\qquad\qquad(22,7)$$

so daß die Randbedingung

$$\left[\tau_n\right]_{Rand} = \left[\frac{\partial F_{sw}}{\partial t}\right]_{Rand} = 0\qquad\qquad(22,8)$$

erfüllt ist. Wir nehmen der Einfachheit halber an, daß weitere Ränder infolge von Löchern im Querschnitt nicht vorhanden sind.

Für die Potentialfunktion h_w erhalten wir aus (22, 6) und (22, 7) die Randbedingung

$$\left[h_w\right]_{Rand} = -\left[\ln{}^r\!/_{r_0}\right]_{Rand}\;.\qquad\qquad(22,9)$$

Diese Bedingung kann stets erfüllt werden. (Man denke hierbei an ein entsprechendes Membrangleichnis, bei dem die Randhöhen der Membran vorgegeben sind.)

Wir sehen, daß der Zustand des Stabes mit Versatz ohne Drillung nach der Gleichung (22, 1) stets möglich ist. Es sei aber bemerkt, daß hierbei ein Torsionsmoment M_t auftreten wird, da im Querschnitt Tangentialspannungen entstehen.

Beim Stab **mit** Drillung ist dem Verschiebungszustand nach Gleichung (22, 1) der Verschiebungszustand infolge der Drillung ϑ zu überlagern. Für diesen ist

$$u = -\vartheta\, yz \, , \quad v = \vartheta\, xz \qquad \text{und} \quad w = w_{\vartheta_{\mathfrak{w}}} \, ;$$

$w_{\vartheta_{\mathfrak{w}}}$ ist die "wahre" Verwölbung des Stabes ohne Versatz.

Beide Verschiebungszustände geben zusammen:

$$\left.\begin{aligned}
u_{\mathfrak{w}} &= &&-\vartheta\, yz \, , \\[4pt]
v_{\mathfrak{w}} &= &&\vartheta\, xz \, , \\[4pt]
w_{\mathfrak{w}} &= s\left[\mu + g_{\mathfrak{w}}(x, y)\right] + w_{\vartheta_{\mathfrak{w}}}(x, y). &&
\end{aligned}\right\} \qquad (22, 10)$$

Die Gleichungen (22, 9) gelten sowohl für den Stab ohne Drillung mit $\vartheta = 0$, $w_{\vartheta_{\mathfrak{w}}}$, als auch für den Stab ohne Versatz mit $s = 0$.

Aus $u_{\mathfrak{w}}$, $v_{\mathfrak{w}}$ und $w_{\mathfrak{w}}$ finden wir die Zerrungen und daraus die Spannungen:

$$\tau_x = G\gamma_{xz} = G\left(\frac{\partial w_{\mathfrak{w}}}{\partial x} + \frac{\partial u_{\mathfrak{w}}}{\partial z}\right) = G\left[s\cdot\frac{\partial}{\partial x}\left(\mu + g_{\mathfrak{w}}\right) + \frac{\partial w_{\vartheta_{\mathfrak{w}}}}{\partial x} - \vartheta\, y\right] ,$$

$$\tau_y = G\gamma_{yz} = G\left(\frac{\partial w_{\mathfrak{w}}}{\partial y} + \frac{\partial v_{\mathfrak{w}}}{\partial z}\right) = G\left[s\cdot\frac{\partial}{\partial y}\left(\mu + g_{\mathfrak{w}}\right) + \frac{\partial w_{\vartheta_{\mathfrak{w}}}}{\partial y} + \vartheta\, x\right] .$$

$$(22, 11)$$

Die Gleichgewichtsbedingungen (22, 3) für das Innengebiet und (22, 8) für den Rand liefern dann nach Trennung der Glieder mit s von den Gliedern ohne s:

$$\Delta g_{\mathfrak{w}} = 0 \, , \qquad (22, 12)$$

$$\Delta w_{\vartheta_{\mathfrak{w}}} = 0 \, . \qquad (22, 13)$$

Die Randbedingungen werden:

$$\left[\frac{\partial}{\partial n}\left(\mu + g_{\mathfrak{w}}\right)\right]_{Rand} = 0 \, , \qquad (22, 14)$$

$$\left[-\vartheta\, r_t + \frac{\partial w_{\vartheta_{\mathfrak{w}}}}{\partial n}\right]_{Rand} = 0 \, . \qquad (22, 15)$$

Die Gleichungen (22, 12) bis (22, 15) sind die Differentialgleichungen und die Randbedingungen, denen die Funktionen $g_{\mathfrak{w}}$ und $w_{\vartheta_{\mathfrak{w}}}$ der Verwölbung genügen müssen.

Bisher untersuchten wir die Funktionen, die in der Verwölbungsfunktion $w_{\mathfrak{w}}$ auftreten, und fanden die Gleichungen, denen sie genügen müssen, damit die Gleichgewichtsbedingungen erfüllt sind. Jetzt wollen wir von den Gleichgewichtsbedingungen ausgehen, die Spannungen als Ableitungen von Spannungsfunktionen darstellen und für diese die Gleichungen aufstellen.

Die Gleichgewichtsbedingung (22, 3) für das Innere:

$$\frac{\partial \tau_x}{\partial x} + \frac{\partial \tau_y}{\partial y} = 0$$

wird erfüllt, wenn wir $\tau_x = \dfrac{\partial F_\varpi}{\partial y}$ und $\tau_y = -\dfrac{\partial F_\varpi}{\partial x}$ setzen. Die Spannungsfunktion F_ϖ zerlegen wir in den Anteil $F_{s\varpi}$, der vom Versatz abhängt, und in den Anteil $F_{\vartheta\varpi}$ der Drillung:

$$F_\varpi = F_{s\varpi} + F_{\vartheta\varpi} \, .$$

Die Funktion $F_{s\varpi}$ wird für den Stab mit Versatz, aber ohne Drillung, nach (22, 6):

$$F_{s\varpi} = Gs\left(-\ln \frac{r}{r_0} + h_\varpi\right)$$

mit

$$\Delta h_\varpi = 0 \, . \tag{22, 16}$$

Für $F_{\vartheta\varpi}$ gilt die Differentialgleichung des Stabes ohne Versatz:

$$\Delta F_{\vartheta\varpi} = -2\, G\vartheta \, . \tag{22, 17}$$

Die Randbedingung $\left[\tau_n\right]_{Rand} = \left[\dfrac{\partial F_\varpi}{\partial t}\right]_{Rand} = 0$ ist befriedigt durch $\left[F_\varpi\right]_{Rand} = 0$. Diese Bedingung zerlegen wir

$$\text{in} \quad \left[F_{s\varpi}\right]_{Rand} = 0 \tag{22, 18}$$

$$\text{und} \quad \left[F_{\vartheta\varpi}\right]_{Rand} = 0 \, . \tag{22, 19}$$

Gleichung (22, 18) gibt mit $F_{s\varpi}$ nach Gleichung (22, 6):

$$\left[h_\varpi\right]_{Rand} = -\ln \frac{r_{Rand}}{r_0} \, . \tag{22, 20}$$

Die Gleichungen (22, 16), (22, 17), (22, 19) und (22, 20) sind die Differentialgleichungen und Randbedingungen der Spannungsfunktion $F_{\vartheta\varpi}$ und der Funktion h_ϖ.

22. 3 Minimalsatz für die Verwölbung w

Für die Verschiebungen machen wir den Ansatz

$$u = -\vartheta yz \, , \quad v = \vartheta xz \, , \quad w = s\left[\mu + g(x,y)\right] + w_\vartheta \, .$$

Hierin sind s und ϑ fest gegebene Werte. Für $g(x,y)$ und $w_\vartheta(x,y)$ lassen wir alle stetigen, eindeutigen und differenzierbaren Funktionen zu. Machen wir die Zerrungsenergie zum Minimum, so geben - wie wir sehen werden - $g(x,y)$ und w_ϑ die Funktionen der wahren Lösung.

Wir betrachten das Stück des Stabes mit Versatz von der Länge l. Da die Zerrungsenergie infolge der Singularität im Punkt $x = 0$, $y = 0$ unendlich wird, schließen wir ein kleines Gebiet vom Halbmesser $r < \varepsilon^2$ aus und bezeichnen bei der Integration den Integrationsbereich mit $(f, r \geqq \varepsilon^2)$. Wir erhalten:

$$\frac{1}{2} G \cdot l \cdot \iint\limits_{(f,\, r\, \geqq\, \varepsilon^2)} \left[\gamma_{xz}^2 + \gamma_{yz}^2\right] dx\, dy = Min \, .$$

und nach Einsetzen von γ_{xz} und γ_{yz} :

$$\frac{1}{2} Gl \iint_{(f,\, r\,\geqq\,\varepsilon^2)} \left\{ \left[s\frac{\partial}{\partial x}(\mu+g) + \frac{\partial w_\vartheta}{\partial x} - \vartheta y \right]^2 + \left[s\frac{\partial}{\partial y}(\mu+g) + \frac{\partial w_\vartheta}{\partial y} + \vartheta x \right]^2 \right\} dx\,dy = \text{Min}.$$

Das Glied, das für $\varepsilon^2 \to 0$ unendlich wird, lautet:

$$\frac{1}{2} Gl \iint_{(f,\, r\,\geqq\,\varepsilon^2)} \left[\left(s\cdot\frac{\partial\mu}{\partial x} \right)^2 + \left(s\cdot\frac{\partial\mu}{\partial y} \right)^2 \right] dx\,dy .$$

Da dieses Glied für alle zu vergleichenden Funktionen g und w_ϑ auftritt, lassen wir es fort; dann ist es zulässig, das Integral für die ganze Querschnittsfläche zu bilden, und wir erhalten:

$$\frac{1}{2} Gl \iint_{(f)} \left\{ \left(s\cdot\frac{\partial g}{\partial x} + \frac{\partial w_\vartheta}{\partial x} - \vartheta y \right)\cdot\left[s\frac{\partial}{\partial x}(2\mu+g) + \frac{\partial w_\vartheta}{\partial x} - \vartheta y \right] + \right.$$

$$\left. + \left(s\cdot\frac{\partial g}{\partial y} + \frac{\partial w_\vartheta}{\partial y} + \vartheta x \right)\cdot\left[s\cdot\frac{\partial}{\partial y}(2\mu+g) + \frac{\partial w_\vartheta}{\partial y} + \vartheta x \right] \right\} dx\,dy = \text{Min}.$$

$$(22,\,21)$$

Daß dieses neue Minimalproblem die richtigen Ergebnisse liefert, wollen wir jetzt zeigen.

Wir variieren $g(x,y)$ oder $w_\vartheta(x,y)$, wobei das Ergebnis dasselbe ist,
und erhalten nach Teilung durch Gl :

$$\iint_{(f)} \left\{ \left[s\frac{\partial}{\partial x}(\mu+g) + \frac{\partial w_\vartheta}{\partial x} - \vartheta y \right]\frac{\partial\delta g}{\partial x} + \left[s\frac{\partial}{\partial y}(\mu+g) + \frac{\partial w_\vartheta}{\partial y} + \vartheta x \right]\frac{\partial\delta g}{\partial y} \right\} dx\,dy = 0.$$

Durch partielle Integration führen wir δg ein:

$$-\iint_{(f)} \left[s\,\Delta(\mu+g) + \Delta w_\vartheta \right] \delta g\,dx\,dy + \oint_{Rand} \left[s\frac{\partial}{\partial n}(\mu+g) + \frac{\partial w_\vartheta}{\partial n} - \vartheta r_t \right] \delta g\,dt = 0.$$

Da die Beziehung für alle Werte von s gilt, erhalten wir die Gleichungen

$$\Delta g(x,y) = 0 , \quad \Delta w_\vartheta(x,y) = 0 ,$$

$$\left[\frac{\partial}{\partial n}(\mu+g) \right]_{Rand} = 0 , \quad \left[\frac{\partial w_\vartheta}{\partial n} - \vartheta r_t \right]_{Rand} = 0 .$$

Dieses aber sind die Differentialgleichungen (22, 12), (22, 13) und die
Randbedingungen (22, 14), (22, 15) für $g_\mathfrak{w}$ und $w_{\vartheta\mathfrak{w}}$. Wir sehen hieraus:
Machen wir den Energieausdruck der Gleichung (22, 21) zum Minimum,
so wird $g = g_\mathfrak{w}$ und $w_\vartheta = w_{\vartheta\mathfrak{w}}$.

Die zweite Variation nach g oder w_ϑ wird positiv, so daß tatsächlich ein Minimum vorliegt.

Für g und w_ϑ sind beliebige stetige Funktionen zur Konkurrenz zu-
gelassen. Um aber zu umfangreiche Umformungen zu vermeiden, nehmen wir für g und w_ϑ beliebige eindeutige Potentialfunktionen, die
also im allgemeinen die Randbedingungen nicht erfüllen. Das Verfahren bei der Untersuchung mit beliebigen Funktionen bleibt im wesentlichen dasselbe.

Im Minimalausdruck (22, 21) setzen wir

$$\frac{\partial g}{\partial x} = \frac{\partial h}{\partial y}, \qquad \frac{\partial g}{\partial y} = -\frac{\partial h}{\partial x} \qquad mit \; \Delta h = 0 \; ;$$

$$\frac{\partial \mu}{\partial x} = -\frac{\partial}{\partial y} \ln\left(\frac{r}{r_0}\right), \qquad \frac{\partial \mu}{\partial y} = \frac{\partial}{\partial x} \ln\left(\frac{r}{r_0}\right) \; ;$$

$$G\frac{\partial w_{v\vartheta}}{\partial x} = \frac{\partial}{\partial y}\left(F_\vartheta + G\vartheta \cdot \frac{x^2+y^2}{2}\right), \; G\frac{\partial w_{v\vartheta}}{\partial y} = -\frac{\partial}{\partial x}\left(F_\vartheta + G\vartheta \frac{x^2+y^2}{2}\right)$$

$$mit \; \Delta\left(F_\vartheta + G\vartheta \frac{x^2+y^2}{2}\right) = 0 \; .$$

Hierbei wird im allgemeinen die Randbedingung $\left[F_\vartheta\right]_{Rand} = 0$ nicht erfüllt sein.

Dann lautet der Minimalsatz (22, 21), nach Potenzen von s geordnet:

$$\frac{1}{2}s^2 Gl \iint\limits_{(f)} \left[\frac{\partial h}{\partial x}\cdot\frac{\partial}{\partial x}\left(-2\ln\left(\frac{r}{r_0}\right)+h\right) + \frac{\partial h}{\partial y}\cdot\frac{\partial}{\partial y}\left(-2\ln\left(\frac{r}{r_0}\right)+h\right)\right] dx\,dy +$$

$$+ s\cdot l \iint\limits_{(f)} \left[\frac{\partial}{\partial x}\left(-\ln\left(\frac{r}{r_0}\right)+h\right)\frac{\partial F_\vartheta}{\partial x} + \frac{\partial}{\partial y}\left(-\ln\left(\frac{r}{r_0}\right)+h\right)\frac{\partial F_\vartheta}{\partial y}\right] dx\,dy +$$

$$+ \frac{1}{2}\frac{l}{G} \iint\limits_{(f)} \left[\left(\frac{\partial F_\vartheta}{\partial x}\right)^2 + \left(\frac{\partial F_\vartheta}{\partial y}\right)^2\right] dx\,dy = Min. \tag{22, 22}$$

Im ersten Flächenintegral von (22, 22) führen wir eine partielle Integration der zweiten Faktoren durch; hierbei gehen wir im Inneren bis zum Rand eines kleinen Kreises um den Koordinatennullpunkt vom Halbmesser $r = \varepsilon^2$ und lassen ε^2 gegen Null gehen:

$$\iint\limits_{r\geqq\varepsilon^2\to0} \left[\frac{\partial h}{\partial x}\cdot\frac{\partial}{\partial x}\left(-2\ln\left(\frac{r}{r_0}\right)+h\right) + \frac{\partial h}{\partial y}\cdot\frac{\partial}{\partial y}\left(-2\ln\left(\frac{r}{r_0}\right)+h\right)\right] dx\,dy =$$

$$= \oint\limits_{Rand}\left(-2\ln\left(\frac{r}{r_0}\right)+h\right)\frac{\partial h}{\partial n}\,dt - \oint\limits_{r=\varepsilon^2\to0}\left(-2\ln\left(\frac{r}{r_0}\right)+h\right)\frac{\partial h}{\partial r}\,r\,d\mu - \iint\limits_{(f,r>\varepsilon^2\to0)}\Delta h\left(-2\ln\left(\frac{r}{r_0}\right)+h\right)dx\,dy.$$

Das Flächenintegral wird gleich Null wegen $\Delta h = 0$, das Randintegral des kleinen Kreises wird für $\varepsilon^2\to0$ ebenfalls Null. Wir erhalten den Ausdruck:

$$\oint\limits_{Rand}\left[-2\ln\left(\frac{r}{r_0}\right)+h\right]\frac{\partial h}{\partial n}\,dt\;.$$

Im zweiten Flächenintegral von (22, 22) integrieren wir ebenfalls partiell die zweiten Faktoren:

$$\iint\limits_{(f,r>\varepsilon^2\to0)} \left[\frac{\partial}{\partial x}\left(-\ln\left(\frac{r}{r_0}\right)+h\right)\frac{\partial F_\vartheta}{\partial x} + \frac{\partial}{\partial y}\left(-\ln\left(\frac{r}{r_0}\right)+h\right)\frac{\partial F_\vartheta}{\partial y}\right] dx\,dy$$

$$= -\iint\limits_{(f,r>\varepsilon^2\to0)} F_\vartheta\cdot\Delta\left(-\ln\left(\frac{r}{r_0}\right)+h\right)dx\,dy + \oint\limits_{Rand} F_\vartheta\frac{\partial}{\partial n}\left(-\ln\left(\frac{r}{r_0}\right)+h\right)dt - \oint\limits_{r=\varepsilon^2\to0} F_\vartheta\frac{\partial}{\partial r}\left(-\ln\left(\frac{r}{r_0}\right)+h\right)r\,d\mu\;.$$

Das Flächenintegral fällt weg wegen $\Delta \ln\left(\frac{r}{r_0}\right) = 0$ und $\Delta h = 0$. Das letzte Randintegral gibt:

$$-\oint_{r=\varepsilon^2 \to 0} F_\vartheta \frac{\partial}{\partial r}\left(-\ln\left(\frac{r}{r_0}\right) + h\right) r\, d\mu = \oint_{r \to 0} F_\vartheta \cdot \frac{1}{r} r\, d\mu = 2\pi F_\vartheta(0,0) \; . \quad (22,23)$$

Damit wird der Faktor von $s \cdot l$ in $(22,22)$:

$$\oint_{Rand} F_\vartheta \frac{\partial}{\partial n}\left(-\ln\left(\frac{r}{r_0}\right) + h\right) dt + 2\pi F_\vartheta(0,0) \; .$$

Diesen Faktor formen wir noch auf andere Weise um, indem wir die ersten Faktoren des Flächenintegrals partiell integrieren *) und erhalten

$$\iint_{(f)}\left[\frac{\partial}{\partial x}\left(-\ln\left(\frac{r}{r_0}\right) + h\right)\frac{\partial F_\vartheta}{\partial x} + \frac{\partial}{\partial y}\left(-\ln\left(\frac{r}{r_0}\right) + h\right)\frac{\partial F_\vartheta}{\partial y}\right] dx\, dy =$$

$$= \oint_{Rand}\left(-\ln\left(\frac{r}{r_0}\right) + h\right)\frac{\partial F_\vartheta}{\partial n} dt - \iint_{(f)}\left(-\ln\left(\frac{r}{r_0}\right) + h\right)\Delta F_\vartheta\, dx\, dy =$$

$$= 2 G \vartheta \iint_{(f)}\left(-\ln\left(\frac{r}{r_0}\right) + h\right) dx\, dy + \oint_{Rand}\left(-\ln\left(\frac{r}{r_0}\right) + h\right)\frac{\partial F_\vartheta}{\partial n} dt \; .$$

Das dritte Flächenintegral von $(22,23)$ wird ebenfalls partiell integriert. Wir erhalten

$$\iint_{(f)}\left[\left(\frac{\partial F_\vartheta}{\partial x}\right)^2 + \left(\frac{\partial F_\vartheta}{\partial y}\right)^2\right] dx\, dy = -\iint_{(f)} F_\vartheta \Delta F_\vartheta\, dx\, dy + \oint_{Rand} F_\vartheta \frac{\partial F_\vartheta}{\partial n} dt =$$

$$= 2 G\vartheta \iint_{(f)} F_\vartheta\, dx\, dy + \oint_{Rand} F_\vartheta \frac{\partial F_\vartheta}{\partial n} dt \; .$$

Die linke Seite von $(22,22)$ lautet, wenn wir im Faktor von $s \cdot l$ die zweiten Faktoren partiell integrieren, nach Kürzung mit l :

$$\frac{1}{2}\varepsilon^2 G \cdot \oint_{Rand}\left(-2\ln\left(\frac{r}{r_0}\right) + h\right)\frac{\partial h}{\partial n} dt \; +$$

$$+ s \cdot \left\{\oint_{Rand} F_\vartheta \frac{\partial}{\partial n}\left(-\ln\left(\frac{r}{r_0}\right) + h\right) dt + 2\pi F_\vartheta(0,0)\right\} +$$

$$+ \; \vartheta \iint_{(f)} F_\vartheta\, dx\, dy + \frac{1}{2G} \oint_{Rand} F_\vartheta \frac{\partial F_\vartheta}{\partial n} dt = Min. \qquad (22,24)$$

---

*) Hier sowohl wie später werden bei der Umformung der Integrale gelegentlich erst die einen, dann die anderen Faktoren integriert. Wir werden dabei stets versuchen, einfache und für die Untersuchung brauchbare Ergebnisse zu erhalten.

Integrieren wir die ersten Faktoren, so erhalten wir

$$\frac{1}{2}\,s^2 G \cdot \oint_{Rand} \left(-2\,\ln\left(\frac{r}{r_0}\right) + h\right) \frac{\partial h}{\partial n}\,dt +$$

$$+\,s \cdot \left\{2\,G\vartheta \iint_{(f)} \left(-\ln\left(\frac{r}{r_0}\right) + h\right) dx\,dy + \oint_{Rand} \left(-\ln\left(\frac{r}{r_0}\right) + h\right) \frac{\partial F_\vartheta}{\partial n}\,dt\right\} +$$

$$+\,\vartheta \iint_{(f)} F_\vartheta\,dx\,dy + \frac{1}{2G} \oint_{Rand} F_\vartheta\,\frac{\partial F_\vartheta}{\partial n}\,dt = Min. \qquad (22,25)$$

Den Minimalausdruck für die wahre Lösung bilden wir aus (22, 24), indem wir $\left[-\ln\left(\frac{r}{r_0}\right) + h_w\right]_{Rand} = 0$ und $\left[F_{\vartheta w}\right]_{Rand} = 0$ setzen:

$$-\frac{1}{2}\,s^2 \cdot G \cdot \oint_{Rand} h_w \cdot \frac{\partial h_w}{\partial n}\,dt + s \cdot 2\pi\,F_{\vartheta w}(0,0) + \vartheta \iint_{(f)} F_{\vartheta w}\,dx\,dy\,.$$

Dieser Ausdruck ist allgemein kleiner als der Minimalausdruck für beliebige Potentialfunktionen h und F_ϑ nach Gleichung (22, 25). Hiermit erhalten wir die Ungleichung

$$-\frac{1}{2}\,s^2 \cdot G \cdot \oint_{Rand} h_w \cdot \frac{\partial h_w}{\partial n}\,dt + s \cdot 2\pi\,F_{\vartheta w}(0,0) + \vartheta \iint_{(f)} F_{\vartheta w}\,dx\,dy \leqq$$

$$\leqq \frac{1}{2}\,s^2 G \cdot \oint_{Rand} \left(-2\,\ln\left(\frac{r}{r_0}\right) + h\right) \frac{\partial h}{\partial n}\,dt +$$

$$+\,s \cdot \left\{2\,G\vartheta \iint_{(f)} \left(-\ln\left(\frac{r}{r_0}\right) + h\right) dx\,dy + \oint_{Rand} \left(-\ln\left(\frac{r}{r_0}\right) + h\right) \frac{\partial F_\vartheta}{\partial n}\,dt\right\} +$$

$$+\,\vartheta \iint_{(f)} F_\vartheta\,dx\,dy + \frac{1}{2G} \oint_{Rand} F_\vartheta\,\frac{\partial F_\vartheta}{\partial n}\,dt\,. \qquad (22,26)$$

Das Gleichheitszeichen gilt nur für $h = h_w$ und $F = F_{\vartheta w}$.

22.4 Minimalsatz für die Spannungsfunktion F

Die Spannungsfunktion F zerlegen wir in

$$F = \tilde{F}_s + \tilde{F}_\vartheta$$

mit $\left[\tilde{F}_s\right]_{Rand} = 0$ und $\left[\tilde{F}_\vartheta\right]_{Rand} = 0\,. \qquad (22,27)$

Die Funktion $\tilde{F}_\vartheta$ ist stetig innerhalb des Querschnittes, aber nur für die wahre Lösung wird

$$\Delta \tilde{F}_{\vartheta w} = -2\,G\vartheta\,.$$

Weiter setzen wir wegen des Versatzes

$$\widetilde{F_s} = Gs\left(-\ln\left(\tfrac{r}{r_0}\right) + \widetilde{h}\right).$$

Die Randbedingung gibt:

$$\left[-\ln\left(\tfrac{r}{r_0}\right) + \widetilde{h}\right]_{Rand} = 0. \tag{22,28}$$

Die Funktion $\widetilde{h}$ ist ebenfalls stetig innerhalb des Querschnittes, aber nur für die wahre Lösung eine Potentialfunktion.

Zu bemerken ist hier, daß wir die Funktionen $\widetilde{h}$ und $\widetilde{F_\vartheta}$ mit dem Zeichen $\sim$ versehen haben, um eine Verwechslung mit h und F_ϑ , die wir beim Minimalsatz für die Verwölbung eingeführt hatten, zu vermeiden. Der Unterschied ist folgender: Die Funktionen $\widetilde{h}$ und $\widetilde{F_\vartheta}$ befriedigen die Randbedingungen, im allgemeinen aber nicht die Differentialgleichungen (22, 16) und (22, 17); die Funktionen h und F_ϑ hingegen befriedigen die Differentialgleichungen, im allgemeinen aber nicht die Randbedingungen (22, 20) und 22, 19).

Wir stellen nunmehr einen Minimalsatz auf, welcher dem Minimalsatz (20, 5) entspricht. Für die Glieder, die beim Integrieren für $r \to 0$ den Wert unendlich geben, schließen wir wieder die Kreisfläche mit $r < \varepsilon^2$ aus und erhalten:

$$\frac{1}{2G}\iint\limits_{(f,\,r\geqq\varepsilon^2)}\left\{\left[\frac{\partial}{\partial x}Gs\left(-\ln\left(\tfrac{r}{r_0}\right)+\widetilde{h}\right)+\frac{\partial\widetilde{F_\vartheta}}{\partial x}\right]^2+\left[\frac{\partial}{\partial y}Gs\left(-\ln\left(\tfrac{r}{r_0}\right)+\widetilde{h}\right)+\frac{\partial\widetilde{F_\vartheta}}{\partial y}\right]^2\right\}dx\,dy$$

$$+\,\vartheta\iint\limits_{(f)}\left\{x\frac{\partial}{\partial x}\left[Gs\left(-\ln\left(\tfrac{r}{r_0}\right)+\widetilde{h}\right)+\widetilde{F_\vartheta}\right]+y\frac{\partial}{\partial y}\left[Gs\left(-\ln\left(\tfrac{r}{r_0}\right)+\widetilde{h}\right)+\widetilde{F_\vartheta}\right]\right\}dx\,dy=Min.$$

Vom ersten Integral ziehen wir den von $\widetilde{h}$ und $\widetilde{F_\vartheta}$ unabhängigen Anteil

$$\iint\limits_{(f,\,r\geqq\varepsilon^2)}\left\{\left[\frac{\partial}{\partial x}Gs\left(-\ln\left(\tfrac{r}{r_0}\right)\right)\right]^2+\left[\frac{\partial}{\partial y}Gs\left(-\ln\left(\tfrac{r}{r_0}\right)\right)\right]^2\right\}dx\,dy$$

ab, so daß wir das Integral jetzt für das ganze Gebiet f bilden können. Beim zweiten Integral führen wir eine partielle Integration durch. Weiter fügen wir dem Minimalausdruck die Glieder $-2\pi\,\widetilde{F_\vartheta}(0,0)$ und $-2\pi\,Gs\,\widetilde{h}(0,0)$ hinzu. Den Grund hierfür werden wir bei der Untersuchung der Variationen erkennen. Wir erhalten hiermit:

$$\frac{1}{2G}\iint\limits_{(f)}\left\{\frac{\partial}{\partial x}\left(Gs\,\widetilde{h}+\widetilde{F_\vartheta}\right)\cdot\frac{\partial}{\partial x}\left[Gs\left(-2\ln\left(\tfrac{r}{r_0}\right)+\widetilde{h}\right)+\widetilde{F_\vartheta}\right]+\right.$$

$$\left.+\frac{\partial}{\partial y}\left(Gs\,\widetilde{h}+\widetilde{F_\vartheta}\right)\cdot\frac{\partial}{\partial y}\left[Gs\left(-2\ln\left(\tfrac{r}{r_0}\right)+\widetilde{h}\right)+\widetilde{F_\vartheta}\right]\right\}dx\,dy+$$

$$+2\,\vartheta\iint\limits_{(f)}\left[Gs\left(-\ln\left(\tfrac{r}{r_0}\right)+\widetilde{h}\right)+\widetilde{F_\vartheta}\right]dx\,dy-2\pi\,s\,\widetilde{F_\vartheta}(0,0)-2\pi\,Gs^2\,\widetilde{h}(0,0)=Min. \tag{22,29}$$

Wir variieren in (22, 29) die Funktionen $\widetilde{F}_{\vartheta}$ und $\widetilde{h}$,um zu prüfen, ob wir dabei für diese Funktionen die richtigen Differentialgleichungen erhalten.

Die Variation nach $\widetilde{F}_{\vartheta}$ gibt:

$$\frac{1}{2G}\iint\limits_{(f)} 2\left\{\left[\frac{\partial}{\partial x}\left(Gs\left[-\ln\left(\frac{r}{r_0}\right)+\widetilde{h}\right)+\widetilde{F}_{\vartheta}\right]\cdot\frac{\partial\delta\widetilde{F}_{\vartheta}}{\partial x}+\right.\right.$$

$$\left.+\left[\frac{\partial}{\partial y}\left(Gs\left[-\ln\left(\frac{r}{r_0}\right)+\widetilde{h}\right)+\widetilde{F}_{\vartheta}\right]\cdot\frac{\partial\delta\widetilde{F}_{\vartheta}}{\partial y}\right\}dx\,dy-$$

$$-2\,\vartheta\iint\limits_{(f)}\delta F_{\vartheta}\,dx\,dy-2\pi s\,\delta\widetilde{F}_s(0,0)=0\ .$$

Durch partielle Integration des ersten Integrals führen wir $\delta\widetilde{F}_{\vartheta}$ ein. Wegen der Singularität des ersten Faktors im Koordinatennullpunkt führen wir wieder die Integration erst für das Gebiet $r\geqq\varepsilon^2$ durch und lassen dann ε^2 gegen Null gehen. Wir erhalten:

$$-\frac{1}{2G}\iint\limits_{r>\varepsilon^2\to 0}\left\{2\Delta\left[Gs\left(-\ln\left(\frac{r}{r_0}\right)+\widetilde{h}\right)+\widetilde{F}_{\vartheta}\right]+4G\vartheta\right\}\delta\widetilde{F}_{\vartheta}\,dx\,dy-$$

$$-\frac{1}{2G}\oint\limits_{Rand}2\frac{\partial}{\partial n}\left[Gs\left(-\ln\left(\frac{r}{r_0}\right)+\widetilde{h}\right)+\widetilde{F}_{\vartheta}\right]\delta\widetilde{F}_{\vartheta}\,dt-$$

$$-\frac{1}{2G}\oint\limits_{r=\varepsilon^2\to 0}\left\{2\frac{\partial}{\partial r}\left[Gs\left(-\ln\left(\frac{r}{r_0}\right)+\widetilde{h}\right)\right]+\widetilde{F}_{\vartheta}\right\}\delta\widetilde{F}_{\vartheta}\,r\,d\mu-2\pi s\delta\widetilde{F}_{\vartheta}(0,0)=0.$$

Die Gleichung gilt für alle Werte von s ; das Flächenintegral gibt somit die Differentialgleichungen (22, 16) und (22, 17):

$$\Delta\widetilde{h}=0$$

und
$$\Delta\widetilde{F}_{\vartheta}=-2\,G\,\vartheta\ .$$

Das Randintegral wird Null wegen $\left[\widetilde{F}_{\vartheta}\right]_{Rand}=0$, $\left[\delta\widetilde{F}_{\vartheta}\right]_{Rand}=0$; das Integral für den Rand $r=\varepsilon^2$ gibt

$$\frac{1}{2G}\oint\limits_{r=\varepsilon^2\to 0}2\frac{\partial}{\partial r}\,Gs\ln\left(\frac{r}{r_0}\right)\delta\widetilde{F}_{\vartheta}\cdot r\,d\mu=\frac{1}{2G}\oint\limits_{r=\varepsilon^2\to 0}2Gs\,\delta\widetilde{F}_{\vartheta}\,d\mu=2\pi s\,\delta\widetilde{F}_{\vartheta}(0,0).$$

Dieser Ausdruck hebt sich mit dem Glied $-2\pi s\,\delta\widetilde{F}_{\vartheta}(0,0)$ der Variation fort.

Die Variation nach $\widetilde{h}$ gibt:

$$\frac{1}{2G}\iint\limits_{r>\varepsilon^2\to 0} 2\,Gs\left\{\frac{\partial}{\partial x}\left(Gs\left[-\ln\left(\tfrac{r}{r_0}\right)+\widetilde{h}\right]+\widetilde{F}_{\vartheta}\right)\cdot\frac{\partial\delta\widetilde{h}}{\partial x}+\frac{\partial}{\partial y}\left(Gs\left[-\ln\left(\tfrac{r}{r_0}\right)+\widetilde{h}\right]+\widetilde{F}_{\vartheta}\right)\cdot\frac{\partial\delta\widetilde{h}}{\partial y}\right\}dx\,dy$$

$$-2\,\vartheta\iint\limits_{(f)} Gs\,\delta\widetilde{h}\,dx\,dy-2\pi\,Gs^2\cdot\delta\widetilde{h}\,(0,0)=0\,,$$

und nach partieller Integration:

$$-\frac{1}{2G}\iint\limits_{r>\varepsilon\to 0}\left\{2\,Gs\cdot\Delta\left[Gs\left(-\ln\left(\tfrac{r}{r_0}\right)+\widetilde{h}\right)+\widetilde{F}_{\vartheta}\right]+4\,G\vartheta s\right\}\delta\widetilde{h}\,dx\,dy\,-$$

$$-\frac{1}{2G}\oint\limits_{Rand} 2\,Gs\cdot\frac{\partial}{\partial n}\left[Gs\left(-\ln\left(\tfrac{r}{r_0}\right)+\widetilde{h}\right)+\widetilde{F}_{\vartheta}\right]\delta\widetilde{h}\,dt\,+$$

$$+\frac{1}{2G}\oint\limits_{r=\varepsilon^2\to 0} 2\,Gs\cdot\frac{\partial}{\partial r}\left[Gs\left(-\ln\left(\tfrac{r}{r_0}\right)+\widetilde{h}\right)+\widetilde{F}_{\vartheta}\right]\delta\widetilde{h}\cdot r\,d\mu-2\pi\,Gs^2\,\delta\widetilde{h}\,(0,0)=0\,.$$

Wieder erhalten wir hieraus $\Delta\widetilde{h}=0$ und $\Delta\widetilde{F}_{\vartheta}=-2\,G\vartheta$. Für den Außenrand ist $\delta\widetilde{h}=0$ wegen $\left[-\ln\left(\tfrac{r}{r_0}\right)+\widetilde{h}\right]_{Rand}=0$. Das letzte Integral gibt für $r=\varepsilon^2\to 0$ den Wert $2\pi\,Gs\cdot\delta\widetilde{h}\,(0,0)$ und hebt sich mit
dem vorhandenen Glied $-2\pi\,Gs\cdot\delta\widetilde{h}\,(0,0)$ auf. Hieraus folgt, daß für
das Minimum $\widetilde{h}=h_{\mathfrak{w}}$ und $F_{\vartheta}=F_{\vartheta\mathfrak{w}}$ wird.

Die zweite Variation wird positiv, so daß wirklich ein Minimum
vorliegt.

Der Minimalsatz (22, 29) lautet, nach Potenzen von s geordnet:

$$\frac{1}{2}s^2\cdot G\left\{\iint\limits_{(f)}\left[\frac{\partial\widetilde{h}}{\partial x}\cdot\frac{\partial}{\partial x}\left(-2\ln\left(\tfrac{r}{r_0}\right)+\widetilde{h}\right)+\frac{\partial\widetilde{h}}{\partial y}\cdot\frac{\partial}{\partial y}\left(-2\ln\left(\tfrac{r}{r_0}\right)+\widetilde{h}\right)\right]dx\,dy-4\pi\,\widetilde{h}(0,0)\right\}+$$

$$+s\cdot\left\{\iint\limits_{(f)}\left[\frac{\partial}{\partial x}\left(-\ln\left(\tfrac{r}{r_0}\right)+\widetilde{h}\right)\cdot\frac{\partial\widetilde{F}_{\vartheta}}{\partial x}+\frac{\partial}{\partial y}\left(-\ln\left(\tfrac{r}{r_0}\right)+\widetilde{h}\right)\cdot\frac{\partial\widetilde{F}_{\vartheta}}{\partial y}\right]dx\,dy-\right.$$

$$\left.-2\,G\vartheta\iint\limits_{(f)}\left(-\ln\left(\tfrac{r}{r_0}\right)+\widetilde{h}\right)dx\,dy-2\pi\,\widetilde{F}_{\vartheta}(0,0)\right\}+$$

$$+\frac{1}{2G}\left\{\iint\limits_{(f)}\left[\left(\frac{\partial\widetilde{F}_{\vartheta}}{\partial x}\right)^2+\left(\frac{\partial\widetilde{F}_{\vartheta}}{\partial y}\right)^2\right]dx\,dy-4\,G\vartheta\iint\limits_{(f)}\widetilde{F}_{\vartheta}\,dx\,dy\right\}=Min.$$

Wir integrieren die Flächenintegrale partiell; die Integration führen
wir, wo erforderlich, für das Gebiet $r > \varepsilon^2$ durch und lassen dann ε^2
gegen Null gehen:

$$\frac{1}{2}s^2 \cdot G\left\{ -\iint\limits_{(f,\,r>\varepsilon^2\to 0)} \widetilde{h}\cdot\Delta\left[-2\ln\left(\tfrac{r}{r_0}\right)+\widetilde{h}\right]dx\,dy + \oint\limits_{Rand}\widetilde{h}\left[-2\ln\left(\tfrac{r}{r_0}\right)+\widetilde{h}\right]dt - \right.$$

$$\left. -\oint\limits_{r=\varepsilon^2\to 0}\widetilde{h}\frac{\partial}{\partial r}\left[-2\ln\left(\tfrac{r}{r_0}\right)+\widetilde{h}\right]r\,d\mu - 4\pi\,\widetilde{h}(0,0)\right\} +$$

$$+s\cdot\left\{ -\iint\limits_{(f,\,r>\varepsilon^2\to 0)}\left[-\ln\left(\tfrac{r}{r_0}\right)+\widetilde{h}\right]\cdot\left(\Delta\widetilde{F}_\vartheta+2G\vartheta\right)dx\,dy + \oint\limits_{Rand}\left[-\ln\left(\tfrac{r}{r_0}\right)+\widetilde{h}\right]\frac{\partial\widetilde{F}_\vartheta}{\partial n}dt - \right.$$

$$\left. -\oint\limits_{r=\varepsilon^2\to 0}\left[-\ln\left(\tfrac{r}{r_0}\right)+\widetilde{h}\right]\frac{\partial\widetilde{F}_\vartheta}{\partial r}\cdot r\,d\mu - 2\pi\,\widetilde{F}_\vartheta(0,0)\right\} +$$

$$+\frac{1}{2G}\left\{ -\iint\limits_{(f)}\widetilde{F}_\vartheta\cdot\Delta\widetilde{F}_\vartheta\,dx\,dy - 4G\vartheta\iint\limits_{(f)}\widetilde{F}_\vartheta\,dx\,dy\right\} = Min.$$

Nun setzen wir entsprechend den Randbedingungen

$$\left[\widetilde{h}\right]_{Rand} = \left[\ln\left(\tfrac{r}{r_0}\right)\right]_{Rand} \quad und \quad \left[\widetilde{F}_\vartheta\right]_{Rand} = 0.$$

Das ergibt:

$$-\frac{1}{2}s^2\cdot G\left\{ \iint\limits_{(f)}\widetilde{h}\,\Delta\widetilde{h}\,dx\,dy - \oint\limits_{Rand}\widetilde{h}\frac{\partial\widetilde{h}}{\partial n}dt + 2\oint\limits_{Rand}\ln\left(\tfrac{r}{r_0}\right)\cdot\frac{\partial}{\partial n}\ln\left(\tfrac{r}{r_0}\right)dt\right\} -$$

$$-s\cdot\left\{ \iint\limits_{(f)}\left[-\ln\left(\tfrac{r}{r_0}\right)+\widetilde{h}\right]\cdot\left(\Delta\widetilde{F}_\vartheta+2G\vartheta\right)dx\,dy + 2\pi\,\widetilde{F}_\vartheta(0,0)\right\} -$$

$$-\frac{1}{2G}\left\{ \iint\limits_{(f)}\left(\Delta\widetilde{F}_\vartheta+2G\vartheta\right)\widetilde{F}_\vartheta\,dx\,dy\right\} = Min. \tag{22,30}$$

Für die wahre Lösung wird $\Delta\widetilde{h} = \Delta\widetilde{h}_w = 0$ und $\Delta\widetilde{F}_\vartheta+2G\vartheta = \Delta\widetilde{F}_{\vartheta_w}+2G\vartheta = 0$.

Das Minimum für die wahre Lösung wird also:

$$\frac{1}{2}s^2 G\left\{ \oint\limits_{Rand}\widetilde{h}_w\frac{\partial\widetilde{h}_w}{\partial n}dt - 2\oint\limits_{Rand}\ln\left(\tfrac{r}{r_0}\right)\frac{\partial}{\partial n}\ln\left(\tfrac{r}{r_0}\right)dt\right\} - s\cdot 2\pi\widetilde{F}_{\vartheta_w} - \vartheta\iint\limits_{(f)}F_{\vartheta_w}dx\,dy. \tag{22,31}$$

Jetzt vergleichen wir den Ausdruck (22,30) für beliebige Funktionen
$\widetilde{h}$ und $\widetilde{F}_\vartheta$ mit seinem Minimalwert (22,31). Dabei streichen wir auf
beiden Seiten der Ungleichung das Glied

$$-\frac{1}{2}s^2 G\cdot 2\oint\limits_{Rand}\ln\left(\tfrac{r}{r_0}\right)\frac{\partial}{\partial n}\ln\left(\tfrac{r}{r_0}\right)dt.$$

Das Ergebnis ist:

$$\frac{1}{2}s^2 G \oint_{Rand} h_\mathfrak{w} \cdot \frac{\partial h_\mathfrak{w}}{\partial n}\, dt - s \cdot 2\pi\, F_{\vartheta_\mathfrak{w}}(0,0) - \vartheta \iint_{(f)} F_{\vartheta_\mathfrak{w}}\, dx\, dy \leqq$$

$$\leqq -\frac{1}{2}s^2 G \left\{ \iint_{(f)} \tilde{h}\,\Delta\tilde{h}\, dx\, dy - \oint_{Rand} \tilde{h}\,\frac{\partial\tilde{h}}{\partial n}\, dt \right\} -$$

$$- s \cdot \left\{ \iint_{(f)} \left[-\ln\!\left(\frac{r}{r_0}\right) + \tilde{h} \right]\left(\Delta\tilde{F}_\vartheta + 2G\vartheta\right) dx\, dy + 2\pi\, \tilde{F}_\vartheta(0,0) \right\} -$$

$$- \frac{1}{2G} \iint_{(f)} \left(\Delta\tilde{F}_\vartheta + 4G\vartheta\right)\tilde{F}_\vartheta\, dx\, dy \, . \tag{22, 32}$$

Das Minimum ist bis auf das Vorzeichen gleich dem Minimum der Ungleichung (22, 26).

22. 5 Eingrenzung durch obere und untere Schranken

Die Ungleichung (22, 32) multiplizieren wir mit *(-1)* und ändern das Ungleichheitszeichen. Dann erhalten wir in Verbindung mit Ungleichung (22, 26) das Ungleichungspaar:

$$\frac{1}{2}s^2 G \left\{ \iint_{(f)} \tilde{h}\,\Delta\tilde{h}\, dx\, dy - \oint_{Rand} \tilde{h}\,\frac{\partial\tilde{h}}{\partial n}\, dt \right\} +$$

$$+ s \cdot \left\{ \iint_{(f)} \left[-\ln\!\left(\frac{r}{r_0}\right) + \tilde{h} \right] \cdot \left(\Delta\tilde{F}_\vartheta + 2G\vartheta\right) dx\, dy + 2\pi\, \tilde{F}_\vartheta(0,0) \right\} + \frac{1}{2G}\iint_{(f)}\left(\Delta\tilde{F}_\vartheta + 4G\vartheta\right)\tilde{F}_\vartheta\, dx\, dy \leqq$$

$$\leqq -\frac{1}{2}s^2 G \cdot \oint_{Rand} h_\mathfrak{w}\,\frac{\partial h_\mathfrak{w}}{\partial n}\, dt + s \cdot 2\pi\, F_{\vartheta_\mathfrak{w}}(0,0) + \vartheta \iint F_{\vartheta_\mathfrak{w}}\, dx\, dy \leqq$$

$$\leqq \frac{1}{2}s^2 G \cdot \oint_{Rand}\left[-2\ln\!\left(\frac{r}{r_0}\right)+h\right]\frac{\partial h}{\partial n}\, dt + s\left\{2G\vartheta\iint_{(f)}\left[-\ln\!\left(\frac{r}{r_0}\right)+h\right] dx\, dy + \oint\left[-\ln\!\left(\frac{r}{r_0}\right)+h\right]\frac{\partial F_\vartheta}{\partial n}\, dt\right\}$$

$$+ \vartheta \iint_{(f)} F_\vartheta\, dx\, dy + \frac{1}{2G}\oint_{Rand} F_\vartheta \cdot \frac{\partial F_\vartheta}{\partial n}\, dt \, . \tag{22, 33}$$

Die Faktoren von s^2, s und das Glied ohne s bezeichnen wir für die untere Schranke mit U_2, U_1 und U_0, für die wahre Lösung mit W_2, W_1 und W_0, und für die obere Schranke mit O_2, O_1 und O_0. Dann erhalten wir

$$s^2 U_2 + s U_1 + U_0 \leqq s^2 W_2 + s W_1 + W_0 \leqq s^2 O_2 + s O_1 + O_0 \, . \tag{22, 34}$$

Nehmen wir für h beliebige Potentialfunktionen, für F_ϑ Funktionen, die die Differentialgleichung $\Delta F_\vartheta = -2G\vartheta$ erfüllen, und für h und

$\widetilde{F}_{\vartheta}$ Funktionen, die die Randbedingungen befriedigen, so können wir die Werte O_2, O_1, O_0 ; U_2, U_1 und U_0 berechnen, und wir erhalten die Eingrenzung des Ausdruckes

$$s^2 W_2 + s W_1 + W_0 \ .$$

Damit haben wir aber noch nicht die Eingrenzung des Faktors

$$W_1 = 2\pi F_{\vartheta\varpi}(0,0) \ ,$$

der für uns allein von Belang ist. Um für W_1 eine Eingrenzung zu bekommen, schreiben wir das Ungleichungspaar (22, 34) sowohl für ein positives $s = +|s|$ als auch für ein negatives $s = -|s|$ auf. Das zweite Ungleichungspaar multiplizieren wir mit (-1) , ändern dabei das Ungleichheitszeichen und vertauschen die linke und rechte Seite. Wir erhalten

$$s^2 U_2 + |s| U_1 + U_0 \leqq s^2 W_2 + |s| W_1 + W_0 \leqq s^2 O_2 + |s| O_1 + O_0$$

und

$$-s^2 O_2 + |s| O_1 - O_0 \leqq -s^2 W_2 + |s| W_1 - W_0 \leqq -s^2 U_2 + |s| U_1 - U_0 \ .$$

Addieren wir beide Ungleichungspaare, so fallen die Glieder mit W_2 und W_0 fort; das neue Ungleichungspaar teilen wir durch $|2s|$:

$$-\frac{1}{2}|s|\left(O_2 - U_2\right) + \frac{1}{2}\left(O_1 + U_1\right) - \frac{1}{2|s|}\left(O_0 - U_0\right) \leqq W_1 \leqq$$
$$\leqq \frac{1}{2}|s|\left(O_2 - U_2\right) + \frac{1}{2}\left(O_1 + U_1\right) + \frac{1}{2|s|}\left(O_0 - U_0\right) \ .$$

Hiermit haben wir W_1 eingegrenzt. Für $|s|$ können wir noch einen geeigneten Wert wählen. Um den Optimalwert $|s|_{opt.}$ zu finden, machen wir den Ausdruck $\frac{1}{2}|s|(O_2 - U_2) + \frac{1}{2|s|}(O_0 - U_0)$ möglichst klein:

$$|s|_{opt} = \sqrt{\frac{O_0 - U_0}{O_2 - U_2}} \ .$$

Setzen wir diesen Wert in das eingrenzende Ungleichungspaar ein, so erhalten wir schließlich

$$\frac{1}{2}\left(O_1 + U_1\right) - \sqrt{\left(O_2 - U_2\right)\left(O_0 - U_0\right)} \leqq 2\pi F_{\vartheta\varpi}(0,0) \leqq \frac{1}{2}\left(O_1 + U_1\right) + \sqrt{\left(O_2 - U_2\right)\left(O_0 - U_0\right)} \ .$$

$$(22, 35)$$

Ist $O_0 = U_0$ oder $O_2 = U_2$, so werden obere und untere Schranke gleich groß und beide geben folglich den wahren Wert $F_{\vartheta\varpi}(0,0)$.

Eine andere Eingrenzung erhalten wir in folgender Weise: Wir schreiben wieder

$$s^2 U_2 + |s| U_1 + U_0 \leqq s^2 W_2 + |s| W_1 + W_0 \leqq s^2 O_2 + |s| O_1 + O_0 \quad und$$

$$-s^2 O_2 + |s| O_1 - O_0 \leqq -s^2 W_2 + |s| W_1 - W_0 \leqq -s^2 U_2 + |s| U_1 - U_0 \ .$$

Das zweite Ungleichungspaar stellen wir einmal für $s = 0$, dann für $s \to \infty$ auf:

$$-O_0 \leqq -W_0 \leqq -U_0$$

und

$$-s^2 O_2 \leqq -s^2 W_2 \leqq -s^2 U_2 \ .$$

Jetzt addieren wir das erste Ungleichungspaar mit diesen zwei neuen Ungleichungspaaren, mit dem Ergebnis:

$$s^2\left(U_2 - U_2\right) + |s|\, U_1 + \left(U_0 - O_0\right) \leqq |s|\, W_1 \leqq s^2\left(O_2 - U_2\right) + |s|\, O_1 - \left(U_0 - O_0\right) \ .$$

Hieraus folgt wie vorher

$$U_1 - 2\sqrt{\left(O_2 - U_2\right)\left(O_0 - U_0\right)} \leqq W_1 \leqq O_1 + 2\sqrt{\left(O_2 - U_2\right)\left(O_0 - U_0\right)} \ .$$

Ebenso können wir das Ungleichungspaar

$$O_1 - 2\sqrt{\left(O_2 - U_2\right)\left(O_0 - U_0\right)} \leqq W_1 \leqq U_1 + 2\sqrt{\left(O_2 - U_2\right)\left(O_0 - U_0\right)}$$

aufstellen. Nehmen wir Kombinationen beider erhaltenen Ungleichungspaare, so können wir uns die Berechnung von U_1 bzw. O_1 ersparen. Es läßt sich aber zeigen, daß das Ungleichungspaar (22, 35) die schärfste Eingrenzung gibt.

23 Eingrenzung der Torsionsspannung

23.1 Allgemeine Bemerkung

Da wir nach den Ergebnissen des Abschnittes 22 die Spannungsfunktion $F(x,y)$ für jeden Punkt des Querschnittes eingrenzen können, dürfen wir annehmen, daß dieses auch für die Torsionsspannung möglich ist. Ist diese doch gleich dem Grenzwert des Differenzenquotienten für zwei benachbarte Punkte. Es wäre darum anzunehmen, daß für diese Punkte F einzugrenzen und daraus der Differenzenquotient zu bilden ist. So einfach ist das aber nicht, wovon sich der Leser selbst überzeugen mag, da man als Grenzwerte der Differenzenquotienten die Werte $-\infty$ und $+\infty$ erhält.

Diese erste auftretende Schwierigkeit beheben wir dadurch, daß wir von vornherein für beide Punkte die Singularitäten einführen.

Eine weitere Schwierigkeit tritt für Randpunkte ein, und für diese ist ja die Bestimmung der Torsionsspannung besonders wichtig. Diese Schwierigkeit beheben wir durch Einführung von Singularitäten außerhalb des Querschnittes.

23.2 Eingrenzung für einen inneren Punkt

Wir nehmen im Querschnitt die zwei Punkte $x = \xi'$, $y = 0$ und $x = \xi'' > \xi'$, $y = 0$, führen die Hilfskoordinaten $z' = r'e^{i\mu'} = z - \xi'$ und $z'' = r''e^{i\mu''} = z - \xi''$ ein und wählen in der Verwölbungsfunktion als Singularität den Ausdruck

$$ s \cdot \left(\mu'' - \mu' \right) . $$

Die geometrische Bedeutung ist ein Versatz zwischen den beiden Punkten von der Größe $2\pi s$. Hierdurch wird wie im vorigen Abschnitt der Ausdruck $2\pi s \cdot \left[F_{\vartheta\infty}\left(\xi'',0\right) - F_{\vartheta\infty}\left(\xi',0\right) \right]$ eingegrenzt. Im Minimalsatz für die Verwölbungsfunktion w machen wir den Ansatz

$$ u = -\vartheta yz, \quad v = \vartheta xz, \quad w = s\left(\mu'' - \mu' + g^*\right) + w_\vartheta . $$

Wir beschränken uns wieder auf den Fall, daß g^* und w_ϑ innerhalb der Querschnittsfläche reguläre Potentialfunktionen sind; die zu g^* konjugierte Potentialfunktion bezeichnen wir mit h^*.

Im Minimalsatz für die Spannungsfunktion setzen wir

$$ F = Gs\left(\ln \frac{r'}{r''} + \tilde{h}^* \right) + \tilde{F}_\vartheta ; $$

hierin sind $\widetilde{h}^*$ und $\widetilde{F}_\vartheta$ Funktionen, die die Randbedingungen

$$\left[\ln\frac{r'}{r''}+\widetilde{h}^*\right]_{Rd}=0 \qquad\qquad \text{und}\quad \left[\widetilde{F}_\vartheta\right]_{Rd}=0$$

erfüllen. Alle Umformungen entsprechen den Umformungen des vorigen Abschnittes, so daß wir ein Ungleichungspaar erhalten, das dem Ungleichungspaar (22, 31) entspricht. Hierbei ist nur zu berücksichtigen, daß jetzt Singularitäten in den Punkten $\left(\xi',0\right)$ und $\left(\xi'',0\right)$ auftreten.

Das Ungleichungspaar lautet jetzt:

$$\frac{1}{2}s^2\cdot G\left\{\iint\limits_{(f)}\widetilde{h}^*\cdot\Delta\widetilde{h}^*\,dx\,dy-\oint\limits_{Rd}\widetilde{h}^*\frac{\partial\widetilde{h}^*}{\partial n}\,dt\right\}+$$

$$+s\cdot\left\{\iint\limits_{(f)}\left(\ln\frac{r'}{r''}+\widetilde{h}^*\right)\left(\Delta\widetilde{F}_\vartheta+2\,G\vartheta\right)dx\,dy+2\pi\left[\widetilde{F}_\vartheta\left(\xi'',0\right)-\widetilde{F}_\vartheta\left(\xi',0\right)\right]\right\}+$$

$$+\frac{1}{2G}\cdot\iint\limits_{(f)}\left(\Delta\widetilde{F}_\vartheta+4\,G\vartheta\right)\widetilde{F}_\vartheta\,dx\,dy$$

$$\leqq-\frac{1}{2}s^2\cdot G\cdot\oint\limits_{Rd}h_w^*\frac{\partial h_w^*}{\partial n}\,dt+s\cdot2\pi\left[F_{\vartheta w}\left(\xi'',0\right)-F_{\vartheta w}\left(\xi',0\right)\right]+\vartheta\iint\limits_{(f)}F_{\vartheta w}\,dx\,dy$$

$$\leqq\frac{1}{2}s^2\cdot G\cdot\oint\limits_{Rd}\left[2\ln\frac{r'}{r''}+h^*\right]\cdot\frac{\partial h^*}{\partial n}\,dt+$$

$$+s\cdot\left\{2\,G\vartheta\iint\limits_{(f)}\left(\ln\frac{r'}{r''}+h^*\right)dx\,dy+\oint\limits_{Rd}\left(\ln\frac{r'}{r''}+h^*\right)\frac{\partial F_\vartheta}{\partial n}\,dt\right\}+\frac{1}{2G}\oint\limits_{Rd}F_\vartheta\cdot\frac{\partial F_\vartheta}{\partial n}\,dt.$$

$$(23,1)$$

Die Funktion $\widetilde{F}_\vartheta$ erfüllt die Randbedingung $\left[\widetilde{F}_\vartheta\right]_{Rd}=0$,

die Funktion F_ϑ erfüllt die Differentialgleichung $\Delta F_\vartheta=0$.

Die Funktion $\widetilde{h}^*$ erfüllt die Randbedingung $\left[\ln\frac{r'}{r''}+\widetilde{h}^*\right]_{Rd}=0$,

die Funktion h^* erfüllt die Differentialgleichung $\Delta h^*=0$.

Nun setzen wir $s=\dfrac{S}{\xi''-\xi'}$ und lassen $\left(\xi''-\xi'\right)$ gegen Null gehen. Hierbei nehmen wir folgende Umformungen vor:

1)

$$\left[\ln\frac{r'}{r''}:\left(\xi''-\xi'\right)\right]_{\xi''-\xi'\to0}=\Re e\left\{\frac{\ln(z-\xi')-\ln(z-\xi'')}{\xi''-\xi'}\right\}_{(\xi''-\xi')\to0}$$

$$=-\Re e\left\{\frac{d}{d\xi'}\ln\left(z-\xi'\right)\right\}=\Re e\left\{\frac{d}{dx}\ln\left(z-\xi'\right)\right\}=\Re e\left\{\left(z-\xi'\right)^{-1}\right\}.$$

2) Für die Funktion $\widetilde{h}^*:\left(\xi''-\xi'\right)$ erhalten wir die Randbedingung

$$\left(\left[\ln\frac{r'}{r''}+\widetilde{h}^*\right]_{Rd}:\left(\xi''-\xi'\right)\right)_{(\xi''-\xi')\to0}=\left[\Re e\left\{\left(z-\xi'\right)^{-1}\right\}+\left(\frac{\widetilde{h}^*}{\xi''-\xi'}\right)_{(\xi''-\xi')\to0}\right]_{Rd}=0.$$

Wir bezeichnen $\left(\dfrac{\widetilde{h}^{*}}{\mathfrak{z}''-\mathfrak{z}'}\right)_{(\mathfrak{z}''-\mathfrak{z}')\to 0}$ mit $\widetilde{h}$ und erhalten hierfür die Randbedingung

$$\left[\mathfrak{Re}\left\{(z-\mathfrak{z}')^{-1}\right\} + \widetilde{h}\,\right]_{Rd} = 0 \; .$$

Für die wahre Lösung geht für $\left(\mathfrak{z}''-\mathfrak{z}'\right)\to 0$ auch $h_{\mathfrak{w}}^{*}$ gegen Null, da sich dann beide Singularitäten aufheben. Nehmen wir

$$\left[h_{\mathfrak{w}}^{*} : \left(\mathfrak{z}''-\mathfrak{z}'\right)\right]_{(\mathfrak{z}''-\mathfrak{z}')\to 0} \; ,$$

so gibt diese Größe eine Potentialfunktion $h_{\mathfrak{w}}$, die die Randbedingung erfüllt.

Die Näherungsfunktion h^{*}, die eine Potentialfunktion ist, aber im allgemeinen die Randbedingung nicht erfüllt, geht für $(\mathfrak{z}''-\mathfrak{z}')\to 0$ ebenfalls gegen Null. Wir setzen

$$\left[h^{*} : \left(\mathfrak{z}''-\mathfrak{z}'\right)\right]_{(\mathfrak{z}''-\mathfrak{z}')\to 0} = h \; ;$$

h ist wieder eine Potentialfunktion, die im allgemeinen die neue Randbedingung nicht erfüllt.

Weiter wird

$$\left[\left(\widetilde{F}_{\vartheta}\left(\mathfrak{z}'',0\right) - \widetilde{F}_{\vartheta}\left(\mathfrak{z}',0\right)\right) : \left(\mathfrak{z}''-\mathfrak{z}'\right)\right]_{(\mathfrak{z}''-\mathfrak{z}')\to 0} = \frac{\partial}{\partial x}\,\widetilde{F}_{\vartheta}\left(\mathfrak{z}',0\right) \; .$$

Mit diesen Änderungen erhalten wir aus dem Ungleichungspaar (23, 1):

$$\tfrac{1}{2}S^{2}\cdot G\cdot\left\{\iint\limits_{(f)}\widetilde{h}\cdot\Delta\widetilde{h}\,dx\,dy - \oint\limits_{Rd}\widetilde{h}\cdot\frac{\partial\widetilde{h}}{\partial n}\,dt\right\}+$$

$$+S\cdot\left\{\iint\limits_{(f)}\left[\mathfrak{Re}\left\{(z-\mathfrak{z}')^{-1}\right\}+\widetilde{h}\,\right]\cdot\left(\Delta\widetilde{F}_{\vartheta}+2G\vartheta\right)dx\,dy + 2\pi\cdot\frac{\partial}{\partial x}\widetilde{F}_{\vartheta}\left(\mathfrak{z}',0\right)\right\}+$$

$$+\frac{1}{2G}\cdot\iint\limits_{(f)}\left(\Delta\widetilde{F}_{\vartheta}+4G\vartheta\right)\widetilde{F}_{\vartheta}\,dx\,dy$$

$$\le -\tfrac{1}{2}S^{2}\cdot G\cdot\oint\limits_{Rd}h_{\mathfrak{w}}\cdot\frac{\partial h_{\mathfrak{w}}}{\partial n}\,dt + S\cdot 2\pi\cdot\frac{\partial}{\partial x}F_{\vartheta\mathfrak{w}}\left(\mathfrak{z}',0\right) + \vartheta\iint\limits_{(f)}F_{\vartheta\mathfrak{w}}\,dx\,dy$$

$$\le \tfrac{1}{2}S^{2}\cdot G\cdot\oint\limits_{Rd}\left[2\,\mathfrak{Re}\left\{(z-\mathfrak{z}')^{-1}\right\}+h\right]\cdot\frac{\partial h}{\partial n}\,dt +$$

$$+S\cdot\left\{2G\vartheta\iint\limits_{(f)}\left[\mathfrak{Re}\left\{(z-\mathfrak{z}')^{-1}\right\}+h\right]dx\,dy + \oint\limits_{Rd}\left[\mathfrak{Re}\left\{(z-\mathfrak{z}')^{-1}\right\}+h\right]\frac{\partial F_{\vartheta}}{\partial n}\,dt\right\}+$$

$$+\vartheta\iint\limits_{(f)}F_{\vartheta}\,dx\,dy + \frac{1}{2G}\oint\limits_{Rd}F_{\vartheta}\,\frac{\partial F_{\vartheta}}{\partial n}\,dt \; . \tag{23, 2}$$

Wir wählen die Funktionen $\widetilde{h}$, $\widetilde{F}_{\vartheta}$, h und F_{ϑ} ; hierbei erfüllt

$\widetilde{h}$ die Randbedingung $\left[\mathfrak{Re}\left\{(z-\mathfrak{z}')^{-1}\right\}+\widetilde{h}\right]_{Rd}=0$

und $\widetilde{F}_{\vartheta}$ die Randbedingung $\left[\widetilde{F}_{\vartheta}\right]_{Rd}=0,$

h die Differentialgleichung $\Delta h = 0$

und F_{ϑ} die Differantialgleichung $\Delta F_{\vartheta}=-2\,G\,\vartheta$.

Dann berechnen wir die einzelnen Integrale der beiden Schranken und schreiben hierfür:

$$S^{2}\cdot U_{2}+S\cdot U_{1}+U_{0}\leqq S^{2}\cdot W_{2}+S\cdot W_{1}+W_{0}\leqq S^{2}\cdot O_{2}+S\cdot O_{1}+O_{0}\,,$$

und erhalten (vergl. Abschnitt 22) für $W_{1}=2\,\pi\cdot\frac{\partial}{\partial x}\,F_{\vartheta\,\varpi}\left(\mathfrak{z}',0\right)$ die Eingrenzung

$$\frac{1}{2}\left(O_{1}+U_{1}\right)-\sqrt{\left(O_{2}-U_{2}\right)\left(O_{0}-U_{0}\right)}\leqq 2\,\pi\cdot\frac{\partial}{\partial x}\,F_{\vartheta\,\varpi}\left(\mathfrak{z}',0\right)\leqq\frac{1}{2}\left(O_{1}+U_{1}\right)+\sqrt{\left(O_{2}-U_{2}\right)\left(O_{0}-U_{0}\right)}.$$

$$(23,3)$$

Hiermit ist $\frac{\partial}{\partial x}\,F_{\vartheta\,\varpi}\left(\mathfrak{z}',0\right)$ für einen inneren Punkt des Querschnittes eingegrenzt.

23.3 Eingrenzung von $\frac{\partial}{\partial x}\,F_{\vartheta\,\varpi}$ für einen Randpunkt

Da in den Randpunkten die größten Torsionsspannungen auftreten, ist die Eingrenzung von $\frac{\partial}{\partial x}\,F_{\vartheta\,\varpi}$ für einen solchen Punkt besonders wichtig. Wir stellen hierzu das Ungleichungspaar (23,3) erst für einen Punkt dicht am Rand auf und lassen dann den Abstand vom Rand gegen Null gehen. Den Koordinatennullpunkt legen wir in den Randpunkt, für den $\frac{\partial}{\partial n}\,F_{\vartheta\,\varpi}$ zu bestimmen ist. Die x-Achse lassen wir mit der Richtung der äußeren Normalen zusammenfallen, die y-Achse mit der Tangente, Bild 23.1. Dann stellen wir das Ungleichungspaar (23, 3) für den Punkt $x=\mathfrak{z}'=-\varepsilon^{2}$, $y=0$ auf. Nun lassen wir ε^{2} gegen Null gehen.

Hierbei bereitet der Verlauf von $\left[\widetilde{h}\right]_{Rd}=-\left[\mathfrak{Re}\left\{(z+\varepsilon^{2})^{-1}\right\}\right]_{Rd}$

Schwierigkeiten. Wir untersuchen den Verlauf dieser Funktion für die Tangente $x=0$. Die Funktion

$$-\mathfrak{Re}\left\{(z+\varepsilon^{2})^{-1}\right\}=-\mathfrak{Re}\left\{(x+iy+\varepsilon^{2})^{-1}\right\}=$$

$$=-\frac{x+\varepsilon^{2}}{(x+\varepsilon^{2})^{2}+y^{2}}$$

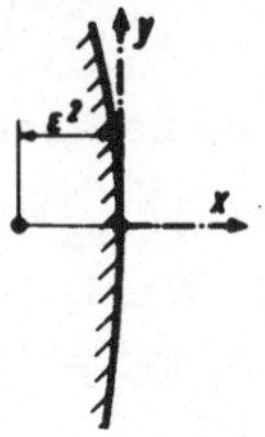

Bild 23.1

ist in Bild 23.2 dargestellt. Im Grundriß sehen wir die Höhenlinien, im Aufriß den Schnitt $a-a$ für $y=0$. Für $x=0$ erhalten wir die Werte längs der Tangente, also den Schnitt $b-b$; diese sind rechts vom Grundriß aufgezeichnet. Auf dieser Linie erhalten wir für $y=0$ den Wert $-\frac{1}{\varepsilon^2}$; für wachsende Werte $|y|$ nimmt der Absolutwert ab, um für große Werte $|y|$ wie $-\frac{\varepsilon^2}{y^2}$ gegen Null zu gehen. Wir berechnen das Integral

$$\int\limits_{-\infty}^{+\infty}\left[-\frac{x+\varepsilon^2}{(x+\varepsilon^2)^2+y^2}\right]_{x=0} dy \equiv -\int\limits_{-\infty}^{+\infty}\frac{\varepsilon^2}{\varepsilon^4+y^2} = -\left[arc\,tg\,\frac{y}{\varepsilon^2}\right]_{-\infty}^{+\infty} = -\pi.$$

Das Integral wird durch die schraffierte Fläche des Schnittes $b-b$ dargestellt.

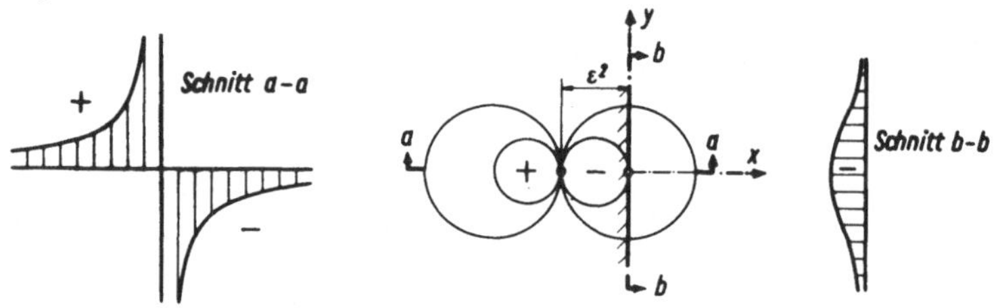

Bild 23.2

Wir sehen, daß dieser Wert unabhängig vom Abstand ε^2 des singulären Punktes von der y-Achse ist. Würde die singuläre Stelle rechts von der y-Achse, also außerhalb des Querschnittes liegen, so würde die Funktion $-\frac{x-\varepsilon^2}{(x-\varepsilon^2)^2+y^2}$ lauten und das Integral würde für $x=0$ den Wert $+\pi$ geben. Setzen wir von vornherein $\varepsilon^2=0$, so erhalten wir in Bild 23.2 für die Funktion $\Re\left\{(x+iy)^{-1}\right\}$ für alle Punkte der y-Achse die Werte Null. Für $x=0, y=0$ setzen wir den Wert der Funktion ebenfalls gleich Null. Dann wird

$$\int\limits_{-\infty}^{+\infty}\Re\left\{(x+iy)^{-1}\right\}_{x=0} dy = 0 \quad.$$

Wir müssen bei den Integrationen folglich unterscheiden zwischen den Ausdrücken

$$\Re\left\{(x+iy+\varepsilon^2)^{-1}\right\}_{\substack{x=0\\\varepsilon^2\to 0}},\; \Re\left\{(x+iy)^{-1}\right\}_{x=0}\text{ und }\Re\left\{(x+iy-\varepsilon^2)^{-1}\right\}_{\substack{x=0\\\varepsilon^2\to 0}}.$$

Nun untersuchen wir den Verlauf von $\left[\tilde{h}\right]_{Rd}$. Die Randbedingung lautet $\left[\tilde{h}\right]_{Rd}=-\left[\Re\left\{(z+\varepsilon^2)^{-1}\right\}\right]_{Rd}$. In großer Entfernung, also für große Werte $|y|$, wird kein Unterschied zwischen $-\left[\Re\left\{(z+\varepsilon^2)^{-1}\right\}\right]_{Rd}$ und $-\left[\Re\left\{z^{-1}\right\}\right]_{Rd}$ sein, wenn ε^2 gegen Null geht. Von Bedeutung ist aber der Verlauf von $-\Re\left\{(z+\varepsilon^2)^{-1}\right\}$ in der Nähe des Punktes $x=y=0$. Dieser wird sich nur wenig vom Verlauf auf der Tangente unterscheiden, falls die Krümmung der Randlinie nicht unendlich wird. Nur für solche Randpunkte führen wir die Eingrenzung durch. Das Verhalten von $-\Re\left\{(z+\varepsilon^2)^{-1}\right\}$ haben wir für die Tangente in Bild 23.2 untersucht.

270

Je kleiner ε^2 wird, desto größer wird der Absolutwert für $y=0$, auf desto kürzere Strecken schrumpft der Einfluß der Singularität zusammen.

Dasselbe Verhalten in der Nähe des Punktes $x=y=0$ wie die Funktion $-\mathfrak{Re}\left\{(z+\varepsilon^2)^{-1}\right\}$ hat nun die Funktion $+\mathfrak{Re}\left\{(z-\varepsilon^2)^{-1}\right\}$; bei dieser liegt die Singularität aber außerhalb des Querschnittes im Punkt $z=+\varepsilon^2$. Wir setzen darum

$$\tilde{h} = \mathfrak{Re}\left\{(z-\varepsilon^2)^{-1}\right\} + \tilde{h}^0 . \tag{23, 4}$$

Hierin sind dann für $\tilde{h}^0$ Funktionen zu nehmen, die am Rand im Punkt $x=y=0$ für $\varepsilon^2\to 0$ nicht unendlich werden. Die Randbedingung

$$\left[\tilde{h} + \mathfrak{Re}\left\{(z+\varepsilon^2)^{-1}\right\}\right]_{Rd} = 0$$

gibt mit $\tilde{h}$ nach Gleichung (23, 4):

$$\left[\mathfrak{Re}\left\{(z-\varepsilon^2)^{-1}_{\varepsilon^2\to 0} + (z+\varepsilon^2)^{-1}_{\varepsilon^2\to 0}\right\} + \tilde{h}^0\right]_{Rd} = 0 .$$

Wir führen den Übergang $\varepsilon^2\to 0$ durch und erhalten

$$\left[2\,\mathfrak{Re}\left\{z^{-1}\right\} + \tilde{h}^0\right]_{Rd} = 0 . \tag{23, 5}$$

Für h und $h_{\mathfrak{w}}$ nehmen wir eine entsprechende Aufteilung vor:

$$h = \mathfrak{Re}\left\{(z-\varepsilon^2)^{-1}\right\} + h^0 , \tag{23, 6}$$

$$h_{\mathfrak{w}} = \mathfrak{Re}\left\{(z-\varepsilon^2)^{-1}\right\} + h^0_{\mathfrak{w}} . \tag{23, 7}$$

Die Funktion h^0 genügt der Differentialgleichung $\Delta h^0 = 0$,
die Funktion $\tilde{h}^0$ genügt der Randbedingung $\left[2\,\mathfrak{Re}\left\{z^{-1}\right\} + \tilde{h}^0\right]_{Rd} = 0$,
die Funktion $h^0_{\mathfrak{w}}$ genügt sowohl der Differentialgleichung $\Delta h^0_{\mathfrak{w}} = 0$,
als auch der Randbedingung $\left[2\,\mathfrak{Re}\left\{z^{-1}\right\} + h^0_{\mathfrak{w}}\right]_{Rd} = 0$.

Wir setzen nun $\tilde{h}, h$ und $h_{\mathfrak{w}}$ nach Gleichung (23, 4), (23, 6) und (23, 7) in das Ungleichungspaar (23, 2) ein und erhalten mit $\mathfrak{S} = -\varepsilon^2$:

$$\tfrac{1}{2}S^2\cdot G\left\{\iint\limits_{(f)}\left[\mathfrak{Re}\left\{(z-\varepsilon^2)^{-1}\right\}+\tilde{h}^0\right]\cdot\Delta\tilde{h}^0\,dx\,dy - \oint\limits_{Rd}\left[\mathfrak{Re}\left\{(z-\varepsilon^2)^{-1}\right\}+\tilde{h}^0\right]\cdot\frac{\partial}{\partial n}\left[\mathfrak{Re}\left\{(z-\varepsilon^2)^{-1}\right\}+\tilde{h}^0\right]dt\right\}+$$

$$+S\cdot\left\{\iint\limits_{(f)}\left[\mathfrak{Re}\left\{(z+\varepsilon^2)^{-1}+(z-\varepsilon^2)^{-1}\right\}+\tilde{h}^0\right]\cdot\left[\Delta\tilde{F}_{\vartheta}+2G\vartheta\right]dx\,dy + 2\pi\cdot\left[\frac{\partial\tilde{F}_{\vartheta}}{\partial x}\right]_{\substack{x=-\varepsilon^2\\y=0}}\right\}+$$

$$+\tfrac{1}{2G}\iint\limits_{(f)}\left[\Delta\tilde{F}_{\vartheta}+4G\vartheta\right]\cdot\tilde{F}_{\vartheta}\,dx\,dy$$

$$\leqq \tfrac{1}{2} S^2 \cdot G \cdot \oint_{Rd} \Big[\Re\{(z-\varepsilon^2)^{-1}\} + h^0_{\mathfrak{w}} \Big] \cdot \frac{\partial}{\partial n} \Big[\Re\{(z-\varepsilon^2)^{-1}\} + h^0_{\mathfrak{w}} \Big] dt +$$

$$+ S \cdot 2\pi \Big[\frac{\partial F_{\vartheta\mathfrak{w}}}{\partial x} \Big]_{\substack{x=-\varepsilon^2 \\ y=0}} + \vartheta \cdot \iint\limits_{(f)} F_{\vartheta\mathfrak{w}} \, dx \, dy$$

$$\leqq \tfrac{1}{2} S^2 \cdot G \cdot \Big\{ \oint_{Rd} \Big[\Re\{2(z+\varepsilon^2)^{-1}+(z-\varepsilon^2)^{-1}\} + h^0 \Big] \cdot \frac{\partial}{\partial n} \Big[\Re\{(z-\varepsilon^2)^{-1}\} + h^0 \Big] dt \Big\} +$$

$$+ S \cdot \Big\{ 2 G \vartheta \iint\limits_{(f)} \Big[\Re\{(z+\varepsilon^2)^{-1}+(z-\varepsilon^2)^{-1}\} + h^0 \Big] dx \, dy + \oint_{Rd} \Big[\Re\{(z+\varepsilon^2)^{-1}+(z-\varepsilon^2)^{-1}\} + h^0 \Big] \frac{\partial F_\vartheta}{\partial n} dt \Big\} +$$

$$+ \vartheta \cdot \iint\limits_{(f)} F_\vartheta \, dx \, dy + \frac{1}{26} \cdot \oint_{Rd} F_\vartheta \cdot \frac{\partial F_\vartheta}{\partial n} dt \; . \tag{23,8}$$

Die Auswertung der Integrale in den Faktoren von S^2 für die Schranken macht auch jetzt noch Schwierigkeiten. Wir wenden uns erst dieser zu. Wir formen die Integrale um und benutzen hierbei eine Beziehung, die wir nachfolgend ableiten: Wir nehmen zwei Funktionen $g_1(x,y)$ und $g_2(x,y$, die innerhalb des Querschnittes endlich und überall zweimal differenzierbar sind. Nun integrieren wir im nachfolgenden Integral erst die ersten, dann die zweiten Faktoren:

$$- \iint\limits_{(f)} \Big[\frac{\partial g_1}{\partial x} \cdot \frac{\partial g_2}{\partial x} + \frac{\partial g_1}{\partial y} \cdot \frac{\partial g_2}{\partial y} \Big] dx \, dy = \begin{cases} = \iint\limits_{(f)} g_1 \Delta g_2 \, dx \, dy + \oint_{Rd} g_1 \frac{\partial g_2}{\partial n} \, dt \;, \\[4mm] = \iint\limits_{(f)} g_2 \Delta g_1 \, dx \, dy + \oint_{Rd} g_2 \frac{\partial g_1}{\partial n} \, dt \; . \end{cases} \tag{23,9}$$

Mit Hilfe dieser "Green'schen Formel" können wir die weiteren auftretenden Randintegrale umformen. Der Faktor von S^2 der o b e r e n Schranke wird:

$$\tfrac{1}{2} G \Big\{ \oint_{Rd} \Big[\Re\{2(z+\varepsilon^2)^{-1}+(z-\varepsilon^2)^{-1}\} + h^0 \Big] \frac{\partial h^0}{\partial n} \, dt +$$

$$+ \oint_{Rd} \Big[\Re\{2(z+\varepsilon^2)^{-1}+(z-\varepsilon^2)^{-1}\} \Big] \cdot \frac{\partial}{\partial n} \Re\{(z-\varepsilon^2)^{-1}\} dt + \oint_{Rd} h^0 \cdot \frac{\partial}{\partial n} \Re\{(z-\varepsilon^2)^{-1}\} dt \Big\} .$$

Das letzte Integral formen wir nach Gleichung (23, 9) um und erhalten mit $\Delta \Re\{(z-\varepsilon^2)^{-1}\} = 0$ und $\Delta h^0 = 0$:

$$\tfrac{1}{2} G \Big\{ \oint_{Rd} \Big[\Re\{2(z+\varepsilon^2)^{-1}+2(z-\varepsilon^2)^{-1}\} + h^0 \Big] \frac{\partial h^0}{\partial n} \, dt +$$

$$+ \oint_{Rd} \Big[\Re\{2(z+\varepsilon^2)^{-1}+(z-\varepsilon^2)^{-1}\} \Big] \cdot \frac{\partial}{\partial n} \Re\{(z-\varepsilon^2)^{-1}\} \, dt \Big\} .$$

Das zweite Integral enthält h^0 nicht. Wir ziehen es sowohl von der oberen Schranke, als auch von der unteren Schranke und von dem wahren Ausdruck ab. Für die obere Schranke lautet dann das Glied mit S^2:

$$\tfrac{1}{2}\,S^2\cdot G\cdot\oint_{Rd}\left[\Re\left\{2\,(z+\varepsilon^2)^{-1}+2\,(z-\varepsilon^2)^{-1}\right\}+h^0\right]\frac{\partial h^0}{\partial n}\,dt \longrightarrow$$

$$\longrightarrow \tfrac{1}{2}\cdot S^2\cdot G\cdot\oint_{Rd}\left[4\,\Re\left\{z^{-1}\right\}+h^0\right]\cdot\frac{\partial h^0}{\partial n}\,dt\;.$$

Für die wahre Lösung wird mit $\left[2\,\Re\left\{z^{-1}\right\}+h^0_{\mathfrak w}\right]_{Rd}=0$ das betreffende Glied:

$$-\tfrac{1}{2}\,S^2\cdot G\cdot\oint_{Rd}h^0_{\mathfrak w}\cdot\frac{\partial h^0_{\mathfrak w}}{\partial n}\,dt\;.$$

Das Glied mit S^2 für die untere Schranke wird:

$$\tfrac{1}{2}S^2\cdot G\cdot\left\{\iint\limits_{(f)}\left[\Re\left\{(z-\varepsilon^2)^{-1}\right\}+\tilde h^0\right]\cdot\Delta\tilde h^0\,dx\,dy-\oint_{Rd}\left[\Re\left\{(z-\varepsilon^2)^{-1}\right\}+\tilde h^0\right]\cdot\right.$$

$$\left.\cdot\frac{\partial}{\partial n}\left[\Re\left\{(z-\varepsilon^2)^{-1}\right\}+\tilde h^0\right]dt-\oint_{Rd}\left[\Re\left\{2\,(z+\varepsilon^2)^{-1}+(z-\varepsilon^2)^{-1}\right\}\right]\cdot\frac{\partial}{\partial n}\,\Re\left\{(z-\varepsilon^2)^{-1}\right\}dt\;.\right.$$

Zunächst setzen wir auf Grund der Randbedingung

$$\left[2\,\Re\left\{(z+\varepsilon^2)^{-1}\right\}\right]_{Rd}=\;-2\left[\Re\left\{(z-\varepsilon^2)^{-1}\right\}+\tilde h^0\right]_{Rd}$$

ein und trennen die Randintegrale nach Gliedern mit $\dfrac{\partial\tilde h^0}{\partial n}$ und mit $\dfrac{\partial}{\partial n}\,\Re\left\{(z-\varepsilon^2)^{-1}\right\}$:

$$\tfrac{1}{2}\cdot S^2\,G\left\{\iint\limits_{(f)}\left[\Re\left\{(z-\varepsilon^2)^{-1}\right\}+\tilde h^0\right]\cdot\Delta\tilde h^0\,dx\,dy+\oint_{Rd}\tilde h^0\cdot\frac{\partial}{\partial n}\,\Re\left\{(z-\varepsilon^2)^{-1}\right\}dt+\right.$$

$$\left.+\oint_{Rd}\left[\Re\left\{(z-\varepsilon^2)^{-1}\right\}+\tilde h^0\right]\cdot\frac{\partial\tilde h^0}{\partial n}\,dt\right\}\;.$$

Das zweite Integral wird nach Gleichung (23, 9) umgeformt, und wir erhalten als Ergebnis

$$\tfrac{1}{2}S^2\cdot G\cdot\left\{\iint\limits_{(f)}\tilde h^0\cdot\Delta\tilde h^0\,dx\,dy-\oint_{Rd}\tilde h^0\,\frac{\partial\tilde h^0}{\partial n}\,dt\right\}\;.$$

Für die wahre Lösung wird dieser Ausdruck, mit $\Delta h^0_{\mathfrak w}=0$, wieder wie vorher:

$$-\tfrac{1}{2}\,S^2\cdot G\cdot\oint_{Rd}h^0_{\mathfrak w}\cdot\frac{\partial h^0_{\mathfrak w}}{\partial n}\,dt\;.$$

Jetzt erhalten wir das endgültige Ungleichungspaar:

$$\tfrac{1}{2}S^2\cdot G\left\{\iint\limits_{(f)}\tilde{h}^0\,\Delta\tilde{h}^0\,dx\,dy-\oint\limits_{Rd}\tilde{h}^0\cdot\frac{\partial\tilde{h}^0}{\partial n}\,dt\right\}+$$

$$+\,S\cdot\left\{\iint\limits_{(f)}\left[2\,\Re e\{z^{-1}\}+\tilde{h}^0\right]\cdot\left[\Delta\tilde{F}_{\vartheta}+2\,G\vartheta\right]dx\,dy+2\,\pi\cdot\left[\frac{\partial\tilde{F}_{\vartheta}}{\partial x}\right]_{\substack{x=0\\y=0}}\right\}+$$

$$+\,\tfrac{1}{2G}\cdot\iint\limits_{(f)}\left[\Delta\tilde{F}_{\vartheta}+4\,G\vartheta\right]\cdot\tilde{F}_{\vartheta}\,dx\,dy\leqq$$

$$\leqq-\tfrac{1}{2}S^2\cdot G\cdot\oint\limits_{Rd}h_{\infty}^0\frac{\partial h_{\infty}^0}{\partial n}\,dt+S\cdot 2\pi\cdot\left[\frac{\partial F_{\vartheta\infty}}{\partial x}\right]_{\substack{x=0\\y=0}}+\vartheta\cdot\iint\limits_{(f)}F_{\vartheta\infty}\,dx\,dy\leqq$$

$$\leqq\tfrac{1}{2}S^2\cdot G\oint\limits_{Rd}\left[4\,\Re e\{z^{-1}\}+h^0\right]\frac{\partial h^0}{\partial n}\,dt+$$

$$+\,S\cdot\left\{2\,G\vartheta\iint\limits_{(f)}\left[2\,\Re e\{z^{-1}\}+h^0\right]dx\,dy+\oint\limits_{Rd}\left[2\,\Re e\{z^{-1}\}+h^0\right]\frac{\partial F_{\vartheta}}{\partial n}\,dt\right\}+$$

$$+\,\vartheta\cdot\iint\limits_{(f)}F_{\vartheta}\,dx\,dy+\tfrac{1}{2G}\cdot\oint\limits_{Rd}F_{\vartheta}\cdot\frac{\partial F_{\vartheta}}{\partial n}\,dt\,.\qquad(23,10)$$

Die Funktionen $\tilde{h}^0$ und $\tilde{F}_{\vartheta}$ befriedigen die Randbedingungen

$$\left[2\,\Re e\{z^{-1}\}+\tilde{h}^0\right]_{Rd}=0\qquad\text{und}\qquad\left[\tilde{F}_{\vartheta}\right]_{Rd}=0\,.$$

Die Funktionen h^0 und F_{ϑ} befriedigen die Differentialgleichungen

$$\Delta\,h^0=0\quad\text{und}\quad\Delta F_{\vartheta}=-2\,G\vartheta\,.$$

Wir wählen diese Funktionen und bestimmen die untere und obere Schranke entsprechend den Ausdrücken des Ungleichungspaares (23,10). Dann schreiben wir hierfür:

$$S^2\cdot U_2+S\cdot U_1+U_0\leqq S^2W_2+S\cdot W_1+W_0\leqq S^2\cdot O_2+S\cdot O_1+O_0\,,$$

und finden für die Eingrenzung von $W_1=2\,\pi\left[\dfrac{\partial F_{\vartheta}}{\partial x}\right]_{\substack{x=0\\y=0}}$:

$$\tfrac{1}{2}\left(O_1+U_1\right)-\sqrt{(O_2-U_2)(O_0-U_0)}\leqq 2\,\pi\left[\frac{\partial F_{\vartheta}}{\partial x}\right]_{\substack{x=0\\y=0}}\leqq\tfrac{1}{2}\left(O_1+U_1\right)+\sqrt{(O_2-U_2)(O_0-U_0)}$$

$$(23,10)$$

Die Spanne zwischen oberer und unterer Schranke ist

$$2\sqrt{(O_2-U_2)(O_0-U_0)}\,.$$

Will man diese Spanne möglichst klein machen, so sind O_2 und O_0 möglichst klein und U_2 und U_0 möglichst groß zu machen. Enthalten $\tilde{h}^0$, $\tilde{F}_\vartheta$, h^0 und F_ϑ noch Freiwerte, so geben die vier Minimal- bzw. Maximalbedingungen dafür vier getrennte Gleichungssysteme.

23.4 Beispiel

Als Beispiel wählen wir ein Quadrat mit der Seitenlänge 2a. Für die Mitte der rechten Seite soll die Spannung $-\tau_y = \frac{\partial F_\vartheta}{\partial x}$ eingegrenzt werden. Die vier Seiten haben die Gleichungen $x = -2a$, $x = 0$, $y = -a$ und $y = +a$. Für $\tilde{F}_\vartheta$ und F_ϑ benutzen wir die Näherungsansätze

$$\tilde{F}_\vartheta = \tilde{c} \cdot 2\, G\vartheta \cdot \frac{1}{a^2}\left(a^2 - y^2\right) \cdot x \cdot (x + 2a) \,,$$

$$F_\vartheta = c \cdot 2\, G\vartheta \cdot \frac{1}{a^2}\left[(x + a)^4 - 6(x + a)^2 y^2 + y^4\right] \,.$$

$\tilde{F}_\vartheta$ ist an den Rändern gleich Null, F_ϑ ist eine Potentialfunktion, die die Symmetriebedingungen des Quadrates erfüllt; für die Koordinaten $x' = x + a$, $y' = y$ lautet sie $c \cdot 2\, G\vartheta \cdot \frac{1}{a^2} \cdot \mathfrak{Im}\left\{i(x + iy)^4\right\}$. Da die Faktoren rechts von $2\, G\vartheta$ vom zweiten Grad einer Länge sind, werden $\tilde{c}$ und c reine Zahlenwerte. Bestimmen wir $\tilde{c}$ und c aus den Bedingungen $U_0 = max$ und $O_0 = min$, so erhalten wir zugleich ihre Optimalwerte zur Bestimmung der Schranken von J_t. Setzen wir nämlich in Gleichung (23.10) $S = 0$, so erhalten wir die Eingrenzung

$$U_0 \leqq \vartheta \iint\limits_{(f)} F_{\vartheta\varpi}\; dx\, dy \leqq O_0$$

bzw.

$$U_0 \leqq \tfrac{1}{2}\, G\vartheta^2\, J_t \leqq O_0 \,.$$

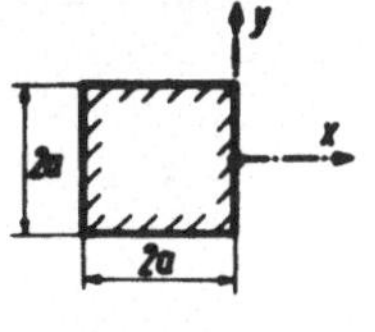

Bild 23.3

Hiermit ist J_t wie im Abschnitt 20 eingegrenzt.

Für die Potentialfunktion h^0 setzen wir an:

$$h^0 = a_1 \cdot \frac{x}{a^3} + a_2\, \frac{x^2 - y^2}{a^4} \;;$$

a_1 und a_2 sind wieder reine Zahlenwerte, da h^0 vom (-1)-ten Grad ist. Die Freiwerte a_1 und a_2 finden wir aus der Bedingung

$$\oint\limits_{Rd}\left[4\,\mathfrak{Re}\left\{z^{-1}\right\} + h^0\right] \frac{\partial h^0}{\partial n}\, dt = Min.$$

Für $\tilde{h}^0$ ist eine Funktion zu wählen, die die Randbedingung

$$\left[2\,\mathfrak{Re}\left\{z^{-1}\right\} + \tilde{h}^0\right]_{Rd} = 0$$

erfüllt. Das gibt für die vier Seiten des Quadrates folgende Bedingungen:

Seite $x = -2a$: $\tilde{h}^0 = \dfrac{4a}{4a^2+y^2}$,

$x = 0$: $\tilde{h}^0 = 0$,

$y = -a$: $\tilde{h}^0 = -2\,\dfrac{x}{x^2+a^2}$,

$y = +a$: $\tilde{h}^0 = -2\,\dfrac{x}{x^2+a^2}$.

Wir wählen die Teilfunktion

$$\tilde{h}^0_{(1)} = -\frac{2x}{4a^2+y^2} .$$

Hiermit sind die Randbedingungen für $x = -2a$ und $x = 0$ befriedigt. Die weitere Teilfunktion muß für $y = \pm a$ den Ausdruck $-2\,\dfrac{x}{x^2+a^2}+\dfrac{2x}{5a^2}$ geben; hierfür nehmen wir

$$\tilde{h}^0_{(2)} = \frac{y^2}{a^2}\left[-2\,\frac{x}{x^2+a^2} + \frac{2x}{5a^2}\right] .$$

Wir erhalten zunächst:

$$\tilde{h}^0_{(1)} + \tilde{h}^0_{(2)} = -\frac{2x}{4a^2+y^2} - \frac{2xy^2}{a^2(x^2+a^2)} + \frac{2xy^2}{5a^4} .$$

Hierzu fügen wir eine Funktion, die wie $\widetilde{F}_{,x}$ an den vier Quadratseiten den Wert Null gibt. Wir setzen also

$$\tilde{h}^0 = -\frac{2x}{4a^2+y^2} - \frac{2xy^2}{a^2(x^2+a^2)} + \frac{2xy^2}{5a^4} + \frac{\tilde{a}}{a^5}\left(a^2-y^2\right)\cdot x\cdot(2a+x) .$$

Für den Freiwert $\tilde{a}$ finden wir den Optimalwert aus der Bedingung $U_2 = max$.

Alle Integrale des Ungleichungspaares (23,10) sind elementar analytisch berechenbar.

Anhang I

Grundgleichungen der Elastizitätstheorie

Ein Körper werde durch Kräfte, die auf seine Oberfläche wirken, und durch innere Massenkräfte belastet. Wir schneiden aus ihm ein Körperteilchen vom Volumen $dV = dx\,dy\,dz$ an einer beliebigen Stelle heraus. Auf die linke Fläche $dy\,dz$ wirkte vor dem Herausschneiden, vom benachbarten Teilchen herrührend, eine Kraft, die wir in die Teilkräfte

$$\sigma_x\,dy\,dz \qquad \text{in Richtung der negativen } x\text{-Achse,}$$

$$\tau_{xy}\,dy\,dz \qquad \text{in Richtung der negativen } y\text{-Achse}$$

und $\qquad \tau_{xz}\,dy\,dz \qquad$ in Richtung der negativen z-Achse

zerlegen.

Auf die rechte Fläche $dy\,dz$ wirken entsprechende Kräfte in Richtung der positiven x-, y- und z-Achsen, wobei σ_x, τ_{xy} und τ_{xz} um Differentiale zu vergrößern sind, so daß wir die Teilkräfte

$$\left(\sigma_x + \frac{\partial \sigma_x}{\partial x}\,dx\right)dy\,dz, \quad \left(\tau_{xy} + \frac{\partial \tau_{xy}}{\partial x}\,dx\right)dy\,dz \text{ und } \left(\tau_{xz} + \frac{\partial \tau_{xz}}{\partial x}\,dx\right)dy\,dz$$

erhalten. Diese Kräfte sind in Bild I.1 eingezeichnet; σ_x ist die Normalspannung der Fläche $dy\,dz$, τ_{xy} und τ_{xz} sind die Tangentialspannungen (Schubspannungen) dieser Fläche. Entsprechende Kräfte bzw. Spannungen führen wir in den Flächen $dz\,dx$ und $dx\,dy$ ein, wobei wir ihre Bezeichnungen durch zyklische Vertauschung der Buchstaben x, y und z erhalten.

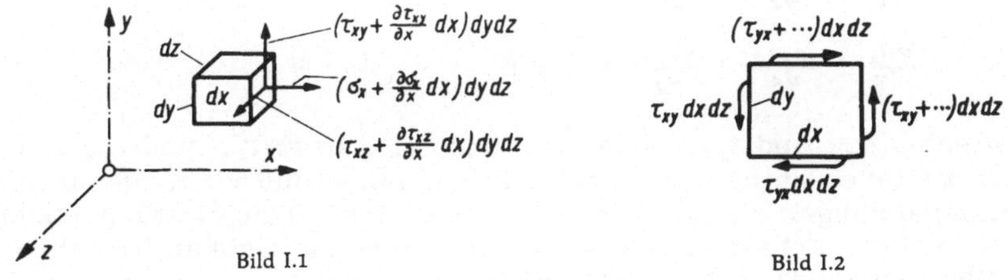

Bild I.1   Bild I.2

In Bild I.2 ist das Teilchen $dx\,dy\,dz$ im Aufriß dargestellt, und es sind nur die Kräfte eingezeichnet, die das Teilchen um die z-Achse zu drehen bestrebt sind. Es sind dies die Kräfte

$$\tau_{xy}\,dy\,dz, \quad \left(\tau_{xy} + \frac{\partial \tau_{xy}}{\partial x}\,dx\right)dy\,dz, \quad \tau_{yx}\,dx\,dz \quad \text{und } \left(\tau_{yx} + \frac{\partial \tau_{yx}}{\partial y}\,dy\right)dx\,dz.$$

Stellen wir die Gleichgewichtsbedingungen der Momente um die z-Achse
auf, so erhalten wir nach Fortlassen der Differentiale und Teilung durch
$dx\,dy\,dz$ die Gleichung:

$$\tau_{xy} = \tau_{yx} \; .$$

(I, 1a)

Als nächstes stellen wir die Gleichgewichtsbedingung für die Kräfte
in x-Richtung auf. Hierzu sind in Bild I. 3 die Kräfte eingetragen, die
in dieser Richtung wirken.

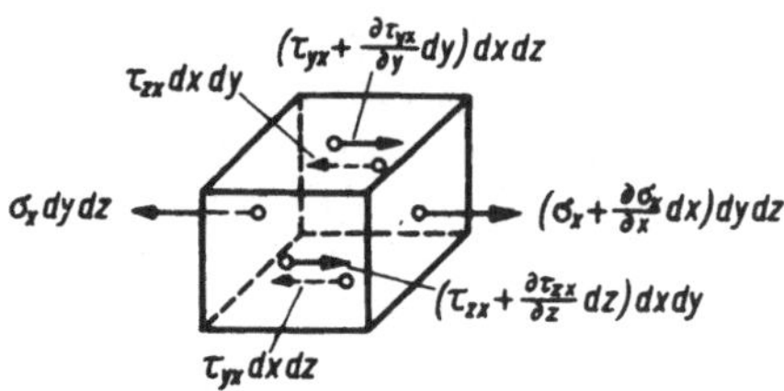

Bild I.3

Die Kräfte auf zwei gegenüberliegenden Seiten heben sich weg bis auf
die Differentiale, so daß nur diese nachbleiben. Außerdem wirkt auf
das Teilchen noch eine Massenkraft (z. B. die Schwerkraft), die proportional dem Volumen des Körperteilchens ist, und deren x-Kompo-
nente wir gleich $X\cdot dx\,dy\,dz$ setzen. Die Gleichgewichtsbedingung lautet nach Teilung durch $dx\,dy\,dz$:

$$\frac{\partial \sigma_x}{\partial x} + \frac{\partial \tau_{yx}}{\partial y} + \frac{\partial \tau_{zx}}{\partial z} + X = 0\,.$$

(I, 2a)

Aus Gleichung (I, 1a) und (I, 2a) folgen die weiteren Gleichgewichtsbedingungen durch zyklische Vertauschung der Buchstaben x, y, z :

$$\tau_{yz} = \tau_{zy} \quad (I, 1b) \;, \quad \tau_{zx} = \tau_{xz} \;, \quad (I, 1c)$$

$$\frac{\partial \sigma_y}{\partial y} + \frac{\partial \tau_{zy}}{\partial z} + \frac{\partial \tau_{xy}}{\partial x} + Y = 0\,, \qquad (I, 2b)$$

$$\frac{\partial \sigma_z}{\partial z} + \frac{\partial \tau_{xz}}{\partial x} + \frac{\partial \tau_{yz}}{\partial y} + Z = 0\,. \qquad (I, 2c)$$

Zwischen τ_{xy} und τ_{yx} , bzw. τ_{yz} und τ_{zy} , bzw. τ_{zx} und τ_{xz} werden
wir im weiteren keinen Unterschied machen, so daß wir insgesamt drei
Normalspannungen σ_x , σ_y und σ_z , und drei Tangentialspannungen
τ_{xy}, τ_{yz} und τ_{zx} erhalten. Zwischen diesen sechs Größen bestehen die
drei Gleichungen (I, 2a), (I, 2b) und (I, 2c).

Ist der Körper elastisch, so wird er unter dem Einfluß der äußeren
und inneren Kräfte seine Form ändern. Ein Punkt mit den anfänglichen
Koordinaten x, y, z verschiebt sich dabei in x-Richtung um die Strecke
u , in y-Richtung um die Strecke v und in z-Richtung um die Strecke
w; u, v und w , die Teilverschiebungen der Punkte, sind Funktionen
von x, y und z . Nehmen wir eine Kante dx des Teilchens $dx\,dy\,dz$,

Bild I. 4: Die Endpunkte waren im Raum die Punkte A und B ; sie gehen bei der Verformung in die Punkte A' und B' über. Der Punkt A verschiebt sich hierbei um u, v, w ; der Punkt B um $u + \frac{\partial u}{\partial x} dx$, $v + \frac{\partial v}{\partial x} dx$, $w + \frac{\partial w}{\partial x} dx$. Die neue Länge wird

$$\sqrt{\left(dx + \frac{\partial u}{\partial x} dx\right)^2 + \left(\frac{\partial v}{\partial x} dx\right)^2 + \left(\frac{\partial w}{\partial x} dx\right)^2} \ .$$

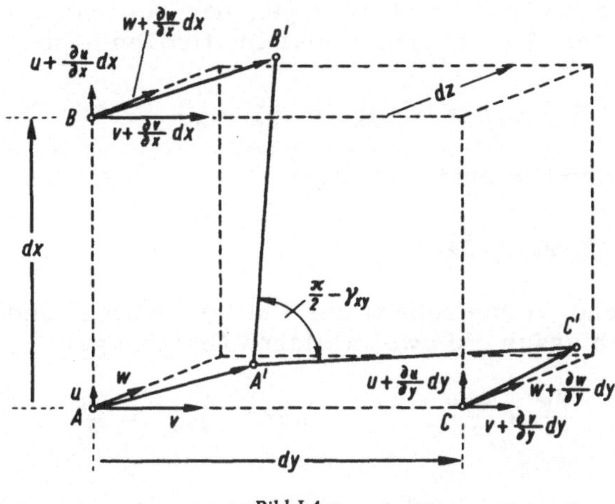

Bild I.4

Wir nehmen nun an, daß die Differentialquotienten $\frac{\partial u}{\partial x}$, $\frac{\partial v}{\partial x}$ und $\frac{\partial w}{\partial x}$ klein sind im Vergleich zur Einheit, so daß wir ihre Quadrate vernachlässigen können. Dann wird die neue Länge

$$dx + \frac{\partial u}{\partial x} dx \ .$$

Das Verhältnis der Längenänderung zur Anfangslänge ist

$$\varepsilon_x = \frac{\left(dx + \frac{\partial u}{\partial x} dx\right) - dx}{dx} = \frac{\partial u}{\partial x} \ . \tag{I, 3a}$$

Dieses ist die Dehnung in x-Richtung, falls wir einen positiven Wert erhalten. Für positive und negative Werte bezeichnen wir diese Größe als "Normalzerrung" (in Übereinstimmung mit der Bezeichnung "Normalspannung").

Die Normalzerrungen in y - und z -Richtung werden

$$\varepsilon_y = \frac{\partial v}{\partial y} \quad \text{und} \quad \varepsilon_z = \frac{\partial w}{\partial z} \ . \tag{I, 3b, c}$$

Eine weitere Formänderung des Teilchens besteht darin, daß sich der rechte Winkel bei A zwischen den Kanten dx und dy ändert. Um diese Änderungen zu bestimmen, betrachten wir $A'B'$ und $A'C'$ als Vektoren und berechnen ihr skalares Produkt, einmal unter Verwendung des dazwischenliegenden Winkels $\left(\frac{\pi}{2} - \gamma_{xy}\right)$, dann mit Hilfe der Komponenten:

$$dx\left(1+\varepsilon_x\right) \cdot dy\left(1+\varepsilon_y\right) \cdot \cos\left(\frac{\pi}{2} - \gamma_{xy}\right) =$$

$$= dx\left(1+\varepsilon_x\right) \cdot \frac{\partial u}{\partial y} dy + \frac{\partial v}{\partial x} dx \cdot dy\left(1+\varepsilon_y\right) + \frac{\partial w}{\partial x} \cdot \frac{\partial w}{\partial y} \; .$$

Vernachlässigen wir ε_x und ε_y gegenüber der Einheit und ebenfalls die Produkte der Ableitungen als kleine Größen höherer Ordnung, so erhalten wir

$$\cos\left(\frac{\pi}{2} - \gamma_{xy}\right) \equiv \sin\gamma_{xy} = \frac{\partial u}{\partial y} + \frac{\partial v}{\partial x}$$

oder, wegen der Kleinheit von γ_{xy} :

$$\gamma_{xy} = \frac{\partial u}{\partial y} + \frac{\partial v}{\partial x} \; . \tag{I, 4a}$$

Durch zyklische Vertauschung der Buchstaben x, y und z , und u, v und w folgen hieraus die zwei weiteren Gleichungen

$$\gamma_{yz} = \frac{\partial v}{\partial z} + \frac{\partial w}{\partial y} \qquad \text{und} \qquad \gamma_{zx} = \frac{\partial w}{\partial x} + \frac{\partial u}{\partial z} \; . \tag{I, 4b, c}$$

Die Größen γ_{xy}, γ_{yz} und γ_{zx} bezeichnen wir als Tangentialzerrungen. Durch die Normalzerrungen und Tangentialzerrungen liegt die neue Form des Körperteilchens $dx\,dy\,dz$ fest.

Wir nehmen nun an, daß die Verschiebungen u, v, w klein sind im Vergleich zu den Abmessungen des Körpers, so daß der Spannungs- und Zerrungszustand im Punkt x, y, z praktisch derselbe ist wie im Punkt $x+u, y+v, z+w$. Dann gelten die Gleichgewichtsbedingungen für die Koordinaten des unbelasteten Körpers.

Der elastische Körper bestehe aus homogenem und isotropem Stoff, der dem H o o k e ' schen Gesetz folgt. Dann bestehen zwischen den Zerrungen und Spannungen die Beziehungen

$$\left.\begin{aligned} E \cdot \varepsilon_x &= \sigma_x - \nu \cdot \sigma_y - \nu \cdot \sigma_z \\[4pt] E \cdot \varepsilon_y &= \sigma_y - \nu \cdot \sigma_z - \nu \cdot \sigma_x \\[4pt] E \cdot \varepsilon_z &= \sigma_z - \nu \cdot \sigma_x - \nu \cdot \sigma_y \end{aligned}\right\} \tag{I, 5 a, b, c}$$

und

$$\left.\begin{aligned} G \cdot \gamma_{xy} &= \tau_{xy} \\[4pt] G \cdot \gamma_{yz} &= \tau_{yz} \\[4pt] G \cdot \gamma_{zx} &= \tau_{zx} \end{aligned}\right\} \tag{I, 6 a, b, c}$$

Hierin sind: E der Elastizitätsmodul, G der Gleitmodul und γ die Querzahl des elastischen Mediums. Für homogene Körper sind diese Werte konstant (also unabhängig von x, y und z). Für isotrope Körper besteht zwischen ihnen die Beziehung

$$G = \frac{E}{2\,(1+\nu)} \quad .$$

(I, 7)

Im belasteten Körperteilchen $dx\,dy\,dz$ ist eine elastische Energie aufgespeichert, die aus der Arbeit der Kräfte zu berechnen ist, die auf die Flächen des Teilchens wirken. Diese Energie wird

$$dA_i = \frac{1}{2}\Big[\sigma_x'\,\varepsilon_x + \sigma_y'\,\varepsilon_y + \sigma_z'\,\varepsilon_z + \tau_{xy}\,\gamma_{xy} + \tau_{yz}\,\gamma_{yz} + \tau_{zx}\,\gamma_{zx}\Big]\,dx\,dy\,dz \, . \text{(I, 8)}$$

Anhang II
Zweidimensionale Potentialfunktionen und konforme Abbildungen

Im vorliegenden Anhang II bringen wir einige Ergebnisse aus der
Theorie der zweidimensionalen Potentialfunktionen und
konformen Abbildungen, die für die Torsionstheorie von Bedeutung sind. Wir setzen voraus, daß diese Gebiete der Mathematik
dem Leser soweit bekannt sind. Wir wollen hiermit nur die für die
Torsionstheorie notwendigen Kenntnisse auffrischen. Gleichzeitig führen wir den Leser in die von uns gewählte Schreibweise ein. Bei einigen Ergebnissen deuten wir die Zusammenhänge an. Im übrigen verweisen wir auf die vorhandene Literatur.

1. Komplexe Größen

Wir nehmen den komplexen Ausdruck:

$$c = a + ib , \quad i = \sqrt{-1} ,$$

worin a und b reelle Zahlenwerte sind; $\bar{c} = a - ib$ heißt die zu c konju-
giert komplexe Größe. Im $x - y$ -Koordinatensystem der Gauß' schen
Zahlenebene, Bild II, 1 stellen wir den obigen Ausdruck durch den Punkt
$x = a, y = b$ dar. Dann ist der Abstand des Punktes vom Koordinatennullpunkt:

$$|c| = \sqrt{a^2 + b^2} = \sqrt{c\bar{c}} ,$$

$$\left(|c| \equiv \text{Absolutwert von } c \right).$$

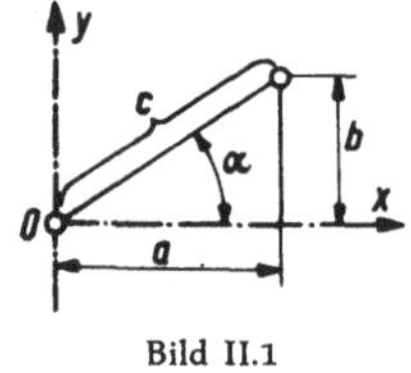

Bild II.1

Wir erhalten:

$$a = |c| \cdot \cos \alpha , \quad b = |c| \cdot \sin \alpha ,$$
$$c = |c| \cdot \left(\cos \alpha + i \sin \alpha \right) .$$

Oder auf Grund der Reihenentwicklungen von $\cos \alpha$ und $\sin \alpha$ nach α :

$$c = |c| \, e^{i\alpha} .$$

2. Analytische Funktionen

Wir ordnen in einem fürs erste einfach zusammenhängenden Gebiet
der xy -Ebene jedem Wert $z = x + iy$ zwei reelle Werte φ und ψ zu;
φ und ψ sind dann Funktionen von x und y :

$$\varphi = \varphi(x, y) , \quad \psi = \psi(x, y) .$$

Dann bilden wir aus φ und ψ die komplexe Funktion der komplexen
Veränderlichen z :

$$f(z) = \varphi(x, y) + i \psi(x, y) .$$

Diese Bildung besagt, daß wir für jeden komplexen Wert z erst x und y und daraus die reellen Werte der Funktionen φ und ψ finden können.

Die Funktionen φ und ψ bezeichnet man als Real- und Imaginärteil der Funktion $f(z)$:

$$\varphi = \Re\left\{f(z)\right\}, \quad \psi = \Im\left\{f(z)\right\} .$$

Nun nehmen wir an, daß bei geeigneter Wahl des Nullpunktes die Funktion $f(z)$ als Potenzreihe von $z = x + iy$ mit ganzen positiven Exponenten und komplexen Koeffizienten $c_n = a_n + ib_n$ $(a_n, b_n\ reell)$ darstellbar ist:

$$f(z) = \sum_{n=0}^{\infty} c_n\, z^n .$$

Die Funktion ist dann eine a n a l y t i s c h e Funktion von z . Die Zerlegung in Realteil und Imaginärteil erfolgt durch Zerlegung der Binome und Multiplikation der Ergebnisse mit $c_n = a_n + ib_n$.

Die Potenzreihe konvergiert innerhalb des Konvergenzkreises mit dem Mittelpunkt $z = 0$. Innerhalb dieses Kreises ist damit die analytische Funktion durch die Reihenentwicklung definiert. Wählen wir als Koordinatennullpunkt den Punkt $z = z_p = x_p + iy_p$ innerhalb des Konvergenzkreises, so erhalten wir mit

$$z = z' + z_p , \quad x = x' + x_p , \quad y = y' + y_p , \quad z' = z + z_p$$

die Reihenentwicklung

$$f(z) = f(z' + z_p) = \sum_{n=0}^{\infty} c_n'\, z'^n = \sum_{n=0}^{\infty} c_n'\, \left(x' + iy'\right)^n .$$

Diese Reihe konvergiert innerhalb eines neuen Konvergenzkreises mit dem Mittelpunkt $z = z_p$; dieser Konvergenzkreis schneidet im allgemeinen den vorherigen, so daß die analytische Funktion hiermit für weitere Gebiete der xy -Ebene definiert ist. Durch Fortsetzung dieses Vorganges erhalten wir die analytische Fortsetzung der Funktion $f(z)$.

Jeden Punkt $z = z_A$ der auf diese Weise fortgesetzten analytischen Funktion können wir als Koordinatennullpunkt wählen und für dessen Koordinaten eine Reihenentwicklung vornehmen.

Alle diese Punkte der xy -Ebene sind r e g u l ä r e Punkte der analytischen Funktion. Kommen wir hierbei zu Gebieten der xy -Ebene durch verschiedene Wege der Fortsetzung, und ergeben sich hierbei andere Werte der analytischen Funktion, so erhalten wir andere B l ä t t e r dieser Funktion.

Auf dem Rand der Gebiete mit regulären Punkten befinden sich Punkte, für die keine Reihenentwicklung möglich ist. Sind dieses nur einzelne Punkte, so bezeichnen wir diese Punkte der xy -Ebene als s i n g u l ä r e P u n k t e oder S t e l l e n der analytischen Funktion.

Hierfür werden wir im weiteren Beispiele bringen.

Es kann aber vorkommen, daß geschlossene Linien den Rand des Gebietes der analytischen Funktion bilden. Ein solcher Fall wird im Abschnitt 16 auftreten.

3. Cauchy-Riemann'sche Potentialgleichungen, Potentialfunktionen

Wir nehmen die a n a l y t i s c h e Funktion

$$f(z) = \varphi(x, y) + i\,\psi(x, y) \qquad\qquad (\text{II}, 1)$$

und differenzieren sie nach x bzw. y :

$$\frac{\partial f(z)}{\partial x} = \frac{df(z)}{dz} \cdot \frac{\partial z}{\partial x} = \frac{df(z)}{dz}\ ,$$

und

$$\frac{\partial f(z)}{\partial y} = \frac{df(z)}{dz} \cdot \frac{\partial z}{\partial y} = i \cdot \frac{df(z)}{dz}$$

Differenzieren wir auch die rechte Seite von (II, 1), so erhalten wir

$$\frac{df(z)}{dz} = \frac{\partial \varphi}{\partial x} + i\,\frac{\partial \psi}{\partial x}\ , \qquad\qquad (\text{II}, 2a)$$

$$i \cdot \frac{df(z)}{dz} = \frac{\partial \varphi}{\partial y} + i\,\frac{\partial \psi}{\partial y}\ ;$$

oder aus letzter Gleichung nach Teilung durch i :

$$\frac{df(z)}{dz} = -i\,\frac{\partial \varphi}{\partial y} + \frac{\partial \psi}{\partial y}\ . \qquad\qquad (\text{II}, 2b)$$

Durch die Beziehungen (II, 2a) und (II, 2b) ist $\frac{df(z)}{dz}$ auf zweierlei Weise als komplexe Funktion hergestellt. Vergleichen wir Real- und Imaginärteile, so erhalten wir die "C a u c h y - R i e m a n n ' schen Differentialgleichungen":

$$\left.\begin{aligned} \frac{\partial \varphi}{\partial x} &= \frac{\partial \psi}{\partial y}\ , \\[1mm] \frac{\partial \varphi}{\partial y} &= -\frac{\partial \psi}{\partial x}\ . \end{aligned}\right\} \qquad\qquad (\text{II}, 3)$$

Eine Lösung dieses Gleichungssystems lautet folglich:

$$\varphi = \mathfrak{Re}\,f(z)\ , \quad \psi = \mathfrak{Im}\left\{f(z)\right\}\ ,$$

wobei $f(z)$ eine im betrachteten Bereich analytische Funktion ist.

Eliminieren wir φ oder ψ, so erhalten wir:

$$\Delta\,\varphi(x, y) = \frac{\partial^2 \varphi}{\partial x^2} + \frac{\partial^2 \varphi}{\partial y^2} = 0\ , \quad \Delta\,\psi = 0\ . \qquad\qquad (\text{II}, 4)$$

Dieses sind "Potentialgleichungen"; φ und ψ "zweidimensionale Potentialfunktionen", für die wir die Lösungen

$$\varphi = \mathfrak{Re}\left\{f(z)\right\}, \quad \psi = \mathfrak{Im}\left\{f(z)\right\}$$

gefunden haben; ψ ist die zu φ konjugierte Potentialfunktion.

Nehmen wir anstelle von $f(z)$ die ebenfalls analytische Funktion $\tilde{f}(z) = -i f(z)$, so wird

$$\varphi = -\mathfrak{Im}\left\{\tilde{f}(z)\right\},$$
$$\psi = \mathfrak{Re}\left\{\tilde{f}(z)\right\}.$$

Hiermit ist $-\varphi$ die zu ψ konjugierte Potentialfunktion.

Es läßt sich zeigen, daß jede Lösung der Differential-Gleichung (II, 4) als Real- oder Imaginärteil einer Funktion $f(z)$ dargestellt werden kann. Hierzu führen wir anstelle von x und y komplexe Veränderliche $z = x + iy$ ein; um x und y durch diese neue Veränderliche auszudrücken, nehmen wir noch die weitere komplexe Veränderliche $\bar{z} = x - iy$ hinzu. Natürlich ist mit z auch $\bar{z}$ bestimmt. Wir erhalten

$$x = \tfrac{1}{2}\left(z + \bar{z}\right),$$
$$y = -i \cdot \tfrac{1}{2}\left(z - \bar{z}\right).$$

Jetzt setzen wir

$$\varphi(x,y) = \varphi\left[\tfrac{1}{2}(z+\bar{z}); -i \cdot \tfrac{1}{2}(z-\bar{z})\right] = F(z,\bar{z}),$$

$$\frac{\partial \varphi}{\partial x} = \frac{\partial z}{\partial x}\cdot\frac{\partial F}{\partial z} + \frac{\partial \bar{z}}{\partial x}\cdot\frac{\partial F}{\partial \bar{z}} = \frac{\partial F}{\partial z} + \frac{\partial F}{\partial \bar{z}} ;$$

$$\frac{\partial^2 \varphi}{\partial x^2} = \left(\frac{\partial z}{\partial x}\cdot\frac{\partial}{\partial z} + \frac{\partial \bar{z}}{\partial x}\cdot\frac{\partial}{\partial \bar{z}}\right)\left(\frac{\partial F}{\partial z} + \frac{\partial F}{\partial \bar{z}}\right) = \frac{\partial^2 F}{\partial z^2} + 2\frac{\partial^2 F}{\partial z \partial \bar{z}} + \frac{\partial^2 F}{\partial \bar{z}^2} ,$$

und ebenso

$$\frac{\partial^2 \varphi}{\partial y^2} = -\frac{\partial^2 F}{\partial z^2} + 2\frac{\partial^2 F}{\partial z \partial \bar{z}} + \frac{\partial^2 F}{\partial \bar{z}^2} .$$

Hiermit folgt aus

$$\Delta \varphi = \frac{\partial^2 \varphi}{\partial x^2} + \frac{\partial^2 \varphi}{\partial y^2} = 0 :$$

$$\frac{\partial^2 F(z,\bar{z})}{\partial z \partial \bar{z}} = 0$$

mit der allgemeinen Lösung

$$F(z,\bar{z}) = \tfrac{1}{2} f(z) + \tfrac{1}{2} f'(\bar{z})$$

oder

$$\varphi(x,y) = \tfrac{1}{2} f(x + iy) + \tfrac{1}{2} f'(x - iy).$$

Ist $f(z)$ als Potenzreihe ausgedrückt:

$$f(z) = \sum_{n=0}^{\infty} c_n (x + iy)^n ,$$

so wählen wir als $f'(x-iy)$:

$$f'(\bar{z}) = \sum_{n=0}^{\infty} \bar{c}_n (x - iy)^n = \bar{f}(\bar{z}) .$$

Nur auf diese Weise erhalten wir für φ eine reelle Funktion, da dann

$$\mathfrak{Re}\left\{f(z)\right\} = \mathfrak{Re}\left\{\bar{f}(\bar{z})\right\}$$

und

$$\mathfrak{Im}\left\{f(z)\right\} = -\mathfrak{Im}\left\{\bar{f}(\bar{z})\right\}$$

wird.

Damit wird

$$\varphi(x,y) = \tfrac{1}{2} f(x + iy) + \tfrac{1}{2} f'(x - iy) =$$

$$= \mathfrak{Re}\left\{f(x + iy)\right\} = \mathfrak{Im}\left\{i f(x + iy)\right\} ,$$

und die Behauptung ist bewiesen.

4. Beispiele

Wir geben im weiteren o h n e B e w e i s e Beispiele für analytische Funktionen und damit für Potentialfunktionen. Hierbei lernen wir die einfachsten Fälle von singulären Stellen kennen. Die Funktionen sind gleichzeitig für die Torsionstheorie von Bedeutung.

Anstelle der Cartesischen Koordinaten x und y führen wir z. T. die Polarkoordinaten r und μ ein, so daß

$$x = r \cos \mu ,$$

$$y = r \sin \mu ,$$

$$z = r(\cos \mu + i \sin \mu) = r e^{i\mu}$$

wird; wir denken uns die Längen r, x, y in geeigneter Weise dimensionslos gemacht.

Bemerkung: Die ungewöhnliche Bezeichnung μ für die Winkelkoordinate haben wir gewählt, da die griechischen Buchstaben φ und ψ bei uns schon andere Bedeutung haben.

Wir schreiben erst

$$z = e^{\ln r + i\mu} . \tag{II, 5}$$

Für $\ln r$ nehmen wir hierbei stets den r e e l l e n Wert.

Der Exponent in (II, 5) stellt eine komplexe Veränderliche, entsprechend der Veränderlichen $x + iy$, dar.

Wir bilden zuerst Potentialfunktionen aus der analytischen Funktion $f(z) = \ln z$

Nach Gleichung (II, 5) ist
$$\varphi + i\psi = \ln r + i\mu \; ;$$
hieraus:
$$\left. \begin{aligned}
\varphi &= \mathfrak{Re}\left\{\ln z\right\} = \ln r = \tfrac{1}{2}\ln\left(x^2 + y^2\right), \\
\psi &= \mathfrak{Im}\left\{\ln z\right\} = \mu = arc\,tg\,\tfrac{y}{x} \; .
\end{aligned} \right\} \qquad (II, 6)$$

Die Potentialfunktion ψ ist unendlichfach mehrdeutig, die Potentialfunktion φ geht für $x = y = 0$ gegen minus unendlich. Der Punkt $z = 0$ ist ein singulärer Punkt der Funktion $\ln z$.

Jetzt untersuchen wir die Potenzfunktion
$$f(z) = z^n$$
mit reellen Exponenten; ist n negativ, so setzen wir $n = -n'$ mit positivem n'.

Wir erhalten
$$\begin{aligned}
f(z) = \varphi + i\psi = z^n = \left(r e^{i\mu}\right)^n &= r^n e^{in\mu} \\
&= r^n\left(\cos n\mu + i\sin n\mu\right),
\end{aligned}$$

und hieraus
$$\left. \begin{aligned}
\varphi &= \mathfrak{Re}\left\{z^n\right\} = r^n \cos n\mu, \\
\psi &= \mathfrak{Im}\left\{z^n\right\} = r^n \sin n\mu .
\end{aligned} \right\} \qquad (II, 7)$$

Nun untersuchen wir einzelne Fälle.
Ist n eine ganze positive Zahl gleich oder größer eins, so wird

$$\left. \begin{aligned}
\varphi &= r^n \cos n\mu = x^n - \binom{n}{2} x^{n-2} y^2 + - \cdots, \\
\psi &= r^n \sin n\mu = \binom{n}{1} x^{n-1} y - \binom{n}{3} x^{n-3} y^3 + - \cdots .
\end{aligned} \right\} \qquad (II, 8)$$

Gehen wir um den Punkt $z = 0$, also $x = y = 0$, auf einem Kreis mit konstantem r herum, so daß sich μ von 0 bis 2π ändert, so ändert sich $n\mu$ von 0 bis $2n\pi$; wir erhalten dieselben Werte
$$(x + iy)^n = r^n\left(\cos n\mu + i\sin n\mu\right)$$
bei dem Umlauf n-mal. Der Punkt $z = 0$ ist für $n > 1$ ein einfacher Vervielfachungspunkt der Funktion $f(z)$.

Ist n eine negative ganze Zahl $n = -n'$ mit $n' \geqq 1$, so folgt aus (II, 7):

$$\left. \begin{aligned}
\varphi &= \mathfrak{Re}\left\{z^{-n'}\right\} = r^{-n'} \cos n'\mu, \\
\psi &= \mathfrak{Im}\left\{z^{-n'}\right\} = -r^{-n'} \sin n'\mu .
\end{aligned} \right\} \qquad (II, 9)$$

Sowohl φ als auch ψ gehen für $z \to 0$ gegen unendliche Werte, die Abhängigkeit von μ ist die gleiche wie für positives n bis auf das Vorzeichen von ψ . Der Koordinatennullpunkt ist ein singulärer Punkt der

Funktion $f(z) = z^{-n'}$. Ist n ein Bruch p/q ganzer positiver teilerfremder Zahlen, wobei p auch größer als q sein kann, so wird

$$\left.\begin{aligned} \varphi &= r^{p/q} \cdot \cos \frac{p}{q}\,\mu\,, \\ \psi &= r^{p/q} \cdot \sin \frac{p}{q}\,\mu\,. \end{aligned}\right\} \qquad\qquad \text{(II, 10)}$$

Wir erhalten erst nach q Umläufen um den Koordinatennullpunkt für einen bestimmten Wert z die gleichen Werte für φ und ψ wieder. Wir stellen uns vor, daß wir nach einem Umlauf in einem anderen Blatt der betreffenden Funktionen sind, nach zwei Umläufen (für $q > 2$) in einem weiteren Blatt und so fort, und erst nach q Umläufen wieder in das erste Blatt zurückgekehrt sind. Die Funktion ist mehrdeutig, speziell q-deutig. Wir bezeichnen sie als q-blättrig. Der Koordinatennullpunkt ist ein q-blättriger Verzweigungspunkt der Funktion. Bei Berechnungen muß angegeben werden, in welchem Blatt man sich befindet, und zwar durch Angabe des Wertebereiches für μ .

Dieselben Überlegungen gelten für den Fall, daß $n = -n' = -p'/q'$ ist.

Ist n oder n' eine irrationale Zahl, so kommen wir auch bei noch soviel Umläufen nicht zu den Anfangswerten zurück. Wir erhalten einen Verzweigungspunkt der Ordnung ∞ . Auch die Funktion $\ln z$ hat im Punkt $z = 0$ einen Verzweigungspunkt von der Ordnung ∞ , da μ unendlich mehrdeutig ist.

Häufig sind die Funktionen verwickelter Art. Ist $x = a$, $y = b$ ein singulärer Punkt, so ist das Verhalten in der Umgebung dieses Punktes, das heißt für kleine Werte $x - a$, $y - b$, zu untersuchen. Den Anteil der Funktion, der den betreffenden Punkt zum singulären Punkt macht, bezeichnen wir als Singularität der Funktionen $f(z)$, $\varphi(x,y)$ und $\psi(x,y)$ in diesem Punkt. Als Beispiel nehmen wir

$$f(z) = z + \ln(z-a) + (z - ib)^{\frac{1}{2}}\,.$$

Der Punkt $x = a$, $y = 0$ ist ein singulärer Punkt mit der Singularität $\ln z' = \ln r' + i\mu'$ mit $z' = r'e^{i\mu'} = z - a$; der Punkt $x = 0$, $y = b$ ist ebenfalls ein singulärer Punkt mit der Singularität $(z'')^{\frac{1}{2}}$ mit $z'' = z - ib$.

Erhalten wir bei der Untersuchung der Umgebung des singulären Punktes $x = a$, $y = b$ für $f(z)$ die Reihenentwicklung

$$\sum_{n=-N}^{+\infty} c_n \left[z - (a + ib)\right]^n$$

mit der größten negativen Potenz $-N$, so bezeichnen wir den Punkt als Pol der Ordnung N und die Summe $\sum_{-N}^{-1}(\cdots)$ als Polfunktion der Ordnung N der analytischen Funktion.

Ein Beispiel für die Untersuchung des Verhaltens in singulären Punkten:

$$f(z) = (z^2 - 1)^{\frac{1}{2}}\,.$$

Da die Potenz $1/2$ wegen der zwei Vorzeichen der Wurzel zweideutig ist, erhalten wir eine zweiblättrige Funktion $f(z)$; die singulären Punkte sind $z = +1$ und $z = -1$. Wir schreiben:

$$f(z) = (z+1)^{\frac{1}{2}} \cdot (z-1)^{\frac{1}{2}} \ .$$

Für die Umgebung des Punktes $z = 1$ wird

$$f(z) \approx 2^{\frac{1}{2}}(z-1)^{\frac{1}{2}} \ .$$

Wir sehen, daß der Punkt $z = 1$ ein zweiblättriger Verzweigungspunkt ist; dasselbe gilt für den Punkt $z = -1$.

Über die Polfunktionen im Punkt $z = \infty$ werden wir uns bei der Untersuchung der konformen Abbildung der Inversion unterrichten.

Nun untersuchen wir zwei weitere Funktionen. Wir nehmen

$$f(z) = e^{nz}$$

mit beliebigem n . Dann ist

$$f(z) = e^{nz} = e^{n(x+iy)} = e^{nx} \cdot \left(\cos ny + i \sin ny \right) \ ;$$

$$\left. \begin{array}{l} \varphi(x,y) = \Re\left\{ e^{nz} \right\} = e^{nx} \cos ny \, , \\[2mm] \psi(x,y) = \Im\left\{ e^{nz} \right\} = e^{nx} \sin ny \, . \end{array} \right\} \tag{II, 11a}$$

Ebenso wird für $f(z) = e^{-nz}$:

$$\left. \begin{array}{l} \varphi(x,y) = \Re\left\{ e^{-nz} \right\} = e^{-nx} \cos ny \, , \\[2mm] \psi(x,y) = \Im\left\{ e^{-nz} \right\} = -e^{-nx} \sin ny \, . \end{array} \right\} \tag{II, 11b}$$

Durch Addition bzw. Differenzbildung finden wir weiter die Potentialfunktionen:

$$\mathfrak{Cos}\, nx \cdot \cos ny, \quad \mathfrak{Sin}\, nx \cdot \cos ny, \quad \mathfrak{Cos}\, nx \cdot \sin ny, \quad \mathfrak{Sin}\, nx \cdot \sin ny \, .$$

Die Funktionen haben die Eigenschaft, daß sie für bestimmte Werte von y , also für Parallelen zur x -Achse (u. U. für die x -Achse selbst) gleich Null werden.

Jetzt nehmen wir die Funktion

$$f(z) = ctg\, z = 1/tg\, z \quad .$$

Die Funktion ist in x periodisch; sie nimmt für $x + n\pi$ mit $n = \pm 1, n = \pm 2$ usw. dieselben Werte wie für $n = 0$ an. In den Punkten $z = 0, \pm \pi, \pm 2\pi$ usw. wird die Funktion singulär; es genügt aber wegen der Periodizität, das Verhalten für $z = 0$ zu untersuchen. Hierfür erhalten wir

$$\left(1/tg\, z \right)_{z \to 0} \longrightarrow \frac{1}{z} \ .$$

Die singulären Punkte $z = 0, \pm\pi, \pm 2\pi$ usw. sind somit Pole erster Ordnung. Man kann die Funktion als Summe schreiben:

$$f(z) = ctg\, z = \frac{1}{tg\, z} = \frac{1}{z} + \sum_{n=1}^{\infty} \left(\frac{1}{z - n\pi} + \frac{1}{z + n\pi} \right) \; . \qquad \text{(II, 12)}$$

Real- und Imaginärteil von $ctg\, z$ finden wir wie folgt. Wir setzen:

$$\frac{1}{tg\, z} = \frac{\cos(x + iy)}{\sin(x + iy)} = \frac{\cos x \cdot \cos iy - \sin x \cdot \sin iy}{\sin x \cdot \cos iy + \cos x \cdot \sin iy}$$

$$= \frac{(\cos x \, \mathfrak{Cos}\, y - i \sin x \, \mathfrak{Sin}\, y)(\sin x \, \mathfrak{Cos}\, y - i \cos x \, \mathfrak{Sin}\, y)}{(\sin x \, \mathfrak{Cos}\, y + i \cos x \, \mathfrak{Sin}\, y)(\sin x \, \mathfrak{Cos}\, y - i \cos x \, \mathfrak{Sin}\, y)}$$

$$= \frac{\sin 2x - i \, \mathfrak{Sin}\, 2y}{\mathfrak{Cos}\, 2y - \cos 2x} \; .$$

Hieraus:

$$\left. \begin{aligned} \varphi &= \frac{\sin 2x}{\mathfrak{Cos}\, 2y - \cos 2x} \; , \\[2mm] \psi &= \frac{\mathfrak{Sin}\, 2y}{\mathfrak{Cos}\, 2y - \cos 2x} \; . \end{aligned} \right\} \qquad \text{(II, 13)}$$

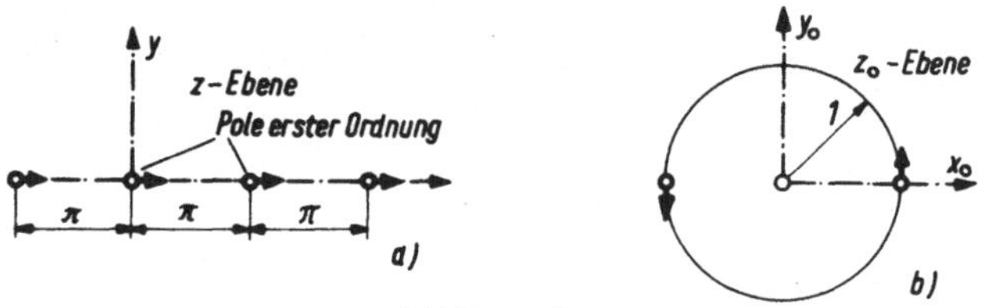

Bild II.2 a—b

Im Bild II. 2a ist die Lage der Pole angegeben. Die eingezeichneten Pfeile zeigen die Richtung an, in der die positiven φ-Werte der Umgebung des Poles liegen.

Auch die Funktion

$$f(z) = \frac{1}{\sin z}$$

kann man als Summe einzelner Singularitäten schreiben. Wir erhalten in gleicher Weise wie für $\frac{1}{tg\, z}$:

$$\frac{1}{\sin z} = \frac{1}{z} + \sum_{n=1}^{\infty} (-1)^{n} \left(\frac{1}{z - n\pi} + \frac{1}{z + n\pi} \right) \; . \qquad \text{(II, 14)}$$

Real- und Imaginärteil werden

$$\left. \begin{aligned} \varphi &= \frac{2 \sin x \, \mathfrak{Cos}\, y}{\mathfrak{Cos}\, 2y - \cos 2x} \; , \\[2mm] \psi &= \frac{2 \cos x \, \mathfrak{Sin}\, y}{\mathfrak{Cos}\, 2y - \cos 2x} \; . \end{aligned} \right\} \qquad \text{(II, 15)}$$

Die singulären Stellen zeigt Bild II. 3.

Da $f(z) = \dfrac{1}{tg\,z}$ eine in x periodische Funktion ist, stellen wir sie als Fourier-Reihe dar. Hierbei erhalten wir verschiedene Ausdrücke, je nachdem, ob y positiv oder negativ ist.

Zur Herleitung nehmen wir in einer z_0 -Ebene den Einheitskreis, das ist der Kreis vom Halbmesser $r_0 = 1$, und wählen, siehe Bild II, 2b, die Funktion

$$f(z_0) = i\left[\frac{1}{z_0-1} - \frac{1}{z_0+1}\right] = i\left[1+\frac{2}{z_0^2-1}\right] = -i\,\frac{z_0^2+1}{z_0^2-1} \ .$$

Für $r_0 > 1$ gilt die Reihenentwicklung

$$f(z_0) = i\left[1+2\left(z_0^{-2}+z_0^{-4}+\dots+z_0^{-2n}+\dots\right)\right],$$

und für $r_0 < 1$ die Reihenentwicklung

$$f(z_0) = -i\left[1+2\left(z_0^2+z_0^4+\dots+z_0^{2n}+\dots\right)\right].$$

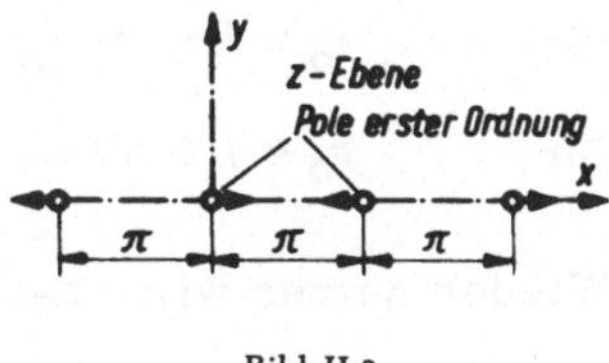

Bild II.3

Für $r_0 = 1$ gilt weder die eine noch die andere Reihe. Jetzt setzen wir in der Funktion und in den Reihenentwicklungen

$$z_0 = e^{\ln r_0 + i\mu_0} = e^{i(\mu_0 - i\ln r_0)} = e^{iz}$$

mit $\qquad z = \mu_0 - i\ln r_0$.

Dann wird

$$f(z_0) = i\,\frac{e^{2iz}+1}{e^{2iz}-1} = i\,\frac{e^{iz}+e^{-iz}}{e^{iz}-e^{-iz}} = \frac{\cos z}{\sin z} = \frac{1}{tg\,z} \ .$$

Für $r_0 > 1$, also für $y = -\ln r_0 < 0$ wird

$$f(z_0) = i\left[1+2\left(e^{-2iz}+e^{-4iz}+\dots\right)\right].$$

Hieraus

$$\varphi = \mathfrak{Re}\left\{\frac{1}{tg\,z}\right\} = \quad +2\left(e^{-2y}\sin 2x + e^{-4y}\sin 4x + \dots\right) \left.\right\}$$

und

$$\psi = \mathfrak{Im}\left\{\frac{1}{tg\,z}\right\} = \quad 1-2\left(e^{-2y}\cos 2x + e^{-4y}\cos 4x + \dots\right).$$

$$\text{(II, 16)}$$

Für $r_0 < 1$, also für $y = -\ln r_0 > 0$, wird

$$f(z_0) = -i\left[1+2\left(e^{2iz}+e^{4iz}+\dots\right)\right].$$

Hieraus

$$\varphi = \Re\left\{\frac{1}{tg\,z}\right\} = \qquad 2\left(e^{2y}\sin 2x + e^{4y}\sin 4x + \dots\right),$$
$$\psi = \Im\left\{\frac{1}{tg\,z}\right\} = -1 - 2\left(e^{2y}\cos 2x + e^{4y}\cos 4x + \dots\right).$$
$$\left.\right\}\quad \text{(II, 17)}$$

Für die Reihenzerlegung von $\frac{1}{\sin z}$ nehmen wir

$$f(z_0) = i\left[\frac{1}{z_0-1} + \frac{1}{z_0+1}\right] = i \cdot \frac{2z_0}{z_0^2-1} \quad.$$

Die Reihen lauten

für $\qquad r_0 > 1: \quad f(z_0) = 2i\left(z_0^{-1} + z_0^{-3} + \dots\right),$

für $\qquad r_0 < 1: \quad f(z_0) = -2i\left(z_0^{1} + z_0^{3} + \dots\right).$

Wieder setzen wir $z_0 = e^{iz}, \quad z = \mu_0 - i\ln r_0$.

Dann wird

$$f(z_0) = i \cdot \frac{2e^{iz}}{e^{2iz}-1} = i \cdot \frac{2}{e^{iz}-e^{-iz}} = \frac{1}{\sin z} \quad.$$

Für $y < 0$ wird nach einer Umformung wie vorher:

$$\varphi = \Re\left\{\frac{1}{\sin z}\right\} = 2\left(e^{y}\sin x + e^{3y}\sin 3x + \dots\right),$$
$$\psi = \Im\left\{\frac{1}{\sin z}\right\} = 2\left(e^{y}\cos x + e^{3y}\cos 3x + \dots\right).$$
$$\left.\right\}\quad \text{(II, 18)}$$

Für $y > 0$:

$$\varphi = \Re\left\{\frac{1}{\sin z}\right\} = 2\left(e^{-y}\sin x + e^{-3y}\sin 3x + \dots\right),$$
$$\psi = \Im\left\{\frac{1}{\sin z}\right\} = -2\left(e^{-y}\cos x + e^{-3y}\cos 3x + \dots\right).$$
$$\left.\right\}\quad \text{(II, 19)}$$

Auf diese Reihenentwicklungen werden wir später verweisen. Der Leser könnte annehmen, daß die Herleitung der Reihen eine Folge von mehreren mathematischen K u n s t g r i f f e n ist. Dem ist aber nicht so; um $1/tg\,z$ bzw. $1/\sin z$ zu erhalten, sind im Abstand 2π Pole erster Ordnung zu nehmen. Das führen wir im Einheitskreis durch, wobei die Pole nun sinngemäß in den Punkten $z_0 = +1$ und $z_0 = -1$ auftreten. Das weitere ergab sich von selbst. Umgeformt wird im Komplexen. Natürlich gehört etwas Erfahrung dazu, und dann muß man auch hin und wieder probieren.

Wird die Funktion $1/tg\,z$ bzw. $1/sin\,z$ n-mal nach z differenziert oder die zugehörigen Funktionen φ und ψ n-mal nach x , so erhalten wir für $z=0$ die Polfunktionen

$$-\frac{1!}{z^2} \quad , \quad \frac{2!}{z^3} \quad , \quad -\frac{3!}{z^4} \quad , \quad \ldots \quad , \quad (-1)^n \cdot \frac{n!}{z^{n+1}} \quad , \quad \ldots \quad .$$

Damit erhalten wir eine periodische Anordnung von Polen höherer Ordnung. Wir können für φ und ψ geschlossene Ausdrücke finden, indem wir $1/tg\,z$ und $1/sin\,z$ n-mal nach z differenzieren, wir können aber auch die Fourier-Zerlegung finden, indem wir die Reihen für $1/tg\,z$ und $1/sin\,z$ n-mal differenzieren.

In der z-Ebene und in der z_0-Ebene erhalten wir Pole $(n+1)^{ter}$ Ordnung; die Konvergenzbereiche für die Reihen sind dieselben wie für $1/tg\,z$ und $1/sin\,z$.

Als Schluß der Beispiele für Potentialfunktionen stellen wir eine Funktion auf mit Polen erster Ordnung in den Punkten $z=2n\pi$ mit $n=0,\pm1,\ldots$, wobei die Polfunktionen erster Ordnung $1/z-n\pi$ mit n multipliziert sind; im Punkt $z=0$ tritt also keine Singularität auf. Wir multiplizieren hierzu $1/tg\,z$ mit z/π , da z/π für $z=n\pi$ den Wert n gibt. Wir untersuchen nun das Produkt $\frac{z}{\pi} \cdot \frac{1}{tg\,z}$, und führen hierzu die örtlichen Koordinaten $z'=z+n\pi$ ein; so erhalten wir:

$$\frac{z}{\pi} \cdot \frac{1}{z+n\pi} = \frac{z'+n\pi}{\pi} \cdot \frac{1}{z'} = \frac{1}{\pi} + n \cdot \frac{1}{z'} \quad .$$

Tatsächlich erhalten wir in diesem Pol die gewünschte Polfunktion, außerdem aber auch die Konstante $1/\pi$. Diese erweist sich bei der Summenbildung als notwendig, damit die Summenreihe konvergiert.

Die Potentialfunktion finden wir aus $f(z)$ mit

$$z = x+iy \quad und \quad \frac{1}{tg\,z} = \frac{sin\,2x}{Cos\,2y-cos\,2x} - i \cdot \frac{Sin\,2y}{Cos\,2y-cos\,2x} :$$

$$f(z) = \frac{z}{\pi} \cdot \frac{1}{tg\,z} = \frac{1}{\pi}(x+iy) \cdot \left[\frac{sin\,2x}{Cos\,2y-cos\,2x} - i \cdot \frac{Sin\,2y}{Cos\,2y-cos\,2x} \right] =$$

$$= \frac{1}{\pi} \left[\frac{x\,sin\,2x + y\,Sin\,2y}{Cos\,2y-cos\,2x} + i \cdot \frac{y\,sin\,2x - x\,Sin\,2y}{Cos\,2y-cos\,2x} \right] \quad . \qquad \text{(II, 20)}$$

Hieraus folgen φ und ψ :

$$\varphi = \mathfrak{Re}\left\{ \frac{z}{\pi} \cdot \frac{1}{tg\,z} \right\} = \frac{1}{\pi} \cdot \frac{x\,sin\,2x + y\,Sin\,2y}{Cos\,2y-cos\,2x} \quad , \qquad \left.\begin{array}{l} \\ \\ \\ \\ \end{array}\right\}$$

$$\psi = \mathfrak{Im}\left\{ \frac{z}{\pi} \cdot \frac{1}{tg\,z} \right\} = \frac{1}{\pi} \cdot \frac{y\,sin\,2x - x\,Sin\,2y}{Cos\,2y-cos\,2x} \quad . \qquad \text{(II, 21)}$$

5. Konforme Abbildungen

Wir nehmen wieder die z-Ebene mit den Koordinaten x und y; ebenso eine analytische Funktion von $z = x + iy$, die wir jetzt mit $g(z)$ bezeichnen. Weiter setzen wir

$$\left.\begin{aligned} x_1 &= \mathfrak{Re}\left\{g(z)\right\}, \\ y_1 &= \mathfrak{Im}\left\{g(z)\right\}, \end{aligned}\right\} \tag{II, 22}$$

so daß

$$g(z) = \mathfrak{Re}\left\{g(z)\right\} + i\,\mathfrak{Im}\left\{g(z)\right\} = x_1 + iy_1 = z_1$$

wird.

x_1 und y_1 nehmen wir als Koordinaten der z_1-Ebene. Jetzt wählen wir in der z-Ebene ein geschlossenes Gebiet, in dem die Funktion $g(z)$ nur reguläre Punkte hat. Für jeden Punkt $z = x + iy$ gibt (II, 22) einen Punkt der z_1-Ebene, so daß wir ein geschlossenes Gebiet in der z_1-Ebene erhalten, das auch mehrfach überdeckt sein kann. In der z-Ebene wählen wir einen neuen Koordinatenanfangspunkt, der innerhalb des gewählten Gebietes liegt, und bezeichnen die neuen Koordinaten mit

$$x' = x - a, \qquad y' = y - b, \qquad z' = x' + iy'.$$

Dann wird

$$g(z) = g\left(z' + a + ib\right) = g'(z').$$

Nach Voraussetzung kann man $g'(z')$ in der Umgebung des Punktes in eine konvergente Potenzreihe entwickeln:

$$g'(z') = c_0 + c_1 z' + c_2 z'^2 + \ldots \quad .$$

Hierin sind

$$c_0 = a_0 + ib_0, \qquad c_1 = a_1 + ib_1, \quad \ldots$$

komplexe Koeffizienten.

Dem Punkt $z' = 0$ entspricht in der z_1-Ebene der Punkt $z_1 = a_0 + ib_0$. Diesen Punkt wählen wir in der z_1-Ebene als Koordinatennullpunkt der Koordinaten x_1', y_1':

$$x_1' = x_1 - a_0, \qquad y_1' = y_1 - b_0.$$

Dann wird

$$z_1' = x_1' + iy_1' = c_1 z' + c_2 z'^2 + \ldots \quad . \tag{II, 23}$$

Bemerkung: Wir werden im weiteren die verschiedenen Ebenen als z-Ebene, z_1-Ebene, z_2-Ebene usw., in bestimmten Fällen als z_0-Ebene, z_n-Ebene und z_s-Ebene bezeichnen. Falls in einer der Ebenen ein neues Koordinatensystem gewählt wird, so bezeichnen wir dieses durch gestrichene Buchstaben. So bezeichnen wir in der z_2-Ebene für ein verschobenes und gedrehtes Koordinatensystem die Koordinaten mit $z_2' = x_2' + iy_2'$; für ein weiteres Koordinatensystem mit $z_2'' = x_2'' + iy_2''$ usw. Bestimmte Punkte bezeichnen wir mit großen Buchstaben; die Koordinaten dieser Punkte erhalten den entsprechenden Buchstaben als Index. So sind die Koordinaten des Punktes A im z_2' -Koordinatensystem: x_{2_A}' und y_{2_A}' .

Aus (II, 23) folgt für $z' \to 0$, also auch für $z_1' \to 0$:

$$dx_1' + i\,dy_1' = c_1 \left(dx' + i\,dy'\right)$$

Hierbei sei $c_1 \neq 0$ vorausgesetzt.

Mit

$$dx' + i\,dy' = dz' = \left|dz'\right| e^{i\mu'} ,$$
$$dx_1' + i\,dy_1' = dz_1' = \left|dz_1'\right| e^{i\mu_1'} ,$$
$$c_1 = \left|c_1\right| e^{i\alpha}$$

wird

$$\left|dz_1'\right| e^{i\mu_1'} = \left|c_1\right| \cdot \left|dz'\right| \cdot e^{i(\alpha + \mu')} .$$

Ein kleiner Kreis vom Halbmesser $\left|dz'\right|$ geht in den kleinen Kreis vom Halbmesser $\left|dz_1'\right| = \left|c_1\right| \cdot \left|dz'\right|$ über.

Nun ist $c_1 = \dfrac{dg(z)}{dz}$ für den Punkt $z = a + ib$; wir können also auch schreiben:

$$\left|dz_1'\right| = \left|\frac{dg(z)}{dz}\right|_{z = a + ib} \cdot \left|dz'\right| .$$

Wählen wir die x_1 -Achse parallel zur x -Achse, so ist der Kreis in der z_1 -Ebene um den Winkel α gegenüber dem Kreis der z -Ebene gedreht. Hierbei folgt α aus der Beziehung

$$\frac{dg(z)}{dz} = \left|\frac{dg(z)}{dz}\right| e^{i\alpha} ,$$
$$\ln \frac{dg(z)}{dz} = \ln \left|\frac{dg(z)}{dz}\right| + i\,\alpha ,$$
$$\alpha = \Im\left\{\ln \frac{dg(z)}{dz}\right\} . \tag{II, 24}$$

Bei der Abbildung gehen der Punkt $z' = 0$ und seine Umgebung in den Punkt $z_1' = 0$ und dessen Umgebung über.

Hierbei wird die Umgebung nach allen Richtungen um $\left|\dfrac{dg(z)}{dz}\right|$ verzerrt und um den Winkel α gedreht. Der Ausdruck

$$\left[\frac{dg(z)}{dz}\right] = \sqrt{\left[\Re\left\{\frac{dg(z)}{dz}\right\}\right]^2 + \left[\Im\left\{\frac{dg(z)}{dz}\right\}\right]^2} \tag{II, 25}$$

ist der Verzerrungsfaktor der Abbildung. Die Abbildung wird als konforme Abbildung bezeichnet. Alle Punkte, für die die Funktion $g(z)$ regulär und $\dfrac{dg(z)}{dz} \neq 0$ ist, sind konforme Abbildungspunkte. Das Verhalten der Abbildung in Punkten mit $\dfrac{dg(z)}{dz} = 0$ werden wir bei den Beispielen kennen lernen.

Die Funktion $z_1 = g(z)$ ist die Abbildungsfunktion der z-Ebene auf die z_1-Ebene.

6. Verhalten der Potentialfunktionen bei konformen Abbildungen

Wir untersuchen das Verhalten einer Potentialfunktion $\varphi = \mathfrak{Re}\{f(z)\}$ bei einer konformen Abbildung $z_1 = g(z)$.

Bei Verwendung der Umkehrfunktion von $g(z)$: $z = g_1(z_1)$ wird

$$\varphi = \mathfrak{Re}\left\{f\left[g_1(z_1)\right]\right\} \ .$$

Nun ist $f\left[g_1(z_1)\right]$ eine analytische Funktion von z_1, die wir mit $f_1(z_1)$ bezeichnen. Dann ist

$$\varphi = \mathfrak{Re}\left\{f_1(z_1)\right\} \ .$$

Hieraus folgt, daß φ auch in den z_1-Koordinaten eine Potentialfunktion, also

$$\frac{\partial^2 \varphi}{\partial x_1^2} + \frac{\partial^2 \varphi}{\partial y_1^2} = 0$$

ist.

7. Verhalten der Polfunktionen bei konformen Abbildungen

Nun untersuchen wir das Verhalten von Polfunktionen bei einer konformen Abbildung. Es genügt anzunehmen, daß der Pol von der Ordnung N im Koordinatennullpunkt $z = 0$ liegt, und daß diesem Punkt der Punkt $z_1 = 0$ der Abbildung entspricht, was wir durch Verschiebung der Koordinatensysteme stets erreichen können.

Dann ist

$$\left(z_1\right)_{z=0} = g(0) = 0 \qquad \text{und} \qquad \left(z\right)_{z_1=0} = g_1(0) = 0 \ .$$

Nun nehmen wir die Polfunktion

$$\varphi = \mathfrak{Re}\left\{z^{-N}\right\} \ .$$

In z_1-Koordinaten erhalten wir

$$\varphi = \mathfrak{Re}\left\{\left[g_1(z_1)\right]^{-N}\right\} \ .$$

Wir entwickeln $g_1(z_1)$ für die Umgebung des Punktes $z_1 = 0$ in eine Reihe

$$g_1(z_1) = g_1(0) + \frac{1}{1!}\left(\frac{dg_1}{dz_1}\right)_0 \cdot z_1 + \frac{1}{2!}\left(\frac{d^2g_1}{dz_1^2}\right)_0 \cdot z_1^2 + \ldots \ ,$$

oder mit $g_1(0) = 0$:

$$g_1(z_1) = z_1\left[\frac{1}{1!}\left(\frac{dg_1}{dz_1}\right)_0 + \frac{1}{2!}\left(\frac{d^2g_1}{dz_1^2}\right)_0 \cdot z_1 + \ldots\right] \ .$$

Jetzt bilden wir φ :

$$\varphi = \mathfrak{Re}\left\{ z_1^{-N} \cdot \left[\frac{1}{1!}\left(\frac{dg_1}{dz_1}\right)_0 + \frac{1}{2!}\left(\frac{d^2g_1}{dz_1^2}\right)_0 \cdot z_1 + \cdots \right]^{-N} \right\}$$

Die eckige Klammer wird als Binom nach steigenden Potenzen von z_1 entwickelt und gibt

$$\left[\frac{1}{1!}\left(\frac{dg_1}{dz_1}\right)_0\right]^{-N} + \binom{1}{-N}\cdot\left[\frac{1}{1!}\left(\frac{dg_1}{dz_1}\right)_0\right]^{-N-1}\cdot\left[\frac{1}{2!}\left(\frac{d^2g_1}{dz_1^2}\right)_0\cdot z_1 + \cdots\right]^1 + \cdots = c_0 + c_1 z_1 + c_2 z_1^2 + \cdots \; .$$

Wir erhalten

$$\varphi = \mathfrak{Re}\left\{ c_0\, z_1^{-N} + c_1\, z_1^{-(N-1)} + \cdots \right\} \; ,$$

also eine allgemeine Polfunktion von der Ordnung N .

8. <u>Beispiele für konforme Abbildungen</u>

a) $\qquad z' = z - (a+ib) \; , \quad z = z' + (a+ib) \; .$

Wir können das z'-Koordinatensystem in die z-Ebene einzeichnen, siehe Bild II. 4; hierbei ist das z'-System in x-Richtung um die Strecke a und in y-Richtung um die Strecke b gegenüber dem z-System parallel verschoben.

b) $\qquad z' = e^{-i\gamma} z \; , \quad z = e^{i\gamma} z' \; , \quad \gamma \quad reell \; .$

Auch hier können wir die z'-Koordinaten in die z-Ebene einzeichnen. Der Koordinatennullpunkt bleibt derselbe, die x'-Achse ist gegenüber der x-Achse um den Winkel $-\gamma$ gedreht, siehe Bild II. 5.

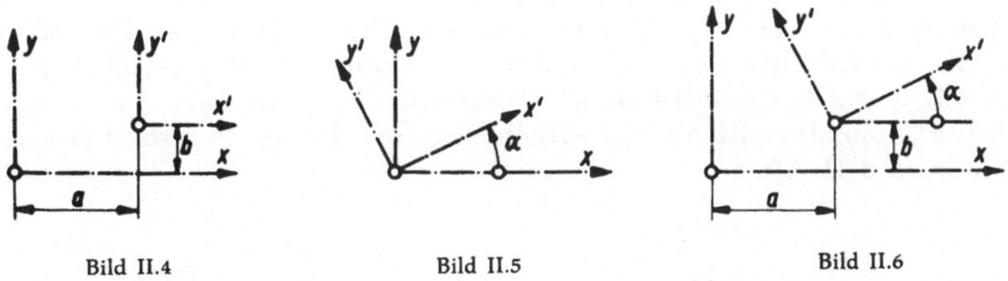

Bild II.4   Bild II.5   Bild II.6

c) Führen wir die Operation der Parallelverschiebung und der Drehung nacheinander durch, so erhalten wir

$$z' = e^{-i\gamma}\left[z - (a+ib)\right] \; .$$

Das z'-Koordinatensystem ist erst um a und b in Richtung der Achsen verschoben und dann um den Winkel γ gedreht, siehe Bild II. 6.

d) $\qquad z_1 = m z$, $\qquad\qquad\qquad\qquad m$ reell und positiv.

Wir erhalten eine m -fache Längenänderung nach allen Richtungen.

e) $\qquad z_1 = c_0 + c_1 z$,

$\qquad\qquad\qquad c_0$ und c_1 komplexe Zahlenwerte.

Diese konforme Abbildung kann stets als eine Folge der konformen Abbildungen nach c) und d) aufgefaßt werden.

f) $\qquad z_1 = z^n$, $\qquad\qquad\qquad\qquad n$ reell und positiv.

In Polarkoordinaten erhalten wir

$$r_1\, e^{i\mu_1} = r^n\, e^{in\mu} \; ; \qquad r_1 = r^n , \qquad \mu_1 = n\mu .$$

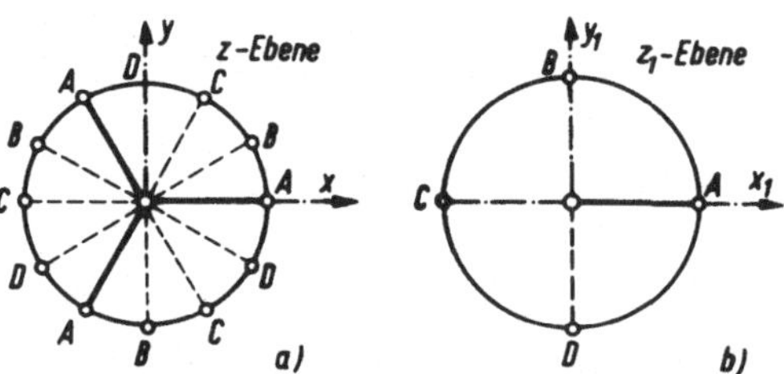

Bild II.7 a—b

Einem Winkel μ entspricht ein n -mal größerer Winkel μ_1 . Die Umgebung des Punktes $z = 0$ wird infolgedessen **nicht** konform abgebildet. Ist n eine ganze Zahl, so erfolgt eine n -fache Wiederholung der Punkte der z_1 -Ebene in der z -Ebene, siehe Bild II. 7a, b für $n = 3$.

g) $\qquad z_1 = \ln z$, $\qquad x_1 = \ln r$, $\qquad y_1 = \mu$.

Ziehen wir in der z -Ebene konzentrische Kreise von $r = 0$ bis $r = \infty$, so erhalten wir in der z_1 -Ebene zur x -Achse parallele Geraden von $x_1 = -\infty$ bis $x_1 = +\infty$; die y_1 -Koordinate entspricht dem Winkel μ . Das Gebiet $0 \leqq \mu \leqq 2\pi$ der Ebene wird unendlichfach in der z_1 -Ebene als Streifen abgebildet, die in y_1 -Richtung um 2π verschoben sind, siehe Bild II. 8a und II. 8b.

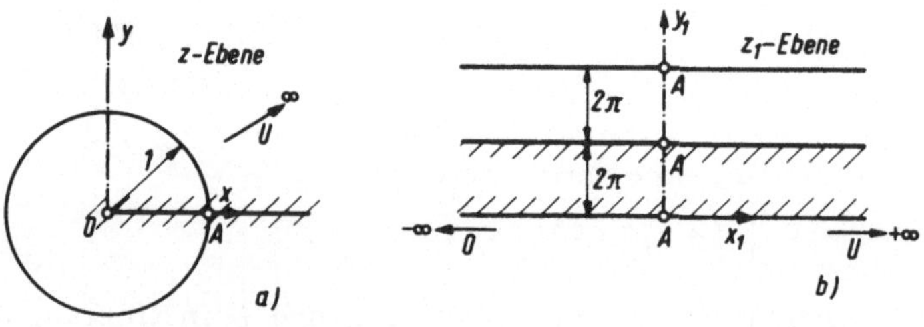

Bild II.8 a—b

h) $\qquad z_1 = \frac{1}{z} = \frac{\bar{z}}{r^2}$ $\ mit\ \ \bar{z} = x - iy\ ,\ \ x_1 = \frac{x}{r^2}\ ,\ \ y_1 = -\frac{y}{r^2}\ ,\ \ r_1 = r^{-1},\ \ \mu_1 = -\mu\ .$

Dies ist die wichtige konforme Abbildung der k o n f o r m e n I n v e r -
s i o n . Geraden, die den Koordinatennullpunkt O mit dem unendlich
fernen Punkt U der z -Ebene verbinden, gehen in Geraden über, die
den unendlich fernen Punkt U_1 mit dem Nullpunkt O_1 der z_1 -Ebene
verbinden; konzentrische Kreise um O bzw. U gehen über in konzentrische Kreise um U_1 bzw. O_1 . Die Bilder von O bzw. U sind U_1
bzw. O_1 . Wir können uns vorstellen, daß die z -Ebene durch den unendlich fernen Punkt geschlossen ist.

Beliebige Kreise, einschließlich der Geraden, gehen wieder in Kreise
über, die u. U. zu Geraden ausarten können. Wir nehmen in der z -Ebe-
ne einen Kreis, dessen Mittelpunkt auf der x -Achse liegt und der die
x -Achse in den Punkten $x = a_1$ und $x = a_2$ schneidet. Die Gleichung in
z -Koordinaten lautet:

$$\left(x - a_1\right)\left(x - a_2\right) + y^2 \;=\; 0$$

In z_1 -Koordinaten erhalten wir:

$$\left(\frac{x_1}{r_1^2} - a_1\right)\left(\frac{x_1}{r_1^2} - a_2\right) + \left(\frac{y_1}{r_1^2}\right)^2 = 0\ ,$$

oder nach Umformung

$$\left(x_1 - \frac{1}{a_1}\right)\left(x_1 - \frac{1}{a_2}\right) + y_1^2 \;=\; 0\ \ .$$

Der Schnittpunkt $z = a_1$ geht in den Punkt $z_1 = \frac{1}{a_1}$, der Schnittpunkt $z = a_2$
in den Punkt $z_1 = \frac{1}{a_2}$ über; die Mittelpunkte der Kreise gehen jedoch im
allgemeinen n i c h t ineinander über.

Bei der Inversion wie bei jeder konformen Abbildung gehen Pole von
der Ordnung N wieder in solche Pole über. Was wird aber aus dem
Pol im Nullpunkt bei der Inversion?

Es sei $\quad \varphi = \mathfrak{Re}\left\{z^{-N}\right\}\ .$

Dann wird mit $z_1 = z^{-1}$:

$$\varphi = \mathfrak{Re}\left\{z_1^{N}\right\}\ .$$

Die Polfunktion geht in den Realteil einer Potenzreihe über. Umgekehrt geht der Potenzausdruck

$$\mathfrak{Re}\left\{c_0 + c_1 z + \dots + c_N z^{N}\right\}$$

über in die Polfunktion

$$\mathfrak{Re}\left\{c_0 + c_1 z_1^{-1} + \dots + c_N z_1^{-N}\right\}\ .$$

Wir bezeichnen darum Potenzausdrücke mit der höchsten Potenz N als
Pole N -ter Ordnung mit dem Pol im unendlich fernen Punkt..

Wir wollen noch sehen, was bei der konformen Abbildung $z_1 = z^{-1}$ aus
der Geradenschar $x = const.$ wird. Wir setzen $x = a$ und erhalten durch
Inversion für diese Gerade

$$\frac{x_1}{r_1^2} = a$$

oder

$$x_1^2 + y_1^2 - \frac{1}{a} x_1 = 0 \quad .$$

Das ist ein Kreis, der die y_1 -Achse berührt und die x_1 -Achse im
weiteren Schnittpunkt $x_1 = \frac{1}{a}$ schneidet. Die Geraden $x = const.$ geben einen Kreisbüschel mit der y_1 -Achse als Tangente. Ebenso geben die
Geraden $y = const.$ einen zweiten Kreisbüschel mit der x -Achse als Tangente. Da sich die Geraden $x = const.$ und $y = const.$ rechtwinklig schneiden, gilt dieses auch für die zwei Kreisbüschel. Die Bilder II. 9a und
II. 9b zeigen das gegenseitige Verhalten.

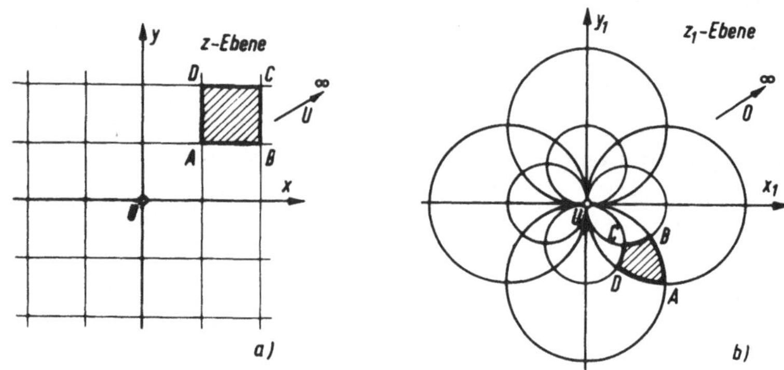

Bild II.9 a—b

i) <u>Halbebene und Einheitskreis</u>

Wir bilden die Halbebene in folgender Weise auf den Einheitskreis ab:
Den Koordinatenanfang legen wir für die Halbebene mit vertikalem Rand
so, daß die Gleichung des Randes

$$x_{Rd} = \frac{1}{2}$$

lautet. Die Halbebene liege rechts vom Rand, also ist für die Punkte
der Halbebene $x \gtreqless \frac{1}{2}$, siehe Bild II. 10a.

Durch die Inversion wird, mit $z = z_1^{-1}$, die Randgleichung in z_1 -Ko-
ordinaten:

$$\left(\frac{x_1}{r_1^2}\right)_{Rd} = \frac{1}{2} \quad ,$$

oder

$$\left[x_1^2 + y_1^2 - 2 x_1 \right]_{Rd} = 0.$$

300

Wir erhalten einen Kreis vom Durchmesser 2, der die x_1-Achse in den Punkten $x_1=0$ und $x_1=2$ schneidet.

Setzen wir noch durch Koordinatenverschiebung $x_1-1=x_1'$, $y_1=y_1'$, so erhalten wir für den Randkreis die Gleichung

$$\left[x_1'^2 + y_1'^2\right]_{Rd} = 1 .$$

Dieses ist die Gleichung eines Kreises vom Halbmesser eins, den wir als **Einheitskreis** bezeichnen, siehe Bild II. 10b. Der Mittelpunkt hat die Koordinaten

$$z_1' = 0, \quad z_1 = 1 \quad \text{und} \quad z = \frac{1}{z_1} = 1 .$$

Er liegt in der z-Ebene rechts von der Randgeraden im Abstand $1/2$ von derselben.

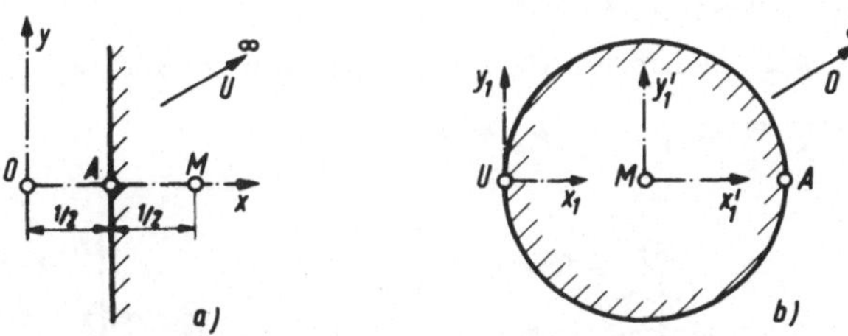

Bild II.10 a—b

Wir können aber jeden Punkt rechts von der Randgeraden zum Mittelpunk jedes Einheitskreises machen. Hierzu verschieben wir erst das Koordinatensystem so, daß der Koordinatennullpunkt zum Spiegelpunkt dieses Punktes mit dem Rand als Spiegelgerade wird. Weiter führen wir eine allseitige Längenänderung ein, so daß der Abstand beider Punkte gleich eins wird. Jetzt führen wir wie vorher die Inversion durch.

Auch sehen wir daraus, daß wir den Einheitskreis stets so auf einen anderen Einheitskreis abbilden können, daß jeder beliebige innere Punkt des ersten zum Mittelpunkt des zweiten wird. Hierzu ist nur der erste Einheitskreis auf die Halbebene und nach Koordinatenverschiebung und allseitiger Längenänderung diese wieder auf den neuen Einheitskreis abzubilden.

k)
$$z_1 = \ln \frac{z-1}{z+1} .$$

Wir führen die Hilfskoordinaten

$$z-1 = z' = r' e^{i\mu'}$$

und

$$z+1 = z'' = r'' e^{i\mu''}$$

Bild II.11

ein. Die Koordinatennullpunkte dieser beiden Systeme liegen in der z-Ebene in den Punkten M' mit $z=+1$ und M'' mit $z=-1$, siehe Bild II. 11.

Dann ist $z = \left(\ln r' - \ln r''\right) + i\left(\mu' - \mu''\right) .$

Ziehen wir zu einem Punkt P der z-Ebene die Strahlen $M'P$ und $M''P$, so wird $\mu' - \mu''$ der Winkel, den beide Strahlen bilden. Das Verhältnis der Radien gibt

$$x_1 = \mathfrak{Re}\{z_1\} = \ln \frac{r'}{r''} \ .$$

Der Winkel $\mu^* = \mu' - \mu''$ gibt

$$y_1 = \mathfrak{Im}\{z_1\} = \mu^* .$$

Wir tragen im Bild II.12a und b einige Linien $x_1 = \ln \frac{r'}{r''} = const.$ und $y_1 = \mu^* = const.$ ein. Die Linien $\mu^* = const.$ geben einen Kreisbogen-büschel durch die Punkte M' und M'', die Linien $\ln \frac{r'}{r''} = const.$ den dazu orthogonalen Kreisbüschel.

Setzen wir weiter

$$z_1 = \ln z_2 \ , \quad z_2 = e^{z_1} ,$$

so erhalten wir zwischen den Koordinaten z und z_2 die Beziehungen

$$\ln r_1 = \ln \frac{r'}{r''} \ , \quad \mu_2 = \mu^* .$$

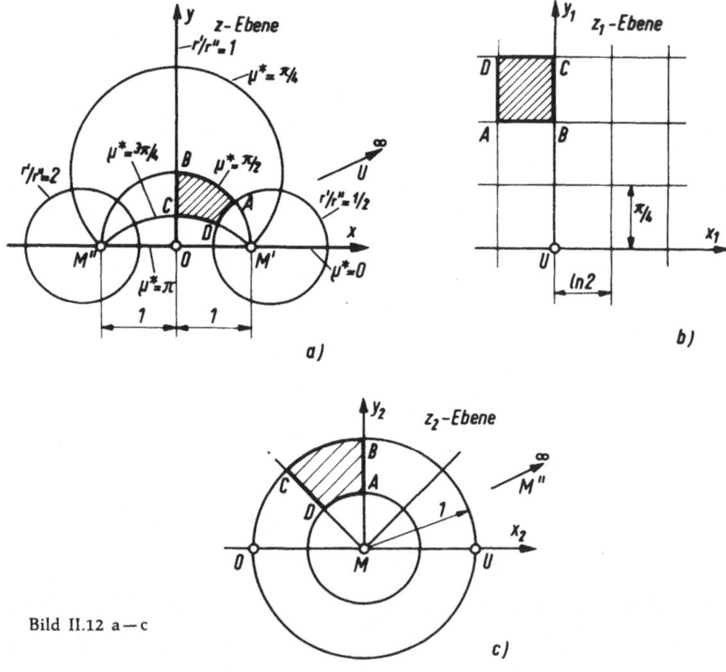

Bild II.12 a—c

In die z_2-Ebene sind im Bild II.12c die einander entsprechenden Li-nien eingezeichnet, und in allen drei Bildern II.12 ist dasselbe Feld durch Schraffur hervorgehoben. Dieselbe Abbildung ist auch unmittel-bar durch Inversion zu erreichen.

1) $$z_1 = \tfrac{1}{2}\left(z + \tfrac{1}{z}\right) \,, \qquad z = z_1 \pm \sqrt{z_1^2 - 1}\,.$$

Nehmen wir in der z-Ebene den Einheitskreis $z = e^{i\mu}$, so wird

$$z_1 = \tfrac{1}{2}\left(e^{i\mu} + e^{-i\mu}\right) = \cos\mu \,, \quad x_1 = \cos\mu\,, \quad y_1 = 0\,.$$

Wir erhalten für $0 \leqq \mu \leqq 2\pi$ die Punkte auf der x_1-Achse von $x_1 = +1$ über Null nach -1 und zurück. Das Innere des Einheitskreises wird auf die ganze z_1-Ebene abgebildet, wobei der Mittelpunkt M der z-Ebene den unendlich-fernen Punkt der z_1-Ebene gibt. Aber auch das Äußere des Einheitskreises wird auf die z_1-Ebene abgebildet. Die Bilder II. 13b und c zeigen die Abbildungen der betreffenden Gebiete der z_1-Ebene, die im Bild II. 13a dargestellt ist. In den Bildern II. 13b und II. 13c hat der Spalt CA zur Verdeutlichung eine geringe Breite, die in Wirklichkeit gleich Null ist. Die Abbildung $z = g_1(z_1)$ ist zweiblättrig, d. h. jedem Punkt der z_1-Ebene entsprechen zwei Punkte der z-Ebene. Hierbei können wir die Trennung der beiden Blätter auf der Linie $ABCDA$ vornehmen, können aber auch andere Trennlinien wählen. Die Verbindung beider Blätter müssen wir uns wie folgt vorstellen: das obere Ufer des Schlitzes der z_1-Ebene, Bild II. 13b, also CDA , ist identisch mit dem unteren Ufer CDA der z_1-Ebene, Bild II. 13c. Dasselbe gilt für die Ufer ABC .

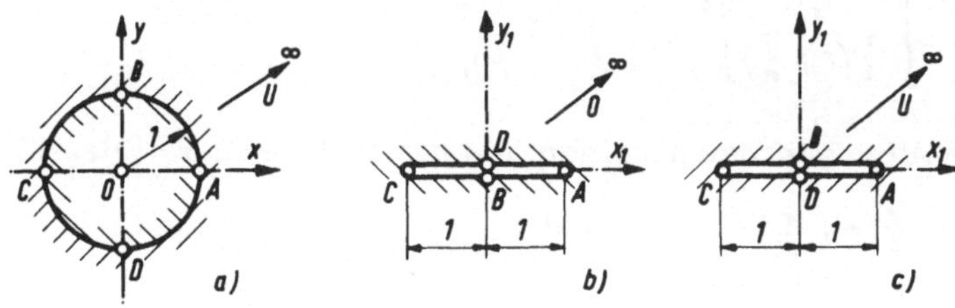

Bild II.13 a—c

Setzen wir in der Abbildungsfunktion

$$z_1 = \tfrac{1}{2}\left(z + \tfrac{1}{z}\right)$$

für z die inverse Koordinate $z_2 = \tfrac{1}{z}$ ein, so erhalten wir

$$z_1 = \tfrac{1}{2}\left(z_2 + \tfrac{1}{z_2}\right)\,.$$

Wir sehen, daß Punkte der z-Ebene und der z_2-Ebene dieselben Punkte in der z_1-Ebene geben. Demnach gibt ein Punkt P_1 des Äußeren des Einheitskreises und ein Punkt P_2 des Inneren, der sich durch Inversion aus P_1 ergibt, denselben Punkt der z_1-Ebene, nur liegen beide Punkte in verschiedenen Blättern. Jetzt bestimmen wir die Linien, die wir aus den Linien $\ln r = const.$ und $\mu = const.$ erhalten.

Wir führen $z_3 = \ln z$ ein mit

$$x_3 = \ln r\,, \quad y_3 = \mu\,.$$

303

Dann wird

$$z_1 = \tfrac{1}{2}\left(e^{z_3} + e^{-z_3}\right) = \mathfrak{Cos}\, z_3 = \mathfrak{Cos}\left(x_3 + i y_3\right) =$$

$$= \mathfrak{Cos}\, x_3 \cdot \mathfrak{Cos}\, i y_3 + \mathfrak{Sin}\, x_3 \cdot \mathfrak{Sin}\, i y_3 = \mathfrak{Cos}\, x_3 \cdot \cos y_3 + i\, \mathfrak{Sin}\, x_3 \cdot \sin y_3 \ .$$

Hieraus

$$x_1 = \mathfrak{Cos}\, x_3 \cos y_3 \quad , \qquad y_1 = \mathfrak{Sin}\, x_3 \sin y_3 \ . \tag{II, 26}$$

Für einen Kreis $r = const.$ wird $x_3 = \ln r$ konstant; ferner ist

$$\mathfrak{Cos}\, x_3 = \tfrac{1}{2}\left(e^{x_3} + e^{-x_3}\right) = \tfrac{1}{2}\left(r + \tfrac{1}{r}\right) \ ,$$

$$\mathfrak{Sin}\, x_3 = \tfrac{1}{2}\left(e^{x_3} - e^{-x_3}\right) = \tfrac{1}{2}\left(r - \tfrac{1}{r}\right) \ .$$

Für jeden Wert $r = const.$ können wir die konstanten Werte $\mathfrak{Cos}\, x_3$ und $\mathfrak{Sin}\, x_3$ bestimmen, und wir erhalten aus Gleichung (II, 24) durch Beseitigung von y_3 :

$$\left(\frac{x_1}{\mathfrak{Cos}\, x_3}\right)^2 + \left(\frac{y_1}{\mathfrak{Sin}\, x_3}\right)^2 = 1$$

oder

$$\left[\frac{x_1}{\tfrac{1}{2}\left(r + \tfrac{1}{r}\right)}\right]^2 + \left[\frac{y_1}{\tfrac{1}{2}\left(r - \tfrac{1}{r}\right)}\right]^2 = 1 \ .$$

Wir erhalten aus den Kreisen $r = const.$ Ellipsen mit den Halbachsen

$$\tfrac{1}{2}\left(r + \tfrac{1}{r}\right) \qquad \text{und} \qquad \tfrac{1}{2}\left(r - \tfrac{1}{r}\right) \ ;$$

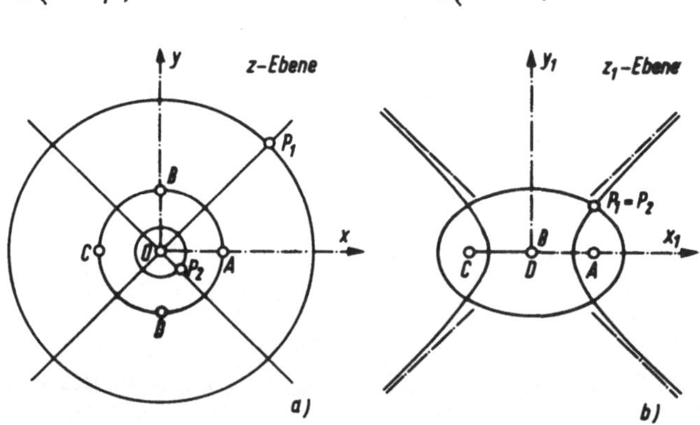

Bild II.14 a—b

die Brennpunkte liegen auf der x_1 -Achse, und ihr Abstand $2p$ voneinander wird

$$2p = 2 \cdot \sqrt{\tfrac{1}{4}\left(r + \tfrac{1}{r}\right)^2 - \tfrac{1}{4}\left(r - \tfrac{1}{r}\right)^2} = 2 \ .$$

Ebenso geben die Geraden $\mu = const.$ Hyperbeln: beseitigen wir aus den Gleichungen (II, 24) x_3 , so ergibt sich:

$$\left[\frac{x_1}{\cos \mu}\right]^2 - \left[\frac{y_1}{\sin \mu}\right]^2 = 1 \ .$$

Für die Hyperbelschar erhalten wir die Brennpunkte ebenfalls auf der x_1 -Achse mit demselben Abstand $2p = 2$ voneinander.

Bild II. 14a und II. 14b zeigen, wie die radialen Geraden und konzentrischen Kreise der z -Ebene den Ellipsen und Hyperbeln der z_1- Ebene zugeordnet sind.

9. Bestimmung der Potentialfunktionen aus gegebenen Randwerten des Einheitskreises

Es seien die Werte ψ_{Rd} einer Potentialfunktion ψ auf der Berandung der Einheitskreisfläche als Funktion von μ_{ORd} gegeben. Zu bestimmen seien für einen Innenpunkt des Einheitskreises die Potentialfunktion ψ und die konjugierte Potentialfunktion $(-\varphi)$.

Wir betrachten zunächst einen Sonderfall: ψ_{Rd} sei nur auf einem Randstück $A_n A_{n+1}$, das durch die Winkel $\mu_{ORd}^{(n)}$ und $\mu_{ORd}^{(n+1)}$ gegeben ist, von Null verschieden, und zwar konstant. Also:

$$\psi_{Rd} = 0 \qquad \text{für} \qquad 0 \leqq \mu_{ORd} \leqq \mu_{ORd}^{(n)} \ .$$

$$\psi_{Rd} = \psi_n = const. \quad \text{für} \quad \mu_{ORd}^{(n)} \leqq \mu_{ORd} \leqq \mu_{ORd}^{(n+1)} \ ,$$

$$\psi_{Rd} = 0 \qquad \text{für} \quad \mu_{ORd}^{(n+1)} \leqq \mu_{ORd} \leqq 2\pi \ .$$

Dann lautet die zugehörige Potentialfunktion:

$$\psi(x_0, y_0) = \frac{1}{\pi} \cdot \mathfrak{Im}\left\{\psi_n\left[\ln \frac{z_0 - e^{i(\mu_{ORd}^{(n)} + \gamma_n)}}{z_0 - e^{i\mu_{ORd}^{(n)}}} - i\,\frac{\gamma_n}{2}\right]\right\}$$

mit

$$\gamma_n = \mu_{ORd}^{(n+1)} - \mu_{ORd}^{(n)} \ .$$

Dies ergibt sich, indem man die Imaginärteile der Logarithmusfunktionen durch die Winkel ausdrückt, vgl. den vorhergehenden Unterabschnitt, Fall k).

Hat ψ_{Rd} auf den N Teilbögen $A_n A_{n+1}$ die konstanten Werte ψ_n , so überlagern sich die obigen Werte zu

$$\psi(x_0, y_0) = \frac{1}{\pi} \cdot \mathfrak{Im}\left\{\sum_{n=0}^{N} \psi_n \cdot \left[\ln \frac{z_0 - e^{i(\mu_{ORd}^{(n)} + \gamma_n)}}{z_0 - e^{i\mu_{ORd}^{(n)}}} - i\,\frac{\gamma_n}{2}\right]\right\} \ .$$

Der Fall der beliebigen Randwertverteilung entsteht daraus durch den Grenzübergang $N \to \infty$, $\gamma_n \to d\mu_{0Rd} \to 0$:

$$\psi(x_0, y_0) = \frac{1}{\pi} \, \mathfrak{Im}\left\{ \oint \left[\psi_{Rd} \, \frac{i \, e^{i\mu_{0Rd}}}{e^{i\mu_{0Rd}} - z_0} - \frac{i}{2} \right] d\mu_{0Rd} \right\},$$

oder, weil

$$\frac{1}{2\pi} \oint \psi_{Rd} \, d\mu_{0Rd} = \psi(0,0)$$

ist:

$$\psi(x_0, y_0) = \frac{1}{\pi} \, \mathfrak{Im}\left\{ \oint \psi_{Rd} \, \frac{z_{0Rd}}{z_{0Rd} - z_0} \, dz_{0Rd} \right\} - \psi(0,0) \, .$$

$$\text{(II, 27a)}$$

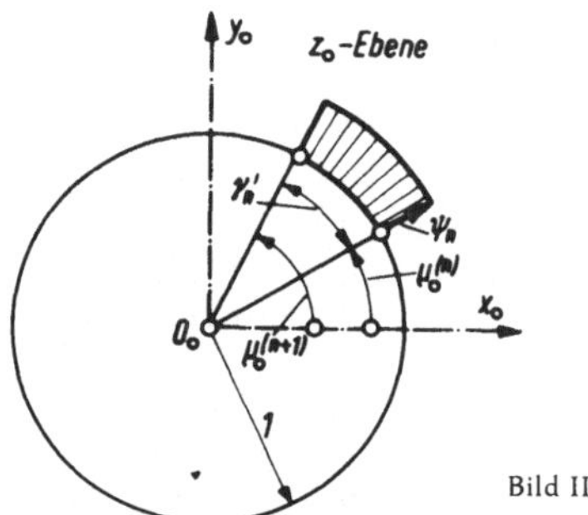

Bild II.15

Weiter wird

$$\varphi(x_0, y_0) = \frac{1}{\pi} \, \mathfrak{Re}\left\{ \oint \psi_{Rd} \, \frac{z_{0Rd}}{z_{0Rd} - z_0} \, dz_{0Rd} \right\} \, . \qquad \text{(II, 27b)}$$

Hieraus lassen sich auch die Neigungen $\dfrac{\partial \psi}{\partial x_0}$ und $\dfrac{\partial \psi}{\partial y_0}$ berechnen:

$$\frac{\partial \psi}{\partial x_0} = \frac{1}{\pi} \, \mathfrak{Im}\left\{ \oint \psi_{Rd} \, \frac{z_{0Rd}}{(z_{0Rd} - z_0)^2} \, dz_{0Rd} \right\} \, , \qquad \text{(II, 28a)}$$

$$\frac{\partial \psi}{\partial y_0} = -\frac{1}{\pi} \, \mathfrak{Re}\left\{ \oint \psi_{Rd} \, \frac{z_{0Rd}}{(z_{0Rd} - z_0)^2} \, dz_{0Rd} \right\} \, . \qquad \text{(II, 28b)}$$

Für einen Randpunkt $z_0 = e^{i\mu_{0Rd}}$ gilt die Formel unmittelbar nicht, da wir dann nicht um den ganzen Umfang integrieren können. Wir drehen das Koordinatensystem so, daß der Randpunkt die Koordinaten $z_0 = -1$ erhält. Für diesen Randpunkt sei $\psi_{Rd} = \psi_{(-1)}$. Dann setzen wir in der Formel für $\dfrac{\partial \psi}{\partial x_0}$ anstelle von ψ_{Rd} den Ausdruck $(\psi_{Rd} - \psi_{(-1)})$, da die Ableitungen sich nicht ändern, wenn wir eine Konstante abziehen. Wir erhalten

$$\left(\frac{\partial \psi}{\partial x_0} \right)_{z_0 = -1} = \frac{1}{\pi} \, \mathfrak{Im}\left\{ \cdot \oint \left(\psi_{Rd} - \psi_{(-1)} \right) \frac{z_{0Rd}}{(z_{0Rd} - z_0)^2} \, dz_{0Rd} \right\} \, .$$

$$\text{(II, 29)}$$

Literatur

[1]   L. Prandtl: Jahresber. Dtsch. Math. - Vereinigung Bd. 13 (1904).

[2]   W. Thomson und P. G. Tait: Hdbch. d. Theor. Physik Bd. I, Braunschweig (1874).

[3]   E. Pestel: Eine neue hydrodynamische Analogie zur Torsion prismatischer Stäbe, Ing.-Arch. XXIII (1955);

Ein neues Strömungsgleichnis der Torsion, ZAMM 34 (1954).

G. Großmann: Experimentelle Durchführung einer neuen hydrodynamischen Analogie für das Torsionsproblem, Ing.-Arch. XXV (1957).

[4]   A. G. Greenhill: Mess. of Math. (2) 9 (1879).

[5]   A. Herzig: Zur Torsion von Stäben, ZAMM 33 (1953).

[6]   N. I. Muskhelishvili: Some Basic Problems of the Mathematical Theory of Elasticity, Groningen (1953).

[7]   D. Schmieden: Über die Torsion von Walzeisen-Profilen, ZAMM 10 (1930).

[8]   E. Trefftz: Über die Torsion prismatischer Stäbe von polygonalem Querschnitt, Math. Ann. 82 (1921); vgl. auch in

P. Frank und R. v. Mises: Die Differential- und Integralgleichungen der Mechanik und Physik II, 2. Aufl., Braunschweig (1935).

[9]   E. Trefftz: Über die Wirkung einer Abrundung auf die Torsionsspannungen in der inneren Ecke eines Winkeleisens, ZAMM 2 (1922).

[10]   J. Barta: Sur l'estimation de la rigidité de torsion des prismes multicellulaires à parois minces, Act. Techn. Acad. Sci. Hung. XII (1955).